软件项目开发全程实录

Java Web 项目开发全程实录

明日科技　编著

清华大学出版社
北京

内 容 简 介

《Java Web 项目开发全程实录》以 ITCLUB 博客、甜橙音乐网、程序源论坛、52 同城信息网、物流配货系统、明日知道、九宫格记忆网、图书馆管理系统、网络在线考试系统和天下淘商城 10 个实际项目开发程序为案例，从软件工程的角度出发，按照项目的开发顺序，系统、全面地介绍了程序开发流程。从开发背景、需求分析、系统功能分析、数据库分析、数据库建模、网站开发到网站的发布，每个过程都做了详细的介绍。

本书及资源包特色还有：10 套项目开发完整案例，项目开发案例的同步视频和其源程序。登录网站还可获取各类资源库（模块库、题库、素材库）等项目案例常用资源，网站还提供技术论坛支持等。

本书案例涉及行业广泛，实用性非常强。通过对本书的学习，读者可以了解各个行业的特点，能够针对某一行业进行软件开发，也可以通过资源包中提供的案例源代码和数据库进行二次开发，以减少开发系统所需要的时间。

本书封面贴有清华大学出版社防伪标签，无标签者不得销售。
版权所有，侵权必究。举报：010-62782989，beiqinquan@tup.tsinghua.edu.cn。

图书在版编目（CIP）数据

Java Web 项目开发全程实录 / 明日科技编著. —北京：清华大学出版社，2019（2023.1 重印）
（软件项目开发全程实录）
ISBN 978-7-302-49879-7

Ⅰ. ①J… Ⅱ. ①明… Ⅲ. ①JAVA 语言—程序设计 Ⅳ. ①TP312.8

中国版本图书馆 CIP 数据核字(2018)第 064726 号

责任编辑：贾小红
封面设计：刘　超
版式设计：周春梅
责任校对：赵丽杰
责任印制：刘海龙

出版发行：清华大学出版社
　　　　网　　　址：http://www.tup.com.cn，http://www.wqbook.com
　　　　地　　　址：北京清华大学学研大厦 A 座　　邮　　编：100084
　　　　社　总　机：010-83470000　　邮　　购：010-62786544
　　　　投稿与读者服务：010-62776969，c-service@tup.tsinghua.edu.cn
　　　　质量反馈：010-62772015，zhiliang@tup.tsinghua.edu.cn
印 装 者：三河市龙大印装有限公司
经　　销：全国新华书店
开　　本：203mm×260mm　　印　张：31.75　　字　数：937 千字
版　　次：2019 年 1 月第 1 版　　印　次：2023 年 1 月第 5 次印刷
定　　价：89.80 元

产品编号：078944-01

前言
Preface

编写目的与背景

众所周知，当前社会需求和高校课程设置严重脱节，一方面企业找不到可迅速上手的人才，另一方面大学生就业难。如果有一些面向工作应用的案例参考书，让大学生得以参考，并能亲自操作，势必能缓解这种矛盾。本书就是这样一本书：项目开发案例型的、面向工作应用的软件开发类图书。编写本书的首要目的就是架起让学生从学校走向社会的桥梁。

其次，本书以完成小型项目为目的，让学生切身感受到软件开发给工作带来的实实在在的用处和方便，并非只是枯燥的语法和陌生的术语，从而激发学生学习软件的兴趣，让学生变被动学习为自主自发学习。

再次，本书的项目开发案例过程完整，不但适合在学习软件开发时作为小型项目开发的参考书，而且可以作为毕业设计的案例参考书。

最后，丛书第 1 版于 2008 年 6 月出版，于 2011 年和 2013 年进行了两次改版升级，因为编写细腻，易学实用，配备全程视频讲解等特点，备受读者瞩目，丛书累计销售 20 多万册，成为近年来最受欢迎的软件开发项目案例类丛书之一。

转眼 5 年已过，我们根据读者朋友的反馈，对丛书内容进行了优化和升级，进一步修正之前版本中疏漏之处，并增加了大量的辅助学习资源，相信这套书一定能带给您惊喜！

本书特点

微视频讲解

对于初学者来说，视频讲解是最好的导师，它能够引导初学者快速入门，使初学者感受到编程的快乐和成就感，增强进一步学习的信心。鉴于此，本书大部分章节配备了视频讲解，使用手机扫描正文小节标题一侧的二维码，即可在线学习项目制作的全过程。同时，本书提供了程序配置使用说明的讲解视频，扫描二维码即可进行学习。

典型案例

本书案例均从实际应用角度出发，应用了当前流行的技术，涉及的知识广泛，读者可以从每个案例中积累丰富的实战经验。

代码注释

为了便于读者阅读程序代码，书中的代码均提供了详细的注释，并且整齐地纵向排列，可使读者快速领略作者意图。

    📖 **代码贴士**

    案例类书籍通常会包含大量的程序代码，冗长的代码往往令初学者望而生畏。为了方便读者阅读和理解代码，本书避免了连续大篇幅的代码，将其分割为多个部分，并对重要的变量、方法和知识点设计了独具特色的代码贴士。

    ✍ **知识扩展**

    为了增加读者的编程经验和技巧，书中每个案例都标记有注意、技巧等提示信息，并且在每章中都提供有一项专题技术。

本书约定

    由于篇幅有限，本书每章并不能逐一介绍案例中的各模块。作者选择了基础和典型的模块进行介绍，对于功能重复的模块，由于技术、设计思路和实现过程基本相同，因此没有在书中体现。读者在学习过程中若有相关疑问，请登录本书官方网站。本书中涉及的功能模块在资源包中都附带有视频讲解，方便读者学习。

适合读者

    本书适合作为计算机相关专业的大学生、软件开发相关求职者和爱好者的毕业设计和项目开发的参考书。

本书服务

    为了给读者提供更为方便快捷的服务，读者可扫描图书封底的"文泉云盘"二维码，获取资源包的下载方式，也可登录本书官方网站（www.mingrisoft.com）或清华大学出版社网站（www.tup.com.cn），在对应图书页面下载学习资源，也可加入企业QQ（4006751066）进行学习交流。学习本书时，请先扫描封底的权限二维码（需刮开涂层）获取学习权限，即可学习书中的各类资源。

本书作者

    本书由明日科技软件开发团队组织编写，主要由王国辉执笔，如下人员也参与了本书的编写工作，他们是：王小科、赛奎春、房德山、申小琦、赵宁、王赫男、冯春龙、李磊、贾景波、周佳星、张鑫、白宏健、李菁菁、申野、张渤洋、卞昉、乔宇、潘建羽、隋妍妍、庞凤、张云凯、梁英、刘媛媛、胡冬、谭畅、岳彩龙、李春林、林驰、白兆松、依莹莹、王欢、朱艳红、李雪、李颖、孙勃、杨丽、高春艳、辛洪郁、张宝华、葛忠月、刘杰、宋万勇、杨柳等，在此一并感谢！

    在编写本书的过程中，我们本着科学、严谨的态度，力求精益求精，但错误、疏漏之处在所难免，敬请广大读者批评指正。

    感谢您购买本书，希望本书能成为您的良师益友，成为您步入编程高手之路的踏脚石。

    宝剑锋从磨砺出，梅花香自苦寒来。祝读书快乐！

编　者

目 录
Contents

第1章 ITCLUB博客（Servlet+SQL Server 2014+jQuery 实现） ... 1
📹 视频讲解：1 小时 47 分钟
- 1.1 开发背景 ... 2
- 1.2 系统设计 ... 2
  - 1.2.1 系统功能设计 ... 2
  - 1.2.2 系统业务流程 ... 3
  - 1.2.3 系统开发环境 ... 3
  - 1.2.4 系统预览 ... 8
- 1.3 数据库设计 ... 9
  - 1.3.1 数据库设计概述 ... 9
  - 1.3.2 创建数据库 ... 10
  - 1.3.3 创建数据表 ... 11
  - 1.3.4 其他数据表结构 ... 14
- 1.4 开发准备 ... 16
  - 1.4.1 在 Eclipse 中创建 Web 服务器 ... 16
  - 1.4.2 创建项目 ... 19
  - 1.4.3 创建 JSP 文件 ... 22
  - 1.4.4 实现"网站正在建设中"页面 ... 26
  - 1.4.5 创建项目目录结构 ... 29
- 1.5 博客首页模块的设计 ... 32
  - 1.5.1 首页模块概述 ... 32
  - 1.5.2 设计首页页面 ... 33
  - 1.5.3 实现"精选博文"功能 ... 34
  - 1.5.4 实现"最新博文"功能 ... 42
  - 1.5.5 实现"博客排行榜"功能 ... 46
- 1.6 登录注册 ... 49
  - 1.6.1 登录注册模块概述 ... 49
  - 1.6.2 实现"算数验证码"的功能 ... 50
  - 1.6.3 实现 Ajax 提交表单数据的功能 ... 54
- 1.7 博客文章模块的设计 ... 57
  - 1.7.1 博客文章模块概述 ... 57
  - 1.7.2 设计博客文章页面 ... 58
  - 1.7.3 实现"获取博主头像"的功能 ... 59
  - 1.7.4 实现"统计文章与评论总数"的功能 ... 63
  - 1.7.5 实现"获取文章列表"的功能 ... 65
- 1.8 本章小结 ... 69

第2章 甜橙音乐网（JSP+SQL Server 2014+jQuery+jPlayer 实现） ... 70
📹 视频讲解：1 小时 39 分钟
- 2.1 开发背景 ... 71
- 2.2 系统设计 ... 71
  - 2.2.1 系统功能结构 ... 71
  - 2.2.2 系统流程 ... 71
  - 2.2.3 系统开发环境 ... 72
  - 2.2.4 系统预览 ... 72
- 2.3 数据库设计 ... 73
  - 2.3.1 数据库设计概述 ... 73
  - 2.3.2 创建数据库和数据表 ... 74
  - 2.3.3 数据表结构说明 ... 74
- 2.4 网站首页模块的设计 ... 76
  - 2.4.1 首页模块概述 ... 76
  - 2.4.2 设计首页页面 ... 76
  - 2.4.3 实现"热门歌手列表"功能 ... 77
  - 2.4.4 实现"热门歌曲列表"功能 ... 80
  - 2.4.5 实现"音乐播放"功能 ... 83
- 2.5 排行榜模块的设计 ... 84
  - 2.5.1 排行榜模块概述 ... 84

2.5.2	设计排行榜页面	84
2.5.3	实现歌曲"排行榜"的功能	85

2.6 曲风模块的设计 ... 88
- 2.6.1 曲风模块概述 ... 88
- 2.6.2 设计曲风模块页面 ... 89
- 2.6.3 实现曲风模块数据的获取 ... 90
- 2.6.4 实现曲风模块页面的渲染 ... 91
- 2.6.5 实现"曲风列表"的分页功能 ... 93

2.7 发现音乐模块的设计 ... 95
- 2.7.1 发现音乐模块概述 ... 95
- 2.7.2 设计发现音乐页面 ... 95
- 2.7.3 实现发现音乐的搜索功能 ... 96

2.8 歌手模块的设计 ... 99
- 2.8.1 歌手模块概述 ... 99
- 2.8.2 设计歌手列表页面 ... 100
- 2.8.3 实现歌手列表的功能 ... 101
- 2.8.4 设计歌手详情页面 ... 105
- 2.8.5 实现歌手详情的功能 ... 106

2.9 本章小结 ... 109

第 3 章 程序源论坛（Spring MVC+MyBatis+ Shiro+UEditor+MySQL 实现） ... 110
视频讲解：2 小时 18 分钟

3.1 开发背景 ... 111
3.2 系统功能设置 ... 111
- 3.2.1 系统功能结构 ... 111
- 3.2.2 系统业务流程 ... 111
- 3.2.3 系统开发环境 ... 112
- 3.2.4 系统预览 ... 112

3.3 开发准备 ... 114
- 3.3.1 了解 Java Web 目录结构 ... 114
- 3.3.2 创建项目 ... 115
- 3.3.3 前期项目准备 ... 116
- 3.3.4 修改字符集 ... 118
- 3.3.5 构建项目 ... 119

3.4 富文本 UEditor ... 126
- 3.4.1 富文本 UEditor 概述 ... 126
- 3.4.2 使用 UEditor ... 134
- 3.4.3 展示 UEditor ... 136

3.5 数据库设计 ... 138
- 3.5.1 数据与逻辑 ... 138
- 3.5.2 创建数据库表 ... 139

3.6 页面功能设计 ... 140
- 3.6.1 设计页面效果 ... 140
- 3.6.2 发表帖子页面 ... 140
- 3.6.3 展示帖子页面 ... 142
- 3.6.4 添加分页原型 ... 143
- 3.6.5 查看页面原型 ... 144

3.7 帖子保存与展示 ... 145
- 3.7.1 接收帖子参数 ... 145
- 3.7.2 处理帖子参数 ... 146
- 3.7.3 保存帖子附加信息 ... 150
- 3.7.4 分页查询帖子 ... 151
- 3.7.5 使用 JSTL 迭代数据 ... 154
- 3.7.6 查看帖子的详细内容 ... 157

3.8 帖子的关系链 ... 163
- 3.8.1 维护关系链 ... 163
- 3.8.2 保存跟帖 ... 165
- 3.8.3 带参数的分页 ... 167

3.9 实现登录注册 ... 170
- 3.9.1 用户注册 ... 170
- 3.9.2 用户登录 ... 171
- 3.9.3 用户退出 ... 173

3.10 配置文件 ... 174
- 3.10.1 框架配置文件 ... 174
- 3.10.2 UEditor 富文本配置文件 ... 174

3.11 本章小结 ... 175

第 4 章 52 同城信息网（Struts 2.5+SQL Server 2014 实现） ... 176
视频讲解：2 小时 9 分钟

4.1 开发背景 ... 177
4.2 系统分析 ... 177
- 4.2.1 需求分析 ... 177
- 4.2.2 可行性分析 ... 177
- 4.2.3 编写项目计划书 ... 178

4.3 系统设计 ... 180
- 4.3.1 系统目标 ... 180

4.3.2 系统功能结构 180
4.3.3 系统流程 181
4.3.4 系统预览 181
4.3.5 构建开发环境 182
4.3.6 文件夹组织结构 183
4.3.7 编码规则 184
4.4 数据库设计 185
4.4.1 数据库分析 186
4.4.2 数据库概念设计 186
4.4.3 数据库逻辑结构 187
4.5 公共类设计 188
4.5.1 数据库连接及操作类 189
4.5.2 业务处理类 191
4.5.3 分页类 195
4.5.4 字符串处理类 197
4.6 前台页面设计 198
4.6.1 前台页面概述 198
4.6.2 前台页面技术分析 198
4.6.3 前台页面的实现过程 199
4.7 前台信息显示设计 200
4.7.1 信息显示概述 200
4.7.2 信息显示技术分析 201
4.7.3 列表显示信息的实现过程 203
4.7.4 显示信息详细内容的实现过程 213
4.8 信息发布模块设计 215
4.8.1 信息发布模块概述 215
4.8.2 信息发布模块技术分析 216
4.8.3 信息发布模块的实现过程 220
4.8.4 单元测试 223
4.9 后台登录设计 227
4.9.1 后台登录功能概述 227
4.9.2 后台登录技术分析 228
4.9.3 后台登录的实现过程 228
4.10 后台页面设计 230
4.10.1 后台页面概述 230
4.10.2 后台页面技术分析 231
4.10.3 后台页面的实现过程 232
4.11 后台信息管理设计 232
4.11.1 信息管理功能概述 232
4.11.2 信息管理技术分析 235
4.11.3 后台信息显示的实现过程 236
4.11.4 信息审核的实现过程 241
4.11.5 信息付费设置的实现过程 244
4.12 网站发布 246
4.13 开发技巧与难点分析 247
4.13.1 实现页面中的超链接 247
4.13.2 Struts 2.5中的中文乱码问题 248
4.14 Struts 2.5框架搭建与介绍 248
4.14.1 搭建 Struts 2.5框架 248
4.14.2 Struts 2.5框架介绍 249
4.15 本章小结 253

第5章 物流配货系统（Struts 2.5+MySQL 实现） 254
视频讲解：1小时44分钟

5.1 开发背景 255
5.2 系统分析 255
5.2.1 需求分析 255
5.2.2 必要性分析 255
5.3 系统设计 255
5.3.1 系统目标 255
5.3.2 系统功能结构 256
5.3.3 系统开发环境 256
5.3.4 系统预览 257
5.3.5 系统文件夹架构 259
5.4 数据库设计 259
5.4.1 数据表概要说明 259
5.4.2 数据库逻辑设计 260
5.5 公共模块设计 261
5.5.1 编写数据库持久化类 261
5.5.2 编写获取系统时间操作类 263
5.5.3 编写分页 Bean 263
5.5.4 请求页面中元素类的编写 266
5.5.5 编写重新定义的 simple 模板 266
5.6 管理员功能模块设计 268
5.6.1 管理员模块概述 268
5.6.2 管理员模块技术分析 269

5.6.3 管理员模块实现过程 270
5.7 车源管理模块设计 274
 5.7.1 车源管理模块概述 274
 5.7.2 车源管理技术分析 275
 5.7.3 车源管理实现过程 276
5.8 发货单管理流程模块 281
 5.8.1 发货单管理流程概述 281
 5.8.2 发货单管理流程技术分析 281
 5.8.3 发货单管理流程实现过程 283
5.9 开发技巧与难点分析 287
5.10 本章小结 287

第6章 明日知道（Struts 2.5+Spring 4+Hibernate 4+ jQuery+MySQL 实现）............... 288
视频讲解：1小时45分钟
6.1 开发背景 289
6.2 系统分析 289
 6.2.1 需求分析 289
 6.2.2 可行性研究 289
6.3 系统设计 290
 6.3.1 系统目标 290
 6.3.2 系统功能结构 290
 6.3.3 系统流程 290
 6.3.4 开发环境 291
 6.3.5 系统预览 291
 6.3.6 文件夹组织结构 293
6.4 数据库设计 294
 6.4.1 数据库概念结构分析 294
 6.4.2 数据库逻辑结构设计 295
6.5 公共模块设计 297
 6.5.1 Spring+Hibernate 组合下实现持久层 297
 6.5.2 Struts 2.5 标签实现分页 299
6.6 主页面设计 301
 6.6.1 主页面概述 301
 6.6.2 主页面技术分析 302
 6.6.3 首页实现过程 302
 6.6.4 社区首页实现过程 304
6.7 文章维护模块设计 305
 6.7.1 文章维护模块概述 305

 6.7.2 文章维护模块技术分析 305
 6.7.3 添加文章实现过程 306
 6.7.4 浏览文章实现过程 308
 6.7.5 文章回复实现过程 309
 6.7.6 修改文章实现过程 310
 6.7.7 删除文章实现过程 311
6.8 文章搜索模块设计 312
 6.8.1 文章搜索模块概述 312
 6.8.2 文章搜索模块技术分析 313
 6.8.3 搜索我的文章实现过程 313
 6.8.4 根据关键字搜索文章实现过程 ... 314
 6.8.5 热门搜索实现过程 316
 6.8.6 搜索文章作者的所有文章实现过程 ... 317
 6.8.7 搜索回复作者的所有文章实现过程 ... 318
6.9 开发技巧与难点分析 319
 6.9.1 实现文章回复的异步提交的问题 ... 319
 6.9.2 解决系统当前位置动态设置的问题 ... 321
6.10 本章小结 324

第7章 九宫格记忆网（Java Web+Ajax+jQuery+MySQL 实现）................... 325
视频讲解：1小时17分钟
7.1 开发背景 326
7.2 需求分析 326
7.3 系统设计 326
 7.3.1 系统目标 326
 7.3.2 功能结构 326
 7.3.3 系统流程 327
 7.3.4 开发环境 327
 7.3.5 系统预览 328
 7.3.6 文件夹组织结构 331
7.4 数据库设计 331
 7.4.1 数据库设计 331
 7.4.2 数据表设计 332
7.5 公共模块设计 333
 7.5.1 编写数据库连接及操作的类 ... 333
 7.5.2 编写保存分页代码的JavaBean ... 337
 7.5.3 配置解决中文乱码的过滤器 ... 339
 7.5.4 编写实体类 341

7.6 主界面设计 341
    7.6.1 主界面概述 341
    7.6.2 主界面技术分析 342
    7.6.3 主界面的实现过程 343
7.7 显示九宫格日记列表模块设计 344
    7.7.1 显示九宫格日记列表概述 344
    7.7.2 显示九宫格日记列表技术分析 344
    7.7.3 查看日记原图 346
    7.7.4 对日记图片进行左转和右转 347
    7.7.5 显示全部九宫格日记的实现过程 ... 350
    7.7.6 我的日记的实现过程 354
7.8 写九宫格日记模块设计 355
    7.8.1 写九宫格日记概述 355
    7.8.2 写九宫格日记技术分析 356
    7.8.3 填写日记信息的实现过程 357
    7.8.4 预览生成的日记图片的实现过程 ... 362
    7.8.5 保存日记图片的实现过程 366
7.9 本章小结 368

第8章 图书馆管理系统（Java Web+ MySQL 实现） 369

    视频讲解：1小时41分钟

8.1 开发背景 370
8.2 需求分析 370
8.3 系统设计 370
    8.3.1 系统目标 370
    8.3.2 系统功能结构 371
    8.3.3 系统流程 371
    8.3.4 开发环境 372
    8.3.5 系统预览 372
    8.3.6 文件夹组织结构 373
8.4 数据库设计 373
    8.4.1 数据库分析 373
    8.4.2 数据库概念设计 373
    8.4.3 数据库逻辑结构 375
8.5 公共模块设计 378
    8.5.1 数据库连接及操作类的编写 379
    8.5.2 字符串处理类的编写 382
    8.5.3 配置解决中文乱码的过滤器 382

8.6 主界面设计 383
    8.6.1 主界面概述 383
    8.6.2 主界面技术分析 384
    8.6.3 主界面的实现过程 385
8.7 管理员模块设计 386
    8.7.1 管理员模块概述 386
    8.7.2 管理员模块技术分析 386
    8.7.3 系统登录的实现过程 388
    8.7.4 查看管理员的实现过程 391
    8.7.5 添加管理员的实现过程 395
    8.7.6 设置管理员权限的实现过程 398
    8.7.7 删除管理员的实现过程 402
    8.7.8 单元测试 403
8.8 图书借还模块设计 405
    8.8.1 图书借还模块概述 405
    8.8.2 图书借还模块技术分析 405
    8.8.3 图书借阅的实现过程 407
    8.8.4 图书续借的实现过程 411
    8.8.5 图书归还的实现过程 414
    8.8.6 图书借阅查询的实现过程 416
    8.8.7 单元测试 420
8.9 开发问题解析 421
    8.9.1 如何自动计算图书归还日期 421
    8.9.2 如何对图书借阅信息进行统计排行 422
8.10 本章小结 422

第9章 网络在线考试系统（Servlet+WebSocket+ MySQL 实现） 423

    视频讲解：54分钟

9.1 开发背景 424
9.2 需求分析 424
9.3 系统设计 424
    9.3.1 系统目标 424
    9.3.2 功能结构 425
    9.3.3 系统业务流程 425
    9.3.4 开发环境 425
    9.3.5 系统预览 426
    9.3.6 文件夹组织结构 428
9.4 数据库设计 428

9.4.1	初始化数据库	428
9.4.2	数据库表结构	429
9.4.3	数据库表关系	431

9.5 考试计时模块设计 431
9.5.1	考试计时模块概述	431
9.5.2	考试计时模块技术分析	432
9.5.3	设计计时模块的界面	432
9.5.4	引用并设置 WebSocket 路径	434
9.5.5	编写计时模块的业务逻辑	435
9.5.6	启动计时线程	437

9.6 考试科目模块设计 439
9.6.1	考试科目模块概述	439
9.6.2	考试科目模块技术分析	441
9.6.3	获取并显示考试科目	442
9.6.4	获取并显示指定考试科目的所有试卷	444
9.6.5	获取并显示试题及答案	446

9.7 开发技巧 451
9.7.1	通过字符串 ASCII 码加密实现加密答案	451
9.7.2	科学的加密方式 MD5	451

9.8 本章小结 452

第 10 章 天下淘商城（Struts 2.5+Spring+Hibernate + MySQL 实现）............ 453
  视频讲解：2 小时 3 分钟

10.1 开发背景 454
10.2 需求分析 454
10.3 系统设计 454
10.3.1	功能结构	454
10.3.2	系统流程	455
10.3.3	开发环境	456
10.3.4	系统预览	456
10.3.5	文件夹组织结构	459

10.4 数据库设计 459
10.4.1	数据库概念设计	459
10.4.2	创建数据库及数据表	461

10.5 公共模块的设计 463
10.5.1	泛型工具类	463
10.5.2	数据持久化类	464
10.5.3	分页操作	465
10.5.4	实体映射	467

10.6 项目环境搭建 471
10.6.1	配置 Struts 2.5	472
10.6.2	配置 Hibernate	475
10.6.3	配置 Spring	476
10.6.4	配置 web.xml	477

10.7 前台商品信息查询模块设计 478
10.7.1	前台商品信息查询模块概述	478
10.7.2	前台商品信息查询模块技术分析	478
10.7.3	前台商品信息查询模块实现过程	479

10.8 购物车模块设计 481
10.8.1	购物车模块概述	481
10.8.2	购物车模块技术分析	482
10.8.3	购物车基本功能实现过程	482
10.8.4	订单相关功能实现过程	485

10.9 后台商品管理模块设计 488
10.9.1	后台商品管理模块概述	488
10.9.2	后台商品管理模块技术分析	488
10.9.3	商品管理功能实现过程	489
10.9.4	商品类别管理功能实现过程	493

10.10 开发技巧与难点分析 497
10.11 本章小结 498

第 1 章

ITCLUB 博客

（Servlet+SQL Server 2014+jQuery 实现）

博客，翻译自英文 Blog，它是互联网平台上的个人信息发布中心，每个人都可以随时把自己的思想和灵感写成文章并且更新到博客站点上。本章将介绍如何制作一个博客类的网站——ITCLUB 博客。

通过阅读本章，可以学习到：

- ▶▶ 了解 Ajax 技术的应用
- ▶▶ 掌握 Servlet 的配置
- ▶▶ 掌握如何上传文件
- ▶▶ 掌握评论组件的实现
- ▶▶ 了解 JavaBean 的编写过程
- ▶▶ 掌握 JSP 高级语法的应用
- ▶▶ 掌握 Eclipse 的使用技巧
- ▶▶ 了解 SQL Server 数据库的使用

配置说明

1.1 开发背景

目前,博客已经成为众多网民网络生活中的一个重要组成部分。博客上的文章通常根据发帖时间,以倒序方式由新到旧排列。许多博客专注于在特定的主题上提供评论或新闻,其他则被作为记录个人日记的工具。一个典型的博客结合了文字、图片和其他博客的链接等,能够让读者以互动的方式留下意见,是许多博客的重要元素。大部分的博客内容以文字为主,仍有一些博客专注在艺术、摄影、视频和音乐等主题。博客是社会媒体网络的一部分,比较著名的有新浪、网易等博客。

1.2 系统设计

1.2.1 系统功能设计

ITCLUB 博客系统实现了发布博文、图片管理、添加好友和博客排行榜等功能,ITCLUB 博客由前台的博文信息浏览和后台的博文信息管理两大部分构成。

1. 前台功能模块

前台主要包括"首页""浏览博文""浏览图片""浏览好友""留言板""博文评论"等功能模块。

2. 后台管理模块

后台管理模块主要包括"管理博文""管理图片""管理好友""管理评论"等功能模块,系统功能结构如图 1.1 所示。

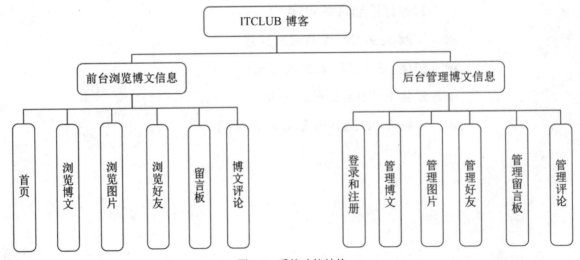

图 1.1 系统功能结构

1.2.2 系统业务流程

普通用户首先进入博客系统的首页，可以查看最新的博文列表和博客排行榜的内容。单击进入具体某个博主的页面后，可以继续浏览该博主的博文信息、图片、好友以及留言板等内容。

博客管理者首先需要登录，登录成功后，进入自己的博客页面，就可以对自己博客中的博文信息、图片、好友以及留言板等内容进行管理。

ITCLUB 博客系统的业务流程如图 1.2 所示。

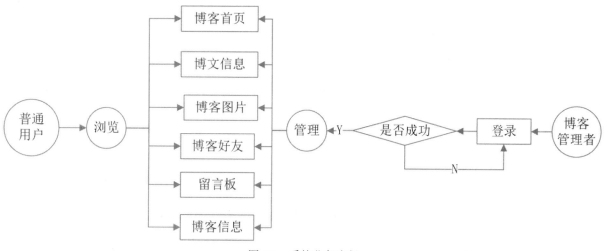

图 1.2 系统业务流程

1.2.3 系统开发环境

本系统的软件开发及运行环境具体如下。
- ☑ 操作系统：Windows 7。
- ☑ JDK 环境：Java SE Development Kit（JDK）version 8。
- ☑ 开发工具：Eclipse for Java EE 4.7（Oxygen）。
- ☑ Web 服务器：Tomcat 9.0。
- ☑ 数据库：SQL Server 2014 数据库。
- ☑ 浏览器：推荐 Google Chrome 浏览器。
- ☑ 分辨率：最佳效果为 1440×900 像素。

由于 Eclipse 的安装方法比较简单，下载后直接解压缩即可。所以下面只介绍 JDK 和 Tomcat 的安装。

1. JDK 的安装与配置

Java 的 JDK 又称 Java SE，是 Sun 公司的产品。由于 Sun 公司已经被 Oracle 公司收购，因此 JDK 可以在 Oracle 公司的官方网站（http://www.oracle.com/index.html）下载。这里下载 64 位 Windows 平台的 JDK，下载后将得到一个名称为 jdk-8u112-windows-x64.exe 的安装文件，双击该文件即可安装，步骤如下。

（1）双击下载的安装文件，将弹出欢迎对话框，单击"下一步"按钮，在弹出的对话框中可以选择安装的功能组件，这里选择默认设置，如图1.3所示。

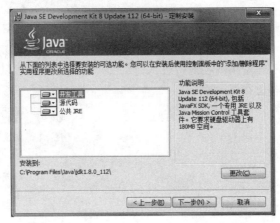

图1.3 "自定义安装"对话框

（2）单击"下一步"按钮，将使用默认的安装路径C:\Program Files\Java\jdk1.8.0_112\来安装JDK，在安装过程中会弹出选择JRE的安装路径对话框，如图1.4所示。

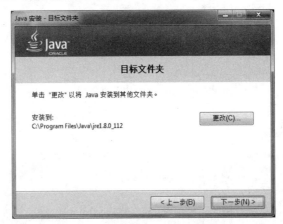

图1.4 JRE默认的安装路径对话框

（3）这里采用默认路径，单击"下一步"按钮，继续安装JDK。安装完成后，在弹出的对话框中单击"关闭"按钮即可。

安装完JDK之后，需要配置环境变量。在Windows操作系统中主要配置3个环境变量，分别是JAVA_HOME、Path和CLASSPATH，其中JAVA_HOME用来指定JDK的安装路径；Path用来使系统能够在任何路径下都可以识别Java命令；CLASSPATH用来加载Java类库的路径。在Windows 7系统中配置环境变量的步骤如下：

（1）在"计算机"图标上右击，在弹出的快捷菜单中选择"属性"命令，在弹出的"属性"对话框中单击"高级系统设置"超链接，将打开如图1.5所示的"系统属性"对话框。

（2）单击"环境变量"按钮，将弹出"环境变量"对话框，如图1.6所示，单击"系统变量"栏下的"新建"按钮，创建新的系统变量。

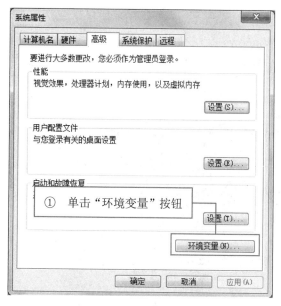

图1.5 "系统属性"对话框　　　　　图1.6 "环境变量"对话框

（3）弹出"新建系统变量"对话框，分别输入变量名 JAVA_HOME 和变量值（即 JDK 的安装路径），其中变量值是笔者的 JDK 安装路径，读者需要根据自己的计算机环境进行修改，如图 1.7 所示。单击"确定"按钮，关闭"新建系统变量"对话框。

（4）在图 1.6 所示的"环境变量"对话框中双击 Path 变量，对其进行修改。将原变量值最前面的 C:\ProgramData\Oracle\Java\javapath;替换为%JAVA_HOME%\bin;%JAVA_HOME%\jre\bin;（注意，最后的";"不要丢掉，它用于分割不同的变量值），如图 1.8 所示。单击"确定"按钮完成环境变量的设置。

图1.7 "新建系统变量"对话框　　　　　图1.8 设置 Path 环境变量值

（5）在图 1.6 所示的"环境变量"对话框中单击"系统变量"栏下的"新建"按钮，新建一个 CLASSPATH 变量，变量值为.;%JAVA_HOME%\lib;%JAVA_HOME%\lib\tools.jar;，如图 1.9 所示。

图1.9 设置 CLASSPATH 变量

（6）JDK 配置完成后，需确认其环境是否配置准确。在 Windows 系统中测试 JDK 环境需要选择"开始"→"运行"命令（没有"运行"命令可以按 Windows+R 快捷键），然后在"运行"对话框中输入 cmd 并单击"确定"按钮启动控制台。在控制台中输入 javac 命令，按 Enter 键，将输出如图 1.10 所示的 JDK 的编译器信息，其中包括修改命令的语法和参数选项等信息。这说明 JDK 环境搭建成功。

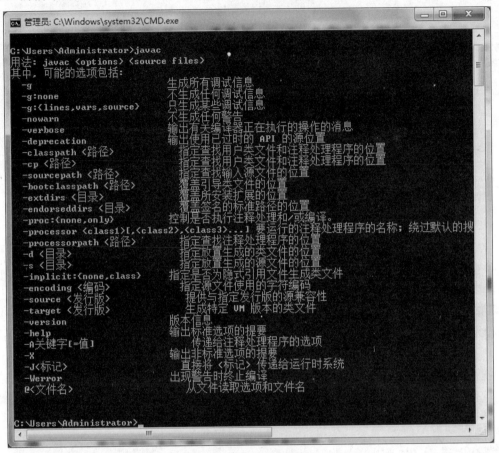

图 1.10　JDK 的编译器信息

2. Tomcat 服务器的安装

Tomcat 服务器可以到它的官方网站（http://tomcat.apache.org）中下载。在官方网站中提供了安装和解压缩两个版本的安装文件，这里需要下载安装版。下载安装版本的 Tomcat 9.0 后，将得到一个名称为 apache-tomcat-9.0.2.exe 的文件。双击该文件即可安装，具体步骤如下。

（1）双击 apache-tomcat-9.0.2.exe 文件，打开安装向导对话框，单击 Next 按钮后，在打开的许可协议对话框中单击 I Agree 按钮，接受许可协议，将打开 Choose Components 对话框，在该对话框中选择需要安装的组件，通常保留其默认选项，如图 1.11 所示。

（2）单击 Next 按钮，在打开的对话框中设置访问 Tomcat 服务器的端口及用户名和密码，通常保留默认配置，即端口为 8080，用户名为 admin，密码为 admin，如图 1.12 所示。

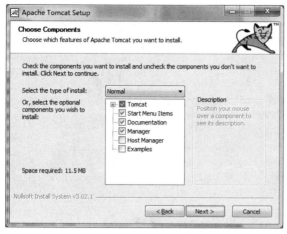
图1.11　Choose Components 对话框

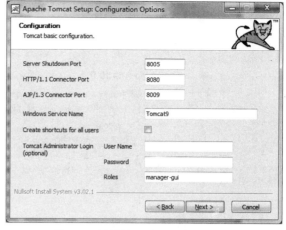
图1.12　设置端口号、用户名和密码

 一般情况下，不要修改默认的端口号，除非 8080 端口已经被占用。

（3）单击 Next 按钮，在打开的 Java Virtual Machine 对话框中选择 Java 虚拟机路径，这里选择 JDK 的安装路径，如图 1.13 所示。

（4）单击 Next 按钮，将打开 Choose Install Location 对话框。在该对话框中可通过单击 Browse 按钮更改 Tomcat 的安装路径，这里将其更改为 D:\tomcat\apache-tomcat-9.0.2 目录下，如图 1.14 所示。

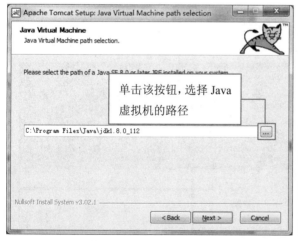
图1.13　选择 Java 虚拟机路径

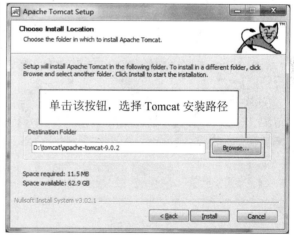
图1.14　更改 Tomcat 的安装路径

（5）单击 Install 按钮，开始安装 Tomcat。在打开安装完成的提示对话框中，取消 Run Apache Tomcat 和 Show Readme 两个复选框的选中，单击 Finish 按钮，即可完成 Tomcat 的安装。

（6）启动 Tomcat。选择"开始"→"所有程序"→Apache Tomcat 9.0 Tomcat 9→Monitor Tomcat 命令，在任务栏右侧的系统托盘中将出现 图标，在该图标上右击，在打开的快捷菜单中选择 Start service 菜单项，启动 Tomcat。

（7）打开 IE 浏览器，在地址栏中输入地址 http://localhost:8080 访问 Tomcat 服务器，若出现图 1.15 所示的页面，则表示 Tomcat 安装成功。

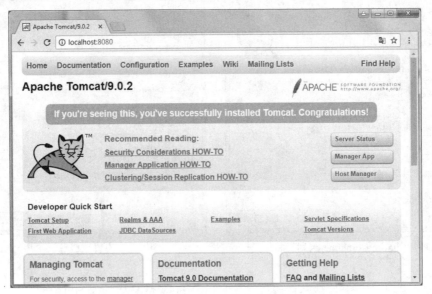

图 1.15　Tomcat 的启动界面

1.2.4　系统预览

　　ITCLUB 博客中有多个页面，下面列出网站中几个典型页面的预览，其他页面可以通过运行资源包中本系统的源程序进行查看。

　　ITCLUB 博客的首页如图 1.16 所示，在该页面中将显示精选博文、最新文章和博客排行等；博主通过"快速登录"超链接登录后，在菜单中选择"进入博客"将进入个人博客首页，如图 1.17 所示。

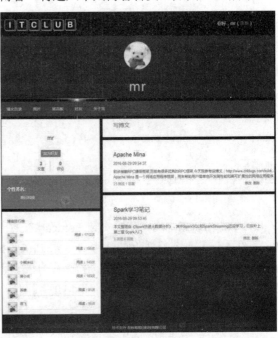

图 1.16　网站首页　　　　　　　　　　　图 1.17　个人博客首页

在个人博客首页中,如果当前用户没有登录,单击"登录"超链接,将显示博客登录页面,通过该页面可以实现登录,如图 1.18 所示;在个人博客首页中,单击"相片"超链接,将显示该博主上传的相片,如图 1.19 所示。

图 1.18　博客登录

图 1.19　博客图片

1.3　数据库设计

1.3.1　数据库设计概述

数据库(Database)是按照数据结构来组织、存储和管理数据的仓库。随着信息技术和市场的发展,特别是 20 世纪 90 年代以后,数据管理不再仅仅是存储和管理数据,而转变成用户所需要的各种数据管理的方式。

在信息化社会,充分有效地管理和利用各类信息资源,是进行科学研究和决策管理的前提条件。数据库技术是管理信息系统、办公自动化系统和决策支持系统等各类信息系统的核心部分,是进行科学研究和决策管理的重要技术手段。本章将采用 SQL Server 数据库,系统数据库名称为 db_mediaBlog,数据库中共包含 7 个表,各个表的内容如图 1.20 所示。

图 1.20　数据表树形结构

1.3.2 创建数据库

下面在 SQL Server Management Studio 中创建数据库 db_mediaBlog,具体操作步骤如下。

(1)选择"开始"→"所有程序"→Microsoft SQL Server 2014→SQL Server 2014 Management Studio 命令,进入"连接到服务器"对话框,在该对话框中,① 选择"SQL Server 身份验证";②输入登录名,通常为 sa;③ 输入密码,该密码为用户自己设置的;④ 单击"连接"按钮,如图 1.21 所示。

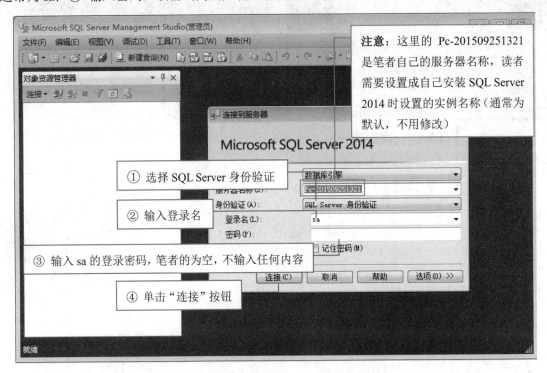

图 1.21 "连接到服务器"对话框

> **说明** 服务器名称实际上就是安装 SQL Server 2014 时设置的实例名称。

(2)进入 SQL Server 2014 的管理器,选中左侧"对象资源管理器"中的"数据库"节点,右击,在弹出的快捷菜单中选择"新建数据库"菜单项,如图 1.22 所示。

(3)进入"新建数据库"对话框,如图 1.23 所示。在"数据库名称"文本框中输入数据库名称,这里输入 db_mediaBlog,单击"确定"按钮,即可创建该数据库。

> **说明** 使用 SQL Server Management Studio 创建数据库后,会生成两个文件(db_shop.mdf 和 db_shop_log.ldf),默认存储在 SQL Server 2014 安装目录下的 MSSQL\DATA 文件夹中。

图 1.22　新建数据库

图 1.23　创建数据库名称

1.3.3　创建数据表

使用 SQL Server Management Studio 创建会员信息表（tb_user）的步骤如下。

（1）在 1.3.2 节打开的 SQL Server Management Studio 管理器中展开 db_mediaBlog 数据库，选中"表"节点，单击右键，在弹出的快捷菜单中选择"新建"→"表"菜单项，如图 1.24 所示。

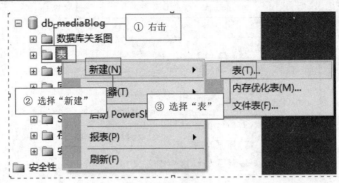

图1.24 选择"新建"→"表"

（2）在 SQL Server Management Studio 管理器的中间区域会出现设置数据表字段及相应数据类型的界面，在该区域设置字段及数据类型，如图1.25所示。

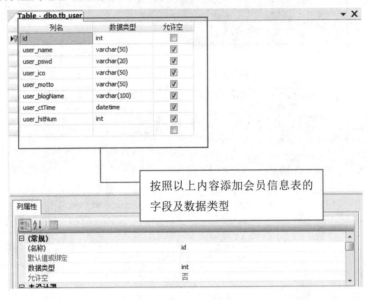

图1.25 创建数据表

（3）单击工具栏中的"保存"按钮，将弹出"选择名称"对话框，输入表名称后，如图1.26所示，单击"确定"按钮即可成功创建数据表。

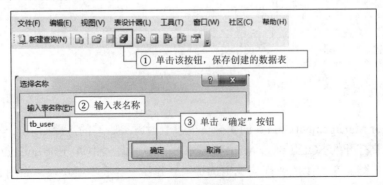

图1.26 输入表名称并保存

> **说明** 新创建的数据表,在"对象资源管理器"中可能不能马上看到,解决方法是:选中"表"节点,然后按 F5 键刷新,这时就可以看到了。此时,在设置的表名称的前面又多出了"dbo."这个前缀,这是 SQL Server 自动添加的。

(4) tb_user 表中 id 字段的数据类型为 int 类型,该字段为自动编号,在 SQL Server Management Studio 管理器的中间区域选中 id 字段,然后在下方的"列属性"中展开"标识规范"节点,分别设置"(是标识)"为是、"标识增量"为 1、"标识种子"为 1,如图 1.27 所示(如果要将其他数据表中的相关字段设置为自动编号,只要字段类型为 int,都可以按照该方式进行设置)。

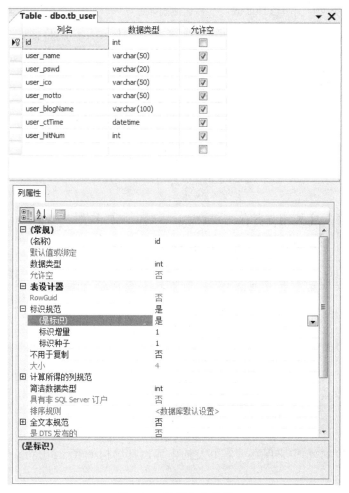

图 1.27 设置自动编号

> **说明** 如果需要为数据表中的相关字段设置默认值,可以在图 1.27 中的"列属性"下"(常规)"中选择"默认值或绑定",然后在其后面的空白处进行设置,常用的默认值设置:int 类型字段的默认值通常设置为 0 或者 1,datetime 类型字段的默认值通常设置为 getdate()。

1.3.4 其他数据表结构

除了 1.3.3 节介绍的 tb_user 数据表外，本项目中还包括以下数据表，请参照 1.3.3 节的方法进行创建。

1. 文章表

文章表（tb_article）主要用来保存博客的文章内容，其结构如表 1.1 所示。

表 1.1　tb_article 表结构

字 段 名	数 据 类 型	是否 Null 值	默认值或绑定	描　　述
id	int	□		博客文章表主键
art_whoId	int	☑		博客文章的作者 id
art_title	varchar(50)	☑		博客文章题目
art_content	ntext	☑		博客文章内容
art_pubTime	datetime	☑		博客文章发表时间
art_count	int	☑		博客文章单击次数

2. 评论表

评论表（tb_articleR）主要用来保存博客的评论内容，其结构如表 1.2 所示。

表 1.2　tb_articleR 表结构

字 段 名	数 据 类 型	是否 Null 值	默认值或绑定	描　　述
id	int	□		评论表主键
artReview_rootId	int	☑		评论记录的主评论 ID
artReview_author	varchar(50)	☑		评论的作者
artReview_content	varchar(2000)	☑		评论的内容
artReview_time	datetime	☑		评论的时间

3. 好友表

好友表（tb_friend）主要用来保存博客好友的内容，其结构如表 1.3 所示。

表 1.3　tb_friend 表结构

字 段 名	数 据 类 型	是否 Null 值	默认值或绑定	描　　述
id	int	□		好友表主键
friend_whoId	int	☑		好友所属的用户 id
user_id	int	☑		博客本身的用户 id

4. 图片表

图片表（tb_photo）主要用来保存博客图片的内容，其结构如表 1.4 所示。

表 1.4 tb_photo 表结构

字 段 名	数 据 类 型	是否 Null 值	默认值或绑定	描 述
id	int	☐		图片表主键
photo_whoId	int	☑		图片所属的用户 id
photo_src	varchar(200)	☑		图片的存储地址
photo_info	varchar(1000)	☑		图片名称
photo_uptime	datetime	☑		图片上传时间

5. 留言表

留言表（tb_word）主要用来保存博客留言板的内容，其结构如表 1.5 所示。

表 1.5 tb_word 表结构

字 段 名	数 据 类 型	是否 Null 值	默认值或绑定	描 述
id	int	☐		留言表主键
word_whoId	int	☑		留言所属的用户 id
word_content	varchar(2000)	☑		留言内容
word_author	varchar(50)	☑		留言作者
word_time	datetime	☑		留言时间

6. 文章评论表

文章评论表（tb_articleRB）主要用来保存用户多次评论的信息，其结构如表 1.6 所示。

表 1.6 tb_articleRB 表结构

字 段 名	数 据 类 型	是否 Null 值	默认值或绑定	描 述
id	int	☐		评论表主键
artReview_rootId	int	☑		评论所属的用户 id
artReview_author	varchar(50)	☑		评论作者
artReview_content	varchar(2000)	☑		评论内容
artReview_time	datetime	☑		评论时间

> **说明** 由于新创建的数据库及数据表，不会自动添加相应的数据，为了让读者可以快速进行开发，我们在资源包中提供了本项目的数据库源文件，读者可以附加该数据库。(保存在"资源包\TM\01\数据库文件"目录下）

1.4 开发准备

1.4.1 在 Eclipse 中创建 Web 服务器

使用 Eclipse 开发 Web 项目时，需要先配置 Web 服务器，如果已经配置好 Web 服务器，就不需要再重新配置，即本节的内容不是每个项目开发时所必须经过的步骤。创建 Web 服务器的具体步骤如下。

（1）双击 eclipse.exe 文件启动 Eclipse，在弹出的选择工作空间的对话框中指定工作空间位置为 Eclipse 安装目录的 workspace 目录下，如图 1.28 所示。

> **说明** 这里设置的工作空间，就是所创建项目的保存地址。例如，按图 1.28 设置后，所创建的项目就会保存在如图 1.29 所示的位置。

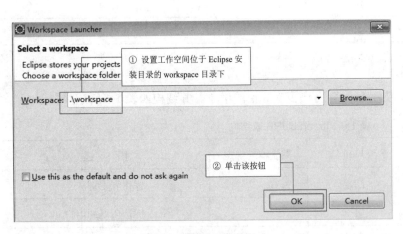

图 1.28 设置工作空间

图 1.29 工作空间的位置

（2）单击 OK 按钮，若是初次进入在步骤（1）中选择的工作空间，则出现 Eclipse 的欢迎页，如图 1.30 所示，否则直接进入 Eclipse 的工作台。

第 1 章　ITCLUB 博客（Servlet+SQL Server 2014+jQuery 实现）

图 1.30　欢迎页

（3）关闭如图 1.30 所示的欢迎页，进入 Eclipse 的工作台，在底部居中的位置选中 Servers 选项卡，如果之前没有创建过 Web 服务器，将显示如图 1.31 所示的效果，否则会显示类似如图 1.36 所示的已经创建的 Web 服务器，则下面的步骤（4）～步骤（7）将不需要操作。

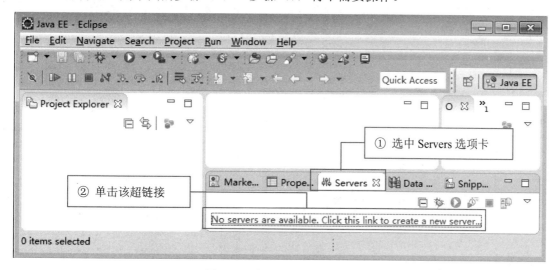

图 1.31　选中 Servers 选项卡

（4）单击图 1.31 中的蓝色带下划线的超链接，将打开创建新服务器的对话框，在该对话框中，展开 Apache 节点，选中该节点下的 Tomcat v9.0 Server 子节点，其他采用默认，如图 1.32 所示。

（5）单击 Next 按钮，将打开 New Server 对话框，用于指定 Tomcat 服务器安装路径，单击 Browse...按钮，将打开"浏览文件夹"对话框，在该对话框中选择 Tomcat 的安装路径（由于笔者计算机中 Tomcat

9.0 安装到 D:\tomcat\目录下，所以这里选择 D:\tomcat\apache-tomcat-9.0.2，读者可以根据自己的安装路径进行设置），其他采用默认，如图 1.33 和图 1.34 所示。

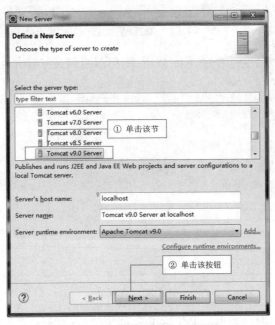

图 1.32　选择 Tomcat 9.0 服务器

注意　在图 1.32 中，根据 Eclipse 的版本不同，显示的子节点可能会有所不同，此时，只要找到与当前计算机中安装的 Tomcat 版本一致的节点并选中即可。

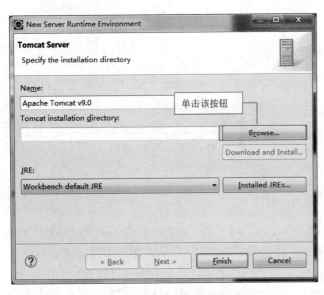

图 1.33　新建 Tomcat 服务器

图 1.34　选择已经安装的 Tomcat 服务器

（6）单击"确定"按钮，返回到 New Server Runtime Environment 对话框，如图 1.35 所示。

图 1.35　指定 Tomcat 服务器

（7）单击 Finish 按钮，完成 Tomcat 服务器的配置。这时在 Servers 选项卡中将显示一个"Tomcat v9.0 Server at localhost [Stopped]"节点，如图 1.36 所示。这时表示 Tomcat 服务器没有启动。

图 1.36　Tomcat 服务器创建成功

说明　在 Servers 选项卡中选中新创建的 Tomcat 服务器节点，单击如图 1.36 所示的启动 按钮，可以启动服务器。服务器启动后，它右侧第二个停止按钮 变为可用状态 ，单击该按钮可以停止服务器。

1.4.2　创建项目

应用 Eclipse 创建一个名称为 blogs 的项目，具体步骤如下。

（1）在 Eclipse 的工作台依次选择如图 1.37 所示的菜单项。

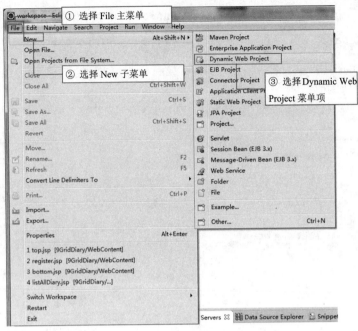

图1.37 选择新建 Dynamic Web Project 菜单项

（2）将打开新建动态 Web 项目对话框，在该对话框的 Project name 文本框中输入项目名称，这里为 blogs，其他采用默认，如图 1.38 所示。

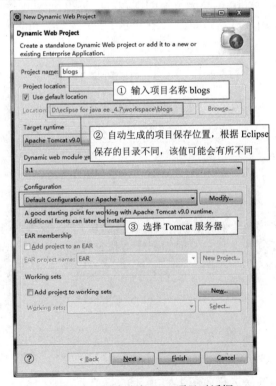

图1.38 新建动态 Web 项目对话框

（3）单击 Next 按钮，将打开如图 1.39 所示的配置 Java 应用的对话框，这里采用默认，单击 Next 按钮。

（4）将打开如图 1.40 所示的配置 Web 模块对话框，选中 Generate web.xml deployment descriptor 复选框，用于创建项目时自动创建 web.xml 文件。

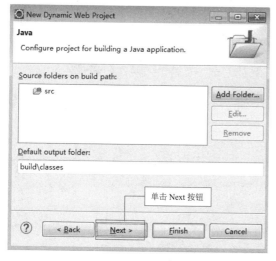

图 1.39　配置 Java 应用的对话框

图 1.40　配置 Web 模块对话框

说明　web.xml 文件是用来设置初始化配置信息的。在该文件中，一般会配置项目的欢迎页、启动加载级别、Servlet 映射和过滤器等。

（5）单击 Finish 按钮，完成项目 blogs 的创建。此时在 Eclipse 平台左侧的 Project Explorer 中将显示项目 blogs，展开如图 1.41 所示的各节点，可显示自动生成的目录结构。

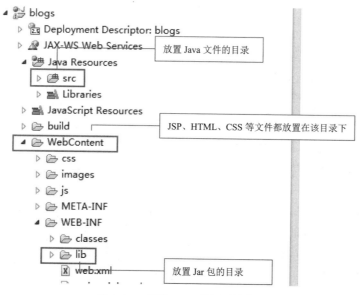

图 1.41　项目 blogs 的目录结构

1.4.3 创建 JSP 文件

项目创建完成后，就可以根据实际需要创建 Java 文件、JSP 文件或者其他文件。下面将创建一个名称为 index.jsp 的 JSP 文件。

（1）在 Eclipse 的 Project Explorer 中选中 blogs 节点下的 WebContent 节点并右击，在打开的快捷菜单中选择 New→JSP File 菜单项，如图 1.42 所示。

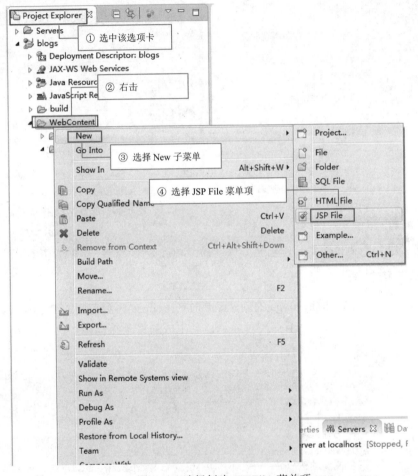

图 1.42　选择创建 JSP File 菜单项

（2）在打开的 New JSP File 对话框中，在 File name 文本框中输入文件名 index.jsp，其他采用默认，如图 1.43 所示。

（3）单击 Finish 按钮，完成 JSP 文件的创建。此时，在 Project Explorer 的 WebContent 节点下将自动添加一个名称为 index.jsp 的节点，同时，Eclipse 会自动打开该文件，如图 1.44 所示。

（4）由于 ISO-8859-1 编码不支持中文，所以要想在页面中输入中文，需要将其修改为 UTF-8 或者 GBK，本项目修改为 UTF-8，如图 1.44 中的步骤②所示。

图 1.43　新建 JSP 文件对话框

图 1.44　创建的 index.jsp 文件的默认代码

说明　在默认情况下，系统创建的 JSP 文件采用 ISO-8859-1 编码，不支持中文。为了让 Eclipse 创建的 JSP 文件支持中文，可以在首选项（Preferences）中将 JSP 文件的默认编码设置为 UTF-8 或者 GBK。将编码设置为 UTF-8 的具体方法如下。

❶ 选择菜单栏中的 Window→Preferences 菜单项。

❷ 在打开的 Preferences 对话框中选中左侧 Web 节点下的 JSP 文件子节点。

❸ 在右侧 Encoding 下拉列表中选择 ISO 10646/Unicode(UTF-8)列表项。

❹ 单击 OK 按钮完成编码的设置。

经过以上设置后再创建 JSP 文件，默认就采用 UTF-8 编码了。

（5）设置页面的标题，以及要显示的欢迎文字，如图1.44中的步骤③和步骤④所示。

（6）按快捷键Ctrl+S将编辑好的JSP文件保存。至此，完成了ITCULB博客的欢迎页面。

说明 初学者在开发项目时，一定要养成边开发边保存的良好习惯，即每操作完一个步骤或者编写完一行代码之后，都要按快捷键Ctrl+S保存。

现在就可以运行项目了，具体步骤如下。

（1）在Project Explorer中选择blogs节点，单击工具栏上 按钮上的黑色三角，在弹出的菜单中选择Run As→Run on Server菜单项，如图1.45所示。

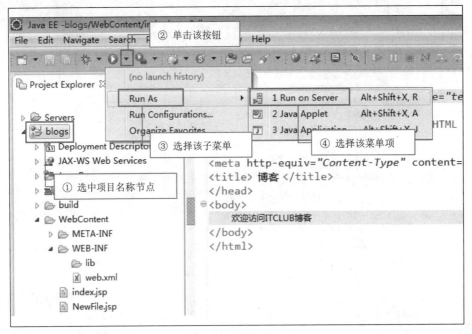

图1.45　运行项目

说明 在运行项目时，如果不是初次运行，弹出的菜单可能会包含上次运行的历史记录，与图1.45有所不同，此时只要找到与图1.45所示的内容选择即可。

（2）将打开选择使用的服务器对话框，采用默认设置，如图1.46所示。

（3）单击Finish按钮，运行项目，将显示如图1.47所示的页面。

说明 在运行项目时，默认采用的是Eclipse内置的浏览器显示。实际上，也可以采用计算机中安装的其他浏览显示，具体方法是：复制图1.47中的URL地址"http://localhost:8080/blogs/"，粘贴到浏览器的地址栏中，并按Enter键。

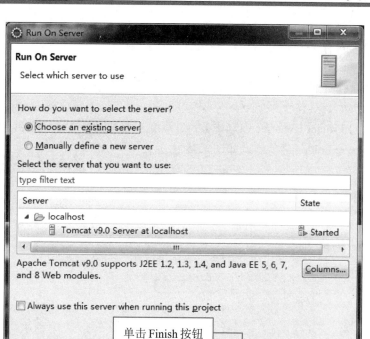

图 1.46　选择使用的服务器对话框

图 1.47　项目的运行结果

1.4.4 实现"网站正在建设中"页面

由于网站还处于正在建设中，所以我们将该 JSP 页面修改为网站正在建设中页面，等建设完成后，再跳转到实际的功能页面，具体步骤如下。

（1）在 Eclipse 的 Project Explorer 中选中 blogs 节点下的 WebContent 节点，并单击右键，在打开的快捷菜单中选择 New→Folder 菜单项，如图 1.48 所示。

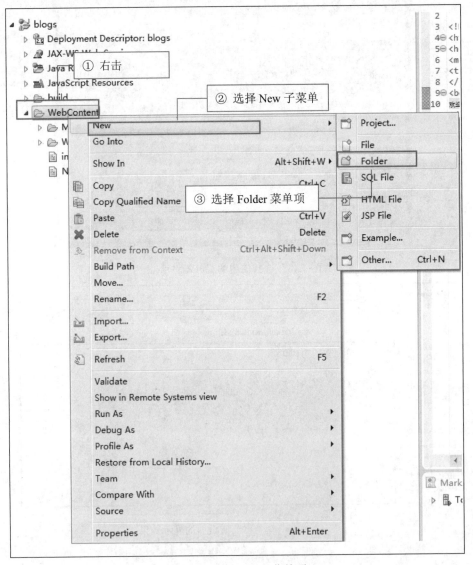

图 1.48　选择 Folder 菜单项

（2）在打开的创建文件夹对话框中 Folder name 文本框中输入文件名称为 images，如图 1.49 所示。

图1.49　新建文件夹对话框

（3）单击 Finish 按钮，创建一个名称为 images 的文件夹，用于保存项目中的图片文件。准备一张提示网站正在建设中的图片（保存在"资源包\TM\01\Src\准备图片"目录中），这里为 building.jpg，并把它复制到刚刚创建的 images 文件夹中，如图1.50和图1.51所示。

图1.50　复制图片到项目中步骤①

图1.51　复制图片到项目中步骤②

（4）在 index.jsp 页面中，如图1.52所示的位置添加以下 HTML 代码，用于显示提示网站正在建设中的图片。（注意：编写代码时，每一行前面的行号不用写。）

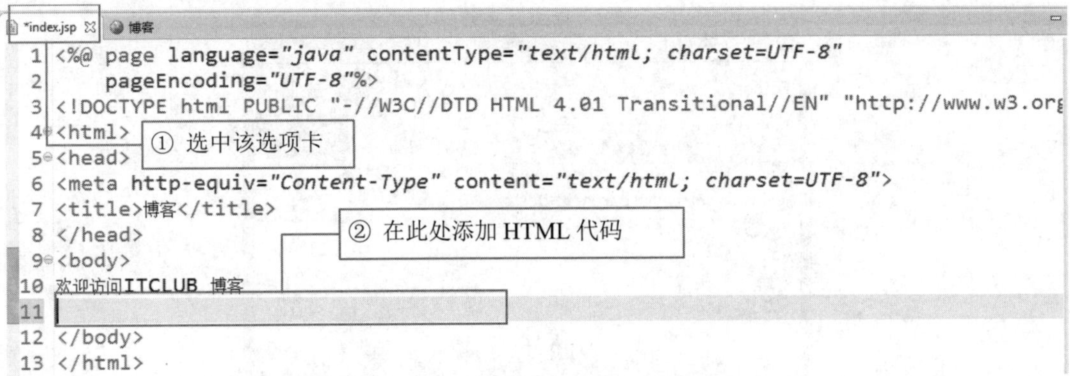

```
1  <%@ page language="java" contentType="text/html; charset=UTF-8"
2      pageEncoding="UTF-8"%>
3  <!DOCTYPE html PUBLIC "-//W3C//DTD HTML 4.01 Transitional//EN" "http://www.w3.org
4  <html>          ① 选中该选项卡
5  <head>
6  <meta http-equiv="Content-Type" content="text/html; charset=UTF-8">
7  <title>博客</title>
8  </head>         ② 在此处添加 HTML 代码
9  <body>
10 欢迎访问ITCLUB 博客
11
12 </body>
13 </html>
```

图 1.52 添加 HTML 代码的位置

> **说明** 一般情况下，HTML 代码都是写在起始标记<body>和结束标记</body>中间，就是文字"欢迎访问 ITCLUB 博客"的位置。

```
<br>                                              <!--换行-->
<img alt="网站正在建设中......" src="images/building.jpg">    <!--插入图片-->
```

> **说明** 在上面代码段中的 src 属性用于指定要显示图片的路径，设置为 images/building.jpg，表示要显示一张名称为 building.jpg 的图片，该图片被保存在项目的 WebContent/images 目录中。也可以换成其他图片，只要修改 building.jpg 为复制到 images 目录中的图片文件名即可。

保存 index.jsp 文件，切换到"博客"选项卡中，按 F5 键刷新页面，将显示如图 1.53 所示的效果。

图 1.53 添加图片后的显示效果

（5）从图 1.53 中可以看出，页面中的内容默认是居左显示，设置为居中比较美观。这时，可以通过在如图 1.54 所示的位置添加以下 CSS 样式代码来实现。对于 CSS 代码，通常添加到<head></head>标记中间。

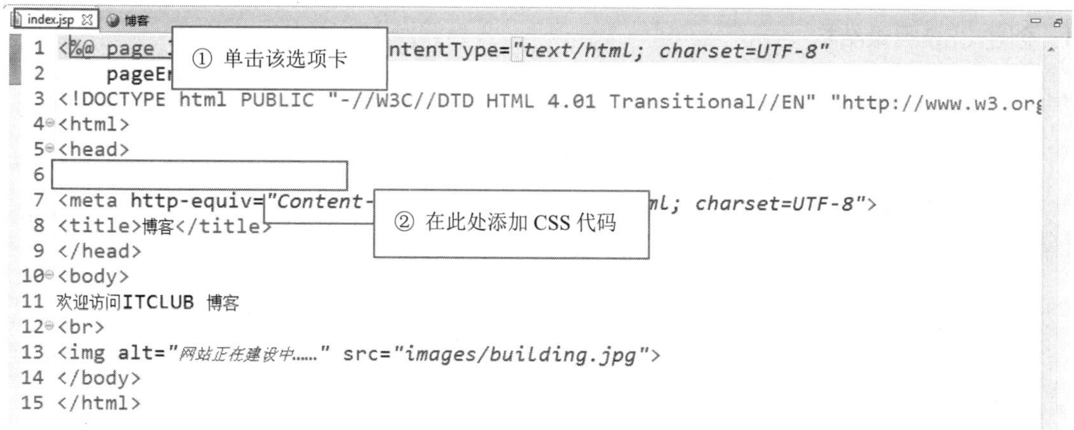

图 1.54　设置居中

```
<style>
    body{
        margin:50px auto;    /*设置外边距*/
        text-align: center;  /*设置居中对齐*/
    }
</style>
```

保存 index.jsp 文件，切换到"博客"选项卡中，按 F5 键刷新页面，将显示如图 1.55 所示的效果。

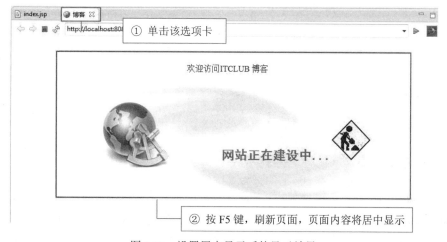

图 1.55　设置居中显示后的显示效果

1.4.5　创建项目目录结构

在编写代码之前，可以把系统中可能用到的文件夹（也就是目录结构）先创建出来（例如，在 1.4.4 节中创建的 images 文件夹，是用于保存网站中所使用的图片），这样不但可以方便以后的开发工作，也可以规范网站的整体架构。在开发 ITCLUB 博客时，创建项目目录结构主要分为以下两部分。

1. 创建 JSP 目录结构

在 blogs 项目的 WebContent 节点下，分别创建 css、images 和 js 文件夹，如图 1.56 所示。

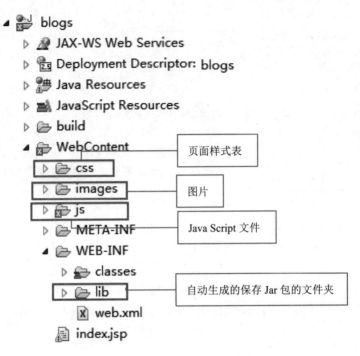

图 1.56　完成后的 JSP 目录结构

> **说明**　创建 css 和 js 文件夹的具体方法同 1.4.2 节创建 images 文件夹类似，只是输入的文件夹名不同。

2. 创建 Java 目录结构

展开 blogs 项目的 Java Resources 节点，在其子节点 src 上创建 com.dao、com.filter、com.servlet、com.toolsBean 和 com.valueBean 5 个包。例如，创建 com.dao 包的具体步骤如下。

（1）在 src 节点上单击右键，在弹出的快捷菜单中选择 New→Package 菜单项，如图 1.57 所示。

（2）在打开的新建 Java 包对话框中输入包名 com.dao，如图 1.58 所示。

（3）单击 Finish 按钮，完成 com.dao 包的创建。按照同样的方法，在 src 节点上再分别创建 com.filter、com.dao、com.servlet、com.toolsBean 和 com.valueBean 4 个包，创建后，如图 1.59 所示。

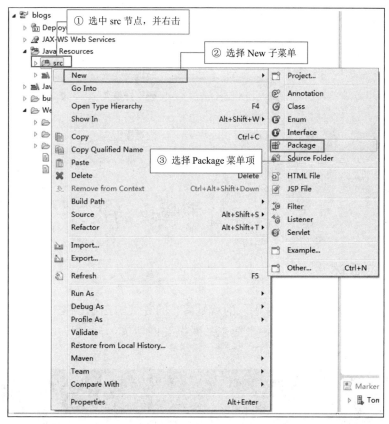

图1.57 选择创建包菜单项

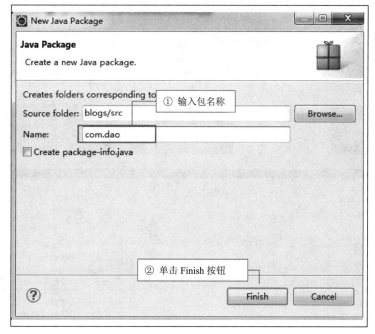

图1.58 新建Java包对话框

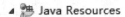

```
▲ ⌘ Java Resources
    ▲ ⌘ src
        ▷ ⊞ com.dao ———————— 数据库业务处理类
        ▷ ⊞ com.filter ———————— 数据过滤类
        ▷ ⊞ com.servlet ———————— 表单提交类
        ▷ ⊞ com.toolsBean ———— 工具类
        ▷ ⊞ com.valueBean ———— 数据模型类
```

图 1.59　完成后的 Java 目录结构

1.5　博客首页模块的设计

1.5.1　首页模块概述

当用户访问 ITCLUB 博客时,首先进入的就是博客的首页。在 ITCLUB 博客的首页中,用户不但可以查看精选的博文,也可以查看到各个博主最新撰写的博文,同时还可以了解博客的排行情况。ITCLUB 博客首页的运行效果如图 1.60 所示。

图 1.60　博客首页的效果

1.5.2 设计首页页面

从美工设计完成的材料（保存在"资源包\TM\01\Src\首页模块"目录中）中，复制首页对应的 JSP 文件（包括 index.jsp）和页面资源文件（css 文件夹内资源、js 文件内资源、images 文件内资源）。对应的操作如图 1.61 所示。

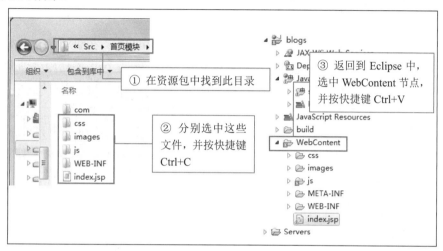

图 1.61 复制美工设计的首页及页面相关资源

在 Project Explorer 中选择 blogs 节点，单击工具栏 按钮上的黑色三角，在弹出的菜单中选择 Run As→Run on Server 菜单项运行程序，程序运行后，打开计算机中的浏览器（推荐使用 Google Chrome 浏览器），在地址栏中输入 http://localhost:8080/blogs/index.jsp，并按 Enter 键，将显示如图 1.62 所示的运行结果。

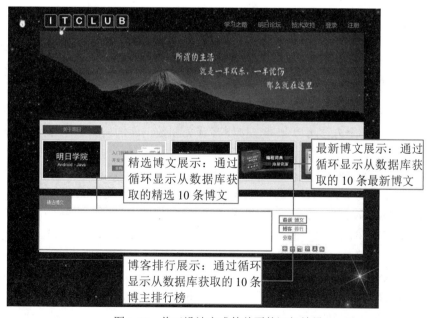

图 1.62 美工设计完成的首页的运行结果

在打开的 ITCLUB 博客的首页中，主要有 3 个部分需要添加动态代码，也就是把图 1.62 所示的 3 个区域中的相关信息通过 JSP 代码从数据库中读取，并在页面中显示出来。

1.5.3 实现"精选博文"功能

1．引入数据库连接类和数据过滤类等工具类

在开始进行 JSP 的代码编写前，首先要引入数据库连接类和数据库过滤类等包装好的工具类。使用这些工具类中的方法可以快速实现数据库的连接操作以及时间和字符串的通用处理操作，这样就可以更加专注处理核心的业务逻辑，具体引入的过程如图 1.63 所示。

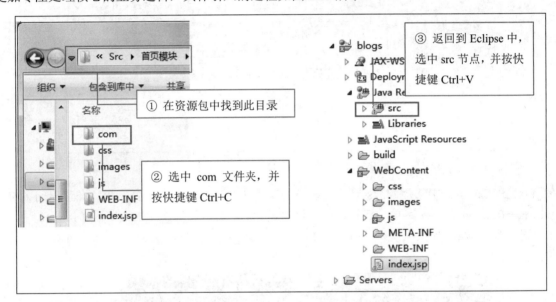

图 1.63　引入相关工具类

2．创建首页对应的操作类 IndexServlet

IndexServlet 类是博客首页对应的操作类。在这个类中，定义了接收用户访问博客首页的 doGet() 方法和 doPost() 方法。这两个方法可以起到连接博客首页和数据库的桥梁通道作用。创建 IndexServlet 类的具体方法如下。

（1）在 Eclipse 左侧的 Project Explorer 中选中 blogs/Java Resources/src/com.servlet 节点，并且在该节点上单击右键，在弹出的快捷菜单中选择 New→Class 菜单项，如图 1.64 所示。

（2）在打开的 New Java Class 对话框中输入类的名称 IndexServlet，如图 1.65 所示。

（3）单击 Finish 按钮，完成类的创建，这时系统自动打开该文件。开始编写代码。IndexServlet 继承 HttpServlet 父类，并且重写父类的 doGet() 和 doPost() 方法，这两个方法分别对应前台的 GET 方法请求和 POST 方法请求。前台通过 GET 方法可以将表单信息以明文无加密的方式传递到后台，而通过 POST 方法发送的请求可以对一些需要加密的信息进行传递，比如用户的密码等，IndexServlet 的具体代码如下。

第 1 章　ITCLUB 博客（Servlet+SQL Server 2014+jQuery 实现）

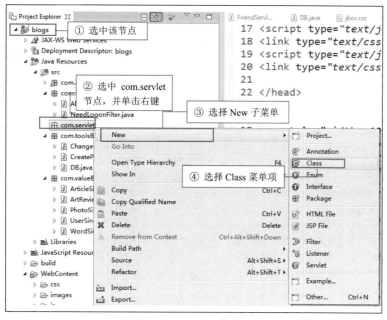

图 1.64　选择创建类菜单项

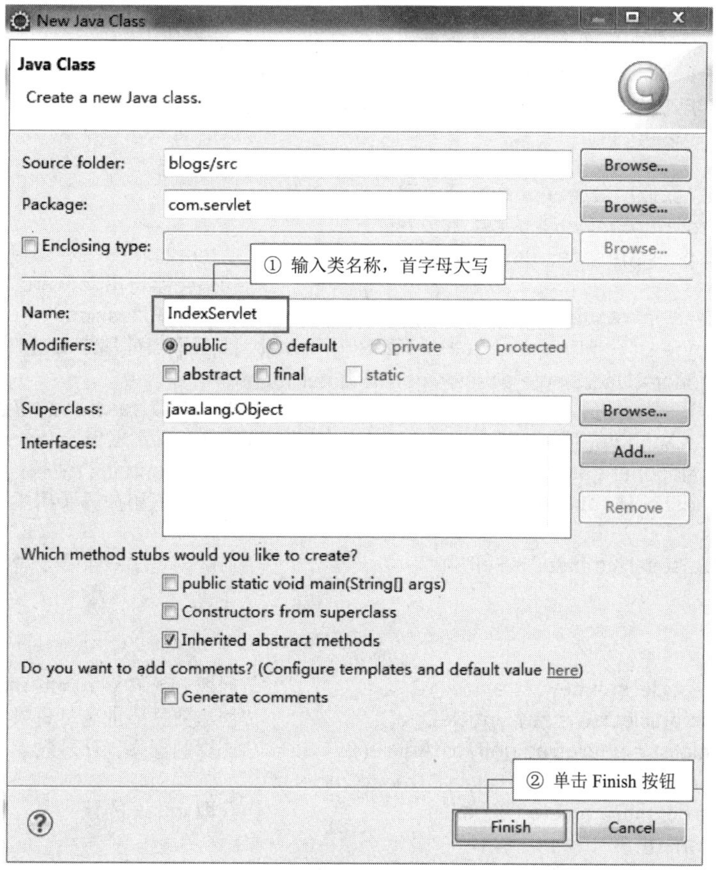

图 1.65　创建 Java 类对话框

> **说明** 在输入以下代码时，如果在某一行的前面出现 标记，这是警告标记，不影响程序的运行，可以不用理会。

例程 01 代码位置：资源包\TM\01\blogs\src\com\servlet\IndexServlet.java

```java
package com.servlet;                                        //指定包位置在 com.servlet 下
import java.io.IOException;                                 //导入 IOException 包
import java.util.ArrayList;                                 //导入 ArrayList 包
import java.util.List;                                      //导入 List 包
import javax.servlet.RequestDispatcher;                     //导入 RequestDispatcher 包
import javax.servlet.ServletException;                      //导入 ServletException 包
import javax.servlet.http.HttpServlet;                      //导入 HttpServlet 包
import javax.servlet.http.HttpServletRequest;               //导入 HttpServletRequest 包
import javax.servlet.http.HttpServletResponse;              //导入 HttpServletResponse 包
import javax.servlet.http.HttpSession;                      //导入 HttpSession 包
import com.dao.ArticleDao;                                  //导入 ArticleDao 包
import com.dao.UserDao;                                     //导入 UserDao 包
import com.toolsBean.Change;                                //导入 Change 包
import com.valueBean.UserSingle;                            //导入 UserSingle 包
public class IndexServlet extends HttpServlet {
//调用 doGet()方法，获取前台通过 get 方法传递过来的参数
protected void doGet(HttpServletRequest request,
        HttpServletResponse response)throws ServletException, IOException {
    doPost(request,response);                               //执行 doPost()方法
}
//调用 doPost()方法，获取前台通过 post 方法传递过来的参数
protected void doPost(HttpServletRequest request,
        HttpServletResponse response)throws ServletException, IOException {
    String forward="";                                      //初始化字符串 forward
    HttpSession session=request.getSession();               //获取系统 session
    int userid=Change.strToInt(request.getParameter("master"));//获取当前用户 id
    UserSingle logoner=(UserSingle)session.getAttribute("logoner");
    if(null!=logoner){                                      //根据获取 session 的值进行逻辑判断
        session.setAttribute("logoner",logoner);            //将 logoner 赋值给 session 变量 logoner
        if(userid==logoner.getId()){                        //根据 userid 进行逻辑判断
            request.setAttribute("isSelf","1");             //当前浏览用户等于博主 id，则返回 1
        }else{
            request.setAttribute("isSelf","0");             //当前浏览用户不等于博主 id，则返回 0
        }
    }
    try{
        List mostArticlelist = new ArrayList();             //创建 List 实例 mostArticlelist
        ArticleDao articleDao = new ArticleDao();           //创建数据库业务处理类 articleDao
        mostArticlelist = articleDao.getMostArticle();      //调用数据库，获取精选文章数据
        request.setAttribute("mostArticlelist", mostArticlelist);
        forward = getInitParameter("index");                //获取 index 的值
    }catch(Exception e){
        forward=this.getServletContext().getInitParameter("messagePage");
```

```
        System.out.println("'获取首页信息错误！");          //打印出错误信息
        e.printStackTrace();
    }
    //获取响应指令
    RequestDispatcher rd=request.getRequestDispatcher(forward);
    rd.forward(request,response);                          //指定返回的路径以及响应信息
    }
}
```

3. 创建博文管理的数据库处理类 ArticleDao

在"例程 01"里，通过 doGet()方法和 doPost()方法，接收从前台页面访问的请求时，使用了数据库业务操作类 ArticleDao 的 getMostArticle()方法，获取博文管理中的精选文章记录。下面将编码实现 ArticleDao 中的 getMostArticle()方法，具体操作步骤如下。

（1）在 Eclipse 左侧的 Project Explorer 中选择 blogs/Java Resources/src/com.dao 节点，并且在该节点单击右键，在弹出的快捷菜单中选择 New→Class 菜单项，如图 1.66 所示。

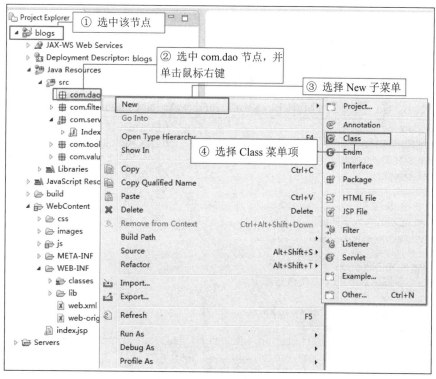

图 1.66　选择创建类菜单项

（2）在打开的 New Java Class 对话框中输入类的名称 ArticleDao，如图 1.67 所示。

（3）单击 Finish 按钮完成类的创建，系统自动打开该文件。开始编写代码。ArticleDao 继承 SuperDao 父类，在 getMostArticle()方法中，首先创建用于数据库查询的 SQL 语句，接下来创建数据库的连接类 mydb，通过 mydb 的 doPstm()方法，执行数据库的查询，最后将结果集赋值到 newArticleList 数组集合中，并且将这些数据返回给页面进行显示，具体代码如下。

图 1.67 创建 ArticleDao 类的对话框

例程 02 代码位置：资源包\TM\01\blogs\src\com\dao\ArticleDao.java

```java
package com.dao;                              //指定包位置在 com.dao 下
import java.sql.ResultSet;                    //引入 ResultSet 类
import java.sql.SQLException;                 //引入 SQLException 类
import java.util.ArrayList;                   //引入 ArrayList 类
import java.util.List;                        //引入 List 类
import com.toolsBean.DB;                      //引入 DB 类
import com.valueBean.ArticleSingle;           //引入 ArticleSingle 类
public class ArticleDao extends SuperDao{
    /**
     * @throws SQLException
     * @功能：  获取精选博文（10条数据库记录）
     */
    public List getMostArticle() throws SQLException{
        //创建数据库的 SQL 语句
        String sql="select top 10 t1.id,t1.art_whoId,t1.art_title,t1.art_content," +
                "t1.art_count,convert(varchar, t1.art_pubTime, 111)," +
                "t2.user_name from tb_article t1,tb_user t2 where " +
                "t1.art_whoId=t2.id   order by art_count desc";
        List newArticleList=null;             //创建 List 实例 newArticleList
        DB mydb=new DB();                     //创建数据库连接实例 mydb
        mydb.doPstm(sql,null);                //执行数据库查询
        ResultSet rs=mydb.getRs();            //将结果集保存在 rs 内
        if(rs!=null){                         //根据结果集进行判断
            newArticleList=new ArrayList();   //将 newArticleList 定义为数组
            while(rs.next()){                 //根据 rs 结果集进行循环
```

```
                ArticleSingle single=new ArticleSingle();      //创建 ArticleSingle 实例
                single.setId(rs.getInt(1));                    //取出博文记录的 id
                single.setArtWhoId(rs.getInt(2));              //取出博文记录的用户 id
                single.setArtTitle(rs.getString(3));           //取出博文记录的标题
                single.setArtContent(rs.getString(4));         //取出博文记录的内容
                single.setArtCount(rs.getInt(5));              //取出博文记录的阅读数
                single.setArtPubTime(rs.getString(6));         //取出博文记录的发布时间
                single.setUserName(rs.getString(7));           //取出博文记录的用户名
                newArticleList.add(single);                    //将单条记录加到数据组中
            }
        }
        return newArticleList;                                 //将数据集合返回到前台页面
    }
}
```

4. 配置页面路由 web.xml 文件

本章的页面路由采用的是 Java 的 Servlet 技术。通过在 web.xml 文件配置页面的路径，也就是通过 Servlet 的类路径，可以访问不同的页面路径。这样的好处，就是可以非常灵活地配置页面模板和业务逻辑。JSP 文件专注在页面展示，Java 类文件则专门处理后台的业务逻辑。具体的操作步骤如下。

（1）找到 blogs/WebContent/WEB-INF/web.xml 文件，打开并编辑，如图 1.68 所示。

图 1.68　web.xml 的所在位置

（2）在 web.xml 文件中添加配置精选博文功能的路由路径代码。具体方法是在如图 1.69 所示的位置添加"例程 03"。

```xml
<?xml version="1.0" encoding="UTF-8"?>
<web-app xmlns:xsi="http://www.w3.org/2001/XMLSchema-instance"
    xmlns="http://java.sun.com/xml/ns/javaee" xmlns:web="http://java.sun.com/xml/ns/javaee/web-app_2_5.xsd"
    xsi:schemaLocation="http://java.sun.com/xml/ns/javaee http://java.sun.com/xml/ns/javaee/web-app_2_5.xsd"
    id="WebApp_ID" version="2.5">
    <display-name>02</display-name>
    <welcome-file-list>
        <welcome-file>index.html</welcome-file>
        <welcome-file>index.htm</welcome-file>
        <welcome-file>index.jsp</welcome-file>
        <welcome-file>default.html</welcome-file>
        <welcome-file>default.htm</welcome-file>
        <welcome-file>default.jsp</welcome-file>
    </welcome-file-list>    ← 插入"例程03"的代码
</web-app>
```

图 1.69 配置精选博文代码的添加位置

在"例程03"中，< servlet-mapping >标签负责映射用户在页面的访问请求，<servlet>标签则起到桥梁的作用，负责映射业务处理的 Java 类。在这里，当用户提交 index 的请求时，<servlet>标签接收请求，去寻找与这个请求对应的 Java 处理类，找到 IndexServlet 后，则进入这个类中去寻找响应的处理方法，最后根据返回的<param-name>值返回结果页面的路径，具体代码如下。

例程 03　代码位置：资源包\TM\01\blogs\WebContent\WEB-INF\web.xml

```xml
<!-- 进入首页控制 -->
<servlet>
    <servlet-name>index</servlet-name>
    <!-- 负责首页业务逻辑处理的 Java 类-->
    <servlet-class>com.servlet.IndexServlet</servlet-class>
    <init-param>
        <!-- 根据处理的返回值，返回指定的首页页面-->
        <param-name>index</param-name>
        <param-value>index.jsp</param-value>
    </init-param>
</servlet>
<!-- 用户进入系统访问的路径-->
<servlet-mapping>
    <servlet-name>index</servlet-name>
    <url-pattern>/index</url-pattern>
</servlet-mapping>
```

5. 实现"精选博文"在 index.jsp 的展示

经过创建业务处理类（IndexServlet、ArticleDao）和路由的配置（web.xml）后，再回到 index.jsp 文件中，添加精选博文的页面显示代码，具体方法是在如图 1.70 所示的位置添加"例程04"。

在"例程04"中，通过<c:set>标签，将后台存储博文记录的数组集合 mostArticlelist 显示到页面，并且存储到变量类型 var 的 mostArticlelist 中，然后使用<c:if>标签，根据 mostArticlelist 的值是否为空判断页面显示的逻辑。当 mostArticlelist 为空，则不进行页面的显示，否则使用<c:forEach>标签进行博文字段内容的循环显示输出，具体代码如下。

例程 04　代码位置：资源包\TM\01\blogs\WebContent\index.jsp

```jsp
<!--将 mostArticlelist 显示到页面中-->
<c:set var="mostArticlelist" value="${requestScope.mostArticlelist}" />
<!--当 mostArticlelist 不为空时，进行页面的显示-->
<c:if test="${!empty mostArticlelist}">
    <c:forEach var="article" items="${mostArticlelist}">
        <h3>
<a href="goBlogContent?id=${article.id}&master=${article.artWhoId}">${article.artTitle}</a>
        </h3>
        <ul>
        <!--取出博客内容-->
        <p id="cssClip">${article.artContent}</p>
        <a href="goBlogContent?id=${article.id}&master=${article.artWhoId}"
            arget="_blank" class="readmore">阅读全文&gt;&gt;</a>
        </ul>
        <p class="dateview">
        <!--取出博客发布时间和作者-->
        <span>${article.artPubTime}</span><span>作者：${article.userName}</span>
        </p>
    </c:forEach>
</c:if>
```

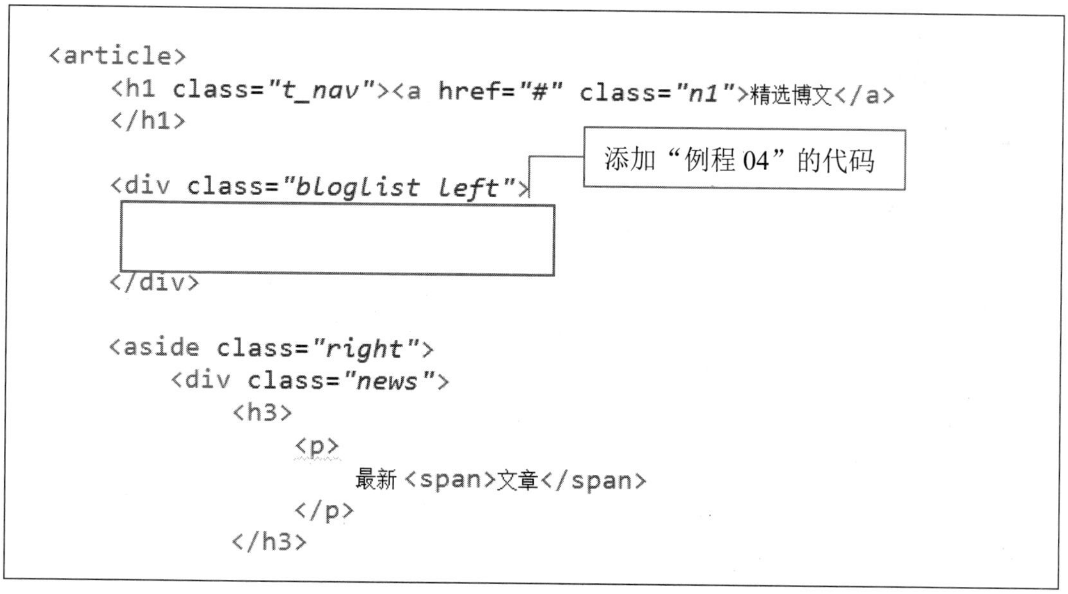

```
<article>
    <h1 class="t_nav"><a href="#" class="n1">精选博文</a>
    </h1>

    <div class="bloglist left">              ← 添加"例程04"的代码


    </div>

    <aside class="right">
        <div class="news">
            <h3>
                <p>
                    最新 <span>文章</span>
                </p>
            </h3>
```

图 1.70 "精选博文"页面显示代码的插入位置

在 Project Explorer 中选择 blogs 节点，单击工具栏中 ▶▼ 按钮上的黑色三角，在弹出的菜单中选择 Run As→Run on Server 菜单项运行程序。程序运行后，打开计算机中的浏览器（推荐使用 Google Chrome 浏览器），在地址栏中输入 http://localhost:8080/blogs/index，并按 Enter 键，将显示如图 1.71 所示的运行结果（注意是 index，不是 index.jsp）。

图 1.71 "精选博文"效果页面

1.5.4 实现"最新博文"功能

最新博文,即根据各个博主最新发布的博文时间进行排序,然后通过数据库的 SQL 语句查询结果,并将结果返回到页面展示的流程,功能展示的效果如图 1.72 和图 1.73 所示。

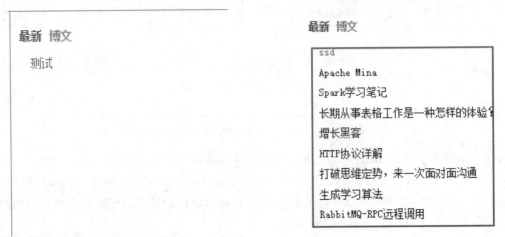

图 1.72 "最新博文"显示前效果　　　　图 1.73 "最新博文"显示后效果

1. 在 IndexServlet.java 中添加"最新博文"代码

在 IndexServlet.java 文件中，继续添加"最新博文"的代码，添加代码的位置如图 1.74 所示。

```
try{
    List newArticlelist = new ArrayList();
    ArticleDao articleDao = new ArticleDao();
    List mostArticlelist = new ArrayList();
    mostArticlelist = articleDao.getMostArticle();
    request.setAttribute("mostArticlelist", mostArticlelist);
                                                    ← 添加"例程 05"的代码

    forward = getInitParameter("index");
```

图 1.74　IndexServlet.java 中"最新博文"的代码添加位置

调用 articleDao 数据库业务处理类的 getNewArticle()方法，获取最新博文的数据记录，然后将获取的结果集赋值到 request 对象的 newArticlelist 变量中。在 IndexServlet 处理类中，可以同时把后台的数据返回到前台页面中，具体代码如下。

例程 05　代码位置：资源包\TM\01\blogs\src\com\servlet\IndexServlet.java

List newArticlelist = new ArrayList();	//创建 List 对象
newArticlelist = articleDao.getNewArticle();	//调用 articleDao 方法，获取结果
request.setAttribute("newArticlelist", newArticlelist);	//将结果显示到页面

2. 在 ArticleDao.java 中添加"最新博文"的数据库处理方法

在 ArticleDao.java 博文的数据库业务处理类中添加"最新博文"的处理方法 getNewArticle()，添加代码的位置如图 1.75 所示。

```
ResultSet rs=mydb.getRs();
if(rs!=null){
    newArticleList=new ArrayList();
    while(rs.next()){
        ArticleSingle single=new ArticleSingle();
        single.setId(rs.getInt(1));
        single.setArtWhoId(rs.getInt(2));
        single.setArtTitle(rs.getString(3));
        single.setArtContent(rs.getString(4));
        single.setArtCount(rs.getInt(5));
        single.setArtPubTime(rs.getString(6));
        single.setUserName(rs.getString(7));
        newArticleList.add(single);
    }
}
return newA      ← 插入"例程 06"的代码
}
```

图 1.75　ArticleDao.java 中"最新博文"代码的添加位置

在getNewArticle()方法中,首先创建查询"最新博文"记录的SQL语句,并创建数据库连接类实例mydb,执行数据库查询的方法doPstm(),将获取到的数据库结果集赋值给ResultSet实例rs;然后创建博文对象的实例single,并将获取到的结果集中的博文字段记录保存到该对象的实例中;最后将记录添加到newArticleList集合中,返回给页面显示使用,具体代码如下。

例程06 代码位置:资源包\TM\01\blogs\src\com\dao\ArticleDao.java

```java
public List getNewArticle() throws SQLException{
    //创建数据库查询的 sql 语句
    String sql="select top 10 id,art_whoId,art_title,art_content,art_count " +
                "from tb_article order by art_pubTime desc";
    List newArticleList=null;                                   //创建 newArticleList 实例
    DB mydb=new DB();                                           //创建数据库连接类 mydb
    mydb.doPstm(sql,null);                                      //执行数据库查询
    ResultSet rs=mydb.getRs();                                  //将查询结果存储在 rs 结果集内
    if(rs!=null){                                               //根据 rs 的值进行逻辑判断
        newArticleList=new ArrayList();                         //将 newArticleList 赋值为数组类型
        while(rs.next()){                                       //将结果集循环
            ArticleSingle single=new ArticleSingle();           //创建 ArticleSingle 实例
            single.setId(rs.getInt(1));                         //获取博文的 id
            single.setArtWhoId(rs.getInt(2));                   //获取博文的用户 id
            single.setArtTitle(rs.getString(3));                //获取博文的标题
            single.setArtContent(rs.getString(4));              //获取博文的内容
            single.setArtCount(rs.getInt(5));                   //获取博文的阅读数
            newArticleList.add(single);                         //将博文内容添加到 newArticleList 中
        }
    }
    return newArticleList;                                      //将结果集返回给页面
}
```

3. 在index.jsp中添加"最新博文"的页面显示代码

"最新博文"的后台业务代码添加完毕后,接下来,在index.jsp文件中继续添加"最新博文"的页面显示代码,代码的添加位置如图1.76所示。

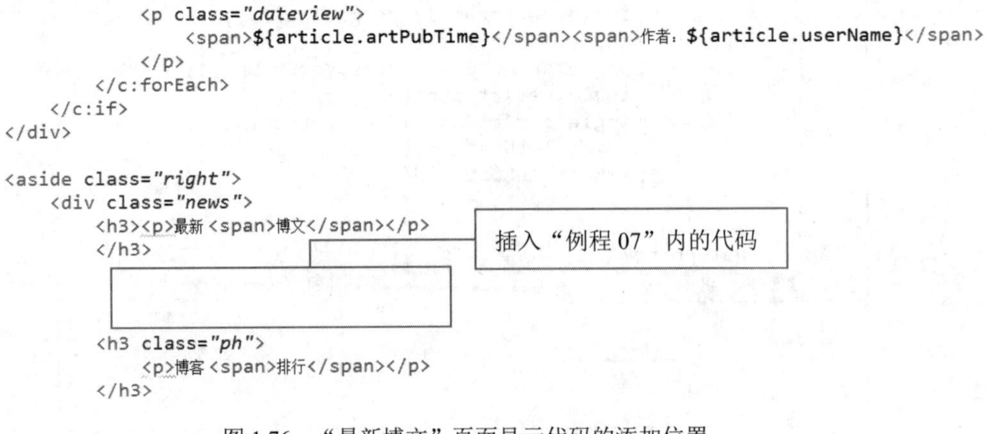

```html
                <p class="dateview">
                    <span>${article.artPubTime}</span><span>作者:${article.userName}</span>
                </p>
            </c:forEach>
        </c:if>
    </div>

<aside class="right">
    <div class="news">
        <h3><p>最新<span>博文</span></p>
                                                                插入"例程07"内的代码
        </h3>



        <h3 class="ph">
            <p>博客<span>排行</span></p>
        </h3>
```

图1.76 "最新博文"页面显示代码的添加位置

"最新博文"页面显示代码的编写,首先通过<c:set>标签,将数据集合 newArticlelist 赋值到页面变量 newArticlelist 内。然后通过<c:if>标签,验证此数据集合是否为空,为空的话,则不进行页面的显示。不为空,则通过<c:forEach>标签,将博文中的字段信息循环显示到页面中,具体代码如下。

例程 07　代码位置:资源包\TM\01\blogs\WebContent\index.jsp

```
<!--将后台的数据集合 newArticlelist 赋值到前台页面-->
<c:set var="newArticlelist" value="${requestScope.newArticlelist}" />
<ul class="rank">
<!--根据 newArticlelist 进行逻辑判断-->
<c:if test="${!empty newArticlelist}">
    <!--根据 newArticlelist 进行循环-->
    <c:forEach var="article" items="${newArticlelist}">
        <!--获取博文的相关信息-->
        <li><a href="goBlogContent?id=${article.id}&master=${article.artWhoId}"
            title="${article.artTitle}" target="_blank">${article.artTitle}</a>
        </li>
    </c:forEach>
</c:if>
</ul>
```

在 Project Explorer 中选择 blogs 节点,单击工具栏中 按钮上的黑色三角,在弹出的菜单中选择 Run As→Run on Server 菜单项运行程序。程序运行后,打开计算机中的浏览器(推荐使用 Google Chrome 浏览器),在地址栏中输入 http://localhost:8080/blogs/index,并按 Enter 键,将显示如图 1.77 所示的运行结果。

图 1.77　"最新博文"的界面效果

1.5.5 实现"博客排行榜"功能

博客排行榜在博客类的网站中也是非常通用的一个功能。主要是通过对各个博主的所有文章阅读数进行的统计排名。实现的原理是计算各个博主的所有博文的阅读量总和，然后通过数据库查询排名后，在前台页面显示出来，页面效果的对比如图 1.78 和图 1.79 所示。

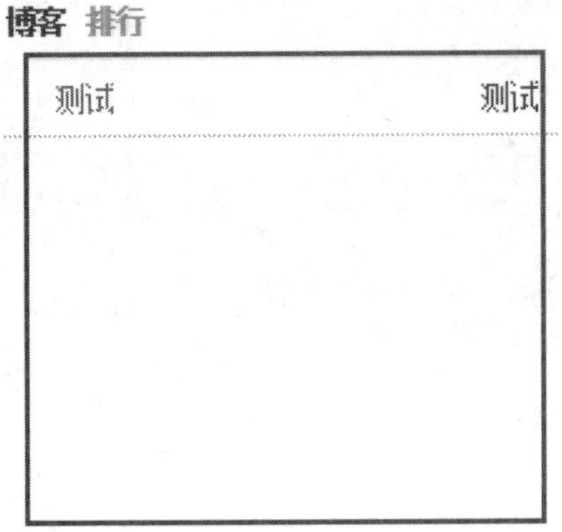

图 1.78 "博客排行榜"显示前效果 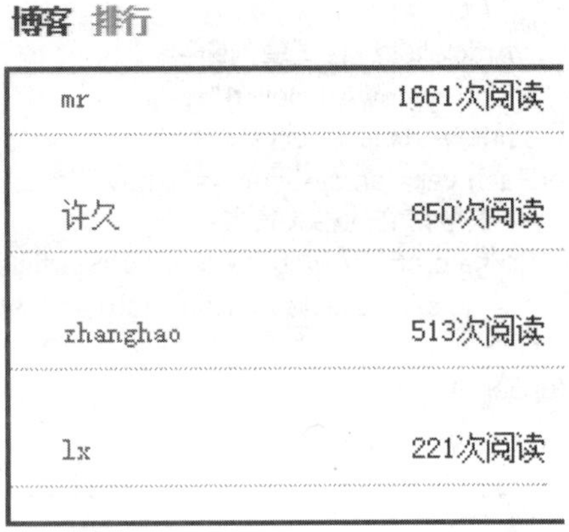　　　　图 1.79 "博客排行榜"显示后效果

1. 在 IndexServlet.java 中添加"博客排行榜"代码

在 IndexServlet.java 文件中，继续添加"博客排行榜"功能的代码。通过此代码，可以创建数据库的连接类，调用"博客排行榜"的数据库处理方法，代码具体的插入位置如图 1.80 所示。

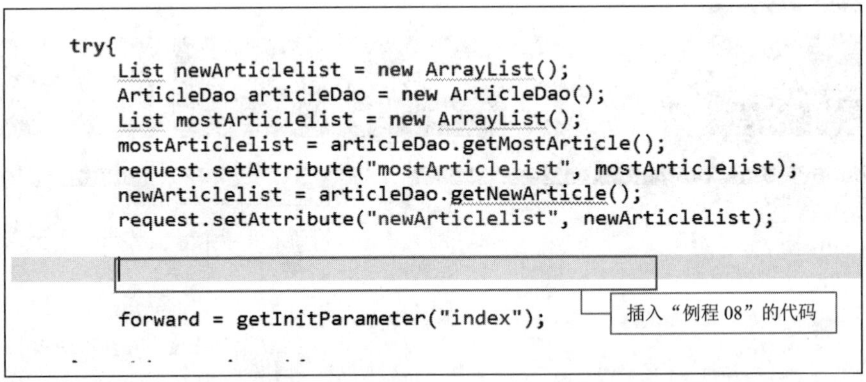

图 1.80　IndexServlet.java 中"博客排行榜"代码的添加位置

首先创建 UserDao 类的实例 userDao。然后调用 UserDao 类中定义的 getTopList()方法获取博客排行榜的数据集合并保存到 toplist 集合中。最后将 toplist 赋值到 session 变量的 toplist 中，返回到前台页面显示使用，具体代码如下。

例程 08　代码位置：资源包\TM\01\blogs\src\com\servlet\IndexServlet.java

UserDao userDao = new UserDao();	//创建 userDao 实例
List toplist = userDao.getTopList();	//调用 getTopList()方法，获取博客排行榜记录
session.setAttribute("toplist", toplist);	//将数据结果集赋值到 session 变量 toplist 中

2. 创建 UserDao.java 文件，添加 getTopList()方法

（1）首先创建 UserDao.java 文件。在 Eclipse 左侧的 Project Explorer 中选中 blogs/Java Resources/src/com.dao 节点，并且在该节点单击鼠标右键，在弹出的快捷菜单中选择 New→Class 菜单项，具体 Java 类的创建方法请参考 1.5.3 节的内容，创建后的位置如图 1.81 所示。

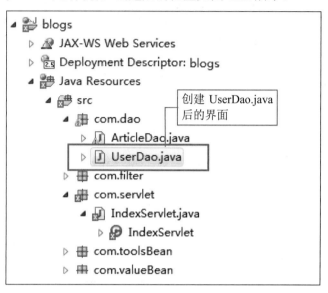

图 1.81　UserDao.java 创建的位置

（2）打开 UserDao.java 文件，开始编辑代码。首先创建数据库的 SQL 查询语句，并创建数据库连接类的对象 mydb。然后执行 myda 的 doPost()方法，将获取的数据结果集赋值给 rs 变量。再循环解析 rs，将用户的字段数据添加到 single 实例中，最后将所有的信息添加到 topList 变量中返回给页面使用，具体代码如下。

例程 09　代码位置：资源包\TM\01\blogs\src\com\dao\UserDao.java

```java
package com.dao;                                    //指定包的位置 com.dao
import java.sql.ResultSet;                          //引入 ResultSet 类
import java.sql.SQLException;                       //引入 SQLException 类
import java.util.ArrayList;                         //引入 ArrayList 类
import java.util.List;                              //引入 List 类
import com.toolsBean.Change;
import com.toolsBean.DB;                            //引入 DB 类
import com.valueBean.UserSingle;                    //引入 UserSingle 类
    public class UserDao {
        public List getTopList() throws SQLException{
            //创建数据库的查询 SQL 语句
            String sql="select top 10 id,user_name,user_hitNum,user_ico " +
                "from tb_user order by user_hitNum desc";
            List topList=null;                      //创建 List 实例 topList
            DB mydb=new DB();                       //创建数据库连接类实例 mydb
            mydb.doPstm(sql,null);                  //执行数据库查询
            ResultSet rs=mydb.getRs();              //将结果集返回给 rs 实例
```

```
            if(rs!=null){                                    //根据 rs 进行逻辑判断
                topList=new ArrayList();                     //将 topList 赋值给数组
                while(rs.next()){                            //将 rs 循环解析
                    UserSingle single=new UserSingle();      //创建用户实例类
                    single.setId(rs.getInt(1));              //获取用户 id
                    single.setUserName(rs.getString(2));     //获取用户名
                    single.setUserHitNum(rs.getInt(3));      //获取用户单击数
                    single.setUserIco(rs.getString(4));      //获取用户 logo
                    topList.add(single);                     //将用户数据添加到 topList 中
                }
            }
            return topList;                                  //返回 topList 供前台页面使用
    }
```

3．在 index.jsp 中添加"博客排行榜"的页面显示代码

"博客排行榜"相关的后台业务逻辑添加后，返回到 index.jsp 文件中，添加"博客排行榜"前台页面的显示逻辑代码，代码添加的位置如图 1.82 所示。

```
<aside class="right">
    <div class="news">
        <h3><p>最新 <span>博文</span></p>
        </h3>

        <c:set var="newArticlelist" value="${requestScope.newArticlelist}" />
        <ul class="rank">
            <c:if test="${!empty newArticlelist}">
                <c:forEach var="article" items="${newArticlelist}">
                    <li><a
                        href="goBlogContent?id=${article.id}&master=${article.artWhoId}"
                        title="${article.artTitle}" target="_blank">${article.artTitle}</a>
                    </li>
                </c:forEach>
            </c:if>
        </ul>

        <h3 class="ph"><p>博客 <span>排行</span></p></h3>          ← 插入"例程 10"的代码

        <h3 class="Links">
            <p><span>分享</span></p>
        </h3>
```

图 1.82 "博客排行榜"页面显示代码的添加位置

通过<c:set>标签，将后台 session 对象中 toplist 数据集合的值赋给页面变量 var 的 toplist，然后使用<c:if>标签判断 toplist 的数据是否为空。为空则不进行显示，不为空则使用<c:forEach>标签，将"博客排行榜"的数据显示到页面中，具体代码如下。

例程 10 代码位置：资源包\TM\01\blogs\WebContent\index.jsp

```
<!--后台数据 toplist 赋值到页面变量 var 中的 toplist-->
<c:set var="toplist" value="${sessionScope.toplist}" />
<ul class="paih">
<!--根据 toplist 的取值进行逻辑判断 -->
<c:if test="${!empty toplist}">
```

```
<!--循环显示出 toplist 的字段记录   -->
    <c:forEach var="topUser" items="${toplist}">
        <ul>
        <!--获取用户的相关字段数据以及阅读字数数据   -->
        <li><a style="color: #5EA51B"
             href="goBlogIndex?master=${topUser.id}">${topUser.userName}</a>
            <span style="float: right;margin-right: 16px">${topUser.userHitNum}次阅读</span>
        </li>
        </ul>
    </c:forEach>
</c:if>
</ul>
```

在 Project Explorer 中选择 blogs 节点，单击工具栏中 按钮上的黑色三角，在弹出的菜单中选择 Run As→Run on Server 菜单项运行程序。程序运行后，打开计算机中的浏览器（推荐使用 Google Chrome 浏览器），在地址栏中输入 http://localhost:8080/blogs/index，并按 Enter 键，将显示如图 1.83 所示的运行结果。

图 1.83 "博客排行榜"的界面效果

1.6 登 录 注 册

1.6.1 登录注册模块概述

在博客中，登录和注册是必不可少的。在 ITCLUB 博客中，用户登录界面中加入了验证码功能。

该界面中的验证码是一个算数验证码。即要求输入给定算式的结果才允许登录。ITCLUB 博客的登录界面的实现效果如图 1.84 所示。

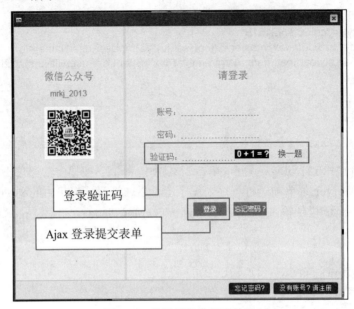

图 1.84　登录模块的界面效果

1.6.2　实现"算数验证码"的功能

1. 编辑 index.jsp 文件，实现登录页面效果

本节需要实现登录页面的效果，具体步骤如下。

（1）从美工设计完成的材料（保存在"资源包\TM\01\Src\登录模块"目录中）中，复制登录对应的 JavaScript 文件，对应的操作如图 1.85 所示。

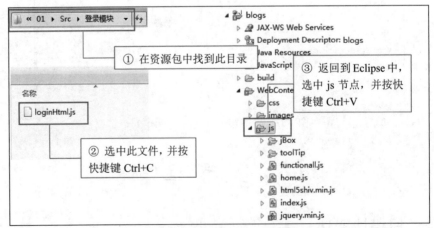

图 1.85　复制美工设计的登录页面

（2）返回到 index.jsp 中，在如图 1.86 所示的位置添加登录窗口的布局代码。

```
<footer>
    <p>
        <span style="color: white">技术支持</span> <a
            href="http://www.mingrisoft.com" style="color: #FF7F50"
            target="_blank">吉林省明日科技有限公司</a>
    </p>
</footer>
</body>
</html>
```

插入"例程11"的代码

图1.86 显示登录窗口的代码插入位置

由于本章采用的是Ajax形式提交表单，所以登录界面的实现方法也需要JavaScript特效组件共同实现。这里采用的是开源JavaScript弹出组件jBox。使用jBox，可以非常灵活地配置弹出登录窗口的大小、颜色、按钮样式等。引入美工设计好的登录界面后，就可以调用jBox的open()方法，打开HTML页面了，具体代码如下。

例程11 代码位置：资源包\TM\01\blogs\WebContent\index.jsp

```javascript
<script type="text/javascript" src="js/loginHtml.js" charset="UTF-8"></script>
<script>
    function loginIndex() {                          //定义方法名 loginIndex
        var html =loginHtml;                         //引入美工制作的登录页面
        var content = {
            state1 : {
                content : html,                      //显示登录页面
                buttons : {
                    '取消' : 0                        //取消操作
                },
                buttonsFocus : 0,                    //默认显示单击状态
                submit : function(v, h, f) {
                    if (v == 0) {                    //根据单击动作提交按钮
                        return true;                 //若单击登录，则执行提交操作
                    }
                    return false;                    //其他的情况，则是关闭窗口
                }
            }
        };
        $.jBox.open(content, '登录', 650, 550);      //设置窗口大小
    }
</script>
```

启动程序运行后打开计算机中的浏览器（推荐使用Google Chrome浏览器），在地址栏中输入http://localhost:8080/blogs/index，进入博客的首页。单击顶部的"登录"菜单，弹出的效果如图1.87所示。

图 1.87　登录页面样式

2. 实现登录验证码的功能

登录页面的样式实现后，开始添加"登录验证码"的代码。登录验证码，是用户在提交表单之前进行的验证操作，防止恶意用户进行机器注册，从而给网站造成损失。返回到 index.jsp 文件中，在如图 1.88 所示的位置上编写"例程 12"，实现登录验证码的操作初始化。

```
function loginIndex() {                    //定义方法名loginIndex
    var html =loginHtml;                   //引入美工制作的登录页面
    var content_ = {
        state1 : {
            content : html,                //显示登录页面
            buttons : {
                '取消' : 0                 //取消操作
            },
            buttonsFocus : 0,              //默认显示点击状态
            submit : function(v, h, f) {   //根据点击动作提交按钮
                if (v == 0) {
                    return true;           //若点击登录，则执行提交操作
                }
                return false;              //其它的情况，则是关闭窗口
            }
        }
    };
    $.jBox.open(content, '登录', 650, 550); //设置窗口大小
                                           ← 插入"例程 12"的代码
}
</script>

</body>
</html>                                    ← 插入"例程 13"的代码
```

图 1.88　getverifycodeChange()方法的添加位置

在"例程 12"中首先利用 Math.random()随机函数生成两个随机数，并赋值给变量 i 和 j，然后将 i 和 j 加起来赋值给变量 k，同时将 k 值赋值给页面上的 id 为 hiddencode 的<div>标签，最后，将算数验证码的页面样式通过 id 为 showspan 的<div>标签显示出来，具体代码如下。

例程 12　代码位置：资源包\TM\01\blogs\WebContent\index.jsp

```
var i=parseInt(10*Math.random());                    //生成随机数赋值给 i
var j=parseInt(10*Math.random());                    //生成随机数赋值给 j
var k=i+j;
$("#hiddencode").val(k);
$("#showspan").html(" " + i + " + " + j + " = ?");
```

编写通过 getverifycodeChange()方法，实现算数验证码的功能。实现原理：首先用随机函数生成两个随机数，并分别赋值给变量 i 和 j，然后将 i 与 j 的和保存在页面的隐藏标签（id 等于 hiddencode 的 <div>标签）内，再将输入值与真实值 k 比较，从而判定算数验证码是否正确，具体代码如下。

例程 13　代码位置：资源包\TM\01\blogs\WebContent\index.jsp

```
<script type="text/javascript" language="javascript">
    function getverifycodeChange(){                       //定义方法
        var i = parseInt(10 * Math.random());             //生成随机数赋值给 i
        var j = parseInt(10 * Math.random());             //生成随机数赋值给 j
        var k = i + j;                                    //变量 k 为 i 与 j 之和
        $("#hiddencode").val(k);                          //设置验证码的正确答案
        $("#showspan").html(" " + i + " + " + j + " = ?"); //设置验证码的样式
        $("#verifycode").focus();                         //单击验证码时，鼠标聚焦
    }
</script>
```

启动程序运行后，打开计算机中的浏览器（推荐使用 Google Chrome 浏览器），在地址栏中输入 http://localhost:8080/blogs/index，进入博客的首页。单击顶部的"登录"菜单，弹出的效果如图 1.89 所示。

图 1.89　登录验证码的实现效果

1.6.3 实现 Ajax 提交表单数据的功能

1. 添加提交账号密码的 Ajax 方法——loginIn()方法

在 index.jsp 文件中，继续添加 loginIn()方法，用于使用 Ajax 的方式提交账户密码数据，从而实现页面无刷新的操作。这是一种创建交互式网页应用的网页开发技术。通过在后台与服务器进行少量数据交换，Ajax 可以使网页实现异步更新。这意味着可以在不重新加载整个网页的情况下，对网页的某部分进行更新。传统的网页（不使用 Ajax）如果需要更新内容，必须重载整个页面，具体方法是在如图 1.90 所示的位置添加"例程 14"。

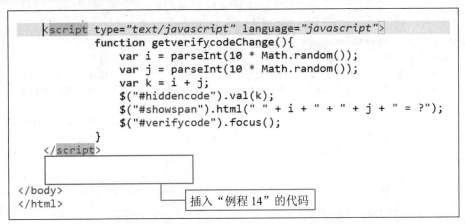

图 1.90　loginIn()方法的代码插入位置

在"例程 14"中，首先需要判断账户和密码是否为空，为空则弹出提示信息，不再继续提交数据，同时也需要检验"算数验证码"是否正确，若不正确，也停止提交用户信息。然后若验证测试全部通过，则进行 Ajax 的数据提交，具体代码如下。

例程 14　代码位置：资源包\TM\01\blogs\WebContent\index.jsp

```
<script>
function loginIn() {
    if ($("#user").val() === "" || $("#ps").val() === "") {      //判断账户密码是否为空
        $.jBox.tip("账户或密码不能为空", 'error');                 //若为空，则提示信息
        return;                                                   //代码不再继续运行
    }
    if ($("#hiddencode").val() != $("#verifycode").val() ) {      //判断验证码是否正确
        $.jBox.tip("验证码错误", 'error');                         //若错误，则提示信息
        return;                                                   //代码不再继续运行
    }
    $.jBox.tip("正在提交...", 'loading');                          //提示信息"正在保存"
    $.ajax( {                                                     //运行 Ajax 方法
        url : "myLogon",                                          //跳转指令 URL 为 myLogin
        type : "post",
        data : {
            userName : $("#user").val(),                          //提交账户信息
            userPswd : $("#ps").val()                             //提交密码信息
```

```
            },
            success : function(data) {                    //后台返回的结果方法
                $.jBox.closeTip();                        //关闭正在提交信息
                arrData = eval("(" + data + ")");         //将结果数据转化为 JSON 对象
                if (arrData.result == '1') {              //根据 arrData 进行逻辑判断
                    $.jBox.tip("账户或密码不正确。", 'error');  //错误提示信息
                } else {
                    $.jBox.close();                       //关闭登录框
                    $.jBox.tip("登录成功！", 'success');    //提示成功登录信息
                }
            }
        });
    }
</script>
```

2. 修改 web.xml 文件，添加 myLogon 数据指定跳转

在前台用 Ajax 提交用户数据后，可以感觉到，页面没有任何变化，一切数据传递操作都是在浏览器的后台进行的。数据传递路径需要在 web.xml 文件中配置。在 web.xml 文件中，添加 myLogon 的配置路径。具体方法是在如图 1.91 所示的位置添加"例程 15"。

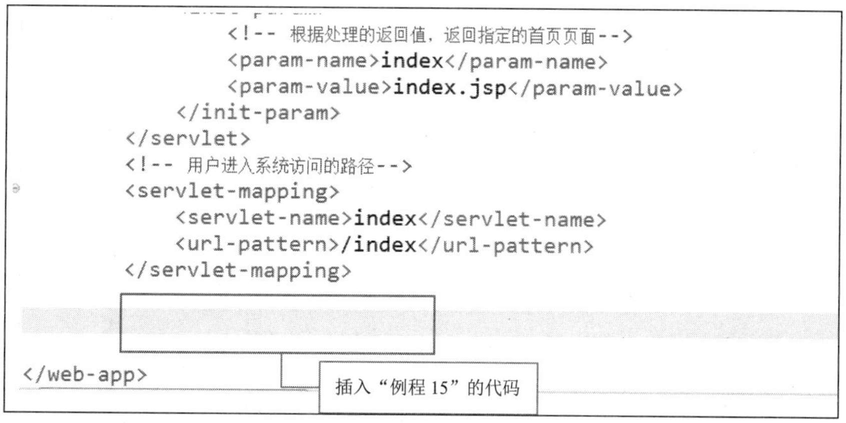

```
        <!-- 根据处理的返回值，返回指定的首页页面-->
        <param-name>index</param-name>
        <param-value>index.jsp</param-value>
    </init-param>
</servlet>
<!-- 用户进入系统访问的路径-->
<servlet-mapping>
    <servlet-name>index</servlet-name>
    <url-pattern>/index</url-pattern>
</servlet-mapping>
                    ┌──────────────────────┐
                    │ 插入"例程 15"的代码 │
                    └──────────────────────┘
</web-app>
```

图 1.91　myLogon 数据跳转的代码插入位置

在"例程 15"中，<servlet-mapping>标签表示用户访问的路径。<servlet-name>标签表示对应的访问的路径名。当用户提交路径名为 myLogon 时，Servlet 引擎会自动寻找 myLogon 对应的接口类 MyLogon，这样即可根据路径名称自由匹配业务接口类，具体代码如下。

例程 15　代码位置：资源包\TM\01\blogs\WebContent\WEB-INF\web.xml

```xml
<!-- Ajax 登录控制 -->
<servlet>
    <!--根据 myLogon，方法接口类 MyLogon-->
    <servlet-name>myLogon</servlet-name>
    <servlet-class>com.servlet.MyLogon</servlet-class>
</servlet>
<servlet-mapping>
    <!--用户在前台的访问路径-->
```

```xml
        <servlet-name>myLogon</servlet-name>
        <url-pattern>/myLogon</url-pattern>
    </servlet-mapping>
```

3．创建接收表单数据的 MyLogon.java 类

用户数据提交到后台后，需要创建对应的业务处理类 MyLogon.java。具体创建方法是：在 Eclipse 左侧的 Project Explorer 中选择 blogs/Java Resources/src/com.servlet 节点，并且在该节点单击右键，在弹出的快捷菜单中选择 New→Class 菜单项，创建后的位置如图 1.92 所示。

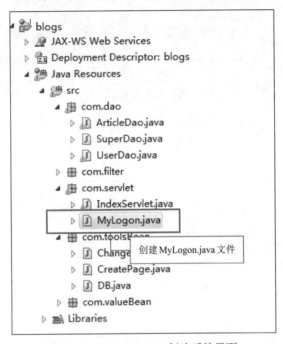

图 1.92　MyLogon.java 创建后的界面

创建 MyLogon.java 文件后，需要在该文件中通过 doPost()方法获取 Ajax 提交的用户账户和密码信息。首先获取传递过来的账户和密码信息，然后判断信息是否正确，这里使用默认的用户账户：mr，密码：mrsoft。最后将结果信息 message 写入 response 对象，返回给前台，具体代码如下。

例程 16　代码位置：资源包\TM\01\blogs\src\com\servlet\MyLogon.java

```java
package com.servlet;                                          //指定包的位置 com.servlet
import java.io.IOException;                                   //引入 IOException 类
import javax.servlet.ServletException;                        //引入 ServletException 类
import javax.servlet.http.HttpServlet;                        //引入 HttpServlet 类
import javax.servlet.http.HttpServletRequest;                 //引入 HttpServletRequest 类
import javax.servlet.http.HttpServletResponse;                //引入 HttpServletResponse 类
@SuppressWarnings("serial")
public class MyLogon extends HttpServlet {
    //接收前台通过 get 方法提交的数据
    protected void doGet(HttpServletRequest request,
        HttpServletResponse response)throws ServletException, IOException {
```

```
            doPost(request,response);
    }
    //接收前台通过 post 方法提交的数据
    protected void doPost(HttpServletRequest request,
        HttpServletResponse response)throws ServletException, IOException {
        String message="";                                      //初始化 message
        request.setCharacterEncoding("utf-8");                  //设置编码格式为 utf-8
        String name = request.getParameter("userName");         //获取账户信息
        String pswd = request.getParameter("userPswd");         //获取密码信息
        if(name.equals("mr")&&pswd.equals("mrsoft")){           //判断用户名密码是否正确
            message="{'state':'成功','result':'0'}";            //向前台返回成功信息
        }else{
            message="{'state':'失败','result':'1'}";            //向前台返回失败信息
        }
        response.setContentType("text/html;charset=utf-8");     //设置响应头
        response.getWriter().write(message);                    //返回响应信息
    }
}
```

4．保存代码，运行程序

启动程序运行后，打开计算机中的浏览器（推荐使用 Google Chrome 浏览器），在地址栏中输入"http://localhost:8080/blogs/index"，进入博客的首页。单击顶部的"登录"菜单，输入账户和密码信息，提示效果如图 1.93 所示。

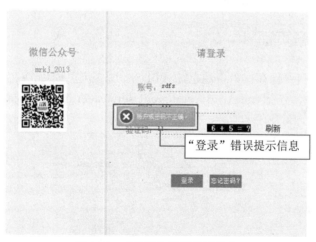

图 1.93 "登录"错误提示信息

1.7 博客文章模块的设计

1.7.1 博客文章模块概述

博客文章模块，是博客类网站的核心模块。普通游客通过该模块可以浏览博主的文章，博客管理

者通过该模块可以对博客的文章进行管理，如增、删、改、查等操作。由于篇幅的限制，本节只讲解"浏览博客文章"的功能，包括"文章目录"的显示和"文章阅读数统计"等内容。其他功能请读者参考源程序（保存在"资源包\TM\01\blogs"目录内），实现效果预览如图1.94所示。

图1.94 "博客文章列表"页面效果

1.7.2 设计博客文章页面

从美工设计完成的材料（保存在"资源包\TM\01\Src\博客浏览模块\博文目录资源"目录中）中，复制首页对应的JSP文件，包括index.jsp、commonUserHeader.jsp和page.jsp文件，对应的操作如图1.95所示。

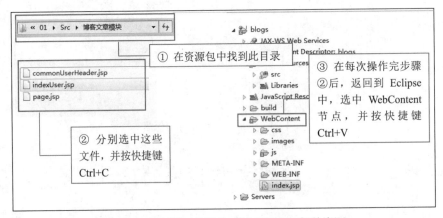

图1.95 复制美工设计的"博文目录"相关资源

在Project Explorer中选择blogs节点，单击工具栏中 ![button] 按钮上的黑色三角，在弹出的菜单中选择Run As→Run on Server菜单项运行程序。程序运行后，打开计算机中的浏览器（推荐使用Google

Chrome 浏览器），在地址栏中输入 http://localhost:8080/blogs/indexUser.jsp，并按 Enter 键，将显示如图 1.96 所示的运行结果。

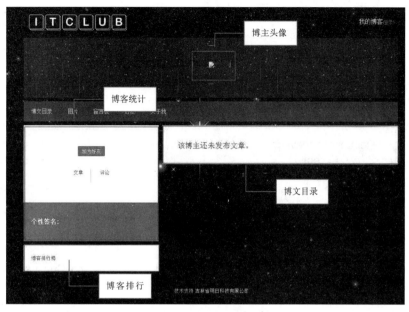

图 1.96　美工设计完成的"博文目录"的运行结果

在打开的 ITCLUB 博客的首页中，主要有 4 个部分需要添加动态代码，把图 1.96 所示的 4 个区域中的相关信息，通过 JSP 代码从数据库中读取，并使用循环语句将其显示在页面上。

1.7.3　实现"获取博主头像"的功能

1．接收页面传递参数，获取博主 id

创建 BlogServlet.java 文件，用于保存博客文章页面的逻辑处理代码。创建的具体方法请参考 1.5.3 节的内容，创建后的位置如图 1.97 所示。

图 1.97　BlogServlet.java 文件创建后的位置

在 BlogServlet.java 文件中，开始编写逻辑处理代码。首先通过 doPost()方法接收到页面传递来的参数 master 的值，同时创建 UserDao 实例 userDao，调用其方法 getMasterSingle()获取博客的详细信息，（包括博客简介、博客图片和博主姓名等信息），然后将取出的信息赋值到 session 对象中，最后通过 RequestDispatcher 对象实例 rd，将数据返回给前台进行读取使用，具体代码如下。

例程 17　代码位置：资源包\TM\01\blogs\src\com\servlet\BlogServlet.java

```java
package com.servlet;                                          //指定包的位置
import java.io.IOException;                                   //引入 IOException 类
import java.util.ArrayList;                                   //引入 ArrayList 类
import java.util.List;                                        //引入 List 类
import javax.servlet.RequestDispatcher;                       //引入 RequestDispatcher 类
import javax.servlet.ServletException;                        //引入 ServletException 类
import javax.servlet.http.HttpServlet;                        //引入 HttpServlet 类
import javax.servlet.http.HttpServletRequest;                 //引入 HttpServletRequest 类
import javax.servlet.http.HttpServletResponse;                //引入 HttpServletResponse 类
import javax.servlet.http.HttpSession;                        //引入 HttpSession 类
import com.dao.ArticleDao;                                    //引入 ArticleDao 类
import com.dao.UserDao;                                       //引入 UserDao 类
import com.toolsBean.Change;                                  //引入 Change 类
import com.valueBean.UserSingle;                              //引入 UserSingle 类
@SuppressWarnings("serial")
public class BlogServlet extends HttpServlet {
    //接收前台通过 GET 方式传递过来的数据
    protected void doGet(HttpServletRequest request,
        HttpServletResponse response)throws ServletException, IOException {
        doPost(request,response);
    }
    @SuppressWarnings("unchecked")
    //接收前台通过 POST 方式传递过来的数据
    protected void doPost(HttpServletRequest request,
            HttpServletResponse response)throws ServletException, IOException {
        String forward="";                                    //创建字符串 forward
        HttpSession session=request.getSession();             //设置 session
        int userid=Change.strToInt(request.getParameter("master"));   //获取 master 的值
        try{
            UserDao userDao=new UserDao();                    //创建 UserDao 实例
            UserSingle master=userDao.getMasterSingle(userid);//获取用户信息
            if(master!=null){                                 //如果用户信息不为空
                session.setAttribute("callBlogMaster",master);//将 master 赋值到 session 中
                forward = getInitParameter("indexUser");      //将 forward 赋值 indexUser
            }
        }catch(Exception e){
            System.out.println("获取博文信息错误！");          //提示错误信息
        }
        RequestDispatcher rd=request.getRequestDispatcher(forward);  //创建请求对象实例 rd
        rd.forward(request,response);                         //将响应信息返回给页面使用
    }
}
```

2. 添加获取博主信息的 getMasterSingle()方法

在"例程 17"中，调用 userDao 对象的 getMasterSingle()方法，获取博主的各种信息。下面将在 UserDao.java 文件中，继续添加 getMasterSingle()方法，代码添加的位置如图 1.98 所示。

```
        while(rs.next()){                               //将rs循环解析
            UserSingle single=new UserSingle();         //创建用户实例夹
            single.setId(rs.getInt(1));                 //获取用户id
            single.setUserName(rs.getString(2));        //获取用户名
            single.setUserHitNum(rs.getInt(3));         //获取用户点击数
            single.setUserIco(rs.getString(4));         //获取用户logo
            topList.add(single);                        //将用户数据添加到topList中
        }
    }
    return topList;    插入"例程18"的内容                 //返回topList供前台页面使用
}
```

图 1.98　getMasterSingle()方法的添加位置

在"例程 18"中，除了 getMasterSingle()方法外，又创建了一个私有方法 getList()，用来获取特定的数据库结果集。首先创建用于博主信息查询的 sql 语句，将 sql 语句作为参数传递给 getList()方法。然后在 getList()方法中创建数据库的连接对象 mydb，执行数据库查询，将结果保存在结果集对象 rs 中。最后将 rs 的数据循环获取，赋值给 List 对象实例 list，返回 list 供上一级调用类使用，具体代码如下。

例程 18　代码位置：资源包\TM\01\blogs\src\com\dao\UserDao.java

```java
public UserSingle getMasterSingle(int id) throws SQLException{
    String sql="select * from tb_user where id=?";       //创建查询博主信息的 sql 语句
    Object[] params={id};                                 //创建数组对象 params
    UserSingle single=(UserSingle)(getList(sql,params).get(0));  //调用 getList 方法，获取信息
            return single;                                //将博主信息返回
}
    private List getList(String sql,Object[] params) throws SQLException{
        List list=null;                                   //创建 List 对象 list
        DB mydb=new DB();                                 //创建数据库连接类
        mydb.doPstm(sql,params);                          //执行数据库查询
        ResultSet rs=mydb.getRs();                        //将结果保存在 rs 实例中
        if(rs!=null){                                     //若结果集不为空
            list=new ArrayList();                         //将 list 初始化数组类型
            while(rs.next()){                             //根据数组进行循环
                UserSingle single=new UserSingle();       //创建 UserSingle 对象 single
                single.setId(rs.getInt(1));               //获取博主 id
                single.setUserName(rs.getString(2));      //获取博主姓名
                single.setUserPswd(rs.getString(3));      //获取博主登录密码
                single.setUserIco(rs.getString(4));       //获取博客 logo
                single.setUserMotto(rs.getString(5));     //获取博客简介
                single.setUserBlogName(rs.getString(6));  //获取博客名称
```

```
                single.setUserCTTime(Change.dateTimeChange(rs.getTimestamp(7)));
                single.setUserHitNum(rs.getInt(8));          //获取单击数
                list.add(single);                             //将结果赋值给 list
            }
            rs.close();                                       //关闭结果集连接
        }
        mydb.closed();                                        //关闭数据库连接
        return list;                                          //返回 list 到上一级调用接口
    }
```

3. 添加页面跳转配置

在 web.xml 中,添加"博客文章"页面跳转的配置代码,具体方法是在如图 1.99 所示的位置添加"例程 19"。

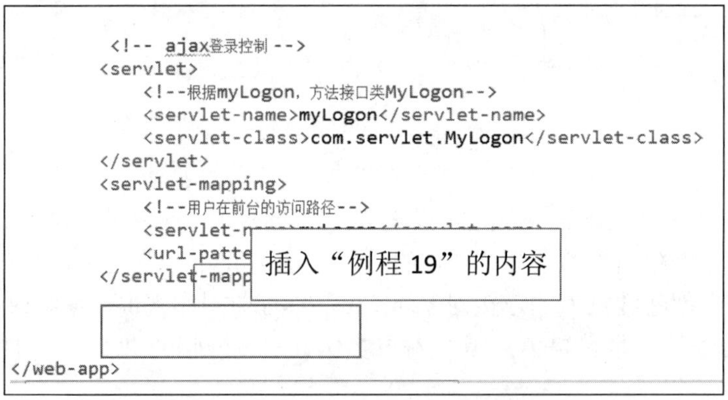

图 1.99 web.xml 文件中代码的插入位置

在"例程 19"中,<servlet-mapping>标签表示用户访问的路径映射。当用户访问路径为 goBlogIndex 时,servlet 类会自动找到 BlogServlet 接口类,BlogServlet 接口对 servlet 类进行业务处理后会返回相应的值,如果返回的值与 indexUser 的值相等,则跳转到 indexUser.jsp 页面,具体代码如下:

例程 19 代码位置:资源包\TM\01\blogs\WebContent\WEB-INF\web.xml

```xml
<!-- 进入某个博客(首页)的配置 -->
    <servlet>
        <!-- 根据映射的字段,访问具体的接口类 BlogServlet -->
        <servlet-name>goBlogIndex</servlet-name>
        <servlet-class>com.servlet.BlogServlet</servlet-class>
        <init-param>
            <!-- 通过 indexUser,灵活配置返回页面-->
            <param-name>indexUser</param-name>
            <param-value>indexUser.jsp</param-value>
        </init-param>
    </servlet>
    <servlet-mapping>
        <!--用户访问路径映射字段 goBlogIndex-->
        <servlet-name>goBlogIndex</servlet-name>
        <url-pattern>/goBlogIndex</url-pattern>
    </servlet-mapping>
```

启动程序运行后，打开计算机中的浏览器（推荐使用 Google Chrome 浏览器），在地址栏中输入 http://localhost:8080/blogs/goBlogIndex?master=2。这里默认 master 的 ID 值为 2，页面效果如图 1.100 所示。

ITCLUB
博客 LOGO 和博客名称
我的博客(登录)
偶然
博文目录
图片
留言板
好友
关于我
写博文
偶然
加为好友
文章
评论
该博主还未发布文章。
个性签名:
我是天空里的一片云
博客排行榜

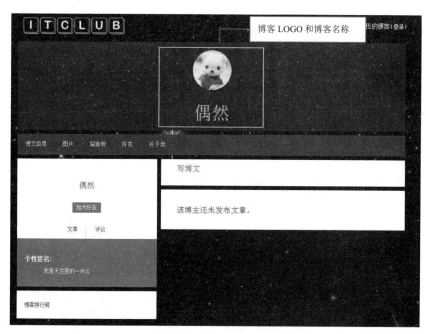

图 1.100　“博主头像”的页面效果

1.7.4　实现“统计文章与评论总数”的功能

1．添加“获取文章总数”和“获取评论总数”的 dao 层方法

在 BlogServlet.java 文件中，调用 ArticleDao 文章处理类的方法，用来获取文章总数和评论总数。具体方法是在如图 1.101 所示的位置添加“例程 20”。

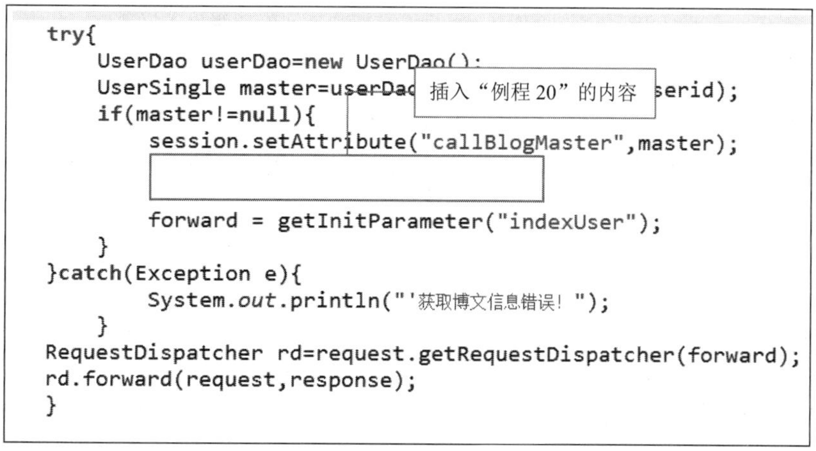

try{
UserDao userDao=new UserDao();
UserSingle master=userDao
插入“例程 20”的内容
serid);
if(master!=null){
session.setAttribute("callBlogMaster",master);
forward = getInitParameter("indexUser");
}
}catch(Exception e){
System.out.println("'获取博文信息错误！");
}
RequestDispatcher rd=request.getRequestDispatcher(forward);
rd.forward(request,response);
}

图 1.101　获取“文章总数”和“评论总数”的代码插入位置

在"例程20"中,首先创建了ArticleDao类的实例articleDao,然后通过getActicleCount()方法和getRevCount()方法获取文章总数和评论总数,并将得到的数值分别赋值的session对象countActicle和countRev,返回给页面供显示使用,具体代码如下。

例程20 代码位置:资源包\TM\01\blogs\src\com\servlet\BlogServlet.java

```java
ArticleDao articleDao=new ArticleDao();              //创建ArticleDao实例articleDao
/* 获取该博客文章总数 */
int countActicle=articleDao.getActicleCount(userid); //创建获取文章总数的接口方法
session.setAttribute("countActicle",countActicle);   //将文章总数赋值在session对象中
/* 获取该博客评论总数 */
int countRev=articleDao.getRevCount(userid);         //创建获取评论总数的接口方法
session.setAttribute("countRev",countRev);           //将评论总数赋值在session对象中
```

2. 添加获取"文章总数"和"评论总数"的数据库接口方法

在BlogServlet.java中调用ArticleDao的接口方法后,需要在ArticleDao.java中添加具体的实现方法,具体方法是在如图1.102所示的位置添加"例程21"。

图1.102 ArticleDao.java中具体实现方法的代码插入位置

在"例程21"中,分别创建了获取文章总数的方法getActicleCount()和获取评论总数的方法getRevCount()。这两个方法的实现过程相似,仅仅是数据库的查询语句不同。以getActicleCount()方法为例进行说明,首先是初始化总数值count等于0,同时创建数据库的查询SQL语句。然后执行数据库的查询后,将查询值返回给结果集对象rs,并且将rs对象中的数据返回给count值。最后关闭结果集对象rs和数据库连接,返回最终的总数值count,具体代码如下。

例程21 代码位置:资源包\TM\01\blogs\src\com\dao\ArticleDao.java

```java
public int getActicleCount(int id) throws SQLException{    //获取文章总数的方法
    int count=0;                                            //初始化count等于0
    String sql="select count(id) from tb_article "+         //创建获取文章总数的SQL语句
               " where art_whoId=?";
    Object[] params={id};                                   //创建查询数组parames
```

```
        DB mydb=new DB();                                  //创建数据库连接对象 mydb
        mydb.doPstm(sql, params);                          //执行数据库查询
        ResultSet rs = mydb.getRs();                       //将查询结果返回给结果集对象 rs
        if(rs!=null&&rs.next())                            //循环结果集对象 rs
            count=rs.getInt(1);                            //获取文章总数的值
            rs.close();                                    //关闭结果集
            mydb.closed();                                 //关闭数据库连接对象
            return count;                                  //返回文章总数
}
public int getRevCount(int id) throws SQLException{        //获取评论总数的方法
    int count=0;                                           //初始化 count 等于 0
    String sql="select count(id) from tb_articleR"+        //创建获取评论总数的 sql 语句
            " where artReview_rootId=?";
    Object[] params={id};                                  //创建查询数组 params
    DB mydb=new DB();                                      //创建数据库连接对象 mydb
    mydb.doPstm(sql, params);                              //执行数据库查询
    ResultSet rs = mydb.getRs();                           //将查询结果返回给结果集对象 rs
    if(rs!=null&&rs.next())                                //循环结果集对象 rs
    count=rs.getInt(1);                                    //获取评论总数的值
            rs.close();                                    //关闭结果集
            mydb.closed();                                 //关闭数据库连接对象
            return count;                                  //返回评论
}
```

启动程序运行后，打开计算机中的浏览器（推荐使用 Google Chrome 浏览器），在地址栏中输入 http://localhost:8080/blogs/goBlogIndex?master=3。这里默认 master 的 ID 值为 3，页面效果如图 1.103 所示。

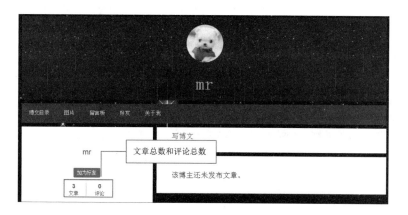

图 1.103 "文章总数"和"评论总数"的效果

1.7.5 实现"获取文章列表"的功能

1. 在 BlogServlet.java 中添加"获取文章列表"的方法

首先在 BlogServlet.java 文件中添加"获取文章列表"的 ArticleDao 类接口方法，代码的添加位置

如图1.104所示。

在"例程22"中,首先创建List实例articlelist,用于保存文章列表的数据,然后调用getListArticle()的接口方法,获取从数据库查询来的文章列表数据。最后将文章列表数据保存在request对象articlelist中,同时也获取分页对象,具体代码如下。

例程22 代码位置:资源包\TM\01\blogs\src\com\servlet\BlogServlet.java

```
List articlelist=new ArrayList();                                    //创建List对象articlelist
String showPage=request.getParameter("showPage");                    //创建分页字符串
articlelist=articleDao.getListArticle(userid,showPage,"goBlogIndex?master="+userid);
request.setAttribute("articlelist",articlelist);                     //将文章列表数据保存在request对象
request.setAttribute("createPage",articleDao.getPage());             //获取分页对象数据
```

```
ArticleDao articleDao=new ArticleDao();
/* 获取该博客文章总数 */
int countActicle=articleDao.getActicleCount(userid);
session.setAttribute("countActicle",countActicle);

/* 获取该博客评论总数 */
int countRev=articleDao.getRevCount(userid);
session.setAttribute("countRev",countRev);
                                            插入"例程22"的
                                            代码

        forward = getInitParameter("indexUser");
    }
}catch(Exception e){
        System.out.println("'获取博文信息错误!");
    }
```

图1.104 BlogServlet.java文件中"获取文章列表"的接口方法插入位置

2. 添加"获取文章列表"的实现方法

在BlogServlet.java中实现了"获取文章列表"的接口方法,然后应该在ArticleDao.java中编写该方法的具体实现,代码具体的插入位置如图1.105所示。

```
public int getRevCount(int id) throws SQLException{
    int count=0;
    String sql="select count(id) from tb_articleR where artReview_rootId=?";
    Object[] params={id};

    DB mydb=new DB();
    mydb.doPstm(sql, params);
    ResultSet rs = mydb.getRs();
    if(rs!=null&&rs.next())
        count=rs.getInt(1);
    rs.close();
    mydb.closed();
    return count;
}
                                    插入"例程23"的代码
}
```

图1.105 "获取文章列表"实现方法的代码插入位置

在"例程 23"中创建了内置方法 getList()，此方法用于数据库的查询操作。首先创建文章列表查询的数据库 SQL 语句，同时设置列表数据的分页配置信息。然后根据当前页的不同，执行不同的数据库查询方法。在 getList()方法中，首先创建数据库的连接类 mydb，然后执行数据库的查询，将结果集返回给 list 对象实例，供上一级接口类使用，具体代码如下。

例程 23　代码位置：资源包\TM\01\blogs\src\com\dao\ArticleDao.java

```java
public List getListArticle(int id,String showPage,String goWhich) throws SQLException{
    //创建文章查询的数据库 SQL 语句
    String sqlall="select * from tb_article where art_whoId=?";
    Object[] params={id};                               //创建查询参数数组
    setPerR(5);                                         //设置每页显示 5 条数据
    createPage(sqlall,params,showPage,goWhich);         //创建分页结果集
    int currentP=getPage().getCurrentP();               //获取当前页数
    int top1=getPage().getPerR();                       //获取上一页
    int top2=(currentP-1)*top1;                         //获取下一页
    String sql="";                                      //创建 sql 字符串实例
    if(currentP<=1)                                     //若当前页小于 1
    //执行全部查询
    sql="SELECT TOP "+top1+" * FROM tb_article WHERE art_whoid=? ORDER BY art_pubtime DESC";
    else
    //执行分页查询
    sql="SELECT TOP "+top1+" * FROM tb_article i WHERE (art_whoId = ?) "+
        " AND (art_pubTime < (SELECT MIN(art_pubTime) "+
        " FROM (SELECT TOP "+top2+" * FROM tb_article "+
        " WHERE art_whoId = i.art_whoId ORDER BY art_pubTime DESC) AS minv)) "+
        " ORDER BY art_pubTime DESC";
    List articlelist=getList(sql,params);               //调用 getList()方法，获取结果值
    return articlelist;                                 //将文章列表数值返回
}

private List getList(String sql,Object[] params) throws SQLException{
    List list=null;                                     //创建 List 实例 list
    DB mydb=new DB();                                   //创建数据库连接类 mydb
    mydb.doPstm(sql,params);                            //创建结果集对象 rs
    ResultSet rs=mydb.getRs();                          //执行数据库查询
    if(rs!=null){                                       //若结果集 rs 不为空
        list=new ArrayList();                           //将 list 赋值为数组
        while(rs.next()){                               //循环输出 rs 结果集数据
            ArticleSingle single=new ArticleSingle();   //创建 ArticleSingle 实例
            single.setId(rs.getInt(1));                 //获取文章 id
            single.setArtWhoId(rs.getInt(2));           //获取作者 id
            single.setArtTitle(rs.getString(3));        //获取文章标题
            single.setArtContent(rs.getString(4));      //获取文章内容
            single.setArtPubTime(Change.dateTimeChange(rs.getTimestamp(5))); //获取发布时间
            single.setArtCount(rs.getInt(6));           //获取文章单击数
```

```
        single.setRevCount(getRevCount(single.getId()));      //获取评论总数
        list.add(single);                                      //将 single 对象添加到 list 数组
    }
        rs.close();                                            //关闭 rs 结果集
    }
        mydb.closed();                                         //关闭数据库连接
        return list;                                           //将 list 返回给上一级接口调用
}
```

启动程序运行后，打开计算机中的浏览器（推荐使用 Google Chrome 浏览器），在地址栏中输入 http://localhost:8080/blogs/goBlogIndex?master=3。这里默认 master 的 ID 值为 3，页面效果如图 1.106 所示。

图 1.106 "文章列表"的效果页面

1.8 本章小结

本章运用软件工程的设计思想，通过一个完整的博客系统带领读者详细学习完一个系统的开发流程。同时，在程序的开发过程中采用了 Servlet 技术和 jQuery 库，使整个系统的用户体验更加完美。通过本章的学习，读者不仅可以了解一般网站的开发流程，而且还应该对 Servlet 技术有比较清晰的了解，为以后应用 Servlet 开发程序奠定基础。

第 2 章

甜橙音乐网

(**JSP+SQL Server 2014+jQuery+jPlayer 实现**)

在线听音乐已经成为上网休闲娱乐中的重要部分,同现在的贴吧、论坛一样,受到众多用户的青睐,而开发类似网站不仅可以增加浏览网站的人数,还能带来经济收益。本章将介绍如何制作一个音乐类网站——甜橙音乐网。

通过阅读本章,可以学习到:

▶▶ 了解音乐播放组件的实现

▶▶ 掌握 JSP 的基本语法

▶▶ 掌握 jQuery 的应用

▶▶ 掌握 Ajax 技术的高级应用

▶▶ 了解 JavaBean 的编写过程

▶▶ 掌握 JSP 高级语法的应用

▶▶ 了解 SQL Server 数据库的使用

配置说明

2.1 开发背景

随着生活节奏的加快,人们的生活压力和工作压力也不断增加。为了缓解压力,现在的网络中提供了许多娱乐项目,如网络游戏、网络电影和在线音乐等。听音乐可以放松心情,减轻生活或工作带来的压力。目前,大多数的音乐网站都提供在线视听、音乐下载、在线交流、音乐收藏等功能。

2.2 系统设计

2.2.1 系统功能结构

甜橙音乐网分为前台和后台两部分设计。

1. 前台功能模块

前台主要包括"首页""歌曲排行榜""曲风分类""歌手分类""我的音乐""发现音乐"等功能模块。

2. 后台管理模块

后台管理模块主要包括"歌手管理""歌曲管理""登录"等功能模块。
系统功能结构如图 2.1 所示。

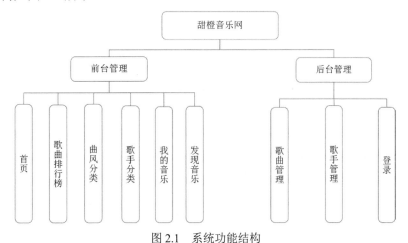

图 2.1 系统功能结构

2.2.2 系统流程

普通用户使用浏览器进入音乐网的首页,可以查看歌曲排行榜、曲风分类、歌手分类、发现音乐和我的音乐等内容。

甜橙音乐网系统管理员首先进入登录页面，进行系统登录操作。如果登录失败，则继续停留在登录页面；如果登录成功，则进入网站后台的管理页面，可以进行歌手管理和歌曲管理。

系统流程如图2.2所示。

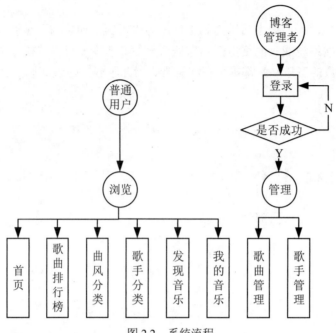

图2.2　系统流程

2.2.3　系统开发环境

本系统的软件开发及运行环境具体如下。
- ☑ 操作系统：Windows 7。
- ☑ JDK 环境：Java SE Development Kit（JDK）version 8。
- ☑ 开发工具：Eclipse for Java EE 4.7（Oxygen）。
- ☑ Web 服务器：Tomcat 9.0。
- ☑ 数据库：SQL Server 2014 数据库。
- ☑ 浏览器：推荐 Google Chrome 浏览器。
- ☑ 分辨率：最佳效果为1440×900像素。

2.2.4　系统预览

甜橙音乐网中有多个页面，下面列出网站中几个典型页面的预览，其他页面可以通过运行资源包中本系统的源程序进行查看。

甜橙音乐网的首页如图2.3所示，在该页面中用户可以浏览轮播图、热门歌手和热门歌曲；通过单击导航栏中的"歌手"超链接，可以进入到歌手列表页面，在该页面中，可以分页查看全部歌手信息，也可以按曲风查看相关歌手，如图2.4所示。

图 2.3 网站首页

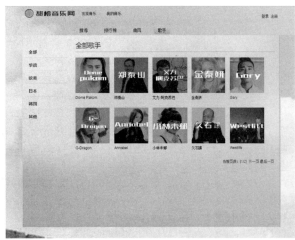
图 2.4 歌手列表页面

在甜橙音乐网中，单击顶部的"登录"超链接将显示登录页面，通过该页面可以实现登录功能，如图 2.5 所示；在导航栏中单击"排行榜"超链接，将显示歌曲排行榜，如图 2.6 所示。

图 2.5 登录界面

图 2.6 歌曲排行榜页面

2.3 数据库设计

视频讲解

2.3.1 数据库设计概述

数据库的设计在程序开发中起着至关重要的作用，决定了在后续开发中如何进行程序编码，一个合理有效的数据库设计可以降低程序的复杂性，使程序开发的过程更加容易。本章将继续采用 SQL Server 数据库，系统数据库名称为 db_onLineMusic，共包含 4 个表，各个表的内容如图 2.7 所示。

图 2.7 数据库树形结构

2.3.2 创建数据库和数据表

在 SQL Server Management Studio 中创建数据库 db_onLineMusic 和相关的数据表。这部分内容请具体参考 1.3.2 节和 1.3.3 节。创建后的结构如图 2.8 所示。

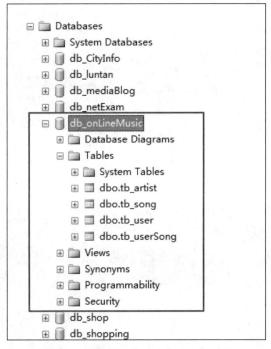

图 2.8 数据库和数据表创建后的结构

2.3.3 数据表结构说明

下面分别对各个数据表的结构进行说明。

1. 歌手表

tb_artist（歌手表）主要用来保存歌手信息，其结构如表 2.1 所示。

表 2.1　tb_artist 表结构

字　段　名	数据类型	是否 Null 值	默认值或绑定	描　　述
id	int	☐		歌手表主键
artistName	varchar(50)	☑		歌手姓名
type	varchar(50)	☑		歌曲类型
imgURL	varchar(50)	☑		歌曲缩略图地址

2．歌曲表

tb_song（歌曲表）主要用来保存歌曲信息，其结构如表 2.2 所示。

表 2.2　tb_song 表结构

字　段　名	数据类型	是否 Null 值	默认值或绑定	描　　述
id	int	☐		歌曲表主键
songName	varchar(50)	☑		歌曲名称
singer	varchar(50)	☑		所属歌手
fileURL	varchar(100)	☑		歌曲缩略图
hits	int	☑		点击数
type	varchar(5)	☑		歌曲类型

3．用户表

tb_user（用户表）主要用来保存用户登录信息及权限，其结构如表 2.3 所示。

表 2.3　tb_user 表结构

字　段　名	数据类型	是否 Null 值	默认值或绑定	描　　述
id	int	☐		用户表主键
manager	varchar(30)	☑		用户登录名
pwd	varchar(30)	☑		用户登录密码
userFlag	varchar(5)	☑		用户权限标识

4．歌曲收藏表

tb_userSong（歌曲收藏表）主要用来保存用户收藏的歌曲，其结构如表 2.4 所示。

表 2.4　tb_userSong 表结构

字　段　名	数据类型	是否 Null 值	默认值或绑定	描　　述
id	int	☐		收藏表主键
userId	int	☑		用户 id
songId	int	☑		歌曲 id

说明　由于新创建的数据库及数据表，不会自动添加相应的数据，为了让读者可以快速进行开发，我们在资源包中提供了本项目的数据库源文件，读者可以附加该数据库。

2.4 网站首页模块的设计

2.4.1 首页模块概述

当用户访问甜橙音乐网时，首先进入的就是网站首页。在甜橙音乐网的首页中，用户可以浏览轮播图、热门歌手和热门歌曲，同时通过菜单上的超链接也可以跳转到"排行榜""曲风""歌手"等页面，网站首页的运行效果如图2.9所示。

图2.9 甜橙音乐网首页

2.4.2 设计首页页面

从美工设计完成的材料（保存在"资源包\TM\02\Src\首页模块\前台资源"目录中）中，复制首页对应的 JSP 文件（包括 index.jsp、common-nativ.jsp、contentFrame.jsp）和页面资源文件，对应的操作如图 2.10 所示。

在 Project Explorer 中选择 musicnet 节点，单击工具栏中 按钮上的黑色三角，在弹出的菜单中选择 Run As→Run on Server 菜单项运行程序。程序运行后，打开浏览器（推荐使用 Google Chrome 浏览器），在地址栏中输入 http://localhost:8080/musicnet/index.jsp，并按 Enter 键，将显示如图 2.11 所示的运行结果。

第 2 章　甜橙音乐网（JSP+SQL Server 2014+jQuery+jPlayer 实现）

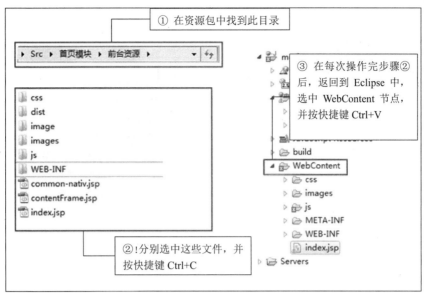

图 2.10　复制美工设计的首页及页面相关资源

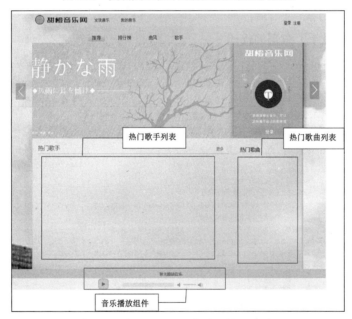

图 2.11　美工设计完成的首页的运行结果

在打开的甜橙音乐网的首页中，主要有 3 个部分需要我们添加动态代码，也就是把图 2.11 所示的 3 个区域中的相关信息，通过 JSP 代码从数据库中读取，并显示在页面上。

2.4.3　实现"热门歌手列表"功能

1．引入数据库连接类、数据过滤类等工具类

在开始进行 JSP 的代码编写前，首先要引入数据库连接类、数据库过滤类等包装好的工具类。使用这些工具类中的方法可以快速实现数据库的连接操作时间、字符串的通用处理操作，这样就可以更加专注地处理核心的业务逻辑，具体引入的过程如图2.12所示。

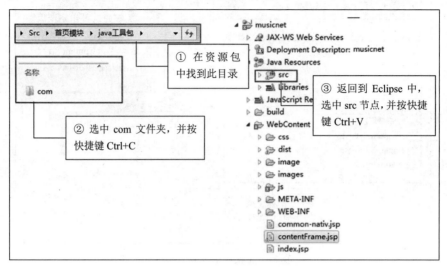

图2.12　引入相关工具类

2. 添加获取"热门歌手"数据的代码

在contentFrame.jsp中添加"例程01"，用于从数据库中获取"热门歌手"数据。代码的添加位置如图2.13所示。

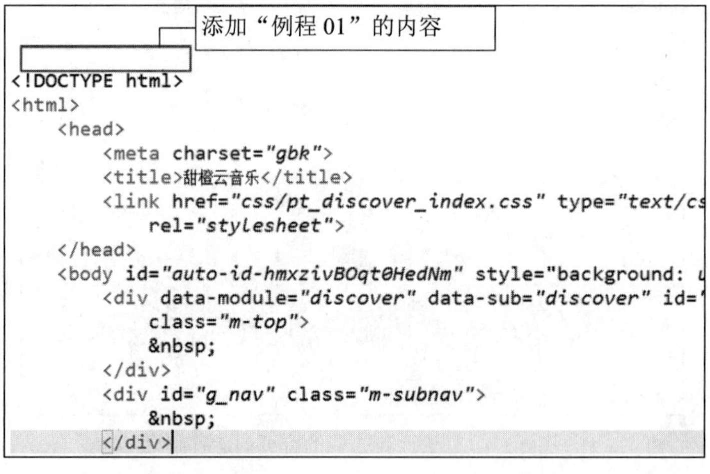

图2.13　获取"热门歌手"数据的代码位置

在"例程01"中，首先设置页面的编码格式是gbk，同时导入java.sql类，并创建数据库对象conn。然后创建查询"热门歌手"数据的SQL语句，执行数据查询，再将查询结果赋值给结果集对象rs_singer。最后，创建歌手的相关字段，供页面显示时使用，具体代码如下。

例程01　代码位置：资源包\TM\02\musicnet\WebContent\contentFrame.jsp

```
<%@ page contentType="text/html; charset=gbk"%>        <!--设置编码格式-->
<%@ page import="java.sql.*"%>                         <!--导入java.sql包中的类-->
```

```jsp
<%@ page import="com.*"%>                                        <!--导入 com 包下的类-->
<jsp:useBean id="conn" scope="page" class="com.tools.ConnDB"/>   <!--创建数据库对象 conn-->

<%
    String sql1="select top 12 id,artistName,type,imgURL"+        //定义查询"热门歌手"数据的 SQL 语句
                " from tb_artist";
    ResultSet rs_singer = conn.executeQuery(sql1);                //执行数据查询
    int artistID = 0;                                             //定义保存歌手 ID 的变量
    String artistName = "";                                       //定义保存歌手名的变量
    String artisttype = "";                                       //定义保存歌手类型的变量
    String imgURL = "";                                           //定义保存歌手缩略图的变量
%>
```

3. 添加"热门歌手"页面布局代码

在 contentFrame.jsp 中添加"例程 02",此段代码用于布局"热门歌手"页面,代码添加的位置如图 2.14 所示。

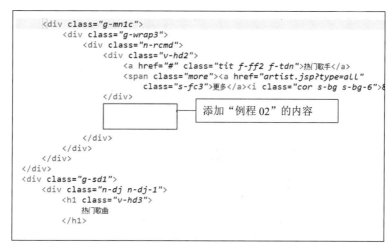

图 2.14 "热门歌手"列表的页面布局代码

在"例程 02"中,首先创建变量 s1,用来记录循环次数。然后将结果集对象 rs_singer 的数据循环显示出来,同时通过<li>列表项标签,将数据显示到页面。最后,根据 s1 的值与 rs_singer 的结果集总数进行判断,是否继续进行循环显示,具体代码如下。

例程 02 代码位置:资源包\TM\02\musicnet\WebContent\contentFrame.jsp

```jsp
<ul class="m-cvrlst f-cb">                                       <!--列表标签-->
    <%
        int s1 = 0;                                               //声明循环的次数变量 s1
        while (rs_singer.next()) {                                //循环读取 s_singer 的值
            artistID = rs_singer.getInt(1);                       //获取歌手 ID
            artistName = rs_singer.getString(2);                  //获取歌手姓名
            imgURL = rs_singer.getString(4);                      //获取歌手缩略图
    %>
    <li>                                                          <!--列表项标签-->
        <div class="u-cover u-cover-1">
```

```
            <a href="artistDetail.jsp?id=<%=artistID%>">
                <img src="images/artist/<%=imgURL%>">         <!--读取歌手缩略图-->
            </a>
        </div>
    </li>                                                      <!--列表项标签结束-->
<%
    s1++;                                                      //次数变量加 1
    }
%>
</ul>                                                          <!--列表标签结束-->
```

在 Project Explorer 中选择 musicnet 节点，单击工具栏中 ▶▼ 按钮上的黑色三角，在弹出的菜单中选择 Run As→Run on Server 菜单项运行程序。程序运行后，打开浏览器（推荐使用 Google Chrome 浏览器），在地址栏中输入 http://localhost:8080/musicnet/index.jsp，并按 Enter 键，将显示如图 2.15 所示的页面。

图 2.15 "热门歌手"列表的页面效果

2.4.4 实现"热门歌曲列表"功能

1．添加获取"热门歌曲"数据的代码

在 contentFrame.jsp 文件添加"例程 03"，用于获取"热门歌曲"数据，代码添加的位置如图 2.16 所示。

在"例程 03"中，首先创建查询热门歌曲数据的 SQL 语句，然后执行数据库查询，将查询到的结果赋值给结果集 rs_new 对象，最后创建歌曲相关的字段，用来在页面显示过程中使用。

例程 03 代码位置：资源包\TM\02\musicnet\WebContent\contentFrame.jsp

```
StringBuffer sql = new StringBuffer();                         //定义字符串 sql
sql.append("select top 10 id,songName,singer,fileURL,type from tb_song where 1=1");
sql.append("order by hits desc");                              //定义查询热门歌曲数据的 SQL 语句
```

```
ResultSet rs_new = conn.executeQuery(sql.toString());    //执行数据库查询
int ID = 0;                                              //定义保存歌曲 ID 的变量
String songName = "";                                    //定义保存歌曲名的变量
String type = "";                                        //定义保存歌曲类型的变量
String fileURL = "";                                     //定义保存歌曲文件链接的变量
String singer = "";                                      //定义保存歌曲所属歌手的变量
```

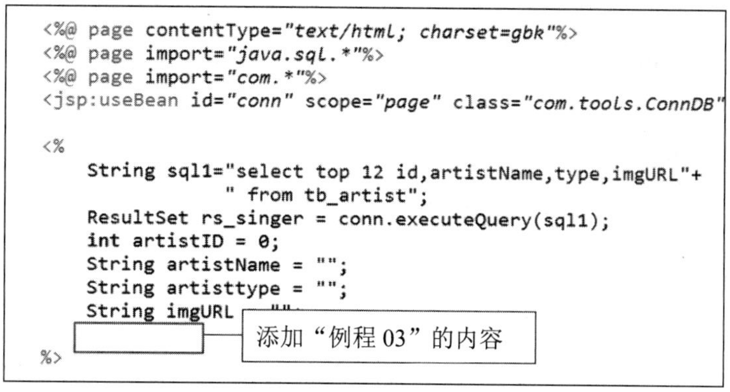

```
<%@ page contentType="text/html; charset=gbk"%>
<%@ page import="java.sql.*"%>
<%@ page import="com.*"%>
<jsp:useBean id="conn" scope="page" class="com.tools.ConnDB"/>

<%
    String sql1="select top 12 id,artistName,type,imgURL"+
                " from tb_artist";
    ResultSet rs_singer = conn.executeQuery(sql1);
    int artistID = 0;
    String artistName = "";
    String artisttype = "";
    String imgURL          ← 添加"例程 03"的内容
%>
```

图 2.16 "热门歌曲"数据的代码添加位置

2．将"热门歌曲"的数据显示到页面

热门歌曲的数据库逻辑代码写完后，在 contentFrame.jsp 文件中添加"例程 04"，用于将热门歌曲的数据读取到页面的代码，代码的添加位置如图 2.17 所示。

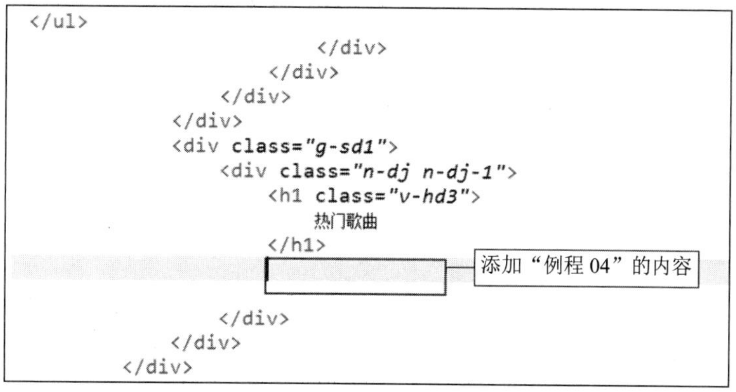

```
            </ul>
                </div>
            </div>
        </div>
        <div class="g-sd1">
            <div class="n-dj n-dj-1">
                <h1 class="v-hd3">
                    热门歌曲
                </h1>         ← 添加"例程 04"的内容
            </div>
        </div>
    </div>
```

图 2.17 "热门歌曲"页面渲染代码的添加位置

在"例程 04"中，首先通过<ul>列表标签将热门的歌曲数据嵌套进来；然后创建循环变量 s，记录循环次数，将 rs_new 内的热门歌曲数据循环出来，分别赋值给在"例程 03"内创建好的对象；最后，通过<li>标签将热门歌曲的数据循环显示到页面上。

例程 04　代码位置：资源包\TM\02\musicnet\WebContent\contentFrame.jsp

```
<ul class="n-hotdj f-cb" id="hotdj-list">                <!--列表标签-->
<%
    int s = 0;                                           //声明循环的次数变量 s1
    while (rs_new.next()) {                              //循环 rs_new 对象
        ID = rs_new.getInt(1);                           //获取歌曲 id
```

```
            songName = rs_new.getString(2);                    //获取歌曲名称
            singer = rs_new.getString(3);                      //获取歌曲所属歌手
            fileURL = rs_new.getString(4);                     //获取歌曲链接
            type = rs_new.getString(5);                        //获取歌曲类型
%>
    <li>                                                       <!--列表项标签-->
            <div class="info">
                <p>
<a href='javascript:playA("<%=songName%>","images/song/<%=fileURL%>","<%=ID%>");'
                    style="color: #1096A9"><%=songName%></a>   <!--音乐播放-->
                <sup class="u-icn u-icn-1"></sup>
                </p>
                <p class="f-thide s-fc3">
                        歌手：<%=singer%>                       <!--读取歌手名称-->
                </p>
            </div>
    </li>                                                      <!--列表项标签结束-->
<%
    s++;                                                       //次数变量加 1
    }
%>
    </ul>                                                      <!--列表标签结束-->
```

在 Project Explorer 中选择 musicnet 节点，单击工具栏中 按钮上的黑色三角，在弹出的菜单中选择 Run As→Run on Server 菜单项运行程序。程序运行后，打开浏览器（推荐使用 Google Chrome 浏览器），在地址栏中输入 http://localhost:8080/musicnet/index.jsp，并按 Enter 键，将显示如图 2.18 所示的运行结果。

图 2.18 "热门歌曲"的界面效果

2.4.5　实现“音乐播放”功能

找到 index.jsp 文件，添加“例程 05”，该段代码用于添加“音乐播放”组件，代码的添加位置如图 2.19 所示。

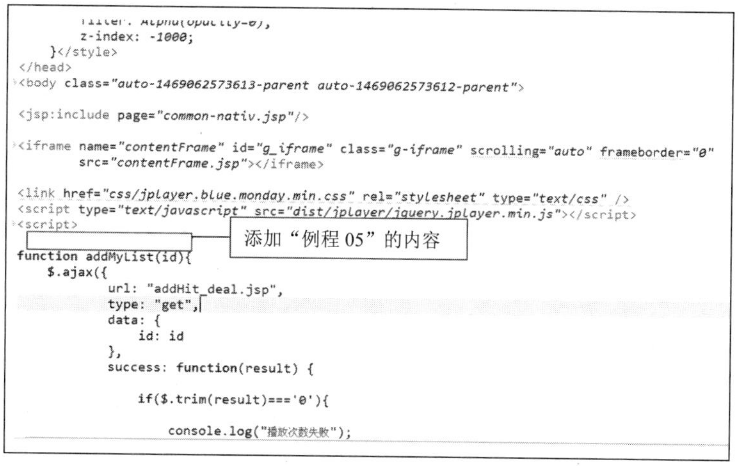

```
            z-index: -1000;
        }</style>
</head>
<body class="auto-1469062573613-parent auto-1469062573612-parent">

<jsp:include page="common-nativ.jsp"/>

<iframe name="contentFrame" id="g_iframe" class="g-iframe" scrolling="auto" frameborder="0"
        src="contentFrame.jsp"></iframe>

<link href="css/jplayer.blue.monday.min.css" rel="stylesheet" type="text/css" />
<script type="text/javascript" src="dist/jplayer/jquery.jplayer.min.js"></script>
<script>
function addMyList(id){
    $.ajax({
            url: "addHit_deal.jsp",
            type: "get",
            data: {
                id: id
            },
            success: function(result) {

                if($.trim(result)==='0'){

                    console.log("播放次数失败");
```


图 2.19　“音乐播放”组件的添加位置

在“例程 05”中，首先需要把所有正在播放的音乐销毁处理，然后引入需要播放的音乐文件，设置音乐播放的题目。另外，还需要设置整个播放组件的相关参数信息，比如是否支持图标、动画、进度条。最后播放音乐，具体代码如下。

例程 05　代码位置：资源包\TM\02\musicnet\WebContent\index.jsp

```
function playMusic(name, media) {                            //定义播放音乐方法
    $("#jquery_jplayer").jPlayer("destroy");                 //销毁正在播放的音乐
    $("#jquery_jplayer").jPlayer({                           //播放音乐
        ready: function(event) {                             //准备音频
            $(this).jPlayer("setMedia", {
                title: name,                                 //设置音乐标题
                mp3: media                                   //设置播放音乐
            }).jPlayer( "play" );                            //开始播放
        },
        swfPath: "dist/jplayer/jquery.jplayer.swf",          //IE8 下的兼容播放
        supplied: "mp3",                                     //音乐格式为 mp3
        wmode: "window",                                     //播放模式 window
        useStateClassSkin: true,                             //设置默认样式
        autoBlur: false,                                     //不支持模糊
        smoothPlayBar: true,                                 //支持图标
        keyEnabled: true,                                    //支持键盘
        remainingDuration: true,                             //支持动画
        toggleDuration: true                                 //支持进度条
    });
}
```

程序运行后，打开计算机中的浏览器（推荐使用 Google Chrome 浏览器），在地址栏中输入"http://localhost:8080/musicnet/index.jsp"，并按 Enter 键，进入网站的首页后，任意单击"热门歌曲"中的一首，将会播放该音乐，具体实现效果如图 2.20 所示。

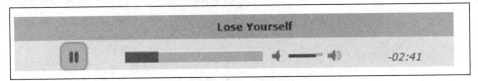

图 2.20 "音乐组件"播放效果

2.5 排行榜模块的设计

2.5.1 排行榜模块概述

歌曲排行榜是音乐网站非常普遍的一个功能。从技术实现的原理上看，是根据用户点击某歌曲的次数多少进行排序，即形成了甜橙音乐网的歌曲排行榜列表，页面效果如图 2.21 所示。

图 2.21 "排行榜"的界面效果

2.5.2 设计排行榜页面

从美工设计完成的材料（保存在"资源包\TM\02\Src\排行榜模块"目录中）中，复制对应的 topList.jsp 文件，对应的操作如图 2.22 所示。

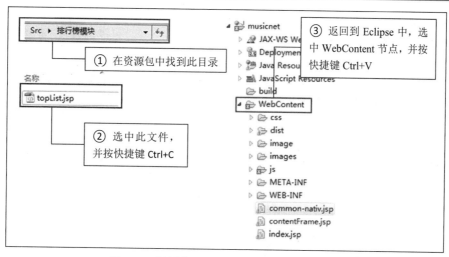

图 2.22　复制美工设计的排行榜页面相关资源

程序运行后，打开计算机中的浏览器（推荐使用 Google Chrome 浏览器），在地址栏中输入"http://localhost:8080/musicnet/index.jsp"，并按 Enter 键，单击"排行榜"菜单，将显示如图 2.23 所示的运行结果。

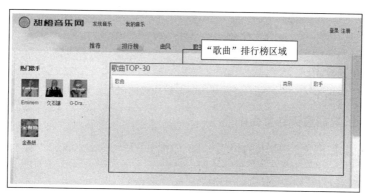

图 2.23　美工设计完成的运行结果

2.5.3　实现歌曲"排行榜"的功能

1. 添加获取"排行榜"数据的代码

为了实现"排行榜"功能，首先在 topList.jsp 文件中编写从数据库中获取的数据代码。具体的方法是在如图 2.24 所示的位置添加"例程 06"。

在"例程 06"中，首先设置页面的编码格式为 gbk，同时导入 java.sql 类，并创建数据库连接对象 conn；然后创建查询"排行榜"数据库的 SQL 语句，执行数据库查询，并将查询结果赋值给结果集对象 rs_new 内；最后创建歌手排行榜对应的字段变量，用来读取页面的数据。

例程 06　代码位置：资源包\TM\02\musicnet\WebContent\topList.jsp

```
<%@ page contentType="text/html; charset=gbk" %>     <!--设置编码格式-->
<%@ page import="java.sql.*"%>                        <!--导入 java.sql 包中的类-->
```

```jsp
<%@ page import="com.*"%>                                        <!--导入com包下的类-->
<jsp:useBean id="conn" scope="page" class="com.tools.ConnDB"/>   <!--创建连接对象conn-->
<%
    StringBuffer sql = new StringBuffer();                       //定义sql实例
    sql.append("select top 30 id,songName,singer,fileURL,type from tb_song where 1=1");
    sql.append("order by hits desc");                            //定义数据库查询SQL语句
    ResultSet rs_new = conn.executeQuery(sql.toString());        //执行数据库查询操作
    int ID = 0;                                                  //定义保存歌曲ID的变量
    String songName = "";                                        //定义保存歌曲名的变量
    String type = "";                                            //定义保存歌曲类型的变量
    String fileURL = "";                                         //定义保存歌曲链接地址的变量
    String singer = "";                                          //定义保存歌手的变量
    int hits = 0;                                                //设置点击数等于0
%>
```

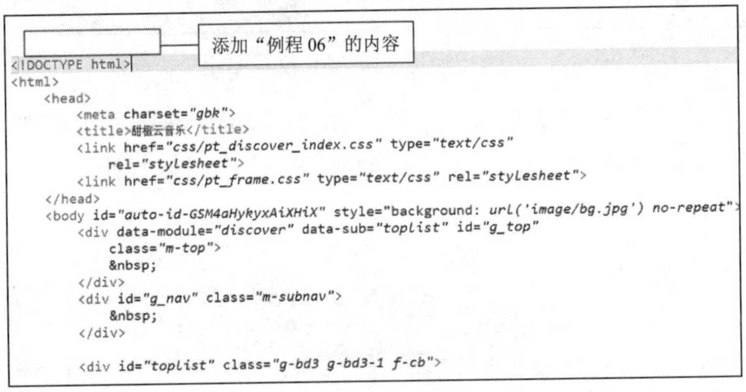

```html
<!DOCTYPE html>                     添加"例程06"的内容
<html>
    <head>
        <meta charset="gbk">
        <title>甜橙云音乐</title>
        <link href="css/pt_discover_index.css" type="text/css"
            rel="stylesheet">
        <link href="css/pt_frame.css" type="text/css" rel="stylesheet">
    </head>
    <body id="auto-id-GSM4aHykyxAiXHiX" style="background: url('image/bg.jpg') no-repeat">
        <div data-module="discover" data-sub="toplist" id="g_top">
            <div class="m-top">
             
        </div>
        <div id="g_nav" class="m-subnav">
             
        </div>

        <div id="toplist" class="g-bd3 g-bd3-1 f-cb">
```

图 2.24 "排行榜"逻辑代码的添加位置

2. 将"排行榜"的数据渲染到页面中

在 topList.jsp 页面上如图 2.25 所示的位置添加"例程 07",用于添加"排行榜"的渲染代码。

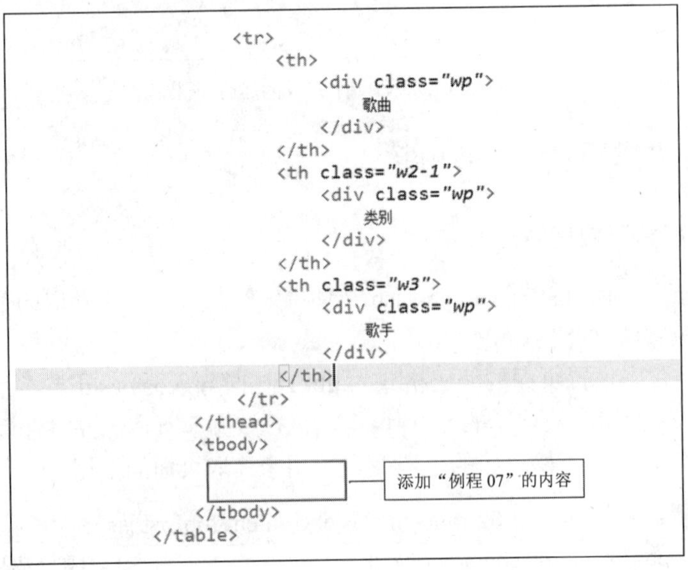

```html
                    <tr>
                        <th>
                            <div class="wp">
                                歌曲
                            </div>
                        </th>
                        <th class="w2-1">
                            <div class="wp">
                                类别
                            </div>
                        </th>
                        <th class="w3">
                            <div class="wp">
                                歌手
                            </div>
                        </th>
                    </tr>
                </thead>
                <tbody>
                                                添加"例程07"的内容
                </tbody>
            </table>
```

图 2.25 "排行榜"渲染代码的添加位置

在"例程07"中,首先创建整型变量 s,根据 rs_new 的记录总数,进行循环终止的判断;然后循环取出 rs_new 内的数据,分别赋值给"例程06"中创建的变量;最后通过<td>表格标签项,将所有数据读取到页面中。

例程07　代码位置:资源包\TM\02\musicnet\WebContent\topList.jsp

```jsp
<%
    int s = 0;                              //定义循环变量 s
    while (rs_new.next()) {                 //循环输出 rs_new 内的数据
        ID = rs_new.getInt(1);              //获取保存歌曲 ID 的变量
        songName = rs_new.getString(2);     //获取保存歌曲名称的变量
        singer = rs_new.getString(3);       //获取保存歌手的变量
        fileURL = rs_new.getString(4);      //获取保存歌曲链接的变量
        type = rs_new.getString(5);         //获取保存歌曲类型的变量
        if (type.equals("1")) {
            type = "华语";                  //type 等于 1 时,赋值为"华语"类型
        }
        if (type.equals("2")) {
            type = "欧美";                  //type 等于 2 时,赋值为"欧美"类型
        }
        if (type.equals("3")) {
            type = "日语";                  //type 等于 3 时,赋值为"日语"类型
        }
        if (type.equals("4")) {
            type = "韩语";                  //type 等于 4 时,赋值为"韩语"类型
        }
        if (type.equals("5")) {
            type = "其他";                  //type 等于 5 时,赋值为"其他"类型
        }
%>
<tr class=" ">                              <!--表格标签-->
    <td class="">
        <div class="f-cb">
            <div class="tt">
                <span                       <!--读取歌曲数据-->
onclick='playA("<%=songName%>","images/song/<%=fileURL%>","<%=ID%>");'
class="ply "> </span>
                <div class="ttc">
                    <span class="txt"><b><%=songName%></b> </span>
                </div>
            </div>
        </div>
    </td>
<td class=" s-fc3">
    <span class="u-dur "><%=type%></span>
        <div class="opt hshow">
            <span onclick='addShow("<%=ID%>")' class="icn icn-fav" title="收藏"></span>
        </div>
</td>
    <td class="">
        <div class="text">
```

```
                <span><%=singer%> </span>
                    </div>
                </td>
            </tr>
<%
    s++;                                    //次数变量加 1
    }
%>
```

程序运行后，打开计算机中的浏览器（推荐使用 Google Chrome 浏览器），在地址栏中输入"http://localhost:8080/musicnet/index.jsp"，并按 Enter 键，进入网站的首页后，单击"排行榜"菜单，具体实现效果如图 2.26 所示。

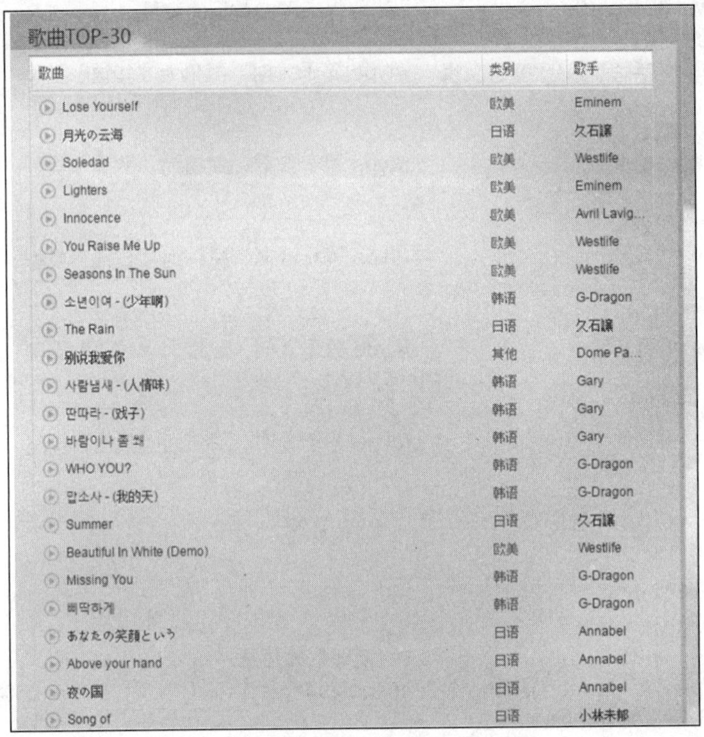

图 2.26　"排行榜"的页面实现效果

2.6　曲风模块的设计

2.6.1　曲风模块概述

曲风模块主要是根据歌曲的风格进行分类展示的一个功能。在甜橙音乐网中，歌曲分类主要是根据曲风进行划分，即分成"全部""华语""欧美""日语""韩语""其他"6 个子类。根据此分类标准，实现曲风模块的功能，具体实现的效果如图 2.27 所示。

第 2 章　甜橙音乐网（JSP+SQL Server 2014+jQuery+jPlayer 实现）

图 2.27　曲风模块的界面效果

2.6.2　设计曲风模块页面

从美工设计完成的材料（保存在"资源包\TM\02\Src\曲风模块"目录中）中，复制对应的 playList.jsp 文件，对应的操作如图 2.28 所示。

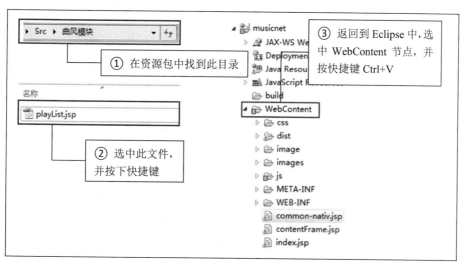

图 2.28　复制美工设计的曲风模块的相关资源

程序运行后，打开计算机中的浏览器（推荐使用 Google Chrome 浏览器），在地址栏中输入 http://localhost:8080/musicnet/index.jsp，并按 Enter 键，单击"曲风"菜单，将显示如图 2.29 所示的运行结果。

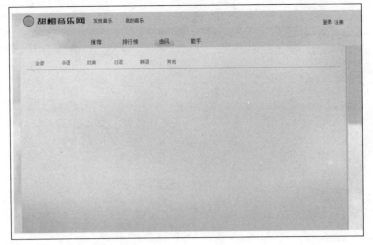

图 2.29　美工设计完成的运行结果

2.6.3　实现曲风模块数据的获取

在 playList.jsp 中，添加“例程 08”，该段代码用于获取“曲风”列表的数据，代码具体的添加位置如图 2.30 所示。

添加“例程 08”的内容

```
<!DOCTYPE html>
<html>
    <head>
        <meta charset="gbk">
        <title>甜橙云音乐</title>
        <link href="css/pt_discover_index.css" type="text/css"
            rel="stylesheet">
        <link href="css/pt_frame.css" type="text/css" rel="stylesheet">
    </head>
    <body id="auto-id-ws7DxLhbPLyHTsnX" style="background: url('image/bg.j
        <div data-module="discover" data-sub="playlist" id="g_top"
            class="m-top">
             
        </div>
        <div id="g_nav" class="m-subnav">
             
        </div>
```

图 2.30　“曲风”数据库逻辑代码的插入位置

在“例程 08”中，首先设置页面编码格式为 gbk，同时导入 java.sql 包中的类，并创建数据库连接对象 conn；然后创建查询曲风数据的 SQL 语句，并执行数据库查询，再将查询结果赋值给结果集 rs；最后创建“曲风”歌曲相关的字段变量，用来渲染页面时使用。

例程 08　代码位置：资源包\TM\02\musicnet\WebContent\playList.jsp

```
<%@ page contentType="text/html; charset=gbk" %>                <!--设置页面编码格式-->
<%@ page import="java.sql.*"%>                                  <!--导入 java.sql 类-->
<%@ page import="com.*"%>                                       <!--导入 com 包下的类-->
<jsp:useBean id="conn" scope="page" class="com.tools.ConnDB"/>  <!--导入数据库连接类-->
<%
```

```jsp
String artistType = request.getParameter("type");           //获取参数 type 的值
String title = "";                                          //定义字符串 title
if (artistType.equals("all")){ title = "全部";}              //artistType 等于 all，取"全部"
if (artistType.equals("1")) {title = "华语";}                //artistType 等于 1，取"华语"
if (artistType.equals("2")) {title = "欧美";}                //artistType 等于 2，取"欧美"
if (artistType.equals("3")) {title = "日语";}                //artistType 等于 3，取"日语"
if (artistType.equals("4")) {title = "韩国";}                //artistType 等于 4，取"韩国"
if (artistType.equals("5")) {title = "其他";}                //artistType 等于 5，取"其他"
StringBuffer sql = new StringBuffer();                      //创建字符串 sql
sql.append("select * from tb_song where 1=1");
if (null != artistType && !artistType.equals("all")) {
    sql.append(" and type='" + artistType + "' ");
}
sql.append("order by hits desc,id desc ");                  //定义数据库查询语句
ResultSet rs = conn.executeQuery(sql.toString());           //执行数据库查询
int ID = 0;                                                 //定义歌曲 ID
String songName = "";                                       //定义歌曲名称
String type = "";                                           //定义歌曲类型
String fileURL = "";                                        //定义歌曲链接
String singer = "";                                         //定义歌曲所属歌手
int hits = 0;                                               //定义点击数
%>
```

2.6.4 实现曲风模块页面的渲染

在 playList.jsp 中添加"例程 09"，该段代码用于布局"曲风"的页面，代码的添加位置如图 2.31 所示。

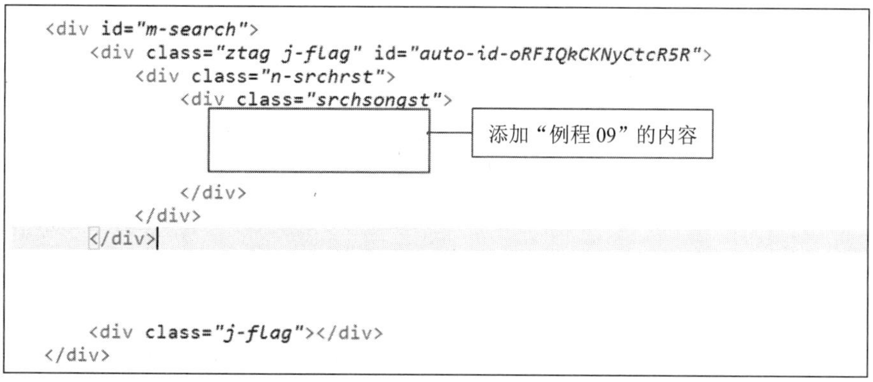

```html
<div id="m-search">
    <div class="ztag j-flag" id="auto-id-oRFIQkCKNyCtcR5R">
        <div class="n-srchrst">
            <div class="srchsongst">
                                            ← 添加"例程 09"的内容
            </div>
        </div>
    </div>



    <div class="j-flag"></div>
</div>
```

图 2.31 "曲风列表"页面渲染代码的插入位置

在"例程 09"中，首先获取当前的分页数，并设置每页显示的记录数 pagesize 等于 10；然后根据取出的结果集记录总数，求出分页的总数；最后，循环结果集 rs 对象，将结果集中的数据赋值给"例程 09"中创建的字段变量，并通过<div>标签将结果循环输出到页面中，具体代码如下：

例程 09 代码位置：资源包\TM\02\musicnet\WebContent\playList.jsp

```jsp
<%
    String str = (String) request.getParameter("Page");     //获取参数 Page 的值
```

```jsp
        if (str == null) {str = "0";}                          //若 str 为空，则 str 等于 0
        int pagesize = 10;                                      //每页显示 10 条记录
        rs.last();                                              //将结果集对象 rs 指向最后一行
        int RecordCount = rs.getRow();                          //获取数据集总数
        int maxPage = 0;                                        //设置分页数为 0
        //获取分页总数
maxPage = (RecordCount % pagesize == 0) ? (RecordCount / pagesize): (RecordCount / pagesize + 1);
        int Page = Integer.parseInt(str);                       //获取当前页面数
        if (Page < 1) {                                         //若 Page 小于 1，则等于 1
            Page = 1;
        } else {
            if (((Page - 1) * pagesize + 1) > RecordCount) {    //根据 page 进行判断取值
                Page = maxPage;
            }
        }
        rs.absolute((Page - 1) * pagesize + 1);                 //rs 对象返回到记录第 1 行
        for (int i = 1; i <= pagesize; i++) {                   //循环输出结果集中的数据
            ID = rs.getInt("id");                               //获取歌曲 id
            songName = rs.getString("songName");                //获取歌曲名
            type = rs.getString("type");                        //获取歌曲类型
            fileURL = rs.getString("fileURL");                  //获取歌曲链接地址
            singer = rs.getString("singer");                    //获取歌手
            hits = rs.getInt("hits");                           //获取歌曲点击次数
            if (type.equals("1")) type = "华语";                //若 type 等于 1，则 type 等于 "华语"
            if (type.equals("2")) type = "欧美";                //若 type 等于 2，则 type 等于 "欧美"
            if (type.equals("3")) type = "日语";                //若 type 等于 3，则 type 等于 "日语"
            if (type.equals("4")) type = "韩语";                //若 type 等于 4，则 type 等于 "韩语"
            if (type.equals("5")) type = "其他";                //若 type 等于 5，则 type 等于 "其他"
%>
<div class="item f-cb h-flag even ">
    <div class="td">
        <div class="hd">
            <a class="ply " title="播放
onclick='playA("<%=songName%>","images/song/<%=fileURL%>","<%=ID%>");'></a>
        </div>
    </div>
    <div class="td w0">
        <div class="sn">
            <div class="text">
                <b title="<%=songName%>">
                    <span class="s-fc7"><%=songName%></span></b>
            </div>
        </div>
    </div>
    <div class="td">
        <div class="opt hshow">
            <span onclick='addShow("<%=ID%>")' class="icn icn-fav" title="收藏"></span>
        </div>
    </div>
    <div class="td w1">
        <div class="text">
```

```
                <%=singer%>
            </div>
        </div>
        <div class="td w1">
            <%=type%>
        </div>
        <div class="td">
            播放：<%=hits%>次
        </div>
    </div>
    <%
        try {
            if (!rs.next()) {break;}                    //结果集循环结束
        } catch (Exception e) {}
    }
    %>
```

程序运行后,打开计算机中的浏览器(推荐使用 Google Chrome 浏览器),在地址栏中输入 http://localhost:8080/musicnet/index.jsp,并按 Enter 键,进入网站的首页后,单击"曲风"菜单,具体实现效果如图 2.32 所示。

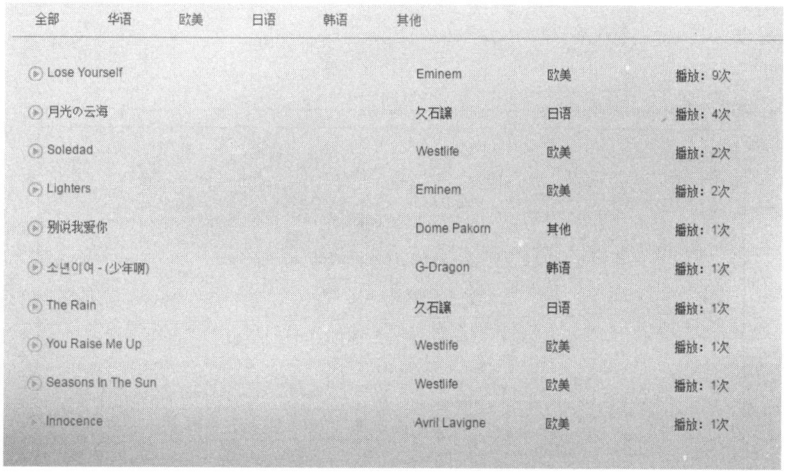

图 2.32 "曲风列表"的页面效果

2.6.5 实现"曲风列表"的分页功能

在 playList.jsp 中添加"例程 10",该段代码用于实现"曲风"的分页功能,代码的添加位置如图 2.33 所示。

在"例程 10"中,在<table>表格标签中,将分页的业务处理代码嵌入其中。对于分页的处理,有两种情况,一种是当前页大于第一页的情况,那么,分页组件显示的超链接是"第一页"和"上一页";另一种是当前页面大于第一页,而小于最大分页数的时候,分页组件显示的超链接则是"下一页"和"最后一页"。

例程 10　代码位置：资源包\TM\02\musicnet\WebContent\playList.jsp

```jsp
<!--表格标签-->
<table width="100%" border="0" cellspacing="0" cellpadding="0">
    <tr>
        <td height="24" align="right">
            当前页数：[<%=Page%>/<%=maxPage%>] 
            <%
            if (Page > 1) {                                //若当前分页数大于 1
                %>
            <!--显示"第一页"和"上一页"-->
            <a href="playList.jsp?Page=1&type=<%=artistType%>">第一页</a>
            <a href="playList.jsp?Page=<%=Page - 1%>&type=<%=artistType%>">上一页</a>
            <%
            }
            if (Page < maxPage) {                          //若当前分页数小于分页数总值
                %>
            <!--显示"下一页"和"最后一页"-->
            <a href="playList.jsp?Page=<%=Page + 1%>&type=<%=artistType%>">下一页</a>
            <a href="playList.jsp?Page=<%=maxPage%>&type=<%=artistType%>">最后一页 </a>
            <%
            }
            %>
        </td>
    </tr>
</table>
```

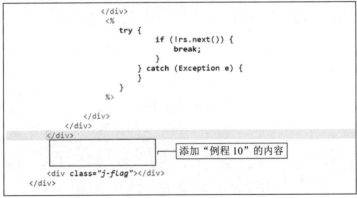

图 2.33　"曲风列表"分页代码的插入位置

程序运行后，打开计算机中的浏览器（推荐使用 Google Chrome 浏览器），在地址栏中输入 http://localhost:8080/musicnet/index.jsp，并按 Enter 键，进入网站的首页后，单击"曲风"菜单，具体实现效果如图 2.34 所示。

图 2.34　"曲风列表"分页组件的页面效果

2.7 发现音乐模块的设计

视频讲解

2.7.1 发现音乐模块概述

发现音乐模块,实际上就是一个搜索音乐的功能。在一般的音乐网站中会提供根据歌手名、专辑名、歌曲名等检索条件进行搜索,本模块主要讲解根据"歌曲名"进行歌曲搜索的过程,其他搜索条件请读者自己尝试,实现原理都是相似的,页面效果如图 2.35 所示。

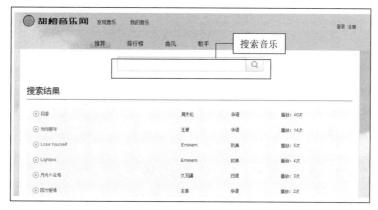

图 2.35 "发现音乐"的界面效果

2.7.2 设计发现音乐页面

从美工设计完成的材料(保存在"资源包\TM\02\Src\发现音乐模块"目录中)中,复制对应的 search.jsp 文件,对应的操作如图 2.36 所示。

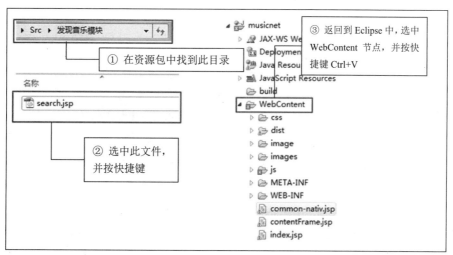

图 2.36 复制美工设计的页面及页面相关资源

程序运行后，打开计算机中的浏览器（推荐使用 Google Chrome 浏览器），在地址栏中输入 http://localhost:8080/musicnet/index.jsp，并按 Enter 键，单击"发现音乐"的菜单，将显示如图 2.37 所示的运行结果。

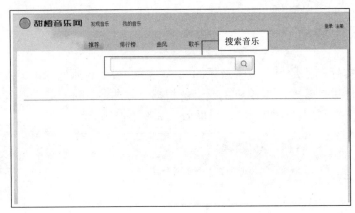

图 2.37 美工设计完成的运行结果

2.7.3 实现发现音乐的搜索功能

1．在 search.jsp 文件中添加"搜索"功能的逻辑代码

在 search.jsp 中添加"例程 11"，该段代码用于实现搜索歌曲功能，代码的添加位置如图 2.38 所示。

图 2.38 "搜索"功能逻辑代码的添加位置

在"例程 11"中，首先设置页面的编码格式为 gbk，同时导入相关的类，并创建数据库连接对象 conn。然后获取从页面搜索栏中输入的关键字作为查询数据，并创建用于查询歌曲的 SQL 语句，并对歌曲名进行模糊查询，若查询结果记录为 0，则弹出提示信息"没有搜索结果"。

例程 11　代码位置：资源包\TM\02\musicnet\WebContent\search.jsp

```
<%@ page contentType="text/html; charset=gbk" %>           <!--设置页面编码格式-->
<%@ page import="java.sql.*"%>                             <!--导入 java.sql 包中的类-->
<%@ page import="com.*"%>                                  <!--导入 com 包下的类-->
<jsp:useBean id="conn" scope="page" class="com.tools.ConnDB"/>  <!--创建对象 conn-->
```

```jsp
<%
    String sName = request.getParameter("songName");      //获取搜索关键字 songName 的值
    String title = "";                                     //定义 title 字符串
    StringBuffer sql = new StringBuffer();                 //定义 sql 字符串
    sql.append("select * from tb_song where 1=1");         //定义数据库 SQL 查询语句
    if (null ==sName ) {                                   //若 sName 为空，则赋值为""
        sName="";
    }
    sql.append(" and songName like '%" + sName + "%' ");   //根据歌曲名进行模糊查询
    sql.append(" order by hits desc,id desc ");            //以单击次数排序
    ResultSet rs = conn.executeQuery(sql.toString());      //执行数据库查询
    rs.last();                                             //将查询结果指向记录最后一行
    int rowCount = rs.getRow() ;                           //获取记录总数
    if(rowCount==0){                                       //若记录总数为 0，则弹出提示
        String alertStr="<script lanuage='javascript'>alert('没有搜索结果!');"+
                        "window.location.href='search.jsp';</script>";
        out.println(alertStr);                             //弹出提示信息
        return;
    }
    rs.first();                                            //结果集返回记录第一行
    int ID = 0;                                            //定义保存歌曲 ID 的变量
    String songName = "";                                  //定义保存歌曲名的变量
    String type = "";                                      //定义保存歌曲类型的变量
    String fileURL = "";                                   //定义保存歌曲链接的变量
    String singer = "";                                    //定义保存歌曲所属歌手的变量
    int hits = 0;                                          //定义点击数变量为 0
%>
```

2．添加"搜索"结果的页面渲染代码

在 search.jsp 文件中添加"例程 12"，该段代码用于布局"搜索"结果的页面，代码的添加位置如图 2.39 所示。

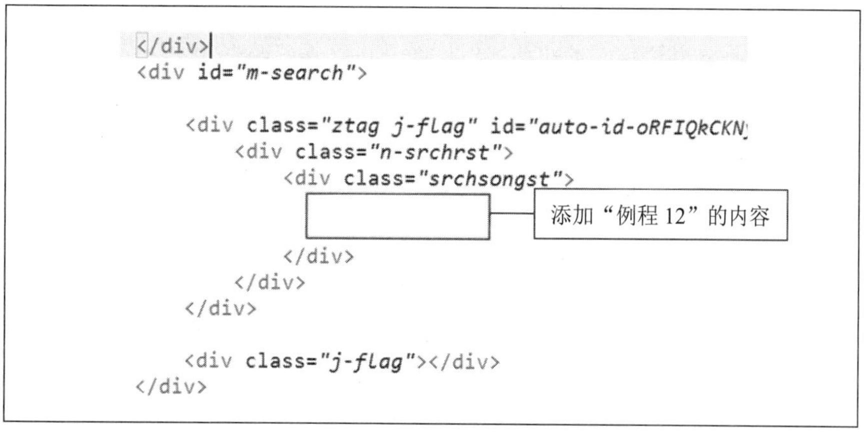

```
</div>
<div id="m-search">

    <div class="ztag j-flag" id="auto-id-oRFIQkCKN">
        <div class="n-srchrst">
            <div class="srchsongst">
                                        ——添加"例程 12"的内容
            </div>
        </div>
    </div>

    <div class="j-flag"></div>
</div>
```

图 2.39 "搜索"结果渲染代码的添加位置

在"例程 12"中,首先根据在"例程 11"中获取的记录总数 rowCount,循环输出结果集 rs 对象中的数据。然后分别将数据赋值给在"例程 11"中创建的字段变量。最后通过<div>标签,将歌曲的相关信息读取到页面当中,如歌曲名称、歌曲链接、歌曲所属歌手等。

例程 12　　代码位置:资源包\TM\02\musicnet\WebContent\search.jsp

```jsp
<%
    for (int i = 1; i <=rowCount; i++) {                   //根据结果集记录数进行循环
            ID = rs.getInt("id");                          //获取歌曲 id
            songName = rs.getString("songName");           //获取歌曲名称
            type = rs.getString("type");                   //获取歌曲类型
            fileURL = rs.getString("fileURL");             //获取歌曲链接地址
            singer = rs.getString("singer");               //获取歌曲所属歌手
            hits = rs.getInt("hits");                      //获取歌曲点击数
            if (type.equals("1")) {type = "华语";}          //若 type 等于 1,则 type 等于"华语"
            if (type.equals("2")) {type = "欧美";}          //若 type 等于 2,则 type 等于"欧美"
            if (type.equals("3")) {type = "日语";}          //若 type 等于 3,则 type 等于"日语"
            if (type.equals("4")) {type = "韩语";}          //若 type 等于 4,则 type 等于"韩语"
            if (type.equals("5")) {type = "其他";}          //若 type 等于 5,则 type 等于"其他"
%>
<div class="item f-cb h-flag even ">
        <div class="td"><div class="hd">
            <a class="ply" title="播放"                    <!--将歌曲链接进行读取-->
            onclick='playA("<%=songName%>","images/song/<%=fileURL%>","<%=ID%>");'></a>
        </div>
</div>
<div class="td w0">
        <div class="sn">
            <div class="text">
                <b title="<%=songName%>"><span            <!--将歌曲名称进行读取-->
                class="s-fc7"><%=songName%></span></b>
            </div>
        </div>
</div>
<div class="td">
<div class="opt hshow">
        <span onclick='addShow("<%=ID%>")' class="icn icn-fav" title="收藏"></span>
</div></div>
        <div class="td w1">
            <div class="text"><%=singer%></div>           <!--将歌手进行读取-->
</div>
        <div class="td w1"> <%=type%></div>               <!--将歌曲类型进行读取-->
        <div class="td">
            播放:<%=hits%>次</div>                         <!--将点击数进行读取-->
</div>
<%
    try {
        if (!rs.next()) {                                  //循环读取结束
            break;
        }
    } catch (Exception e) {
        }
```

```
      }
%>
```

程序运行后，打开计算机中的浏览器（推荐使用 Google Chrome 浏览器），在地址栏中输入 http://localhost:8080/musicnet/index.jsp，并按 Enter 键，进入网站的首页后，单击"发现音乐"菜单，具体实现效果如图 2.40 所示。

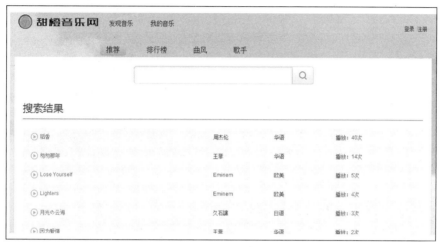

图 2.40 "发现音乐"运行后的页面效果

2.8 歌手模块的设计

2.8.1 歌手模块概述

歌手模块，是指根据歌手分类，显示相应的歌曲列表。在甜橙音乐网中，"歌手"又根据"区域"属性划分成"全部""华语""欧美""日语""韩语""其他"等类目，更加方便用户根据歌手查询相应的歌曲，具体运行效果如图 2.41 和图 2.42 所示。

图 2.41 "歌手列表"页面

图 2.42 "歌手详情"页面

2.8.2 设计歌手列表页面

从美工设计完成的材料（保存在"资源包\TM\02\Src\歌手模块"目录中）中，复制对应的 JSP 文件（artist.jsp），对应的操作如图 2.43 所示。

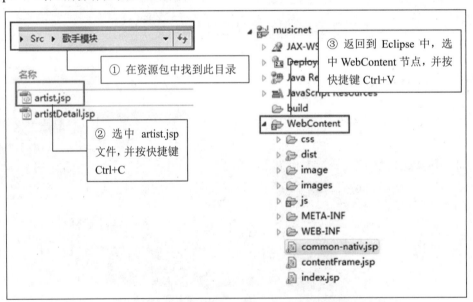

图 2.43 复制美工设计的页面及页面相关资源

程序运行后，打开计算机中的浏览器（推荐使用 Google Chrome 浏览器），在地址栏中输入 http://localhost:8080/musicnet/index.jsp，并按 Enter 键，单击"歌手"菜单，将显示如图 2.44 所示的运行结果。

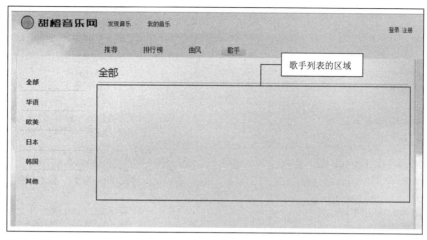

图 2.44　美工设计完成的运行结果

2.8.3　实现歌手列表的功能

1．获取歌手列表数据

在 artist.jsp 文件中添加"例程 13"，该段代码用于从数据库中获取"歌手列表"数据，代码的具体添加位置如图 2.45 所示。

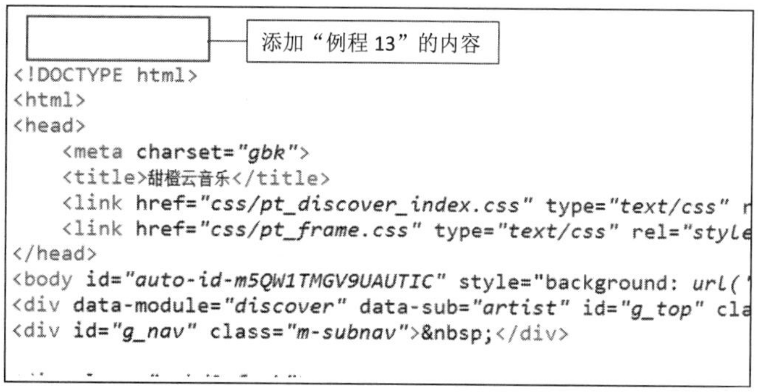

图 2.45　获取"歌手列表"数据代码的添加位置

在"例程 13"中，首先设置页面的编码格式为 gbk，同时导入 java.sql 包中的类，并创建数据库连接对象 conn。然后获取参数 type 的值，并根据 type 的值确定当前的歌手分类，并创建数据库的查询语句，执行数据库的查询，再将查询结果保存在结果集 rs，供页面渲染使用。最后创建页面需要的字段变量，如歌手名、歌手缩略图等。

例程 13　代码位置：资源包\TM\02\musicnet\WebContent\artist.jsp

```
<%@ page contentType="text/html; charset=gbk" %>          <!--设置编码格式 gbk-->
<%@ page import="java.sql.*"%>                            <!--导入 java.sql 包中的类-->
<%@ page import="com.*"%>                                 <!--导入 com 包下的类-->
<jsp:useBean id="conn" scope="page" class="com.tools.ConnDB"/> <!—定义 conn 对象-->
<%
    String artistType= request.getParameter("type");      //获取参数 type 的值
```

```
String title="";                                          //定义字符串 title
if(artistType.equals("all")){                             //若 artistType 等于 all
 title="全部歌手";                                         //则 title 等于"全部歌手"
}
if(artistType.equals("1")){                               //若 artistType 等于 1
 title="华语歌手";                                         //则 title 等于"华语歌手"
}
if(artistType.equals("2")){                               //若 artistType 等于 2
 title="欧美歌手";                                         //则 title 等于"欧美歌手"
}
if(artistType.equals("3")){                               //若 artistType 等于 3
 title="日本歌手";                                         //则 title 等于"日本歌手"
}
if(artistType.equals("4")){                               //若 artistType 等于 4
 title="韩国歌手";                                         //则 title 等于"韩国歌手"
}
if(artistType.equals("5")){                               //若 artistType 等于 5
 title="其他歌手";                                         //则 title 等于"其他歌手"
}
 StringBuffer sql = new StringBuffer();                   //定义字符串 sql
 sql.append("select * from tb_artist where 1=1");         //定义数据库查询语句
 if(null!=artistType && !artistType.equals("all")){       //根据 artistType 进行判断
      sql.append(" and type='"+artistType+" ");
 }
 sql.append("order by id desc ");                         //根据主键进行排序

 ResultSet rs = conn.executeQuery(sql.toString());        //执行数据库查询
 int ID = 0;                                              //定义主键 ID 变量
 String artistName = "";                                  //定义歌手名变量
 String type = "";                                        //定义歌手类型变量
 String imgURL = "";                                      //定义歌手图片链接变量
%>
```

2. 布局"歌手列表"页面

在 artist.jsp 文件中添加"例程 14",该段代码用于布局"歌手列表"页面,代码具体的添加位置如图 2.46 所示。

```
<div class="g-mn2">
    <div class="g-mn2c">
        <div class="g-wrap">
            <div class="u-title f-cb">
                <h3><span class="f-ff2">全部</span></h3>
            </div>
            <div class="m-sgerlist">   ──── 添加"例程 14"的内容

            </div>
        </div>
    </div>
</div>
```

图 2.46 "歌手列表"布局页面的添加位置

在"例程14"中,首先获取参数Page的值,也就是当前的页面数,并设置分页的相关参数,如每页显示记录数、分页总页数等。然后将"例程13"中获取的结果集对象rs循环读取出来,分别赋值给在"例程13"中创建的字段变量。最后通过<ul>列表标签将这些字段变量循环读取出来。

例程 14　代码位置:资源包\TM\02\musicnet\WebContent\artist.jsp

```jsp
<ul class="m-cvrlst m-cvrlst-5 f-cb">                            <!--列表标签-->
<%
    String str = (String) request.getParameter("Page");          //获取参数Page的值
    if (str == null) {                                            //若str为空
            str = "0";                                            //则str等于0
    }
    int pagesize = 10;                                            //每页显示记录10条
    rs.last();                                                    //结果集指向最后一行
    int RecordCount = rs.getRow();                                //获取记录总数
    int maxPage = 0;                                              //设置总页数为0
    //获取总页数
maxPage = (RecordCount % pagesize == 0) ? (RecordCount / pagesize): (RecordCount / pagesize + 1);
    int Page = Integer.parseInt(str);                             //获取当前页数
    if (Page < 1) {                                               //若页数小于1
        Page = 1;                                                 //则当前页等于1
    } else {
        if (((Page - 1) * pagesize + 1) > RecordCount) {
            Page = maxPage;
                                                                  //当前页为最大值
        }
    }
    rs.absolute((Page - 1) * pagesize + 1);                       //结果集返回到记录第一条
    for (int i = 1; i <= pagesize; i++) {                         //循环取出结果集的值
        ID = rs.getInt("id");                                     //获取歌手id
        artistName = rs.getString("artistName");                  //获取歌手名
        type = rs.getString("type");                              //获取歌手类型
        imgURL = rs.getString("imgURL");                          //获取歌手缩略图
        if (type.equals("1")) {type = "华语";}                    //若type等于1,则type赋值"华语"
        if (type.equals("2")) {type = "欧美";}                    //若type等于2,则type赋值"欧美"
        if (type.equals("3")) {type = "日语";}                    //若type等于3,则type赋值"日语"
        if (type.equals("4")) {type = "韩语";}                    //若type等于4,则type赋值"韩语"
        if (type.equals("5")) {type = "其他";}                    //若type等于5,则type赋值"其他"
%>
<li>
<div class="u-cover u-cover-5">
        <img src="images/artist/<%=imgURL%>"><a
        href="artistDetail.jsp?id=<%=ID%>" class="msk" title="<%=artistName%>"></a>
</div>
<p><a
href="artistDetail.jsp?id=<%=ID%>"
<!--渲染出歌手名-->
class="nm nm-icn f-thide s-fc0" title="<%=artistName%>"><%=artistName%></a></p>
</li>
<%
    try {
        if (!rs.next()) {                                         //结果集循环停止
            break;
```

```
            }
        } catch (Exception e) {}
    }
%>
</ul>
```

程序运行后,打开计算机中的浏览器(推荐使用 Google Chrome 浏览器),在地址栏中输入 http://localhost:8080/musicnet/index.jsp,并按 Enter 键,进入网站的首页后,单击"歌手"菜单,具体实现效果如图 2.47 所示。

图 2.47 "歌曲列表"的页面效果

3．实现"歌手列表"的分页组件

在 artist.jsp 中添加"例程 15",该段代码用于实现"歌手列表"的分页组件,代码的添加位置如图 2.48 所示。

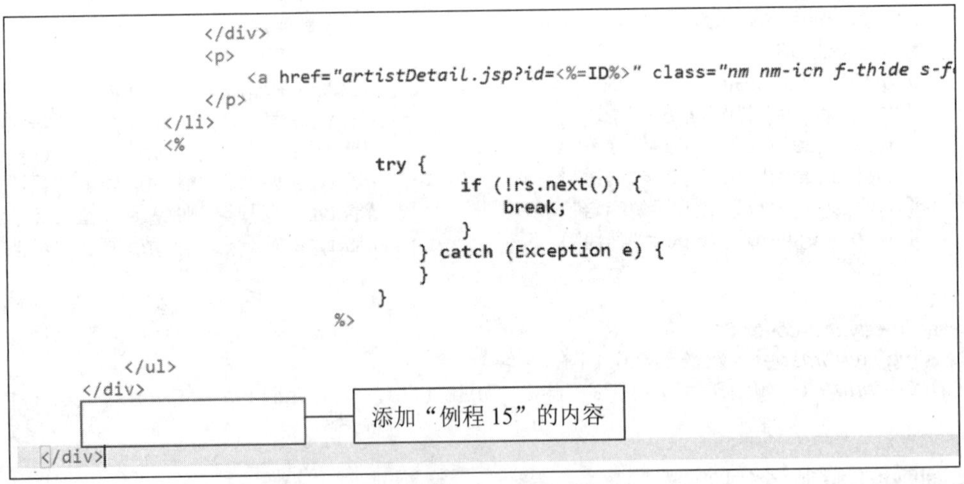

图 2.48 "歌手列表"分页组件代码的添加位置

在"例程 15"中,首先通过<table>标签,将分页组件的相关变量嵌入进来,并根据当前分页变量 Page 的值显示不同的超链接,若大于 1,则页面的超链接显示为"第一页"和"上一页";若 Page 的值小于最大分页数,则页面的超链接显示为"下一页"和"最后一页"。

例程 15 代码位置：资源包\TM\02\musicnet\WebContent\artist.jsp

```
<table width="100%" border="0" cellspacing="0" cellpadding="0">
    <tr>
        <td height="24" align="right">
            当前页数：[<%=Page%>/<%=maxPage%>] 
            <%
            if (Page > 1) {                    //若当前页大于1，则显示"第一页"和"上一页"
            %>
            <a href="artist.jsp?Page=1&type=<%=artistType%>">第一页</a>
            <a href="artist.jsp?Page=<%=Page - 1%>&type=<%=artistType%>">上一页</a>
            <%
            }
            if (Page < maxPage) {              //若当前页小于最大页，则显示"下一页"和"最后一页"
            %>
            <a href="artist.jsp?Page=<%=Page + 1%>&type=<%=artistType%>">下一页</a>
            <a href="artist.jsp?Page=<%=maxPage%>&type=<%=artistType%>">最后一页 </a>
            <%
            }
            %>
        </td>
    </tr>
</table>
```

程序运行后，打开计算机中的浏览器（推荐使用 Google Chrome 浏览器），在地址栏中输入 http://localhost:8080/musicnet/index.jsp，并按 Enter 键，进入网站的首页后，单击"歌手"菜单，具体实现效果如图 2.49 所示。

图 2.49 分页组件的页面效果

2.8.4 设计歌手详情页面

从美工设计完成的材料（保存在"资源包\TM\02\Src\歌手模块"目录中）中，复制对应的 JSP 文件（artistDetail.jsp）。对应的操作如图 2.50 所示。

程序运行后，打开计算机中的浏览器（推荐使用 Google Chrome 浏览器），在地址栏中输入 http://localhost:8080/musicnet/index.jsp，并按 Enter 键，单击"歌手"菜单，任意单击某一歌手的链接，将显示如图 2.51 所示的运行结果。

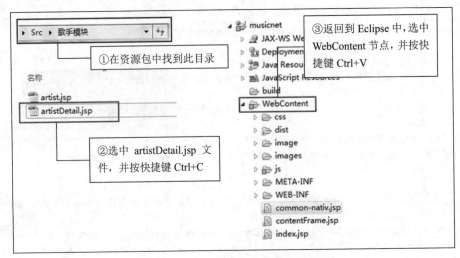

图 2.50　复制美工设计的歌手详情页面

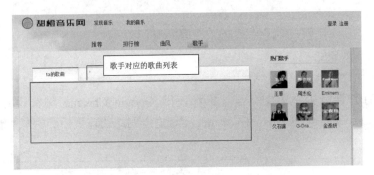

图 2.51　美工设计完成的运行结果

2.8.5　实现歌手详情的功能

1. 获取歌手详情数据

在 artistDetail.jsp 中添加"例程 16",该段代码用于获取"歌手详情"的数据,代码的添加位置如图 2.52 所示。

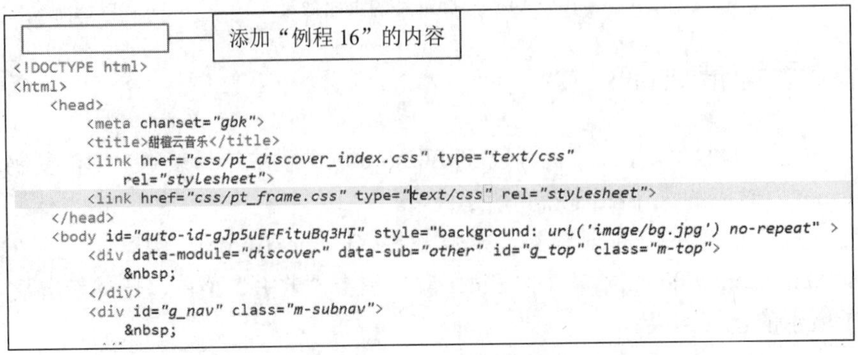

图 2.52　获取"歌手详情"数据的代码添加位置

在"例程16"中,首先设置页面的编码格式gbk,同时导入java.sql包中的类,以及创建数据库连接对象conn。然后获取从页面跳转连接得到的歌手主键id的值,根据歌手的主键id,创建数据库的查询语句sql,执行数据库查询,将查询结果保存在结果集rs_song对象中。最后创建歌曲信息的相关字段变量,用来在页面渲染时使用。

例程 16 代码位置:资源包\TM\02\musicnet\WebContent\artistDetail.jsp

```jsp
<%@ page contentType="text/html; charset=gbk" %>           <!--设置页面编码 gbk-->
<%@ page import="java.sql.*"%>                              <!--导入 java.sql 包中的类-->
<%@ page import="com.*"%>                                   <!--引入 com 包下的类-->
<jsp:useBean id="conn" scope="page" class="com.tools.ConnDB"/>  <!--创建数据库连接对象 conn-->
<%
String artistId = request.getParameter("id");               //获取歌手的主键 id
String sql="select t2.id,t2.songName,t2.fileURL,t2.hits "+  //创建数据库查询语句 sql
           "from tb_artist t1 "+
           "right join tb_song t2 "+
           "on t1.artistName=t2.singer where t1.id='";
ResultSet rs_song = conn.executeQuery(sql+ Integer.parseInt(artistId)  //执行数据库查询
           + "' order by t2.id desc");
int ID = 0;                                                 //定义主键变量 ID
String songName = "";                                       //定义歌手名变量
String fileURL = "";                                        //定义图片链接变量
int hits = 0;                                               //定义点击数变量
%>
```

2.读取歌手详情数据

在artistDetail.jsp中,添加"例程17",该段代码用于显示歌手详情的数据,代码的添加位置如图2.53所示。

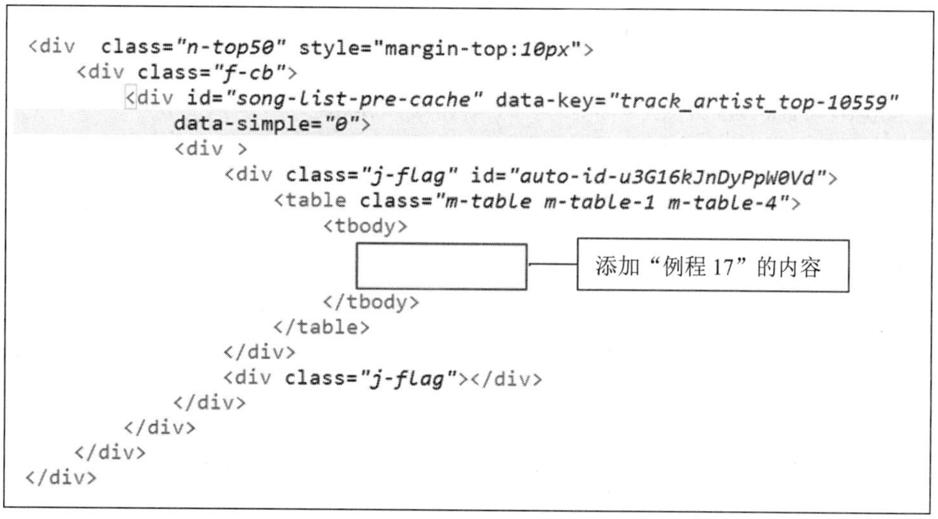

```html
<div class="n-top50" style="margin-top:10px">
    <div class="f-cb">
        <div id="song-List-pre-cache" data-key="track_artist_top-10559"
            data-simple="0">
            <div>
                <div class="j-flag" id="auto-id-u3G16kJnDyPpW0Vd">
                    <table class="m-table m-table-1 m-table-4">
                        <tbody>
                                                    ← 添加"例程17"的内容
                        </tbody>
                    </table>
                </div>
                <div class="j-flag"></div>
            </div>
        </div>
    </div>
</div>
```

图 2.53 显示歌手详情数据的代码添加位置

在"例程17"中，首先创建循环变量 s 等于 0，然后根据在"例程16"中获取到的结果集 rs_song 对象，将数据循环读取出来，最后通过<table>标签将这些数据显示到页面中。

例程 17 代码位置：资源包\TM\02\musicnet\WebContent\artistDetail.jsp

```
<%
    int s = 0;                                          //声明循环的次数 s
    while (rs_song.next()) {                            //循环输出 rs_song 中的数据
        ID = rs_song.getInt(1);                         //获取歌曲 ID
        songName = rs_song.getString(2);                //获取歌曲名
        fileURL = rs_song.getString(3);                 //获取歌曲链接
        hits = rs_song.getInt(4);                       //获取点击数
%>
<tr class="even">
<td class="w1">
    <div class="hd">
    <!--读取歌曲名、歌曲链接等-->
    <span onclick='playA("<%=songName%>","images/song/<%=fileURL%>","<%=ID%>");' class="ply"> </span>
    </div>
</td>
<td class="">
    <div class="f-cb">
        <div class="tt">
            <div class="ttc">                           <!--读取歌曲名-->
                <span class="txt"><a href="#"><b><%=songName%></b>
                </a> </span>
            </div>
        </div>
    </div>
</td>
<td class="w2-1 s-fc3">                                 <!--读取歌曲点击数-->
    <span class="u-dur ">播放：<%=hits%>次</span>
    <div class="opt hshow">
    <span onclick='addShow("<%=ID%>")' class="icn icn-fav"
            title="收藏"></span>
    </div>
</td>
</tr>
<%
    s++;                                                //次数变量加 1
    }
%>
```

程序运行后，打开计算机中的浏览器（推荐使用 Google Chrome 浏览器），在地址栏中输入 http://localhost:8080/musicnet/index.jsp，并按 Enter 键，单击"歌手"菜单，进入后，任意单击某一"歌手"项，将显示如图 2.54 所示的运行结果。

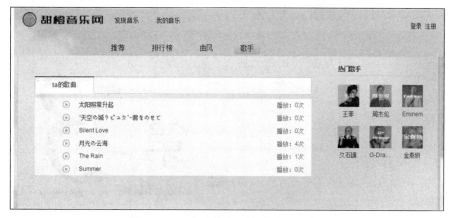

图 2.54 "歌手详情"的页面运行效果

2.9 本章小结

本章运用软件工程的设计思想，通过一个完整的甜橙音乐网带领读者详细学习完一个系统的开发流程。同时，在程序的开发过程中，采用了 jQuery 库和 jPlayer 组件等 Web 前端技术，使整个系统的视觉体验效果更加完美。通过本章的学习，读者不仅可以了解一般网站的开发流程，而且还应该对 jQuery 库和 jPlayer 组件的应用有比较深入的了解，毕竟现阶段 Web 前端开发也比较热门。掌握了这些知识，对以后的工作也会有帮助。

第 3 章

程序源论坛
（Spring MVC+MyBatis+Shiro+UEditor+MySQL 实现）

随着网络多媒体越来越发达，论坛离普通人的生活越来越远，但是作为一名开发者，论坛是我们日常查资料必须要踏足的领域。论坛的主要目的，是方便一群有同样属性的用户交流、学习和探讨，本章将手把手教大家制作一个论坛。

通过阅读本章，可以学习到：

- ▶▶ 了解 Spring MVC 的基本应用
- ▶▶ 了解应用 MyBatis 框架操作 MySQL 数据库的方法
- ▶▶ 掌握如何实现 JdbcTemplate 数据库连接
- ▶▶ 掌握 UEditor 富文本编辑器的应用
- ▶▶ 了解 Shiro 验证技术的应用
- ▶▶ 了解 Bootstrap 的基本应用
- ▶▶ 了解 MySQL 数据库的使用
- ▶▶ 掌握数据分页技术

配置说明

第3章　程序源论坛（Spring MVC+MyBatis+Shiro+UEditor+MySQL 实现）

3.1　开 发 背 景

××大学软件学院是吉林省 IT 人才重点培训基地之一，几年来，学院为社会提供了大批优秀的 IT 技术人才，为国家的信息产业发展做出了很大贡献。学院为了推广 IT 技术，需要提供一个 IT 技术交流平台，为此需要开发一个程序源论坛。

3.2　系统功能设置

3.2.1　系统功能结构

程序源论坛大致可以分为两个部分，一部分是已登录用户，另一部分是未登录用户，其详细的系统功能结构如图 3.1 所示。

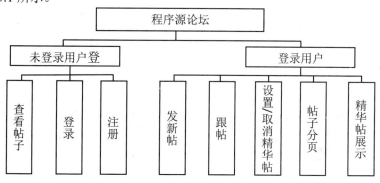

图 3.1　系统功能结构

3.2.2　系统业务流程

程序源论坛业务流程如图 3.2 所示。

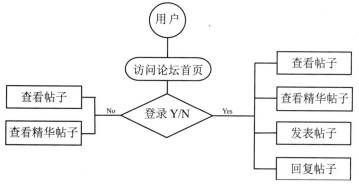

图 3.2　程序源论坛流程

3.2.3　系统开发环境

本系统的软件开发及运行环境具体如下。

- ☑ 操作系统：Windows 7。
- ☑ JDK 环境：Java SE Development Kit（JDK）version 8。
- ☑ 开发工具：Eclipse for Java EE 4.7（Oxygen）。
- ☑ Web 服务器：Tomcat 9.0。
- ☑ 数据库：MySQL 5.7 数据库。
- ☑ 浏览器：推荐 Google Chrome 浏览器。
- ☑ 分辨率：最佳效果为 1440×900 像素。

3.2.4　系统预览

程序源论坛中有多个页面，下面列出网站中几个典型页面的预览，其他页面可以通过运行资源包中本系统的源程序进行查看。

程序源论坛的首页如图 3.3 所示，在该页面中展示了编程语言专区的各个版块的精华帖子标题、搜索帖子和网站导航等。

图 3.3　论坛首页

在论坛首页中单击某个版块标题的超链接，可以进入该版块的帖子列表页面。例如，单击"Java SE 专区版块"超链接，将显示如图 3.4 所示的帖子列表页面。

登录后的帖子列表页面如图 3.5 所示。

第 3 章 程序源论坛（Spring MVC+MyBatis+Shiro+UEditor+MySQL 实现）

图 3.4　未登录的帖子列表页面

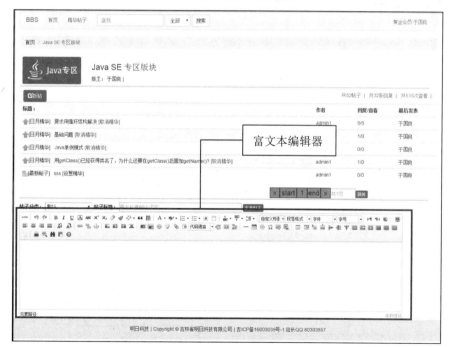

图 3.5　登录后的帖子列表页面

在帖子列表页面中单击某个帖子标题，可以查看帖子的详细信息，如图 3.6 所示。

图 3.6　帖子详细信息页面

3.3　开 发 准 备

3.3.1　了解 Java Web 目录结构

首先介绍标准的 Java Web 项目的目录结构，目录大致可分为 Java 源码区域和资源区域（包括图片、CSS、JavaScript 和 JSP 文件等）两部分，如图 3.7 所示。

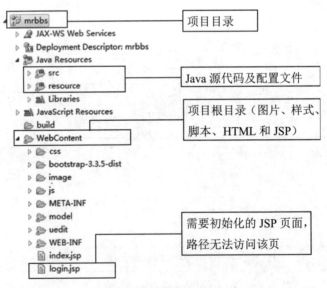

图 3.7　目录结构

如图 3.7 所示的项目目录是 Eclipse 中的目录结构。在计算机中打开该项目，可以看到如图 3.8 所示的目录结构。之后需要将这些文件复制到要创建的项目中。

第 3 章　程序源论坛（Spring MVC+MyBatis+Shiro+UEditor+MySQL 实现）

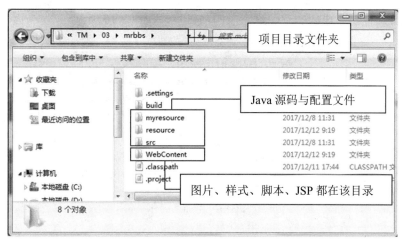

图 3.8　文件夹下的项目目录

3.3.2　创建项目

创建项目的具体步骤如下。

（1）打开 Eclipse，选择 File→New→Dynamic Web Project 菜单项，然后在弹出的新建项目窗口中输入项目名称，如图 3.9 所示。

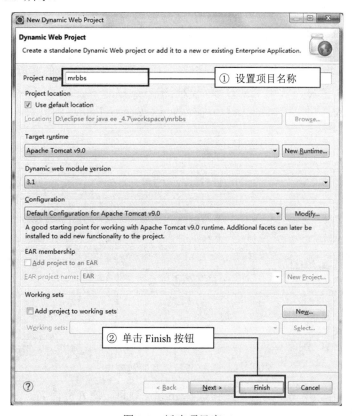

图 3.9　新建项目窗口

（2）单击 Finish 按钮完成创建。创建完成的项目目录如图 3.10 所示。

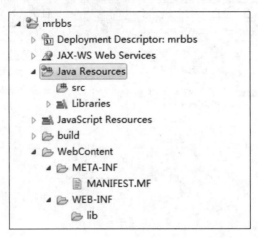

图 3.10　新建项目目录

3.3.3　前期项目准备

完成项目创建后，先看下 Java Resources 目录，该目录用于放置 Java 资源包。src 就是一个资源包，资源包存在的主要目的，是为了区分业务逻辑（通常项目中业务逻辑分为普通业务逻辑和系统业务逻辑）。本章节中普通业务逻辑写在 src 资源包下，再创建一个 resource 资源包，用于编写系统层面的业务逻辑（如框架整合、配置文件、系统登录、注册、权限等），一般的项目开发只需要两个资源包。如果以后编写其他项目，也可以在 src 下写系统业务逻辑，resource 下写普通业务逻辑；或者不创建 resource 资源包，也可以将所有的内容都写到 src 下，具体情况根据项目的实际情况考量。再创建一个 myresource 资源包，之后的练习代码全都在该资源包中。创建一个资源包的具体步骤如下。

（1）在 Java Resources 目录上单击右键，选择 New→Source Folder 菜单项，如图 3.11 所示。

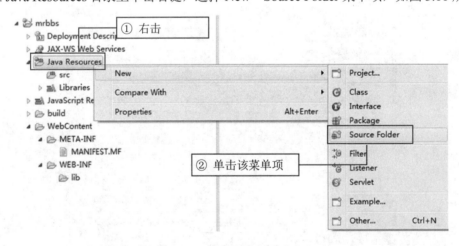

图 3.11　打开新建资源包窗口

（2）打开新建资源包，单击"浏览"按钮选择 mrbbs 项目，输入文件名（即资源包名），如图 3.12 所示，单击 Finish 按钮。

第 3 章　程序源论坛（Spring MVC+MyBatis+Shiro+UEditor+MySQL 实现）

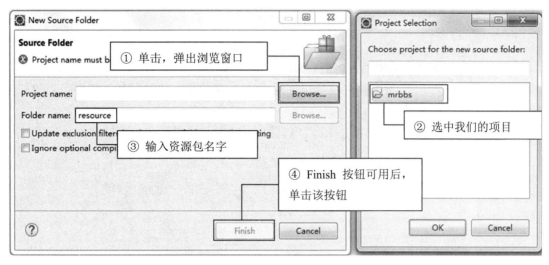

图 3.12　新建资源包窗口

建立完成后目录中就多了一个 resource 资源包，项目的所有框架集成、数据库配置文件、用户登录、注册、权限都会放置在该资源包下，如图 3.13 所示。

图 3.13　新建资源包 resource

按照上述步骤再建立一个 myresource 资源包，之后的练习都将写在 myresource 资源包中，最终的目录结构如图 3.14 所示。

图 3.14　资源包

3.3.4 修改字符集

之前国内很多开发者使用 GB2312（国标 2312）或 GBK（国标扩展），其并不利于国际化，因国际标准字符集格式是 UTF-8，所以要将项目修改为 UTF-8 字符集。修改项目所用字符集的具体步骤如下。

（1）右键单击项目名称，选择 Properties（属性）菜单项，如图 3.15 所示。

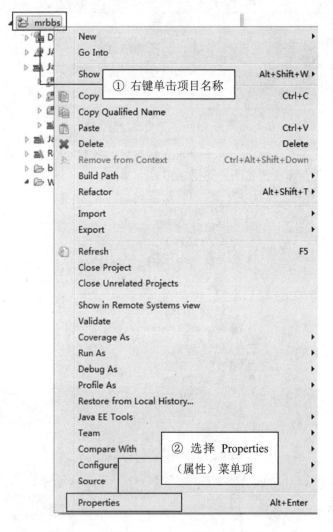

图 3.15　选择 Properties（属性）菜单项

（2）在打开的属性对话框中选择 Resource 节点，然后在 Other 中选择 UTF-8，如图 3.16 所示。
到目前为止，准备工作已经完成一大半。

第 3 章 程序源论坛（Spring MVC+MyBatis+Shiro+UEditor+MySQL 实现）

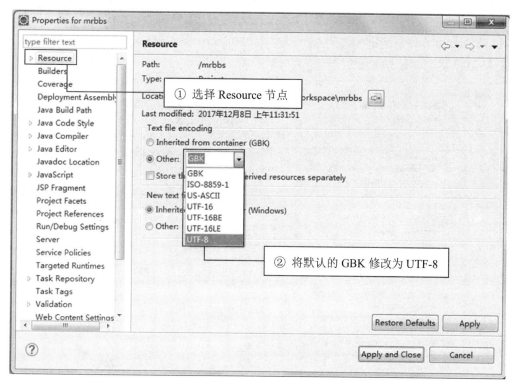

图 3.16　修改字符集

3.3.5　构建项目

接下来需要把随书附赠的项目移植到新建的项目中，这样可以更快地进入开发阶段，快速掌握 Web 开发的过程。

打开随书附赠的资源文件夹（资源包\TM\03），如图 3.17 所示。将 Src 文件夹下的内容复制到 mrbbs 项目的 src 资源包下；将 resource 目录下的内容复制到 mrbbs 项目的 resource 资源包中；将 WebContent 文件夹复制到 mrbbs 项目下，由于 WebContent 文件夹默认已存在，需要覆盖项目的 WebContent 文件夹。

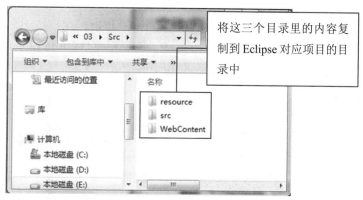

图 3.17　随书附赠 BBS 源码

以 src 目录为例，打开 src 文件夹，按 Ctrl+A 快捷键选中所有文件，按 Ctrl+C 快捷键复制，然后粘贴到 Eclipse 的 mrbbs 项目中的 src 资源目录下，注意千万不要粘贴错位置，如果粘贴错位置，则直接删除重新粘贴即可，如图 3.18 所示。

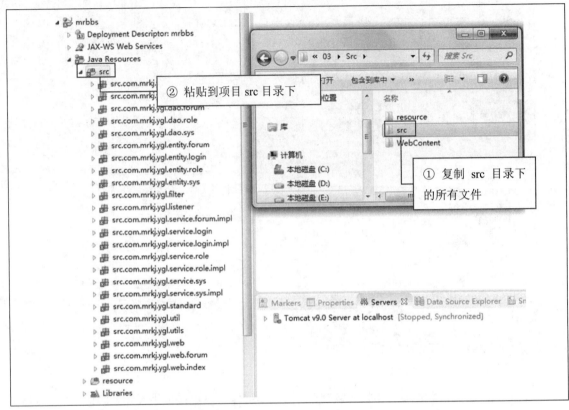

图 3.18　复制资源

再把 resource、WebContent 目录下的所有文件复制到对应的项目目录下。复制完成后，细心的读者会发现项目中有很多小红叉，这里报错的原因是缺少 Jar 包，使用 Eclipse 进行项目开发时还需要加入 Tomcat 的 Jar 包，这样项目才不会报错。加入 Tomcat 的 Jar 包的步骤如下。

（1）右键单击项目名称，选择 Build Path→Configure Build Path 菜单项，如图 3.19 所示。

（2）在打开的 Properties（属性）面板中选择 Libraries 选项卡，单击 Add Library，如图 3.20 所示。

（3）在打开的 Add Library 对话框中选择 Server Runtime，单击 Next 按钮，如图 3.21 所示。

（4）在打开的选择运行时服务器的用户库对话框中，选择要添加的运行时服务器库，如图 3.22 所示。

（5）单击 Finish 按钮，返回到属性对话框中，同时在 Libraries 选项卡的列表中添加一个运行时服务器库，这里为 Tomcat 服务器库，如图 3.23 所示。

第3章 程序源论坛（Spring MVC+MyBatis+Shiro+UEditor+MySQL 实现）

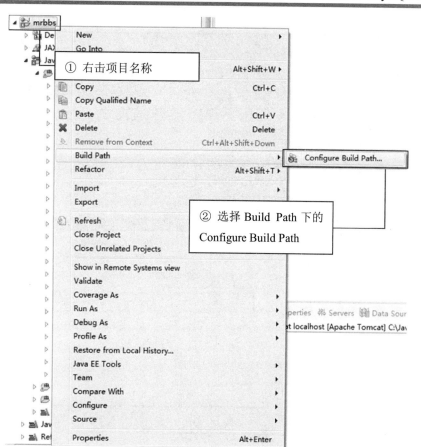

图 3.19 打开 Configure Build Path

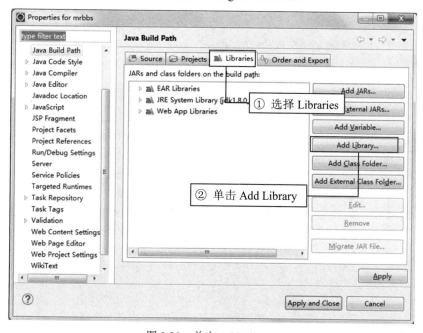

图 3.20 单击 Add Library

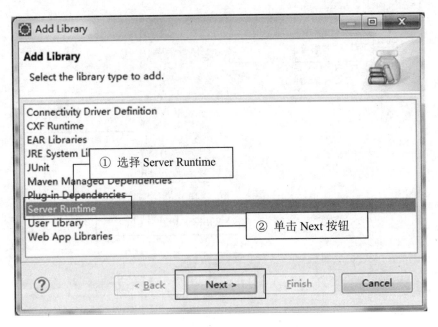

图 3.21　添加库

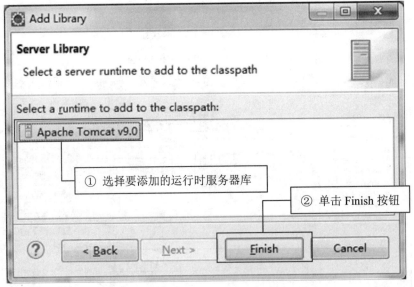

图 3.22　选择运行时服务器的用户库对话框

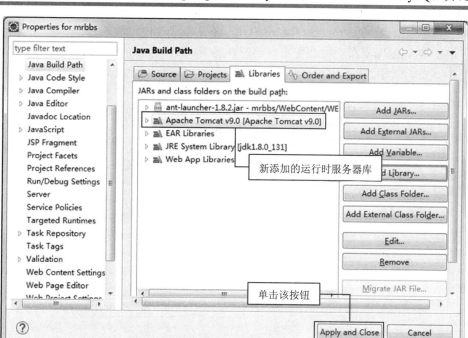

图 3.23　新添加的服务器运行时库

至此，Eclipse 项目准备完毕，接下来要准备数据库。本项目使用的是 MySQL 5.7，数据库可视化操作使用的是 Navicat for MySQL。安装好数据库与 Navicat for MySQL 后，打开 Navicat for MySQL，连接数据库，如图 3.24 所示。

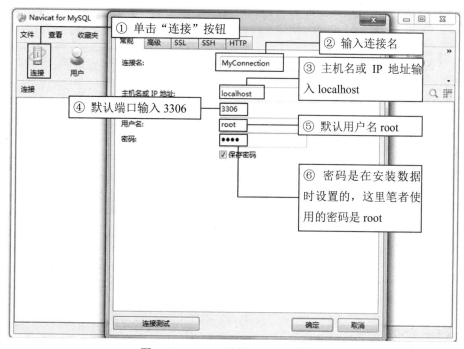

图 3.24　Navicat 连接 MySQL 数据库

单击"确定"按钮，返回到 Navicat for MySQL，然后双击刚刚创建的连接，连接数据库。再创建一个名称为 mrbbs 的数据库。在空白处右击，如图 3.25 所示。

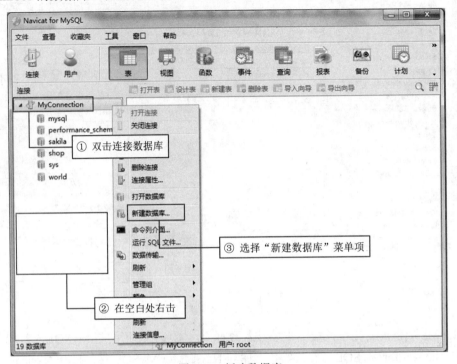

图 3.25　新建数据库

单击"新建数据库"，输入数据库名称，设置字符集为 UTF-8，排序规则为 utf8_general_ci，如图 3.26 所示。

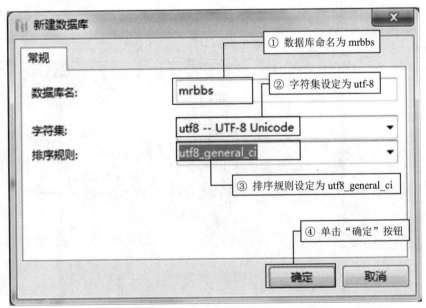

图 3.26　创建数据库 mrbbs

创建了一个名为 mrbbs 的数据库，里面没有数据表，执行随书附赠资源包里的数据库 SQL 脚本文件（资源包\TM\03\数据库\mrbbs.sql）就会生成需要的表和部分数据，如图 3.27 所示。

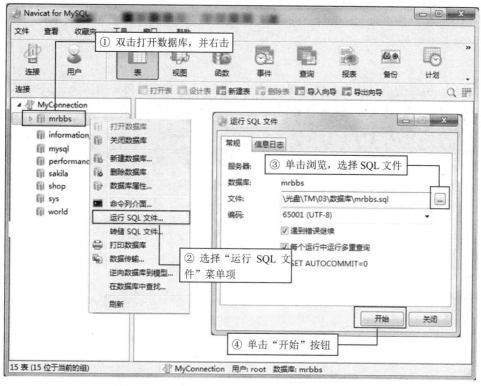

图 3.27　执行 SQL 语句

到这里数据库表已经创建完成，如果表没有显示，则需要关闭软件重新打开，刷新一下，表结构如图 3.28 所示。

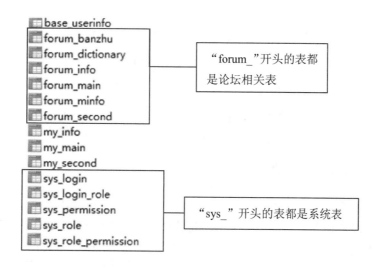

图 3.28　表结构

> **注意** 如果读者建立的数据库名与书中介绍有出入，比如安装的数据库密码与本书不一致，那么可以去 source 资源包下的 jdbc.properties 文件中进行修改，这个文件中定义了数据库驱动、链接地址、用户名和密码等属性。

到目前为止，所有的准备工作已经就绪，可以启动项目查看论坛首页的效果，如图 3.29 所示。

图 3.29 论坛首页效果

3.4 富文本 UEditor

3.4.1 富文本 UEditor 概述

论坛最重要的功能就是看帖和发帖，本项目发帖使用的是百度团队开发的 UEditor，如图 3.30 所示。这是很不错的富文本编辑插件，功能很强大，支持排版、图片、附件、视频等文件，尤其支持代码格式，很适合开发技术论坛使用，更多强大功能请参照官方网址（http:// ueditor.baidu.com）。

第 3 章 程序源论坛（Spring MVC+MyBatis+Shiro+UEditor+MySQL 实现）

图 3.30 UEditor 展示

UEditor 已经集成在系统中，首先找到 WebContent 目录，在"WEB-INF\view\"目录下创建 myJSP 文件夹，在之后的学习中就在这个目录里创建 JSP，如图 3.31 所示。

图 3.31 view 目录下创建 myJSP

在 myJSP 目录上右击，在弹出的快捷菜单中选择 New→JSP File 菜单项，创建一个 JSP 文件，命名为 test01.jsp，如图 3.32 所示。

图 3.32 创建 test01.jsp 页面

在 test01.jsp 页面中增加页面所有的样式与脚本，代码如下（注意：加底色部分的代码为新插入的代码，后续也将以这种方式进行代码插入）。

例程 01　代码位置：资源包\TM\03\mrbbs\WebContent\WEB-INF\view\myJSP\test01.jsp

```
<%@page language="java" contentType="text/html; charset=UTF-8" pageEncoding="UTF-8"%>
<!DOCTYPEHTML>
<html>
<head>
<% //引入jspHead.jsp文件，该文件定义了样式与脚本文件 %>
<%@include file="/../../../jspHead.jsp"%>
</head>
<body>
      <!--  定义一个Bootstrap布局容器，并设置背景主题info   -->
      <div class="container bg-info">
          <h1 class="text-center"> Hello world!</h1>
          <!--  定义一个Bootstrap的row样式，row样式一行最多12列   -->
          <div class="row">
              <!--  col-xs-6定义一个占6列的单元格   -->
              <div class="col-xs-6">
                  <h3 class="text-right"> UI(用户界面):</h3>
              </div>
```

```html
            <!--  再定义一个占6列的单元格，一行最多12列，与上面的6列刚好组合成一行  -->
            <div class="col-xs-6">
                <h3> <small> Bootstrap 3</small> </h3>
            </div>
            <div class="col-xs-6">
                <h3 class="text-right"> JS Framework(Javascript 框架):</h3>
            </div>
            <div class="col-xs-6">
                <h3> <small> JQuery</small> </h3>
            </div>
            <div class="col-xs-6">
                <h3 class="text-right"> Server Framework(服务端框架):</h3>
            </div>
            <div class="col-xs-6">
                <h3> <small> Spring/MyBatis/Shiro</small> </h3>
            </div>
            <div class="col-xs-6">
                <h3 class="text-right"> DataBase(数据库):</h3>
            </div>
            <div class="col-xs-6">
                <h3> <small> MySQL 5.x</small> </h3>
            </div>
        </div>
    </div>
</body>
</html>
```

以上代码主要用于显示一些文字，大家了解即可，在后面会给出该页面的显示效果（如图3.38所示）。

注意 凡是存在 WEB-INF 目录下的文件都不会被 HTTP 协议直接访问到，必须通过 Servlet 处理来返回给用户。

以上既编辑好一个 JSP 页面，前期也建立好一个 myresource 资源包，现在在 myresource 资源包下建立一个包，在这个资源包中写下第一段 Java 代码，展示给用户编辑好的 JSP 页面。

说明 关于 Jar 包的建立，国际上的惯用规则是域名倒置，比如前面笔者提到的 UEditor，它的官方网址是 ueditor.baidu.com。那么它的 Jar 包目录结构就应该是 com.baidu.ueditor，开发中的目录结构即把域名反过来（简称域名倒置）。

创建包的过程：在 myresource 节点上右击，选择 New→Packge 菜单项，如图 3.33 所示。

说明 包的主要用途是区分文件的功能，比如在创建一个名称为 images 的文件夹，里面保存的都是图片；再创建一个名称为 music 的文件夹，里面保存的都是音乐，这样就达到了文件分类的目的。这里的资源包也是同样的道理，只不过是按照功能模块划分。

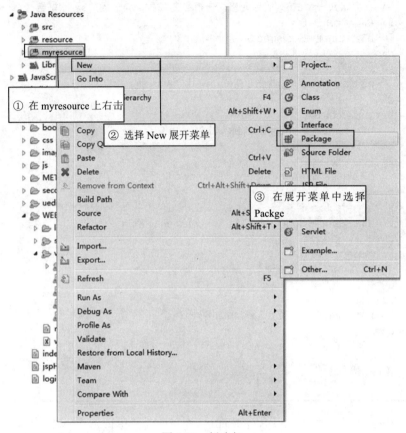

图 3.33　创建包

在打开的对话框中输入包名，单击 Finish 按钮，创建完成，如图 3.34 所示。

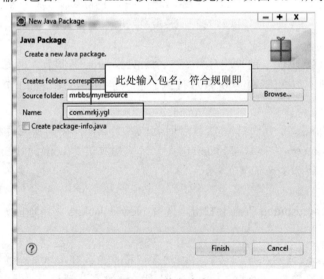

图 3.34　为包命名

> **说明** Java 包理论上是可以随便命名的，但是由于本系统使用了 Spring 框架，所以包名要符合一定的规范，因为在项目启动的时候，Spring 会扫描指定包下的类，映射为请求路径或实现 IoC。详细内容请查看 myresource 资源包下 com.mrkj.ygl.config.WebConfig 类与 com.mrkj.ygl.config.RootConfig 类，这两个类定义了扫描路径。

至此，一个三级结构的包即创建完成。在开发过程中，该三级结构的包主要是描述项目的内容，到第四级包开始写 Java 源码，第四级包的命名是按照实际功能来区分。在 MVC 架构中，功能包通常为 DAO 层、SERVICE 层、CONTROLLER 层、ENTITY 层和 UTIL 层。

1．DAO 层

Data Access Object（数据访问对象），是一个数据访问接口。数据访问，顾名思义就是与数据库打交道，夹在业务逻辑与数据库资源的中间。

2．SERVICE 层

服务层，负责处理业务逻辑，这样说比较笼统，可以举个例子进行说明：请假的时候需要填写请假单，一般公司的步骤是，首先去综合部取一张请假单，然后填写表单，最后交给综合部。用计算机描述这一过程为：首先向计算机提交一个填写请假表单的请求；然后计算机返回给你一个表单；最后填写表单提交给计算机并告诉计算机这个表单是给综合部，这整个过程就叫作业务逻辑。

3．CONTROLLER 层

控制层，负责接收数据，封装数据，交给 Service 层处理业务逻辑，Service 层处理好数据返回给 Controller，由 Controller 层判断返回什么数据给用户。

4．ENTITY 层

实体类层，Controller 层有一个步骤为"封装数据"，大概意思是把零散数据组合成一个对象。比如请假单，可以理解成一个实体类，该类有请假人姓名、请假时间、请假事由等字段。我们从用户那里接收的数据是零散的，接收过来的数据大概类似于 name=yuguoliang、time=2018-08-04、"info=生病"，但这样的零散数据并不利于阅读，于是 Java 开发规范里增加了实体类的概念。假设请假的实体类为 activity，则它有 3 个属性：name、time 和 info，我们将接收的零散数据封装至 activity，大概样子是"activity.setName(name),activity.setTime(time)…"。

5．UTIL 层

UTIL 层写一些公共方法，比如数据转换、加密等。

练习写一个 CONTROLLER 层，命名为 MyFirstController，实现转发之前写好的 test01.jsp，按照如图 3.35 和图 3.36 所示的步骤建立一个类。

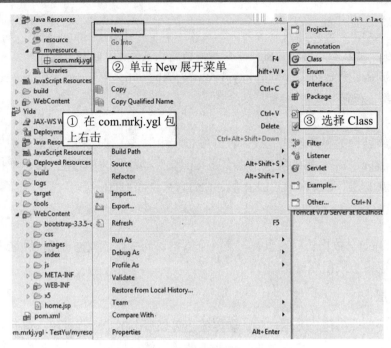

图 3.35 创建类步骤 1

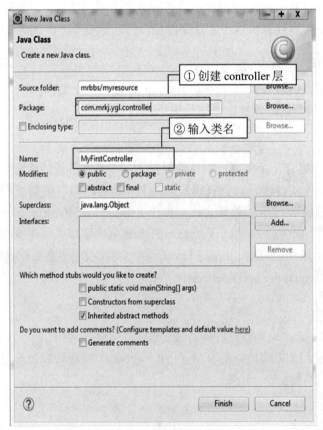

图 3.36 创建类步骤 2

创建完成后的 myresource 资源包里的内容如图 3.37 所示。

▲ 🗁 myresource
　▲ 🞖 com.mrkj.ygl.controller
　　▷ 🗋 MyFirstController.java

图 3.37　myresource 目录

双击打开 MyFirstController 类，添加如下代码实现 Servlet 跳转 JSP 页面。

例程 02　代码位置：资源包\TM\03\mrbbs\myresource\com\mrkj\ygl\controller\MyFirstController.java

```java
package com.mrkj.ygl.controller;
import org.springframework.stereotype.Controller;
import org.springframework.web.bind.annotation.RequestMapping;
import org.springframework.web.servlet.ModelAndView;

//@Controller 注解声明该类为 Spring 控制类，继而通过@requestMapping 注解声明的路径映射
//如果不使用@Controller 注解，@requestMapping 注解也会失效
@Controller
public class MyFirstController {
    //@RequestMapping 注解用来声明路径映射，可以用于类或方法上
    //该注解映射路径为 http://127.0.0.1:8080/mrbbs/myTest
    //通过浏览器输入路径便能够访问到这个方法
    @RequestMapping(value="/myTest")
    public ModelAndView myTest(){
        //设置视图"myJSP/test01"，指向项目路径 WebContent\WEB-INF\view\myJSP\test01.jsp 文件
        //在 com.mrkj.ygl.config.WebConfig.java 文件中定义了 JSP 视图等
        ModelAndView mav = new ModelAndView("myJSP/test01");
        //返回 ModelAndView 对象会跳转至对应的视图文件。也将设置的参数同时传递至视图
        return mav;
    }
}
```

> **说明**　在输入代码的时候，常有记不住类名的情况发生，这时只要输入两三个字母，然后按键盘上的 Alt+/，Eclipse 就会给出提示，大大加快编码速度。另外，代码需要按照一定的层级顺序进行编写，从最高级向最低级写起。对于一个类来说，级别最高的是类声明（public class MyFirstController），然后是类方法与类成员变量（public ModelAndView myTest），最后是方法体内的逻辑与注解。

重新启动 Tomcat，打开浏览器输入 http://127.0.0.1:8080/mrbbs/myTest，查看运行效果，如图 3.38 所示。

> **说明**　在访问路径 http://127.0.0.1:8080/mrbbs/myTest 中，http://代表的是使用 HTTP 协议请求，请求地址为 127.0.0.1:8080（127.0.0.1 代表 IP 地址，8080 是端口），这里的端口有可能改变（比如端口冲突，必须手动修改），请求的资源为 mrbbs/myTest。在 Tomcat 启动项目时，可以通过信息：Starting ProtocolHandler ["http-apr-8080"]确定当前是以哪个端口启动的。

图 3.38 访问 test01.jsp

3.4.2 使用 UEditor

现在需要在 WebContent\WEB-INF\view\myJSP 目录下建立一个 test02.jsp，如图 3.39 所示，把 test01.jsp 的内容复制到 test02.jsp 中。

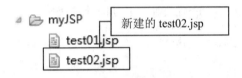

图 3.39 新建一个 test02.jsp

复制完成后删除 test02.jsp 中 `<body></body>` 标签内部的所有内容，修改后的代码如下。

例程 03 代码位置：资源包\TM\03\mrbbs\WebContent\WEB-INF\view\myJSP\test02.jsp

```
<%@page language="java" contentType="text/html; charset=UTF-8" pageEncoding="UTF-8"%>
<!DOCTYPEHTML>
<html>
<head>
<%@include file="/../../../jspHead.jsp"%>
</head>
<body>
    <!-- 删除内容 -->
</body>
</html>
```

当写过一次 JSP 以后，就不需要每次都重新写了，将写好的复制过来，删除不需要的内容即可。在日常工作当中，开发者需要从零开始写的代码比较少。一个成熟的开发者，只需要知道要做什么，大多数的代码可以来自互联网，复制过来修改一下即可。

> **说明** 在学习的过程中，有一种是宽泛的学习模式，即不求甚解，多多益善，这种模式可以让读者在短时间内迅速成为一个优秀的开发者，弊端是经不起推敲，只知道这样做，不知道为什么这样做。尽管这种模式不够严谨，但在前期是笔者强烈推荐给大家的学习方式。

现在向 JSP 中加入富文本编辑器（UEditor），富文本的意义是为了让不懂 HTML 的人能够通过一个文本框编辑一段格式良好的 HTML 代码，方便用户查阅，代码如下。

例程 04 代码位置：资源包\TM\03\mrbbs\WebContent\WEB-INF\view\myJSP\test02.jsp

```jsp
<%@page language="java" contentType="text/html; charset=UTF-8" pageEncoding="UTF-8"%>
<!DOCTYPEHTML>
<html>
<head>
<%@include file="/../../../jspHead.jsp"%>
</head>
<body>
<form action="<%=basePath%>saveUeditorContent" method="post">
<!-- 加载编辑器的容器 -->
<div style="padding: 0px;margin: 0px;width: 100%;height: 100%;" >
    <script id="container" name="content" type="text/plain">
    </script>
</div>
</form>
<!-- 配置文件 -->
<script type="text/javascript" src="<%=basePath %>uedit/js/ueditor.config.js"> </script>
<!-- 编辑器源码文件 -->
<script type="text/javascript" src="<%=basePath %>uedit/js/ueditor.all.js"> </script>
<!-- 实例化编辑器 -->
<script type="text/javascript">
        var editor = UE.getEditor('container');
</script>
<!-- end 富文本 -->
</body>
</html>
```

test02.jsp 完成之后，按照惯例写转发 servlet 来展示这个页面，查看效果。在 myresource 资源包的 com.mrkj.controller 包下创建 Test02Controller.java 文件，如图 3.40 所示。

图 3.40 创建 Test02Controller

这段代码同测试的代码无差别，只是访问了 JSP，代码如下。

例程 05 代码位置：资源包\TM\03\mrbbs\myresource\com\mrkj\ygl\controller\Test02Controller.java

```java
package com.mrkj.ygl.controller;
import org.springframework.stereotype.Controller;
import org.springframework.web.bind.annotation.RequestMapping;
import org.springframework.web.servlet.ModelAndView;
//@Controller 注解声明该类为 Spring 控制类，继而通过@requestMapping 注解声明的路径映射
//如果不使用@Controller 注解，@requestMapping 注解也会失效
```

```
@Controller
public class Test02Controller {
    //@RequestMapping 注解用来声明路径映射,可以用于类或方法上
    //该注解映射路径为 http://127.0.0.1:8080/mrbbs/goTest02
    //通过浏览器输入路径便能够访问到这个方法
    @RequestMapping(value="/goTest02")
    public ModelAndView goTest02(){
        //设置视图"myJSP/test01",指向项目路径 WebContent\WEB-INF\view\myJSP\test02.jsp 文件
        //在 com.mrkj.ygl.config.WebConfig.java 文件中定义了 JSP 视图等
        ModelAndView mav = new ModelAndView("myJSP/test02");
        //返回 ModelAndView 对象会跳转至对应的视图文件。也将设置的参数同时传递至视图
        return mav;
    }
}
```

重新启动 Tomcat,在浏览器中输入 http://127.0.0.1:8080/mrbbs/goTest02,看看富文本编辑器的效果,并向富文本编辑器中插入一张图片,如图 3.41 所示。

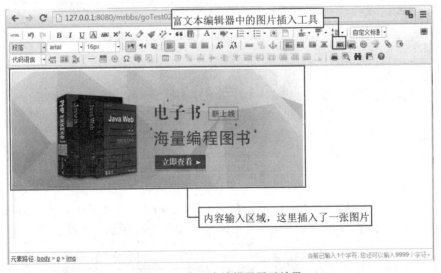

图 3.41 富文本编辑器展示效果

> **注意** 如果读者的 UEditor 无法显示或保存,那么很可能是端口与项目名出现了问题。请打开 "WebContent\uedit\js\jsp" 目录下的 config.json 文件,修改 imageUrlPrefix 属性,将其中的端口与项目名修改为自己所用的。

3.4.3 展示 UEditor

用户发帖是为了让所有人都看到,那就需要把 UEditor 编辑的内容展示出来,显示给所有的用户。要想把 UEditor 编辑的内容展示出来,首先要知道 UEditor 里编辑的内容。把 UEditor 的内容以 form

表单的形式提交给后台，后台将获取内容并展示出来。在test02.jsp文件中增加表单提交按钮，代码如下。

例程06 代码位置：资源包\TM\03\mrbbs\WebContent\WEB-INF\view\myJSP\test02.jsp

```html
<form action="<%=basePath%>saveUeditorContent" method="post">
<div style="padding: 0px;margin: 0px;width: 100%;height: 100%;" >
    <script id="container" name="content" type="text/plain">
    </script>
</div>
<button type="submit"> 保存</button>
</form>
```

在myresource资源包下controller层中向Test02Controller类添加如下代码。

例程07 代码位置：资源包\TM\03\mrbbs\myresource\com\mrkj\ygl\controller\Test02Controller.java

```java
package com.mrkj.ygl.controller;
import org.springframework.stereotype.Controller;
import org.springframework.web.bind.annotation.RequestMapping;
import org.springframework.web.servlet.ModelAndView;
//@Controller注解声明该类为Spring控制类，继而通过@requestMapping注解声明的路径映射
//如果不使用@Controller注解，@requestMapping注解也会失效
@Controller
public class Test02Controller {
    //@RequestMapping注解用来声明路径映射，可以用于类或方法上
    //该注解映射路径为http://127.0.0.1:8080/mrbbs/saveUeditorContent
    //通过浏览器输入路径便能够访问到这个方法
    @RequestMapping(value="/saveUeditorContent")
    public ModelAndView saveUeditor(String content){
        //设置视图"myJSP/test03"，指向项目路径WebContent\WEB-INF\view\myJSP\test03.jsp文件
        //在com.mrkj.ygl.config.WebConfig.java文件中定义了JSP视图等
        ModelAndView mav = new ModelAndView("myJSP/test03");
        //addObject方法设置了要传递给视图的对象
        mav.addObject("content", content);
        //返回ModelAndView对象会跳转至对应的视图文件。也将设置的参数同时传递至视图
        return mav;
    }
    @RequestMapping(value="/goTest02")
    public ModelAndView goTest02(){
        ModelAndView mav = new ModelAndView("myJSP/test02");
        return mav;
    }
}
```

在myJSP文件夹中，新建一个test03.jsp用于显示UEditor编辑的内容。在Servlet中，把content参数传递给JSP页面，在JSP页面使用EL表达式${content}即可把内容输入页面中，代码如下。

例程08 代码位置：资源包\TM\03\mrbbs\WebContent\WEB-INF\view\myJSP\test03.jsp

```jsp
<%@page language="java" contentType="text/html; charset=UTF-8" pageEncoding="UTF-8"%>
<!DOCTYPEHTML>
```

```
<html>
<head>
<%@include file="/../../../jspHead.jsp"%>
</head>
<body>${content }
</body>
</html>
```

重新启动 Tomcat,在浏览器中输入 http://127.0.0.1:8080/mrbbs/goTest02,编辑一些内容,如图 3.42 所示。然后单击"保存"按钮,在 UEditor 编辑的内容就会展示出来,如图 3.43 所示。

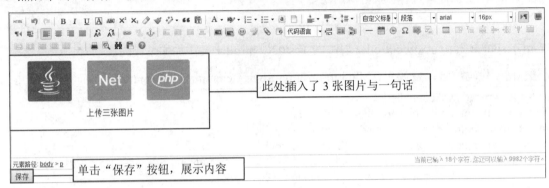

图 3.42　编辑 UEditor 界面

图 3.43　展示编辑的 UEditor

虽然编辑的内容已经展示出来,但只是编写者个人可见,想让其他人查阅我们编辑的帖子,则需要把编辑的内容保存至数据库中。下文将要介绍如何把内容保存至数据库中,最终完成发帖、跟帖功能。

3.5　数据库设计

3.5.1　数据与逻辑

数据库设计在整个项目开发中的重要性,如果按百分比描述,至少要占 40%的比重,由此可见数据库设计的重要性。一个好的数据库设计,可以减少项目的开发成本,减少数据冗余,数据库模型直接影响着业务逻辑走向。

当下有些公司不重视数据库,把重点放在了业务逻辑与功能上,这直接导致一个严重的问题出现:软件开发后未到几年,因为数据太多而出现查询一条数据耗时过长的情况,难以维护,直接导致软件的二次开发甚至重新开发。

3.5.2 创建数据库表

在本项目的数据库中主要有 3 张数据表。其中，发帖与跟帖对应的是 my_main 与 my_second。my_main 表负责存储主帖，my_second 表负责存储跟帖，另外还有一张 my_info 表，用于记录回复人数、查看人数、最后回复人以及最后回复时间，下面分别介绍这 3 张数据表的表结构。

1. my_main 表

my_main 表用于存储主帖，其结构如表 3.1 所示。

表 3.1 my_main 表

字 段 名	数据类型	允许空值	主 键	描 述
main_id	varchar(64)	□	☑	主键
main_title	varchar(80)	□	□	帖子标题
main_content	text	□	□	帖子内容
main_creatime	datetime	□	□	发帖时间
main_creatuser	varchar(64)	□	□	发帖用户
main_commend	int	□	□	精华帖子

2. my_second 表

my_second 表用于存储跟帖，其结构如表 3.2 所示。

表 3.2 my_second 表

字 段 名	数据类型	允许空值	主 键	描 述
sec_id	varchar(64)	□	☑	主键
main_id	varchar(64)	□	□	外键 my_main.main_id
sec_content	text	□	□	帖子内容
sec_creatime	datetime	□	□	发帖时间
sec_creatuser	varchar(64)	□	□	发帖人
sec_sequence	int	□	□	序列用于排序

3. my_info 表

my_info 表用于记录帖子信息，其结构如表 3.3 所示。

表 3.3 my_info 表

字 段 名	数据类型	允许空值	主 键	描 述
info_id	int	□	☑ 自动递增	主键
main_id	varchar(64)	□	□	外键 my_main.main_id
info_reply	int	□	□	回复数量
info_see	int	□	□	查看数量
info_lastuser	varchar(64)	□	□	最后回复用户
info_lastime	datetime	□	□	最后回复时间

> **注意** my_main 表是 my_second 与 my_info 的父表。表关系一定要维护好，主外键关系对应要明确。现在很多开发者对主外键关系不注重，只是随便写了一个字段，这样做很容易造成数据冗余，难以维护。

视频讲解

3.6 页面功能设计

3.6.1 设计页面效果

在页面设计之前，首先要明确功能以什么样的形式展现给用户。当下软件公司讨论的话题都围绕着用户体验展开，在技术水平与实力势均力敌的情况下，唯有提升服务质量，才能在众多竞争对手中脱颖而出。不只是软件公司，任何一个行业都是如此。

本节按照 HTML5 标准开发，基础 UI 设计时使用 Bootstrap3 框架，JavaScript 库使用 jQuery1.11.3。这里要制作两个页面，一个是发帖和展示帖子的页面，另一个是查看帖子的页面。首先来练习如何制作发帖页面，如图 3.44 所示。

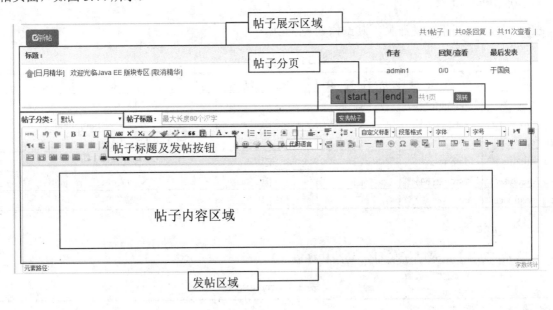

图 3.44 页面原型

3.6.2 发表帖子页面

复制 myJSP 文件夹中的 test02.jsp，重新命名为 mainPage.jsp，如图 3.45 所示。

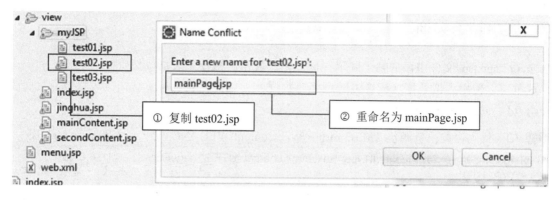

图 3.45 复制 test02.jsp

打开刚刚复制的 mainPage.jsp，为帖子增加一个帖子标题，代码如下（注意：只添加加底色代码，其他代码保留）。

例程 09　代码位置：资源包\TM\03\mrbbs\WebContent\WEB-INF\view\myJSP\mainPage.jsp

```jsp
<%@page language="java" contentType="text/html; charset=UTF-8" pageEncoding="UTF-8"%>
<!DOCTYPE HTML>
<html>
<head>
<%@include file="/../../../jspHead.jsp"%>
</head>
<body>
    <!--  form表单，action属性指向提交路径，method属性设置请求方法    -->
    <form action="<%=basePath %>saveUeditorContent" method="post">
    <!--  label标签为input表单定义标注    -->
    <label for="biaoti"> 帖子标题：</label>
    <!--  input标签用于收集用户信息    -->
    <input type="text" name="mainTitle" placeholder="最大长度80个汉字" style="width: 360px;" >
    <!--  button标签放置一个按钮，type属性设置为submit用于提交表单    -->
    <button type="submit" class="btn btn-primary btn-xs text-right">
    发表帖子
    </button>
    <!--  富文本编辑器   -->
    <div style="padding: 0px;margin: 0px;width: 100%;height: 100%;" >
        <script id="container" name="content" type="text/plain">
        </script>
    </div>
    </form>

<!-- 配置文件 -->
    ...
<!-- end 富文本 -->
</body>
</html>
```

3.6.3 展示帖子页面

在 mainPage.jsp 文件中添加帖子展示区域，帖子展示区域使用表格标记<table>实现。目前还没有数据，这里可以使用虚拟数据（读者可随意编写数据），<th> </th> 标签体内为表格标题，每个标题对应一组<td> </td> 标签，代码如下。

例程 10 代码位置：资源包\TM\03\mrbbs\WebContent\WEB-INF\view\myJSP\mainPage.jsp

```jsp
<%@page language="java" contentType="text/html; charset=UTF-8" pageEncoding="UTF-8"%>
<!DOCTYPEHTML>
<html>
<head>
<%@include file="/../../../jspHead.jsp"%>
</head>
<body>
        <!-- 使用 Bootstrap table 样式   -->
        <table class="table table-striped">
                <!--  tr 创建一行   -->
                <tr>
                        <!--  th 创建表头   -->
                        <th width="70%"> <strong> 标题：</strong> </th>
                        <th width="10%"> <strong> 作者</strong> </th>
                        <th width="10%"> <strong> 回复/查看</strong> </th>
                        <th width="10%"> <strong> 最后发表</strong> </th>
                </tr>
                <tr>
                        <!--  td 创建单元格   -->
                        <td>
                                <!--  a 标签指向一个 URL 地址   -->
                                <a href="#">
                                <!--  img 标签指向一个图片 URL 地址   -->
                                <img src="image/folder_new.gif"/>
                                [最新帖子]  欢迎光临 Java EE 版块专区
                                </a>
                        </td>
                        <td> admin1</td>
                        <td> 0/0</td>
                        <td> 于国良</td>
                </tr>
        </table>
        <form action="<%=basePath %>saveUeditorContent" method="post">
                ...
        </form>
                ...
</body>
</html>
```

3.6.4 添加分页原型

把分页原型增加到 mainPage.jsp 页面中。首先在<head> </head> 标签体中增加样式，然后增加分页，代码如下。

例程 11 代码位置：资源包\TM\03\mrbbs\WebContent\WEB-INF\view\myJSP\mainPage.jsp

```jsp
<%@page language="java" contentType="text/html; charset=UTF-8" pageEncoding="UTF-8"%>
<!DOCTYPEHTML>
<html>
<head>
<%@include file="/../../../jspHead.jsp"%>
    <!--  分页样式   -->
    <style type="text/css">
    .page{
        display:inline-block;          /*  内联对象    */
        border: 1px solid ;            /*  1 像素边框   */
        font-size: 20px;               /*  文字大小 20 像素 */
        width: 30px;                   /*  宽度 30 像素   */
        height: 30px;                  /*  高度 30 像素   */
        background-color: #1faeff;     /*  设置背景色   */
        text-align: center;            /*  居中对齐   */
    }
    a,a:hover{ text-decoration:none; color:#333}
    </style>
</head>
<body>

    <table class="table table-striped">
    ...
    </table>
    <!--  使用 Bootstrap 栅格系统   -->
    <div class="row">
        <!--  定义单元格，占用 7 列，该单元格用于占位使用   -->
        <div class="col-xs-7">
        </div>
        <!--  定义单元格，占用 5 列，分页样式在该单元格书写   -->
        <div class="col-xs-5 text-nowrap">
            <!--  定义 span 标签，用于放置前一页链接   -->
            <span class="page">
            <!--  定义 a 标签，点击显示前一页数据   -->
            <a href="?page=1&mainType=javaee">«</a>
            </span>
            <!--  定义 span 标签，用于放置跳转第一页链接   -->
            <span class="page" style="width: 50px !important;">
            <!--  定义 a 标签按钮，该标签始终指向第一页   -->
            <a href="?page=1&mainType=javaee"> start</a>
            </span>
            <!--  定义 span 标签，用于放置页码号链接，如果有多页数据则会显示邻近页，最多 5 页   -->
            <span class="page">
```

```html
            <!-- 定义 a 标签，指向指定页面 -->
            <a href="?page=1&mainType=javaee"> 1 </a>
          </span>
          <!-- 定义 span 标签，用于放置最后一页链接 -->
          <span class="page" style="width: 40px !important;">
            <!-- 定义 a 标签，该标签始终指向最后一页 -->
            <a href="?page=1&mainType=javaee"> end </a>
          </span>
          <!-- 定义 span 标签，用于放置下一页链接 -->
          <span class="page">
            <!-- 定义 a 标签，该标签始终指向下一页 -->
            <a href="?page=1&mainType=javaee"> » </a>
          </span>
        </div>
    </div>
    <form action="<%=basePath %>saveUeditorContent" method="post">
        ...
    </form>
</body>
</html>
```

3.6.5 查看页面原型

在 myresource 资源包中，com.mrkj.ygl.controller 包下新建一个 MainPageController 类，用于查看 mainPage.jsp 的内容，代码如下。

例程 12 代码位置：资源包\TM\03\mrbbs\myresource\com\mrkj\ygl\controller\MainPageController.java

```java
package com.mrkj.ygl.controller;

import org.springframework.stereotype.Controller;
import org.springframework.web.bind.annotation.RequestMapping;
import org.springframework.web.servlet.ModelAndView;
//@Controller 注解声明该类为 Spring 控制类，继而通过@requestMapping 注解声明的路径映射
//如果不使用@Controller 注解，@requestMapping 注解也会失效
@Controller
public class MainPageController {
    //@RequestMapping 注解用来声明路径映射，可以用于类或方法上
    //该注解映射路径为 http://127.0.0.1:8080/mrbbs/goMainPage
    //通过浏览器输入路径便能够访问到这个方法
    @RequestMapping("/goMainPage")
    public ModelAndView goMainPage (){
        //设置视图"myJSP/mainPage"，指向项目路径
        //WebContent→WEB-INF→view→myJSP→mainPage.jsp 文件
        //在 com.mrkj.ygl.config.WebConfig.java 文件中定义了 JSP 视图等
        ModelAndView mav = new ModelAndView("myJSP/mainPage");
        //返回 ModelAndView 对象会跳转至对应的视图文件，也将设置的参数同时传递至视图
        return mav;
    }
}
```

重新启动 Tomcat，在浏览器中输入 http://127.0.0.1:8080/mrbbs/goMainPage 查看页面原型，运行效果如图 3.46 所示。

图 3.46 mainPage.jsp 展示效果

3.7 帖子保存与展示

3.7.1 接收帖子参数

页面原型已经完成，剩下的就是实现后台功能。

（1）发表帖子：前台用户编辑好内容后单击发表帖子，mainPageController 接收参数，处理参数，存入数据库中。

（2）查看帖子：单击帖子标题，查看帖子内容。内容包括主帖和跟帖。

（3）分页列表：每页最多 40 条帖子，多出分页显示，页面最多显示 5 页。

（4）跟帖：回复主帖，依次排列在主帖下方，每页最多 15 条跟帖，多出则分页显示。

实现发表帖子功能。打开 myresource 资源包下的 test02Controller，之前曾用它来接收过 UEditor 编辑过的内容，现在剪切 saveUEditor()方法至 MainPageController 中（注意是剪切，不是复制），代码如下。

例程 13 代码位置：资源包\TM\03\mrbbs\myresource\com\mrkj\ygl\controller\MainPageController.java

```
package com.mrkj.ygl.controller;

import org.springframework.stereotype.Controller;
import org.springframework.web.bind.annotation.RequestMapping;
import org.springframework.web.servlet.ModelAndView;
//@Controller 注解声明该类为 Spring 控制类，继而通过@requestMapping 注解声明的路径映射
//如果不使用@Controller 注解，@requestMapping 注解也会失效
@Controller
public class MainPageController {
    //@RequestMapping 注解用来声明路径映射，可以用于类或方法上
    //该注解映射路径为 http://127.0.0.1:8080/mrbbs/goMainPage
    //通过浏览器输入路径便能够访问到这个方法
    @RequestMapping("/goMainPage")
```

```java
public ModelAndView goMainPage (){
    //设置视图"myJSP/mainPage"，指向项目路径
    //WebContent→WEB-INF→view→myJSP→mainPage.jsp 文件
    //在 com.mrkj.ygl.config.WebConfig.java 文件中定义了 JSP 视图等
    ModelAndView mav = new ModelAndView("myJSP/mainPage");
    //返回 ModelAndView 对象会跳转至对应的视图文件，也将设置的参数同时传递至视图
    return mav;
}
//@RequestMapping 注解用来声明路径映射，可以用于类或方法上
//该注解映射路径为 http://127.0.0.1:8080/mrbbs/saveUeditorContent
//通过浏览器输入路径便能够访问到这个方法
@RequestMapping(value="/saveUeditorContent")
public ModelAndView saveUeditor(String content){
    //设置视图"myJSP/test03"，指向项目路径 WebContent/WEB-INF/view/myJSP/test03.jsp 文件
    //在 com.mrkj.ygl.config.WebConfig.java 文件中定义了 JSP 视图等
    ModelAndView mav = new ModelAndView("myJSP/test03");
    //addObject方法设置了要传递给视图的对象
    mav.addObject("content", content);
    //返回ModelAndView对象会跳转至对应的视图文件。也将设置的参数同时传递至视图
    return mav;
}
```

操作完成后，将加底色的代码删除。

3.7.2 处理帖子参数

本节开始建立第一个服务层，在 myresource 资源包的 com.mrkj.ygl 包下建立 Service 层，如图 3.47 和图 3.48 所示。

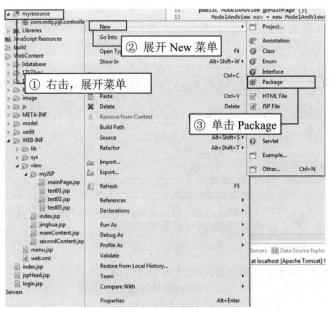

图 3.47 选择创建包菜单项

第 3 章 程序源论坛（Spring MVC+MyBatis+Shiro+UEditor+MySQL 实现）

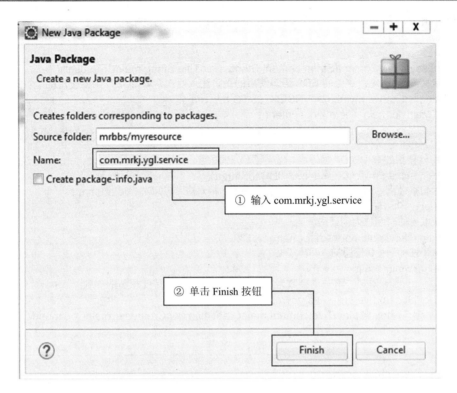

图 3.48 创建 service 子包

在刚刚建立的 service 包下建立 MainPageService 类文件，实现把接收到的参数保存至数据库中，代码如下。

例程 14 代码位置：资源包\TM\03\mrbbs\myresource\com\mrkj\ygl\service\MainPageService.java

```
package com.mrkj.ygl.service;

import java.text.SimpleDateFormat;
import java.util.Date;
import java.util.UUID;

import javax.annotation.Resource;
import org.springframework.jdbc.core.JdbcTemplate;
import org.springframework.stereotype.Service;
@Service
public class MainPageService {
    //注入 Spring JdbcTemplate
    @Resource
    JdbcTemplate jdbc;
    //注入时间格式化
    @Resource
    SimpleDateFormat sdf;
    /**
     * @param content  帖子内容
     * @param mainTitle  帖子标题
```

```java
 * @param mainCreatuser 发帖人，这里我们使用用户 IP 作为发帖
 * @return
 */
public int saveMainContent(String content,String mainTitle,String mainCreatuser){
    //定义 SQL 语句，这里的 SQL 语句使用的是防注入模式，VALUES 的值使用的是?占位符
    String sql_save_mymain = "INSERT INTO my_main "
        + "(main_id,main_title,main_content,"
        + "main_creatime,main_creatuser,main_commend)"
        + " VALUES (?,?,?,?,?,?)";
    //表 id 使用的是 UUID
    String mainId = UUID.randomUUID().toString();
    //时间格式化，格式要与数据库中的 datatime 相对应 yyyy-MM-dd hh:mm:ss
    sdf.applyPattern("yyyy-MM-dd hh:mm:ss");
    //获取当前时间作为创建时间
    String mainCreatime = sdf.format(new Date());
    //精华帖标记，0 普通帖，1 精华帖
    Integer mainCommend = 0;
    //执行 update 语句，第一个参数为 SQL 语句，后面可以写任意多的参数
    return jdbc.update(sql_save_mymain,
            mainId,mainTitle,content,mainCreatime,mainCreatuser,mainCommend);
}
```

有了后台服务，就可以把前台传递过来的数据保存到数据库中。返回 MainPageController 文件实现 saveUeditor()方法，调用 Service 层把接收到的数据保存到数据库。修改 saveUeditor()方法，该文件的其他方法不要修改，代码如下。

例程 15 代码位置：资源包\TM\03\mrbbs\myresource\com\mrkj\ygl\controller\MainPageController.java

```java
package com.mrkj.ygl.controller;

import javax.annotation.Resource;
import javax.servlet.http.HttpServletRequest;

import org.springframework.stereotype.Controller;
import org.springframework.web.bind.annotation.RequestMapping;
import org.springframework.web.servlet.3;

import com.mrkj.ygl.service.MainPageService;

@Controller
public class MainPageController {
    @RequestMapping("/goMainPage")
    public ModelAndView goMainPage (){
        ...        //省略了部分代码
        return mav;
    }
    //@Resource，Javax.annotation.Resource，该注解并不是 Spring 注解，但是 Spring 支持该注解注入
    @Resource
    MainPageService mps;
```

```
//被 rquestMapping 注解声明的方法，会自动注入
//request：该参数由 Spring 注入
//content：该参数由前端传递过来，记录了富文本数据，参数名称要与传递过来的参数名一致
//mainTitle：该参数由前端传递过来，记录了帖子标题，参数名称要与传递过来的参数名一致
@RequestMapping(value="/saveUeditorContent")
public ModelAndView saveUeditor(HttpServletRequest request ,
                                String content,String mainTitle){
    ModelAndView mav = new ModelAndView();
    //获取客户端 IP 地址作为发帖人
    String mainCreatuser = request.getRemoteAddr();
    int result = mps.saveMainContent(content, mainTitle, mainCreatuser);
    //根据 result 判断是否向数据库中插入了一条数据
    if (result == 1){
        //如果数据插入成功，重新刷新页面数据
        mav.setViewName("redirect:/goMainPage");
    }else{
        //如果数据插入失败，设置视图指向错误页面
        mav.setViewName("myJSP/error");
    }

    return mav;
    }
}
```

重新启动 Tomcat 服务器，输入 http://127.0.0.1:8080mrbbs//goMainPage，打开浏览器测试一下，如图 3.49 和图 3.50 所示。

图 3.49　输入内容

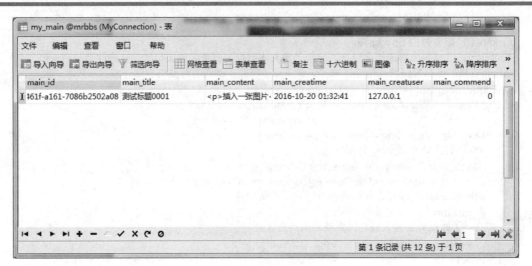

图 3.50　内容保存到数据库中

3.7.3　保存帖子附加信息

在 3.5 节设计数据库时创建了一张 my_info 表，该表的主要功能是记录帖子的信息。保存发帖的时候也需要在 my_info 表中实现，这里需要初始化一条与 my_main 表相关联的数据。在 MainPageService 的 saveMainContent()方法中增加带底色的代码。

例程 16　代码位置：资源包\TM\03\mrbbs\myresource\com\mrkj\ygl\service\MainPageService.java

```java
public int saveMainContent(String content,String mainTitle,String mainCreatuser){
    //定义 SQL 语句，这里的 SQL 语句使用的是防注入模式，VALUES 的值使用的是?占位符
    String sql_save_mymain = "INSERT INTO my_main "
        + "(main_id,main_title,main_content,"
        + "main_creatime,main_creatuser,main_commend)"
        + " VALUES (?,?,?,?,?,?)";
    String sql_save_myinfo = "INSERT INTO my_info "
        + "(main_id,info_reply,info_see,"
        + "info_lastuser,info_lastime) "
        + "VALUES (?,0,0,?,?)";
    //表 id 使用的是 UUID
    String mainId = UUID.randomUUID().toString();
    //时间格式化的格式要与数据库中的 datatime 相对应 yyyy-MM-dd hh:mm:ss，
    sdf.applyPattern("yyyy-MM-dd hh:mm:ss");
    //获取当前时间作为创建时间
    String mainCreatime = sdf.format(new Date());
    //精华帖标记，0 普通帖，1 精华帖
    Integer mainCommend = 0;
    //初始化myinfo表数据，注意my_info表的id为自增长，所以这里并没有设置info_id的值
    jdbc.update(sql_save_myinfo, mainId,mainCreatuser,mainCreatime);
    //执行 update 语句，第一个参数为 SQL 语句，后面可以写任意多的参数
    return jdbc.update(sql_save_mymain,
            mainId,mainTitle,content,mainCreatime,mainCreatuser,mainCommend);
}
```

> **说明** 帖子信息表（my_info）与主帖表（my_main）使用 main_id 字段关联，这样在获取主帖的时候就可以很容易获取帖子信息表。表与表之间的关联一般情况下都是使用一个表的主键关联。

3.7.4 分页查询帖子

项目开发当中，编者认为最复杂的就是数据查询以及查询出的数据如何展示。本项目帖子的展示，要求是分页显示。每页显示 40 条帖子，单击帖子标题进入查看帖子页面，页面展示内容有：帖子标题、作者、回复数、查看数、最后回复人。帖子排序规则，优先按照 my_main 表中的 main_commend 字段（精华帖），其次按照 main_creatime 字段（创建时间）。由于只查询一张 my_main 表无法获取到所有需要的数据，因此这里使用连接查询 my_info 表。

首先打开 myresource 资源包下的 MainPageController 类文件，找到 goMainPage()方法，这个方法是跳转到帖子展示页面的方法，目前帖子展示页面使用的是虚拟数据。现在要把从数据库中查询出来的数据展示给用户，需要将 goMainPage()修改为以下代码。

例程 17 代码位置：资源包\TM\03\mrbbs\myresource\com\mrkj\ygl\controller\MainPageController.java

```java
//初始化论坛主页面
@RequestMapping("/goMainPage")
public ModelAndView goMainPage (HttpServletRequest request,
        @RequestParam(name="page",defaultValue="1") Integer page,
        @RequestParam(name="row",defaultValue="40")Integer row){

    ModelAndView mav = new ModelAndView("myJSP/mainPage");
    //获取 main 与 info
    List<Map<String, Object> > mainContents = mps.getMainPage((page-1)*row, row);
    mav.addObject("main", mainContents);
    //获取总共多少帖子
    Long count = mps.getMainCount();
    //获取分页方法
    String pageHtml = mps.getPage(count, page, row);
    mav.addObject("pageHtml", pageHtml);

    return mav;
}
```

然后打开 myresource 资源包下的 MainPageService 类文件，添加 getMainPage()方法，用于定义查询 SQL 语句，这里使用左连接查询关键字 left join 连接 my_main 表与 my_info 表，分页使用关键字 limit，增加代码如下。

例程 18 代码位置：资源包\TM\03\mrbbs\myresource\com\mrkj\ygl\service\MainPageService.java

```java
public List<Map<String, Object> >  getMainPage(int row,int offset){
    //定义分页查询的 SQL 语句，约定好每页最多显示 40 条帖子
    String sql_select_mymain = "SELECT main.*,info.info_id,info.info_reply,info.info_see,"
        + "info.info_lastuser,info.info_lastime FROM mrbbs.my_main as main "
```

```
            + "left join my_info as info on main.main_id = info.main_id "
            + "order by main.main_commend,main.main_creatime desc limit ?,?";
        return jdbc.queryForList(sql_select_mymain,row,offset);
}
```

> **说明** 在添加上面的代码后，代码中的 List 和 Map 下方将出现红色的波浪线，这是因为没有这两个类，解决方法是导入 java.util 包中 List 和 Map 的类即可以。

分页查找的关键点是要计算总共有多少页。先用总条数与每页显示的条数求余，如果余数不等于 0，则用总条数除以每页显示的条数加 1 获得总页数，如果余数等于 0，则总条数除以每页显示条数获得总页数。

在 myresource 资源包下的 MainPageService 类文件里添加查找总条数方法，代码如下。

例程 19　代码位置：资源包\TM\03\mrbbs\myresource\com\mrkj\ygl\service\MainPageService.java

```java
public Long getMainCount(){
    //使用 count 关键字，查询总条数
    String sql_select_mymain = "select count(main_id) as count from my_main";
    //执行 SQL 语句，返回总条数
    return (Long)jdbc.queryForMap(sql_select_mymain).get("count");
}
```

实际上分页就是一个一个连接，用户单击连接跳转到相应的页面，同样在 myresource 资源包下的 MainPageService 类文件中添加 getPage()方法，用于生成分页导航，代码如下。

例程 20　代码位置：资源包\TM\03\mrbbs\myresource\com\mrkj\ygl\service\MainPageService.java

```java
public String getPage (Long count,Integer currentPage,Integer offset){
    //数据
    Long currentLong = Long.parseLong(currentPage+"");
    Long countPage = 0L;
    //这里计算总页数
    if(count%offset!=0){
        countPage = count/offset+1;
    }else{
        countPage = count/offset;
    }
    //使用 StringBuffer 拼接字符串
    StringBuffer sb = new StringBuffer();
    //前一页判断，判断当前页数大于 1 则存在前一页，否则不存在前一页
    if (currentPage> 1){
        sb.append("<span class=\"page\"> <a href=\"?page="+(currentPage-1));
        sb.append("\"> «</a> </span> ");
    }else{
        sb.append("<span class=\"page\"> <a href=\"?page=1");
        sb.append("\"> «</a> </span> ");
    }
    sb.append("<span class=\"page\" style=\"width: 50px !important;\"> ");
    sb.append("<a href=\"?page=1");
    sb.append("\"> start</a> ");
```

```java
            sb.append("</span> ");

//中间页数导航，中间最多显示5页，这里的计算有些复杂，判断了三次
//第一次判断总页数减去当前页数加1大于等于5，证明向后存在5页
//假设我们当前页数为2，那么我们中间导航显示为2、3、4、5、6
if ((countPage-currentLong+1) >=5){
    for (Long i = currentLong ; i<currentPage+5;i++){
        sb.append("<span class=\"page\"> ");
        sb.append("<a href=\"?page="+i);
        sb.append("\"> "+i+"</a> ");
        sb.append("</span> ");
    }
//第二次判断，基于上一次的判断不成立，那么证明当前页数向后不足5页
//这时候判断总页数减4，判断中间导航是否能够支撑5页，假设总页数为10
//当前页数为7，7向后不足5页，那么判断总页数是否能够支撑5页，用总页数减4
//如果够5页，那么得出一个结论是当前页数向后不够5页，总页数大于或等于5页
//当前页数包含在最后5页，那么中间导航显示的就是6、7、8、9、10
}else if (countPage-4 >  0){
    for (long i = countPage-4 ; i<= countPage;i++){
        sb.append("<span class=\"page\"> ");
        sb.append("<a href=\"?page="+i);
        sb.append("\"> "+i+"</a> ");
        sb.append("</span> ");
    }
//经过上面两轮的判断，可以直接得出结论，总页数不足以支撑5页
//那么从1开始到总页数结束
}else{
    for (longi = 1 ; i<= countPage;i++){
        sb.append("<span class=\"page\"> ");
        sb.append("<a href=\"?page="+i);
        sb.append("\"> "+i+"</a> ");
        sb.append("</span> ");
    }
}
//判断最后一页，最后一页等于总页数，这里只要判断是否存在1页，不存在最后一页则设为1
sb.append("<span class=\"page\" style=\"width: 40px !important;\"> ");
sb.append("<a href=\"?page="+(countPage==0?1:countPage));
sb.append("\"> end</a> ");
sb.append("</span> ");
//判断是否存在下一页，当前页数小于总页数，那么存在最后一页
if (currentLong<countPage){
    sb.append("<span class=\"page\"> ");
    sb.append("<a href=\"?page="+currentLong+1);
    sb.append("\"> »</a> ");
    sb.append("</span> ");
}else{
    sb.append("<span class=\"page\"> ");
    sb.append("<a href=\"?page="+currentLong);
    sb.append("\"> »</a> ");
    sb.append("</span> ");
}
```

```
        //输出总页数
        sb.append("<span> ");
        sb.append("共"+countPage+"页");
        sb.append("</span> ");
        return sb.toString();
    }
```

> **说明** 分页后台功能方法接收了三个参数，即 count（数据总条数），currentPage（当前页数）和 offset（偏移量，这个参数用于求得总页数），参数的传递都是通过 a 标签的 href="?page=值"，这里写的并不是全路径，使用的是一个小技巧，这样写请求路径就是当前浏览器路径。
>
> 分页对于新手不太容易理解，我们来回顾一下思路。首先要确定分页的原型，它其实就是一个按钮组，功能包括前一页、后一页、首页、尾页以及中间导航。前一页需要判断当前页数是不是第一页，如果是第一页，那么把前一页设置为 1；如果不是第一页，那么把前一页设置为当前页数减 1。后一页需要判断当前页数是不是最后一页，如果是最后一页，那么把后一页设置为总页数；如果不是最后一页，那么后一页等于当前页数加 1。
>
> 中间导航部分需要考虑的情况比较多，首先约定中间最多显示 5 页，约定好总长度，我们围绕着当前页数与总页数开始考虑问题，如果总页数减当前页数加 1 大于等于 5，那么证明从当前页数向后存在 5 页（比如总页数为 10，当前页数为 3，那么中间导航显示为 3、4、5、6、7，当前页数排在第一位）。如果上面的条件没有被满足，那么证明当前页数到最后一页不足 5 页，这说明当前页数在后 5 页当中，这时我们判断总页数减 4 大于 0，那么得出结论是当前页数在后 5 页当中，并且总页数大于等于 5（比如总页数为 10，当前页数为 7，那么中间导航显示为 6、7、8、9、10），如果以上的两个条件都不满足，那么可以直接得出结论，总页数不够 5 页（如总页数为 3，当前页数为 2，那么中间导航显示为 1、2、3），分页功能是初级程序员必须要掌握的技能。

3.7.5　使用 JSTL 迭代数据

至此，后端的方法已经完成，现在要把获取的数据在 JSP 页面上展现出来，最终显示给用户。在 Controller 层中向 JSP 传递了两个参数：第一个参数 main 存放帖子内容，通过 mav.addObject("main", mainContents)创建；第二个参数 pageHtml 存放帖子分页，通过 mav.addObject("pageHtml", pageHtml)创建。这样在 JSP 页面当中，我们可以获取到这两个参数，再把获取的参数显示成为想要的格式即可。打开 WebContent 目录下的"WEB-INF\view\myJSP\mainPage.jsp"，首先展示查询出来的帖子，然后把分页展示出来，代码如下。

例程 21　代码位置：资源包\TM\03\mrbbs\WebContent\WEB-INF\view\myJSP\mainPage.jsp

```
<%@page language="java" contentType="text/html; charset=UTF-8" pageEncoding="UTF-8"%>
<!DOCTYPEHTML>
<html>
<head>
    ...
</head>
<body>
```

```html
<table class="table table-striped">
    <tr>
        <th width="70%"> <strong> 标题：</strong> </th>
        <th width="10%"> <strong> 作者</strong> </th>
        <th width="10%"> <strong> 回复/查看</strong> </th>
        <th width="10%"> <strong> 最后发表</strong> </th>
    </tr>
    <!-- choose 标签相当于 Java 代码当中的 switch case 语句 -->
    <c:choose>
        <%-- when 标签相当于 Java 当中 switch case 语句当中的 case，属性 test 设置条件 --%>
        <c:when test="${not empty main }">
            <!-- forEach 相当于 Java 代码当中的循环 -->
            <!-- 属性 items 为要迭代的元素 -->
            <!-- 属性 item 为迭代出来的元素 -->
            <!-- 属性 varStatus 为迭代状态 -->
            <c:forEach items="${main }" var="item" varStatus="vs">
                <tr>
                    <td>
                        <!-- 该 a 标签指向具体帖子链接，点击打开 -->
                        <a href="<%=basePath%>secondPageContent?mainId=${item.main_id}">
                        <img src="<%=basePath %>image/pin_1.gif"
                        id="${item.main_id}img" />
                        [日月精华]  
                        <!-- 获取标题 -->
                        ${item.main_title }
                        </a>
                    </td>
                    <td>
                        <!-- 获取发帖人 -->
                        ${item.main_creatuser }
                    </td>
                    <td>
                        <!-- 获取回复人数与查看人数 -->
                        ${item.info_reply }/${item.info_see }
                    </td>
                    <td>
                        <!-- 获取最后发帖人 -->
                        ${item.info_lastuser }
                    </td>
                </tr>
            </c:forEach>
        </c:when>
    </c:choose>
</table>
<div class="row">
    <div class="col-xs-7">

    </div>
    <div class="col-xs-5 text-nowrap">
        <!-- 获取分页 -->
```

```
                    ${pageHtml }
                </div>
            </div>
<form action="<%=basePath %>saveUeditorContent" method="post">
    ...
</form>

<!-- 配置文件 -->
    ...
<!-- end 富文本 -->
</body>
</html>
```

> **说明** 上述代码块中使用一个<a>标签指向了一个地址,这个地址是提前设置好的,它用于在单击的时候查看帖子的详细内容。只要在后台写一个方法处理,不必二次修改,这是日常开发当中一个非常实用的小技巧,功能一定要想全面后再去实现代码,避免后续进行反复修改。

重新启动 Tomcat 服务器,在浏览器中输入 http://127.0.0.1:8080/mrbbs/goMainPage,数据库当中的数据被显示到 JSP 中,如图 3.51 所示。

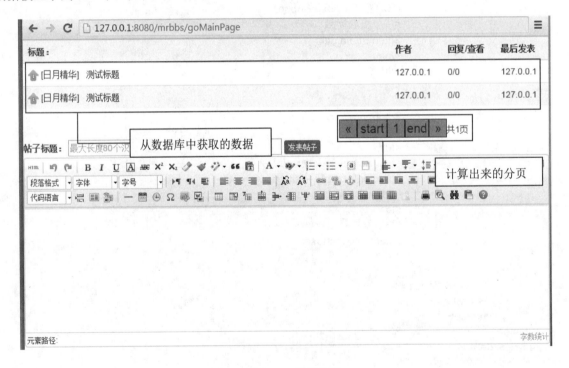

图 3.51 展示发帖

3.7.6 查看帖子的详细内容

到目前为止，一个完整的页面已经完成。下面要做的是单击标题查看帖子的详细内容，功能包括查看主帖、查看回复帖和回帖。

首先在 WebContent 根目录下打开 WEB-INF\view\myJSP 文件夹，新建一个 secondPage.jsp 文件，代码如下。

例程 22 代码位置：资源包\TM\03\mrbbs\WebContent\WEB-INF\view\myJSP\secondPage.jsp

```jsp
<%@page language="java" contentType="text/html; charset=UTF-8"
    pageEncoding="UTF-8"%>
<!DOCTYPE html>
<html>
<head>
<%@include file="/../../../jspHead.jsp" %>
    <!-- 分页样式 -->
    <style type="text/css">
    .page{
        display:inline-block;          /* 内联对象   */
        border: 1px solid ;             /* 1 像素边框  */
        font-size: 20px;                /* 文字大小 20 像素 */
        width: 30px;                    /* 宽度 30 像素 */
        height: 30px;                   /* 高度 30 像素 */
        background-color: #1faeff;      /* 设置背景色  */
        text-align: center;             /* 居中对齐   */
    }
    a,a:hover{ text-decoration:none; color:#333}
    </style>
</head>
<body>

</body>
</html>
```

打开 myresource 资源包，在 com.mrkj.ygl.controller 包下新建 SecondPageController.java 类文件，先处理跳转 secondPage.jsp，这个路径是在 mainPage.jsp 初始化参数迭代的时候提前定义好的路径，现在按照提前定义好的路径来处理查看详细帖子。

我们先要考虑需要哪些参数，在 mainPage.jsp 初始化的时候，首先把 mainId 传递给了后台，这样就获取了围绕这个帖子的相关信息，然后根据 mainId 获取到 my_main 数据，最后获取 my_second，这样一个完整的帖子原型就出来了，有主帖和跟帖，代码如下。

例程 23 代码位置：资源包\TM\03\mrbbs\WebContent\WEB-INF\view\myJSP\mainPage.jsp

```java
package com.mrkj.ygl.controller;
import java.util.Map;
import javax.annotation.Resource;
import org.springframework.stereotype.Controller;
import org.springframework.web.bind.annotation.RequestMapping;
import org.springframework.web.bind.annotation.RequestParam;
```

```java
import org.springframework.web.servlet.ModelAndView;
import com.mrkj.ygl.service.SecondPageService;
@Controller
public class SecondPageController {
    //注入 Service
    @Resource
    SecondPageService sps;

    @RequestMapping(value="/secondPageContent")
    public ModelAndView goSecondPage(String mainId,
     @RequestParam(name="page",defaultValue="1") Integer page,
     @RequestParam(name="row",defaultValue="15")Integer row){
        ModelAndView mav = new ModelAndView("myJSP/secondPage");
        //根据传递过来的 mainId 查找 my_main 与 my_second 表
        Map<String, Object> mainAndSecond = sps.getMainAndSeconds(mainId,(page-1)*row, row);
        //将返回值传递给 JSP
        mav.addObjects("mainAndSeconds",mainAndSecond);
        return mav;
    }
}
```

如果把上面代码输入到 Eclipse 当中，代码会报"未找到该方法"的错误，这是因为在 Service 层没有增加该方法。在开发的时候，先建立一个 Controller 控制层，将方法声明，参数声明，返回值写完以后，开始写 Service 服务层处理逻辑，逻辑处理完毕后，再返回去写 Controller 控制层，直接调用 Service 服务层的方法，获得返回值传递给 JSP，JSP 接收参数初始化页面，完成流程。

接下来在 myresource 资源包中的 com.mrkj.ygl.service 包下新建 SecondPageService.java 文件，写下获取主帖和跟帖的方法，代码如下。

例程 24 代码位置：资源包\TM\03\mrbbs\myresource\com\mrkj\ygl\service\SecondPageService.java

```java
package com.mrkj.ygl.service;
import java.util.List;
import java.util.Map;
import javax.annotation.Resource;
import org.springframework.jdbc.core.JdbcTemplate;
import org.springframework.stereotype.Service;
//@service 注解声明通知 Spring 该层为服务层，如果服务层不使用@Service 注解声明
//导致控制层无法注入
@Service
public class SecondPageService {
    //注入 Spring JdbcTemplate，在 resource 资源包下
    //"com.mrkj.ygl.config.RootConfig.java"文件下配置 JdbcTemplate，否则无法注入
    @Resource
    JdbcTemplate jdbc;
    //获取帖子详细信息,包括主帖和跟帖
    public Map<String,Object> getMainAndSeconds(String mainId,Integer start,Integer offset){
        //定义 SQL 语句，查询主帖
        String sql_select_mymain = "select main_id,main_title,"
            + "main_content,DATE_FORMAT(main_creatime,'%Y 年%m 月%d 日 %h 点%i 分%s 秒') "
            + "as main_creatime,main_creatuser,"
```

第3章 程序源论坛（Spring MVC+MyBatis+Shiro+UEditor+MySQL 实现）

```
            + "main_commend from my_main where main_id = ?";
    //定义SQL语句，查询跟帖
    String sql_select_mysecond = "select sec_id,main_id,"
            + "sec_content,DATE_FORMAT(sec_creatime,'%Y 年%m 月%d 日 %h 点%i 分%s 秒') "
            + "as sec_creatime,sec_creatuser,sec_sequence"
            + " from my_second where main_id = ? ORDER BY sec_creatime"
            + " LIMIT ?,?";
    //执行SQL语句，获取主帖信息
    Map<String, Object> mainContent = jdbc.queryForMap(sql_select_mymain,mainId);
    //判断主帖是否存在，如果存在则查找跟帖
    if (mainContent != null){
        List<Map<String, Object> > seconds
            = jdbc.queryForList(sql_select_mysecond,mainId,start,offset);
        mainContent.put("seconds", seconds);
    }
    //返回帖子模型
    return mainContent;
    }
}
```

后端代码到这已基本完成，只要把数据展示出来即可。打开上面建立的 secondPage.jsp，把传递过来的数据展示出来，包括主帖和跟帖的数据，代码如下（注意：带底色部分的代码为新插入的代码）。

例程25 代码位置：资源包\TM\03\mrbbs\WebContent\WEB-INF\view\myJSP\secondPage.jsp

```jsp
<%@page language="java" contentType="text/html; charset=UTF-8"
    pageEncoding="UTF-8"%>
<!DOCTYPEhtml>
<html>
    ...
<body>
<!-- 以下代码使用JSTL标签迭代出主帖与跟帖 -->
<div class="container-fluid" >
    <table class="table table-bordered">
        <tr>
        <!-- td标签，该单元格定义了发帖人的信息与身份 -->
        <td class="tbl">
        <div style="text-align: center;">
        <p> 楼主</p>
        <a> <img alt="" src="<%=basePath %>image/avatar_002.gif" /> </a>
        </div>
        <!-- table标签，该表格用于展示发帖人信息 -->
        <table class="table" style="background-color:#e5edf2; ">
        <tr>
        <td> 昵称:</td>
        <!-- 使用EL表达式获取发帖人 -->
        <td> ${mainAndSeconds.main_creatuser }</td>
        </tr>
        <tr>
        <td> 性别:</td>
        <td> 男</td>
```

```html
</tr>
<tr>
<td> 年龄:</td>
<td> 18</td>
</tr>
<tr>
<td> 发帖数:</td>
<td> 10</td>
</tr>
<tr>
<td> 回帖数:</td>
<td> 10</td>
</tr>
</table>
</td>
<!--  td标签，该单元格定义了帖子详细内容   -->
<td class="tbr">
<div style="height: 65px;padding-left: 20px;padding-top: 1px;">
<h3>
<!--  使用EL表达式获取帖子标题   -->
<a style="color: #ifaeff"> ${mainAndSeconds.main_title }</a>
</h3>
</div>
<!-- 下面这是画出一条横线 -->
<div style="width:98%;height:1px;margin-bottom:10px;
    padding:0px;background-color:#D5D5D5;overflow:hidden;">
</div>
<p class="text-right" style="padding-right: 90px;">
<span style="padding-right: 30px;">
<!--  EL表达式获取发帖时间   -->
<a style="color: #78BA00;">
发表于:${mainAndSeconds.main_creatime }
</a>
</span>
<span> </span>
</p>
<!-- 下面这是画出一条横线 -->
<div style="width:98%;height:1px;margin-bottom:10px;
            padding:0px;background-color:#D5D5D5;overflow:hidden;">
</div>
<div style="padding-top: 12px;min-height: 380px;">
<!--  EL表达式获取帖子内容  -->
${mainAndSeconds.main_content }
</div>
<!-- 下面这是画出一条横线 -->
<div style="width:98%;height:1px;margin-bottom:10px;
            padding:0px;background-color:#D5D5D5;overflow:hidden;">
</div>
<!--  上下间隙90像素   -->
<div style="padding-right: 90px;">
</div>
```

```
</td>
</tr>
<!--  choose标签相当于Java代码当中的switch case语句   -->
<c:choose>
<%--   when标签相当于Java当中switch case语句当中的case，属性test设置条件 --%>
<c:when test="${not empty mainAndSeconds.seconds }">
<!--   forEach相当于Java代码当中的循环    -->
<!--   属性items为要迭代的元素     -->
<!--   属性item为迭代出来的元素    -->
<!--   属性varStatus为迭代状态    -->
<c:forEach   items="${mainAndSeconds.seconds}" var="item" varStatus="vs">
<tr>
<td class="tbl">
<div style="text-align: center;">
<!--   利用vs获取迭代序号，vs索引从0开始    -->
<p> 第${vs.index+1 }楼</p>
<a>
<img alt="" src="<%=basePath %>image/avatar_002.gif" />
</a>
</div>
<table class="table" style="background-color:#e5edf2; ">
<tr>
<td> 昵称:</td>
<!--   获取跟帖人   -->
<td> ${item.creatuser }</td>
</tr>
<tr>
<td> 性别:</td>
<td> 男</td>
</tr>
<tr>
<td> 年龄:</td>
<td> 18</td>
</tr>
<tr>
<td> 发帖数:</td>
<td> 10</td>
</tr>
<tr>
<td> 回帖数:</td>
<td> 10</td>
</tr>
</table>
</td>

<td class="tbr">
<span style="padding-right: 30px;">
<!--   获取跟帖时间    -->
<a style="color: #78BA00;"> 回复于:${item.sec_creatime }
</a>
```

```html
                </span>
                <div style="width:98%;height:1px;margin-bottom:10px;
                            padding:0px; background-color:#D5D5D5;overflow:hidden;">
                </div>
                <div style="padding-top: 12px;min-height: 380px;">
                <!--  获取跟帖内容  -->
                ${item.sec_content }
                </div>
                <div style="width:98%;height:1px;margin-bottom:10px;
                            padding:0px; background-color:#D5D5D5;overflow:hidden;">
                </div>
                <div style="padding-right: 90px;">
                </div>
            </td>
        </tr>
    </c:forEach>
    </c:when>
    </c:choose>
    </table>
    <div style="padding: 10px 5px;text-align: right;"> ${pageHtml }</div>
</div>
</body>
</html>
```

打开浏览器，输入 http://127.0.0.1:8080/mrbbs/goMainPage，在如图 3.52 所示的页面中单击任意一个帖子，查看效果，如图 3.53 所示。

图 3.52　帖子列表

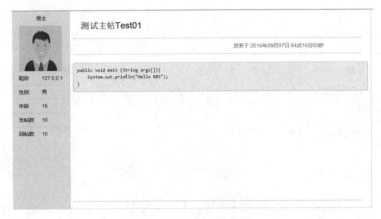

图 3.53　帖子详细内容

3.8 帖子的关系链

3.8.1 维护关系链

设计数据库的时候，曾使用 main_id 关联了三张表（my_main、my_info、my_second），数据的穿插是一个程序员必须具备的知识，现在来梳理一下 main_id 究竟是怎样关联上所有数据的。

第 1 次出现 main_id 是在发帖的时候，把帖子标题与帖子内容传递到后台，由后台生成 ID 保存至数据库中，如图 3.54 所示。

```
public int saveMainContent(String content,String mainTitle,String mainCreatuser){
    //定义sql语句，这里的sql使用的是防注入模式，VALUES的值使用的是?占位符
    String sql_save_mymain = "INSERT INTO my_main "
        + "(main_id,main_title,main_content,"
        + "main_creatime,main_creatuser,main_commend)"
        + " VALUES (?,?,?,?,?,?)";

    String sql_save_myinfo = "INSERT INTO my_info "
        + "(main_id,info_reply,info_see,"
        + "info_lastuser,info_lastime) "
        + "VALUES (?,0,0,?,?)";

    //表id使用的是UUID
    String mainId = UUID.randomUUID().toString();
    //时间格式化，格式要与数据库中的datatime相对应yyyy-MM-dd hh:mm:ss
    sdf.applyPattern("yyyy-MM-dd hh:mm:ss");
    //获取当前时间作为创建时间
    String mainCreatime = sdf.format(new Date());
    //精华帖标记，0普通帖，1精华帖
    Integer mainCommend = 0;

    //初始化myinfo表数据，注意my_info表的id为自增长所以这里并没有设置info_id的值
    jdbc.update(sql_save_myinfo, mainId,mainCreatuser,mainCreatime);

    //执行update语句，第一个参数sql语句，后面可以写任意多的参数
    return jdbc.update(sql_save_mymain,
        mainId,mainTitle,content,mainCreatime,mainCreatuser,mainCommend);
}
```

图 3.54　在 MainPageService 中生成 main_id

第 2 次出现 main_id 是在 mainPage.jsp 展示数据的时候，把帖子标题放在<a>标签体内，<a>标签指向一个地址并传递参数 main_id 给后台，如图 3.55 所示。

第 3 次出现 main_id 是在获取帖子详细内容与跟帖的时候（单击<a>标签查看帖子内容，传递给 secondPageController），如图 3.56 所示。

上面内容的讲解仅为了让读者明白，main_id 其实一直没有断，它贯穿了发帖和看帖的全过程。接下来将第 4 次出现 main_id，这次出现是为了发表跟帖，跟帖的时候需要把 main_id 传递过去，这样才知道这个跟帖跟的是哪一个主帖。

```
<c:choose>
    <c:when test="${not empty main }">
        <c:forEach items="${main }" var="item" varStatus="vs">
            <tr>
                <td>
                    <a href="<%=basePath%>secondPageContent?mainId=${item.main_id}" >
                    <img src="<%=basePath %>17173image/pin_1.gif" id="${item.main_id}img" />
                    [日月精华]   ${item.main_title }
                    </a>
                </td>
                <td>
                    ${item.main_creatuser }
                </td>
                <td>
                    ${item.info_reply }/${item.info_see }
                </td>
                <td>
                    ${item.info_lastuser }
                </td>
            </tr>
        </c:forEach>
    </c:when>
</c:choose>
```

图 3.55 <a>标签指向路径把 main_id 传递到后台

```
@RequestMapping(value = "/secondPageContent")
public ModelAndView goSecondPage(String mainId, @RequestParam(name = "page", defaultValue = "1") Integer page,
        @RequestParam(name = "row", defaultValue = "3") Integer row) {
    ModelAndView mav = new ModelAndView("myJSP/secondPage");
    // 根据传递过来的mainId查找my_main与my_second表
    Map<String, Object> mainAndSecond = sps.getMainAndSeconds(mainId, (page - 1) * row, row);
    // 将返回值传递给JSP
    mav.addObject("mainAndSeconds", mainAndSecond);
    Long count = sps.getSecondCount(mainId);
    Map<String, String> parm = new HashMap<>();
    parm.put("mainId", mainId);
    String pageHtml = sps.getPage(count, page, row, parm);
    mav.addObject("pageHtml", pageHtml);
    return mav;
}
```

图 3.56 后台接收到的 mainId

跟帖同样使用百度 UEditor 富文本编辑器，既然是发表跟帖，那就要知道是针对哪一条主帖发表跟帖，这里使用隐藏<input>标签记录主帖 ID，实现主贴与跟帖的绑定。打开 secondPage.jsp 页面，代码如下。

例程 26 代码位置：资源包\TM\03\mrbbs\WebContent\WEB-INF\view\myJSP\secondPage.jsp

```
<%@page language="java" contentType="text/html; charset=UTF-8"
pageEncoding="UTF-8"%>
<!DOCTYPEhtml>
<html>
<head>
    ...
</head>
<body>
<div class="container-fluid" >
    ...
```

```html
        <!-- 富文本 -->
        <form action="<%=basePath %>saveSencondPage" method="post">
            <!-- 隐藏字段,记录主帖 id,发帖表跟帖时,将该字段传递到后台,将主帖与跟帖关系绑定 -->
            <input name="mainId" type="hidden" value="${mainAndSeconds.main_id }">
            <p class="text-right" style="padding-right: 90px;">
                <button type="submit" class="btn btn-primary btn-xs text-right" >
                <span class="glyphicon glyphicon-edit" aria-hidden="true"> </span>
                    回复帖子
                </button>
            </p>
            <!-- 加载编辑器的容器 -->
            <script id="container" name="content" type="text/plain">
            </script>
        </form>
        <!-- 配置文件 -->
        <script type="text/javascript" src="<%=basePath %>uedit/js/ueditor.config.js"></script>
        <!-- 编辑器源码文件 -->
        <script type="text/javascript" src="<%=basePath %>uedit/js/ueditor.all.js"></script>
        <!-- 实例化编辑器 -->
        <script type="text/javascript">
            var editor = UE.getEditor('container');
        </script>
    </div>
</body>
</html>
```

> **注意** 在上述代码中,至关重要的是不要把关系链弄断,如果关系链断了,那么数据将无法正常查询。在以后的开发中,关系链通常都是靠一个关键字段关联起来,知道了这一点,无论开发什么样的流程、多么复杂的结构,都能迎刃而解。

3.8.2 保存跟帖

在上面的 JSP 当中,笔者讲解了如何维护好跟帖与主帖的关系,接下来要将跟帖保存到数据库。打开 myresource 资源包下的 secondPageController,准备接收 JSP 传递过来的数据,保存到数据库 my_second 表当中,代码如下。

例程 27 代码位置:资源包\TM\03\mrbbs\myresource\com\mrkj\ygl\controller\secondPageController.java

```java
//接收 JSP 传递过来的参数 main_id 与富文本 content,保存到数据库 my_second 表中
@RequestMapping(value="/saveSecondPage")
public ModelAndView saveSecondPage(HttpServletRequest request,
                                    String mainId,String content){
    ModelAndView mav = new ModelAndView();
    String mainCreatuser = request.getRemoteAddr();
    int result = sps.saveSecondPage(mainId, content, mainCreatuser);
    if (result == 1){
        mav.setViewName("redirect:/secondPageContent?mainId="+mainId);
    }else{
        mav.setViewName("404");
```

```
            }
        return mav;
    }
```

接收到参数，调用 SecondPageService 类的 saveSecondPage()方法来保存数据，如果保存成功则返回 1，这里做一个判断。如果成功，则返回视图。"例程 27"中加底色的代码用于将跟帖保存到数据库中，第一个参数 mainId 将主帖与跟帖在数据库中绑定。

现在开始写 Service 层，打开 myresource 资源包下的 SecondPageService 类文件，实现保存方法，代码如下。

例程 28　代码位置：资源包\TM\03\mrbbs\myresource\com\mrkj\ygl\service\SecondPageService.java

```
    public int saveSecondPage (String main_id,String content,String creatuser){
        String sql_insert_mysecond = "insert INTO my_second"
        + "(sec_id,main_id,sec_content,sec_creatime,sec_creatuser,sec_sequence) "
        + "VALUES (?,?,?,now(),?,'1')";
        return jdbc.update(sql_insert_mysecond,UUID.randomUUID().toString(),
                main_id,content,creatuser);
    }
```

这里发帖人 creatuser 字段使用用户 IP 替代，创建时间使用 MySQL 数据库 now()函数自动添加。执行 SQL 语句，会返回更新数据的记录数量。如果成功插入数据，那么返回值是 1。

打开浏览器，输入 http://127.0.0.1:8080/mrbbs/goMainPage，单击一个帖子，进入帖子详细信息页面，在该页面中可以发表跟帖，如图 3.57 和图 3.58 所示。

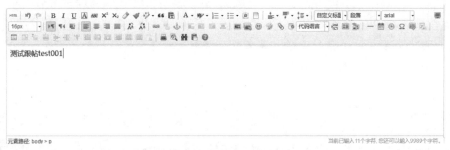

图 3.57　发表跟帖

图 3.58　显示跟帖

3.8.3 带参数的分页

跟帖的展示也需要以分页的形式展现，这里的分页与 mainPage.jsp 分页有所不同，在单击分页的时候，不仅要把 page（要跳转的页面）传递过去，还需要把维护关系的 main_id 字段传递给后台，两个参数缺一不可，缺少了 main_id 参数，就无法知道要获取哪个帖子下的跟帖。打开 myresource 资源包下的 secondPageController 类文件，修改 goSecondPage()方法，代码如下。

例程 29　代码位置：资源包\TM\03\mrbbs\myresource\com\mrkj\ygl\controller\secondPageController.java

```
@RequestMapping(value="/secondPageContent")
public ModelAndView goSecondPage(String mainId,
    @RequestParam(name="page",defaultValue="1") Integer page,
    @RequestParam(name="row",defaultValue="15")Integer row){
        ModelAndView mav = new ModelAndView("myJSP/secondPage");
        //根据传递过来的 mainId 查找 my_main 与 my_second 表
        Map<String, Object> mainAndSecond = sps.getMainAndSeconds(mainId,(page-1)*row, row);
        //将返回值传递给 JSP
        mav.addObject("mainAndSeconds", mainAndSecond);
        Long count = sps.getSecondCount(mainId);
        Map<String,String> parm = new HashMap<> ();
        parm.put("mainId", mainId);
        String pageHtml = sps.getPage(count, page, row,parm);
        mav.addObject("pageHtml", pageHtml);
        return mav;
}
```

在上面的代码中增加了分页的参数 mainId，这样在单击分页超链接时，可以把 mainId 传递到后台。

> **说明**　分页方法的具体实现，比起 main_page 分页，这里其实只是增加了一个参数而已。读者可能好奇为什么这里我们使用 Map 作为参数，而不是直接使用 String，这是因为 Map 本身的结构就是特别适合参数。Map 可以分解为 Entry，Entry 可以直接获取 Map 的 key 与 value，我们把 key 当作参数名，把 value 作为参数值。

打开 myresouce 资源包下的 secondPageService 类文件并增加 getSecondCount()方法和 getPage()方法，代码如下。

例程 30　代码位置：资源包\TM\03\mrbbs\myresource\com\mrkj\ygl\service\SecondPageService.java

```
public Long getSecondCount(String mainId){
    //count：数据库当中数据总条数
    //currentPage：当前页数
    //offset：每页显示多少条数据
    //parm：附加参数
    public String getPage (Long count,Integer currentPage,
                          Integer offset,Map<String,String> parm){
        //将当前页数转换为 Long 类型，统一类型方便计算
        Long currentLong = Long.parseLong(currentPage+"");
```

```java
//记录总页数，初始化给定值为0L。因为是长整型，所以要在数字后面加L
Long countPage = 0L;
//计算总页数，根据数据库数据总条数与每页显示数计算总页数
//使用求余运算，判断是否整除，如果整除，使用总条数除以每页记录数，得出总页数
//如果没有整除，那么证明有余数，使用总条数除以每页记录数加一得出总页数
if(count%offset!=0){
    countPage = count/offset+1;
}else{
    countPage = count/offset;
}
//将parm里的参数拼接成URL参数
StringBuffer sbParm = new StringBuffer("");
//判断parm是否为空，设置额外附加参数
if (parm!=null){
    //从Map类型获取entrySet，Entry是Map的一个元素，以键值对呈现
    Set<Entry<String, String>>   entrySet = parm.entrySet();
    //迭代Set获取Entry元素，将键作为参数名，值作为参数值拼接成URL参数
    for (Entry<String, String>   entry : entrySet){
        sbParm.append("&"+entry.getKey()+"="+entry.getValue());
    }
}
StringBuffer sb = new StringBuffer();
//前一页，判断当前页数是否大于1
if (currentPage> 1){
    //大于1时，前一页就等于当前页减1
    sb.append("<span class=\"page\"> <a href=\"?page="+(currentPage-1));
    sb.append(sbParm);
    sb.append("\"> «</a> </span> ");
}else{
    //不大于1时，证明是第一页
    sb.append("<span class=\"page\"> <a href=\"?page=1");
    //增加URL参数
    sb.append(sbParm);
    sb.append("\"> «</a> </span> ");
}
//第一页
sb.append("<span class=\"page\" style=\"width: 50px !important;\"> ");
//连接永远指向第一页
sb.append("<a href=\"?page=1");
//增加URL参数
sb.append(sbParm);
sb.append("\"> start</a> ");
sb.append("</span> ");
//如果总页数减去当前页数大于5，那么证明可以显示5个分页
if ((countPage-currentLong+1) >=5){
    for (Long i = currentLong ; i<currentPage+5;i++){
        sb.append("<span class=\"page\"> ");
        sb.append("<a href=\"?page="+i);
        //增加URL参数
        sb.append(sbParm);
        sb.append("\"> "+i+"</a> ");
```

```java
                    sb.append("</span> ");
            }
        }
        //如果总页数减4大于0，那么证明从总页数仍然够5页
        else if (countPage-4 >0){
            for (long i = countPage-4 ; i<= countPage;i++){
                //顺序迭代页面
                sb.append("<span class=\"page\"> ");
                sb.append("<a href=\"?page="+i);
                //增加URL参数
                sb.append(sbParm);
                sb.append("\"> "+i+"</a> ");
                sb.append("</span> ");
            }
        }
        //否则总页数不够5页
        else{
            for (longi = 1 ; i<= countPage;i++){
                //顺序迭代页面
                sb.append("<span class=\"page\"> ");
                sb.append("<a href=\"?page="+i);
                //增加URL参数
                sb.append(sbParm);
                sb.append("\"> "+i+"</a> ");
                sb.append("</span> ");
            }
        }
        //增加最后一页
        sb.append("<span class=\"page\" style=\"width: 40px !important;\"> ");
        //这里使用了三目表达式，判断总页数是否为0，如果是0，则返回1，否则返回总页数
        sb.append("<a href=\"?page="+(countPage==0?1:countPage));
        //增加URL参数
        sb.append(sbParm);
        sb.append("\"> end</a> ");
        sb.append("</span> ");
        //判断是否拥有下一页
        if (currentLong<countPage){
            sb.append("<span class=\"page\"> ");
            //如果满足条件下一页为当前页加1
            sb.append("<a href=\"?page="+currentLong+1);
            sb.append(sbParm);
            sb.append("\"> »</a> ");
            sb.append("</span> ");
        }else{
            sb.append("<span class=\"page\"> ");
            //为满足条件，下一页为当前页
            sb.append("<a href=\"?page="+currentLong);
            sb.append(sbParm);
            sb.append("\"> »</a> ");
            sb.append("</span> ");
        }
```

```
            sb.append("<span> ");
            sb.append("共"+countPage+"页");
            sb.append("</span> ");
            return sb.toString();
        }
}
```

上述代码要比之前写的分页代码复杂，因为每一步都做了参数判断，并且拼接了 URL 参数。注意：这里的参数拼接是一个很实用的技巧。

增加完上述代码，整个论坛的核心功能就结束了，难点在于关系链的维护与分页查找数据。

3.9 实现登录注册

3.9.1 用户注册

用户注册模块，几乎是每个软件必须要有的功能，这里基于 Bootstrap 定义了一个表单，共有 5 个字段，分别是用户名、密码、重复密码、姓名和邮箱。这 5 个字段是注册环节必须要有的，效果如图 3.59 所示。

图 3.59　注册界面

编写注册模块要注意几点：用户名不可重复；用户名和密码长度；密码尽可能加密。这里使用 MD5 加密，代码如下。

例程 31　代码位置：资源包\TM\03\mrbbs\src\com\mrkj\ygl\web\UserLogin.java

```
@RequestMapping(value="/register.do")
public ModelAndView register(HttpServletRequest request,String username ,
        String password ,String repassword , String email , String wxname) {
    ModelAndView mav = new ModelAndView("redirect:/login.jsp");
    //判断用户名和密码的合法性，用户名不为 null 或空字符串
    if (username!=null&&!"".equals(username.trim())&&username.length()<20
```

```
            &&password!=null&&!"".equals(password.trim())
            &&(password.equals(repassword))){
        //判断用户名是否存在
        Long count = userloginService.selectByUsernameCount(username).get("count");
        if (0==count){
            Sys_login entity = new Sys_login();
            entity.setUsername(username);
            //密码使用 MD5 加密，密码不允许使用明文
            entity.setPassword(MD5.md5(password));
            if (email!=null&&!"".equals(email.trim())&&ValidataUtil.isEmail(email)){
                entity.setEmail(email);
            }
            if (wxname!=null&&!"".equals(wxname.trim())){
                entity.setWxname(wxname);
            }
            if(userloginService.insertSelective(entity)> 0){
                mav.addObject("msg", "注册成功");
            }
        }else{
            mav.addObject("msg", "注册失败");
        }
    }
    return mav;
}
```

3.9.2 用户登录

用户登录模块使用了 Shiro 框架，该框架是一个安全框架，其特点是轻量且简单，效果如图 3.60 所示。

图 3.60　登录界面

实现登录验证，使用了 Shiro 验证技术。Shiro 的验证方法是基于 Subject 类，该类实现了 login() 方法（登录）、logout()方法（退出），如果登录失败则会抛出相应的异常，代码如下。

例程 32　代码位置：资源包\TM\03\mrbbs\src\com\mrkj\ygl\web\UserLogin.java

```java
@RequestMapping(value="/verification.do")
public ModelAndView login(HttpServletRequest request,String username,String password,
            @RequestParam(defaultValue="0000") String verifyCode, Model model) {
    ModelAndView mav = new ModelAndView();
    String msg = "";
    HttpSession session = request.getSession();
    //验证码，本系统暂时没有涉及验证码，所以给出固定值 0000
    String SessionverifyCode = "0000";
    if (SessionverifyCode!=null&&SessionverifyCode.equals(verifyCode)){
        session.setAttribute("verifyCode", MD5.md5(Math.random()+""));
        //获取 Shiro 令牌
        UsernamePasswordToken token = new UsernamePasswordToken(username, password);
        //Shiro 判断
        Subject subject = SecurityUtils.getSubject();
        // session 会销毁，在 SessionListener 监听 session 销毁，清理权限缓存
        if (subject.isAuthenticated()) {
            subject.logout();
        }
        try{
            //Shiro 登录操作
            subject.login(token);
            //根据用户名获取用户实体类
            Sys_login loginEntity = userloginService.selectByUsername(username);
            session.setAttribute("UserName", username);
            session.setAttribute("loginEntity", loginEntity);
            session.setAttribute("loginFlag", true);
            //这个值是用户从之前的页面跳转过来的，如果该值不为 null，则跳转到此 URL
            String cotroUrl = (String)session.getAttribute("Referer");
            if (cotroUrl!=null&& !"".equals(cotroUrl)){
                String temp = cotroUrl.substring(cotroUrl.lastIndexOf("/"));
                mav.setViewName("redirect:/"+temp);
            }else{
                mav.setViewName("redirect:/index.jsp");
            }
        }
        //如果登录失败，则会抛出相应异常
        catch(IncorrectCredentialsException e) {
            msg = "登录密码错误. Password for account " + token.getPrincipal()
                + " was incorrect.";
            model.addAttribute("message", msg);
            System.out.println(msg);
            mav.setViewName("redirect:/login.jsp");
        } catch (ExcessiveAttemptsException e) {
            msg = "登录失败次数过多";
            model.addAttribute("message", msg);
            System.out.println(msg);
            mav.setViewName("redirect:/login.jsp");
        } catch (LockedAccountException e) {
            msg = "账号已被锁定. The account for username " + token.getPrincipal()
                + " was locked.";
```

```
                model.addAttribute("message", msg);
                System.out.println(msg);
                mav.setViewName("redirect:/login.jsp");
            } catch (DisabledAccountException e) {
                msg = "账号已被禁用. The account for username " + token.getPrincipal()
                    + " was disabled.";
                model.addAttribute("message", msg);
                System.out.println(msg);
                mav.setViewName("redirect:/login.jsp");
            } catch (ExpiredCredentialsException e) {
                msg = "账号已过期. the account for username " + token.getPrincipal()
                    + "  was expired.";
                model.addAttribute("message", msg);
                System.out.println(msg);
                mav.setViewName("redirect:/login.jsp");
            } catch (UnknownAccountException e) {
                msg = "账号不存在. There is no user with username of "
                    + token.getPrincipal();
                model.addAttribute("message", msg);
                System.out.println(msg);
                mav.setViewName("redirect:/login.jsp");
            } catch (UnauthorizedException e) {
                msg = "您没有得到相应的授权！" + e.getMessage();
                model.addAttribute("message", msg);
                System.out.println(msg);
                mav.setViewName("redirect:/login.jsp");
            }
        }else{
            mav.addObject("msg", "验证码错误！");
            mav.setViewName("redirect:/login.jsp");
        }
        return mav;
    }
```

3.9.3 用户退出

由于使用了 Shiro 框架实现登录，那么必须要配置退出。退出有两种情况：一种是用户手动退出；另一种是用户关闭了浏览器。

通过监听 session，检测到生成了一个新的 session 时，sessionCreated 方法被执行，向 session 中做一个未登录标记。session 断开时，sessionDestroyed 方法被执行，调用 Shiro 退出方法，代码如下。

例程 33 代码位置：资源包\TM\03\mrbbs\src\com\mrkj\ygl\listener\SessionListenerBySeachLogin.java

```
package com.mrkj.ygl.listener;

import javax.servlet.annotation.WebListener;
import javax.servlet.http.HttpSessionEvent;
import javax.servlet.http.HttpSessionListener;
```

```java
import org.apache.shiro.SecurityUtils;
import org.apache.shiro.subject.Subject;

@WebListener
public class SessionListenerBySeachLogin implements HttpSessionListener {
    @Override
    publicvoid sessionCreated(HttpSessionEvent se) {
        se.getSession().setAttribute("loginFlag", "false");
    }
    @Override
    publicvoid sessionDestroyed(HttpSessionEvent se) {
        Subject subject = SecurityUtils.getSubject();
        //首先要确定用户已经登录,再执行退出操作
        if (subject.isAuthenticated()) {
            // session 会销毁,在 SessionListener 监听 session 销毁,清理权限缓存
            subject.logout();
        }
    }
}
```

3.10 配 置 文 件

3.10.1 框架配置文件

Spring 配置方法有两种:一种是通过 XML 配置;另一种是通过编程方式配置。本项目采用编程方式配置,在 resource 资源包下使用 3 个类配置了 Spring,分别是 SpringWebInitializer、WebConfig、RootConfig。

其他配置文件清单如下。

(1) Mybatis 以 XML 的方式配置,在 resource 资源包下 spring-transaction.xml 文件中配置了相关参数。

(2) Shiro 以 XML 的方式配置,在 resource 资源包下 spring-pz-shiro.xml 文件中配置了相关参数。

(3) 在 RootConfig 中引入了 Mybatis 与 Shiro 配置文件。

3.10.2 UEditor 富文本配置文件

UEditor 配置文件清单如下。

(1) 附件上传配置。通过 WebContent\uedit\js\jsp\config.json 文件配置附件上传路径。

(2) 工具栏配置。通过 WebContent\uedit\js\ueditor.config.js 文件配置删除不需要的工具栏。

3.11 本章小结

本章运用软件工程的设计思想，采用了当下最流行的 SSM 框架整合技术，同时还加入了 Shiro 和富文本编辑器 UEditor，这些内容都是实际项目开发中经常应用的技术。在开发程序中使用 Shiro 框架，会使程序开发变得简单，并且安全性也比较高。希望读者能够通过学习本章的项目来领会以上知识，做到融会贯通。

第 4 章

52 同城信息网
（Struts 2.5+SQL Server 2014 实现）

在全球知识经济和信息化高速发展的今天，无论是生活、工作还是学习，信息都是决定成败的关键。小到生活中的需求，大到企业的发展，特别是对企业实现跨地区、跨行业、跨国经营，信息都起着至关重要的作用，而电子商务作为一种新的商务运作模式，越来越受到企业的重视。

本章通过应用 Struts 2.5+SQL Server 2014 开发了一个流行的供求信息类网站——52 同城信息网。

通过阅读本章，可以学习到：

- ▶▶ 了解供求信息类网站开发的基本过程
- ▶▶ 掌握如何进行需求分析和编写项目计划书
- ▶▶ 掌握分析并设计数据库的方法
- ▶▶ 熟悉应用 Struts 2.5 框架进行开发
- ▶▶ 了解 Struts 2.5 中的标签
- ▶▶ 掌握在 Struts 2.5 中进行表单验证的方法
- ▶▶ 掌握在 Eclipse 中使用 JUnit 工具进行单元测试的方法
- ▶▶ 掌握网站发布的方法

配置说明

第4章 52同城信息网（Struts 2.5+SQL Server 2014 实现）

4.1 开 发 背 景

天下华源信息科技有限公司是一家集数据通信、系统集成、电话增值服务于一体的公司。该公司为了扩大规模，增强企业的竞争力，决定向多元化发展，借助 Internet 在国内的快速发展，聚集部分资金投入网站建设，以向企业提供有偿信息服务为盈利方式，为企业和用户提供综合信息服务。现需要委托其他单位开发一个信息网站。

4.2 系 统 分 析

4.2.1 需求分析

对于信息网站来说，用户的访问量是至关重要的。如果网站的访问量很低，那么就很少有企业与其合作，也就没有利润可言。因此，信息网站必须为用户提供大量的、免费的、有价值的信息，才能够吸引用户。为此，网站要尽可能地提供多方面的信息，这些信息主要来自于生活、工作与学习方面。另外，网站不仅要为企业提供各种有偿服务，还需要额外为用户提供大量的无偿服务。

4.2.2 可行性分析

1. 引言

☑ 编写目的

为了给软件开发企业的决策层提供是否实施项目的参考依据，现以文件的形式分析项目的风险、项目需要的投资与效益。

☑ 背景

天下华源信息科技有限公司是一家以信息产业为主的高科技公司。公司为了扩展业务，需要一个C2C（消费者与消费者之间）和 B2C（企业与消费者之间）业务平台，现需要委托其他公司开发一个供求信息的网站，项目名称为"52同城信息网"。

2. 可行性研究的前提

☑ 要求

网站要求为用户有偿或无偿提供尽可能全面的信息，涵盖生活、工作与学习各方面，如求职、招聘、家教、招商、房屋、车辆、出售和求购等信息。

☑ 目标

一方面为用户的生活、工作提供方便，另一方面提高企业知名度，为企业产品宣传节约大量成本。

☑ 评价尺度

根据用户的需求，网站中发布的信息要准确、有效、全面，考虑对企业及国家的影响，对一些非法、不健康的信息要及时删除。此外，应加强网站的安全性，避免在遭受到有意或无意的破坏时，导致系统瘫痪，造成严重损失。

3．投资及效益分析

☑ 支出

根据预算，公司计划投入 8 个人，为此需要支付 9 万元的工资及各种福利待遇；项目的安装、调试以及用户培训、员工出差等费用支出需要 2 万元；在项目后期维护阶段预计需要投入 2 万元的资金，累计项目投入需要 13 万元。

☑ 收益

客户提供项目资金 30 万元。对于项目运行后进行的改动，采取协商的原则，根据改动规模额外提供资金。因此，从投资与收益的效益比上，公司可以获得 17 万元的利润。

项目完成后会给公司提供资源储备，包括技术、经验的积累。

4．结论

根据上面的分析，在技术上不会存在问题，因此项目延期的可能性很小。在效益上，公司投入 8 个人、2 个月的时间获利 17 万元，比较可观。另外，在公司今后发展上还可以储备网站开发的经验和资源。因此，认为该项目可以开发。

4.2.3 编写项目计划书

1．引言

☑ 编写目的

为了能使项目按照合理的顺序开展，并保证按时、高质量地完成，现拟订项目计划书，将项目开发生命周期中的任务范围、团队组织结构、团队成员的工作任务、团队内外沟通协作方式、开发进度、检查项目工作等内容描述出来，作为项目相关人员之间的约定以及项目生命周期内的所有项目活动的行动基础。

☑ 背景

52 同城信息网是天天网发网络科技有限公司与天下华源信息科技有限公司签订的待开发项目，网站性质为信息服务类型，可为信息发布者有偿或无偿提供招聘、求职、培训、房屋和出售等信息。项目周期为两个月。项目背景规划如表 4.1 所示。

表 4.1 项目背景规划

项目名称	签订项目单位	项目负责人	参与开发部门
52 同城信息网	甲方：天下华源信息科技有限公司	甲方：华经理	设计部门
	乙方：天天网发网络科技有限公司	乙方：夏经理	开发部门
			测试部门

2．概述

☑ 项目目标

52 同城信息网主要为用户提供信息服务，因此应尽可能多地提供各类信息，例如求职、招聘、培训、招商、房屋、车辆、出售、求购等信息。项目发布后,要能为用户生活、工作和学习提供便利,同时提高企业知名度,为企业产品宣传节约大量成本。整个项目需要在两个月的期限结束后,交给客户进行验收。

☑ 产品目标与范围

一方面,52同城信息网能够为企业节省大量人力资源,企业不再需要大量的业务人员去跑市场,从而间接为企业节约了成本;另一方面,52同城信息网能够收集大量供求信息,将会有大量用户访问网站,有助于提高企业知名度。

☑ 应交付成果

项目完成后,应交付给客户编译后的52同城信息网的资源文件、系统数据库文件和系统使用说明书。将开发的52同城信息网发布到Internet上。网站发布到Internet上后,对网站进行6个月无偿维护与服务,超过6个月后进行有偿维护与服务。

☑ 项目开发环境

操作系统为Windows 7,安装JDK 8版本的Java开发包,选用Tomcat 9.0作为Web服务器,采用SQL Server 2014数据库系统,应用Struts 2.5开发框架。

☑ 项目验收方式与依据。

项目开发完成后,首先进行内部验收,由测试人员根据用户需求和项目目标进行验收。项目在通过内部验收后,交给客户进行验收,验收的主要依据为需求规格说明书。

3. 项目团队组织

☑ 组织结构

本公司针对该项目组建了一个由公司副经理、项目经理、系统分析员、软件工程师、网页设计师和测试人员构成的开发团队,团队结构如图4.1所示。

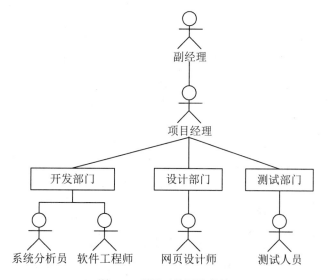

图4.1 项目开发团队结构

☑ 人员分工

为了明确项目团队中每个人的任务分工,现制定人员分工表,如表4.2所示。

表 4.2 人员分工表

姓　名	技术水平	所属部门	角　色	工作描述
秦某	MBA	经理部	副经理	负责项目的审批、决策的实施
汉某	MBA	项目开发部	项目经理	负责项目的前期分析、策划、项目开发进度的跟踪、项目质量的检查
魏某	中级系统分析员	项目开发部	系统分析员	负责系统功能分析、系统框架设计
唐某	中级软件工程师	项目开发部	软件工程师	负责软件设计与编码
宋某	中级软件工程师	项目开发部	软件工程师	负责软件设计与编码
元某	初级软件工程师	项目开发部	软件工程师	负责软件编码
明某	中级美工设计师	设计部	网页设计师	负责网页风格的确定、网页图片的设计
清某	中级系统测试工程师	项目开发部	测试人员	对软件进行测试、编写软件测试文档

4.3　系统设计

4.3.1　系统目标

根据需求分析以及与客户的沟通，52同城信息网需要达到以下目标。
- ☑ 界面设计友好、美观。
- ☑ 在首页中提供预览信息的功能，并且信息分类明确。
- ☑ 用户能够方便地查看某类别中的所有信息和信息的详细内容。
- ☑ 能够实现站内信息搜索，如定位查询、模糊查询。
- ☑ 对用户输入的数据能够进行严格的检验，并给予信息提示。
- ☑ 具有操作方便、功能强大的后台信息审核功能。
- ☑ 具有操作方便的后台付费设置功能。
- ☑ 具有易维护性和易操作性。

4.3.2　系统功能结构

52同城信息网分为前台和后台两部分，前台主要实现信息的显示、搜索与发布功能，其中信息的显示包括列表显示与详细内容显示，而列表显示又分为首页信息列表显示、查看某类别下所有信息的列表显示和搜索结果列表显示；搜索功能主要包括定位搜索和模糊搜索。后台主要实现的功能为信息显示、信息审核、信息删除、付费设置与退出登录，其中的信息显示功能也分为列表显示与详细内容显示。52同城信息网前台功能结构如图4.2所示，后台功能结构如图4.3所示。

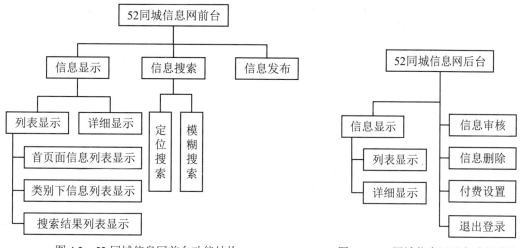

图 4.2　52 同城信息网前台功能结构　　　　图 4.3　52 同城信息网后台功能结构

4.3.3　系统流程

52 同城信息网的系统流程如图 4.4 所示。

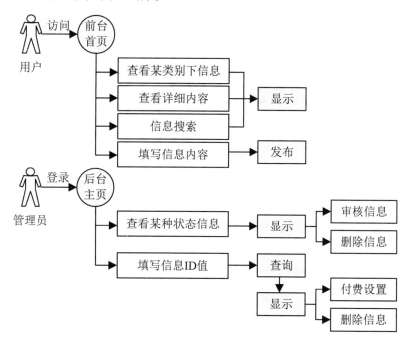

图 4.4　52 同城信息网的系统流程

4.3.4　系统预览

52 同城信息网中有多个页面，下面列出网站中几个典型页面的预览，其他页面可以通过运行资源包中本系统的源程序进行查看。

52同城信息网的前台首页如图4.5所示,在该页面中将列表显示已付费信息,分类显示免费信息;通过单击导航栏中的信息类别超链接,将显示该类别下的所有信息,如图4.6所示。

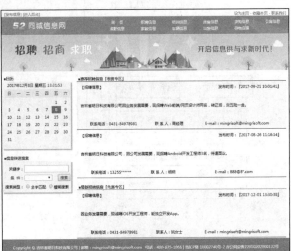

图4.5　前台首页　　　　　　　　　　　图4.6　显示某类别信息

信息发布页面如图4.7所示,用户可通过此页面发布信息,在页面中用户需要选择要发布信息的类别,然后填写信息内容和联系方式等;后台信息显示页面如图4.8所示,在该页面中,管理员可删除信息,并通过单击"审核"或信息标题超链接进入信息审核页面审核信息。

图4.7　信息发布页面　　　　　　　　　图4.8　后台信息显示

4.3.5　构建开发环境

在开发52同城信息网时需要具备以下开发环境。

服务器端:

- ☑ 操作系统:Windows 7。
- ☑ JDK环境:Java SE Development Kit (JDK) version 8。

☑ 开发工具：Eclipse for Java EE 4.7（Oxygen）。
☑ Web 服务器：Tomcat 9.0。
☑ Web 开发框架：Struts 2.5。
☑ 数据库：SQL Server 2014。
☑ 浏览器：推荐使用 Google Chrome 浏览器。
☑ 分辨率：最佳效果为 1440×900 像素。

客户端：
☑ 推荐使用 Google Chrome 浏览器。
☑ 分辨率：最佳效果为 1440×900 像素。

4.3.6 文件夹组织结构

在编写代码之前，可以把系统中可能用到的文件夹先创建出来（例如，创建一个名为 images 的文件夹，用于保存网站中所使用的图片），这样不但可以方便以后的开发工作，也可以规范网站的整体架构，本系统的文件夹组织结构如图 4.9 所示。

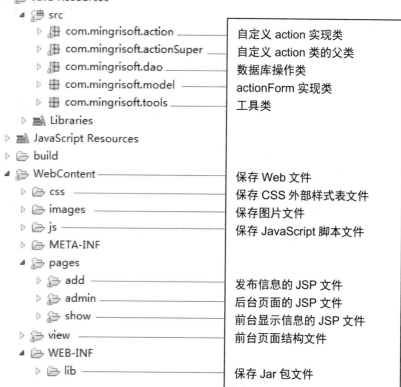

图 4.9　52 同城信息网文件夹组织结构

4.3.7 编码规则

编码规范可使程序员在编程时注意一些细节问题，提高程序的可读性，让程序员能够尽快地理解代码，并帮助程序员编写出规范的、利于维护的程序代码。在开发项目时，主要应注意程序中的编码规则和数据库的编码规则，下面分别进行介绍。

1. 程序编码规则

程序的编码规则，可分为命名规则与书写规则。

（1）命名规则。在程序中进行命名时，应注意以下几点。

① 常量的命名。常量名通常使用大写，并且能够"见其名，知其意"。若由单词组成，单词间用下划线隔开，例如，定义一个 MIN_VALUE 常量用来存储一个最小值。

② 变量的命名。变量名应为小写，且要有意义，尽量避免使用单个字符，否则遇到该变量时很难理解其用途。临时的变量，如记忆循环语句中的循环次数，通常可命名为 i、k 这样的单字符变量名。

③ 方法的命名。方法被调用以执行一个操作，所以方法名应是对该操作的描述。方法名的首字母应该小写，若由多个单词组成，则其后单词的首字母大写。例如，用来添加用户的方法，可命名为 addUser()。

④ 包的命名。包名的前缀应全部由小写英文字母组成，例如 java.io。

⑤ 类、接口的命名。类名与接口名应使用名词，首字母需大写；若由多个单词组成，则每个单词的首字母应大写；尽量使名字简洁且富于描述性，例如 RandomAccessFile。

（2）书写规则。在编写代码时，应注意以下几点。

① 在声明变量时，尽量使每个变量的声明单独占一行，即使是声明相同类型的变量，这样有助于加入注释。局部变量应在声明的同时进行初始化，在类型与标识符之间可使用空格或制表符。例如：

```
int      store=100;          //库存量
int      sale=20;            //售出数量
float    price=49.5f;        //价格
```

② 语句应以英文状态下的分号";"结束，且应使每条语句单独占一行。

③ 尽量不要使用技巧性很高但难懂、易混淆的语句，这会增大后期项目维护的难度。

④ 在代码进行缩进时，应使用制表符来代替空格。

⑤ 编写代码时，要适当地使用空行分隔代码，便于阅读者很快地了解代码结构，并且要在难以理解的部分及关键部分加入注释。

2. 数据库编码规则

（1）数据库的命名。数据库的命名可以采用"db_"开头，db 为 database 的缩写，后面加上对数据库进行描述的相关英文单词或缩写，如表 4.3 所示。

表 4.3 数据库的命名举例

数据库名称	描 述
db_CityInfo	52 同城信息网所使用的数据库
db_librarySys	图书馆管理系统所使用的数据库
db_shop	天下淘商城所使用的数据库

（2）数据表的命名。数据表的命名可以采用"tb_"开头，tb 为 table 的缩写，后面加上对数据表进行描述的相关英文单词或缩写，如表 4.4 所示。

表 4.4 数据表的命名举例

数据表名称	描 述
tb_info	存储信息的数据表
tb_type	存储信息类别的数据表
tb_user	存储信息发布者的数据表

（3）字段的命名。对于数据表中的字段，应命名为小写英文字母，并且要"见其名，知其意"，以便从名字上便能得知该字段所存储内容的意义，如表 4.5 所示。

表 4.5 字段的命名举例

字 段 名 称	描 述
user_name	存储用户名
user_password	存储用户密码
user_sex	存储用户性别

4.4 数据库设计

视频讲解

数据库的设计在程序开发中起着至关重要的作用，往往决定了在后面的开发中如何进行程序编码。一个合理、有效的数据库设计可降低程序的复杂性，使程序开发的过程更为容易。

4.4.1 数据库分析

本系统是一个中型的供求信息网站，考虑到开发成本、用户信息量及客户需求等问题，决定采用 Microsoft SQL Server 2014 作为项目中的数据库。

Microsoft SQL Server 是一种客户/服务器模式的关系型数据库，具有很强的数据完整性、可伸缩性、可管理性、可编程性；具有均衡与完备的功能；具有较高的性价比。SQL Server 数据库提供了复制服务、数据转换服务、报表服务，并支持 XML 语言。使用 SQL Server 数据库可以大容量地存储数据，并对数据进行合理的逻辑布局,应用数据库对象可以对数据进行复杂的操作。SQL Server 2014 也提供了 JDBC 编程接口,这样可以非常方便地应用 Java 来操作数据库。

4.4.2 数据库概念设计

根据以上对系统所做的需求分析及系统设计,规划出本系统所使用的数据库实体,分别为供求信息实体、信息类别实体和管理员实体。下面分别介绍这些实体并给出它们的 E-R 图。

1. 供求信息实体

供求信息实体包括信息编号、所属类型、信息标题、信息内容、联系人、联系电话、E-mail、发布时间、审核状态和付费状态属性。其中审核状态与付费状态属性分别用来标识信息是否审核与付费,1 表示"是",0 表示"否",供求信息实体的 E-R 图如图 4.10 所示。

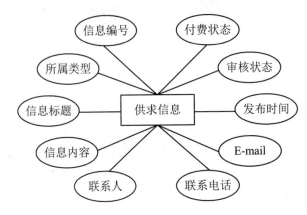

图 4.10　供求信息实体 E-R 图

2. 信息类别实体

信息类别实体包括类别编号、类别标识、类别名称和类别介绍属性,信息类别实体的 E-R 图如图 4.11 所示。

3. 管理员实体

管理员实体包括编号、用户名和密码属性,管理员实体的 E-R 图如图 4.12 所示。

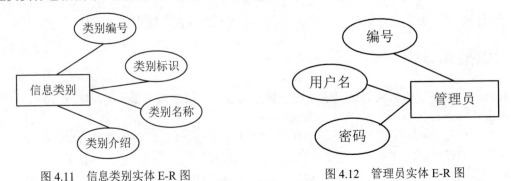

图 4.11　信息类别实体 E-R 图　　　　图 4.12　管理员实体 E-R 图

4.4.3 数据库逻辑结构

根据 4.4.2 节的数据库概念设计，需要创建与实体对应的数据表 tb_info、tb_type 和 tb_user，分别对应着供求信息实体、信息类别实体和管理员实体。其中数据表 tb_info 与 tb_type 之间相互关联，在后面会给出它们的关系图。

为了使读者对本系统的数据库结构有一个更清晰的认识，下面给出数据库中所包含的数据表的结构图，如图 4.13 所示。

图 4.13 db_CityInfo 数据库所包含的数据表结构图

1. 各数据表的结构

本系统共包含 3 个数据表，下面分别介绍这些表的结构。

（1）tb_info（供求信息表）。供求信息表用来保存发布的所有类别的信息，该表的结构如表 4.6 所示。

表 4.6 tb_info 表的结构

字 段 名	数 据 类 型	是否为空	是否主键	默 认 值	描 述
id	smallint(2)	No	Yes		ID（自动编号）
info_type	smallint(2)	Yes		NULL	信息类别
info_title	varchar(80)	Yes		NULL	信息标题
info_content	varchar(1000)	Yes		NULL	信息内容
info_linkman	varchar(50)	Yes		NULL	联系人
info_phone	varchar(50)	Yes		NULL	联系电话
info_email	varchar(100)	Yes		NULL	E-mail 地址
info_date	datetime(8)	Yes		NULL	发布时间
info_state	varchar(1)	Yes		0	审核状态
info_payfor	varchar(1)	Yes		0	付费状态

其中，info_type 字段表示信息所属类别，与 info_type 表中的 type_sign 字段相关联。info_state 字段和 info_payfor 字段分别用来表示信息的审核状态与付费状态，取值为 1 表示"已通过审核"或"已付费"状态，取值为 0 表示"未通过审核"或"未付费"状态。

（2）tb_type（信息类别表）。信息类别表用来保存信息所属的类别，如招聘信息、求职信息等，该表的结构如表 4.7 所示。

表 4.7 tb_type 表的结构

字 段 名	数 据 类 型	是否为空	是否主键	默 认 值	描 述
id	smallint(2)	No			ID（自动编号）
type_sign	smallint(2)	Yes	Yes	NULL	类别标识
type_name	varchar(20)	Yes		NULL	类别名称
type_intro	varchar(20)	Yes		NULL	类别介绍

（3）tb_user（管理员表）。管理员表用来保存管理员信息，该表的结构如表4.8所示。

表4.8 tb_user表的结构

字段名	数据类型	是否为空	是否主键	默认值	描述
id	smallint(2)	No	Yes		ID（自动编号）
user_name	varchar(20)	Yes		NULL	管理员名称
user_password	varchar(10)	Yes		NULL	密码

2．数据表之间的关系设计

本系统设置了如图4.14所示的数据表之间的关系，该关系实际上也反映了系统中各个实体之间的关系。设置了该关系后，当更新 tb_type 数据表的 type_sign 字段的内容后，就会自动更新 tb_info 数据表的 info_type 字段的内容。

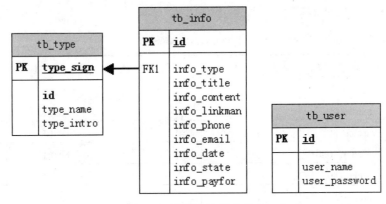

图4.14 数据表之间的关系

视频讲解

4.5 公共类设计

在开发程序时，经常会遇到在不同的方法中进行相同处理的情况，例如数据库连接和字符串处理等，为了避免重复编码，可将这些处理封装到单独的类中，通常称这些类为公共类或工具类。在开发本网站时，用到数据库连接及操作类、业务处理类，分页类和字符串处理类 4 个公共类，下面分别介绍。

4.5.1 数据库连接及操作类

DB 类主要是对数据库的操作，如连接、关闭数据库及执行 SQL 语句操作数据库。每一种操作对应一个方法，如 getCon()方法用来获取数据库连接，closed()方法用来关闭数据库连接，而对数据库的增、删、改、查等操作都在 doPstm()方法中实现，该方法是通过 PreparedStatement 对象来执行 SQL 语句的，下面介绍 DB 类的创建过程。

(1)导入所需的类包,代码如下。

例程01 代码位置:资源包\TM\04\src\com\mingrisoft\dao\DB.java

```java
import java.sql.Connection;              //表示连接到某个数据库的连接
import java.sql.DriverManager;           //用来获取数据库连接
import java.sql.PreparedStatement;       //用来执行 SQL 语句
import java.sql.ResultSet;               //封装查询结果集
import java.sql.SQLException;            //异常处理类
```

(2)声明类的属性并赋值,代码如下。

例程02 代码位置:资源包\TM\04\cityinfo\src\com\mingrisoft\dao\DB.java

```java
private Connection con;                  //声明一个 Connection 对象
private PreparedStatement pstm;          //声明一个 PreparedStatement 对象
private String user="sa";                //登录数据库的默认用户名
private String password="";              //登录数据库的密码
private String className="com.microsoft.sqlserver.jdbc.SQLServerDriver";  //数据库驱动类路径
private String url="jdbc:sqlserver://localhost:1433;DatabaseName=db_CityInfo";  //数据库 URL
```

(3)覆盖默认构造方法,在该方法中实现数据库驱动的加载。这样,当通过 new 操作符实例化一个 DB 类的同时,就会加载数据库驱动,代码如下。

例程03 代码位置:资源包\TM\04\cityinfo\src\com\mingrisoft\dao\DB.java

```java
public DB(){                             //DB 类的构造方法
    try{                                 //必须使用 try-catch 语句捕获加载数据库驱动时可能发生的异常
        Class.forName(className);        //加载数据库驱动
    }catch(ClassNotFoundException e){    //捕获 ClassNotFoundException 异常
        System.out.println("加载数据库驱动失败!");
        e.printStackTrace();             //输出异常信息
    }
}
```

(4)创建获取数据库连接的方法 getCon(),方法中使用 DriverManager 类的 getConnection()静态方法获取一个 Connection 类实例,代码如下。

例程04 代码位置:资源包\TM\04\cityinfo\src\com\mingrisoft\dao\DB.java

```java
/**创建数据库连接*/
public Connection getCon(){
    try {
        con=DriverManager.getConnection(url,user,password);    //建立连接,连接到由属性 url 指定的数据库 URL,
        //并指定登录数据库的用户名和密码
    } catch (SQLException e) {
        System.out.println("创建数据库连接失败!");
        con=null;
        e.printStackTrace();
    }
    return con;
}
```

（5）创建对数据库进行增、删、改、查等操作的doPstm()方法，方法中使用了PreparedStatement类对象来执行SQL语句。之所以可以将这些操作在一个方法中实现，是因为doPstm()方法中设置的两个参数：sql和params。sql为String型变量，存储了要执行的SQL语句；params为Object类型数组，存储了为sql表示的SQL语句中"?"占位符赋值的数据。为SQL语句中的"?"占位符赋值，可通过PreparedStatement类对象的setXXX()方法实现，然后调用execute()方法执行SQL语句。

例如，为"select * from table where name=?"语句中的"?"赋值，若name字段类型为char或varchar，则应使用如下代码。

```
pstm.setString(1,"mingrisoft")
```

其中，pstm为PreparedStatement类对象，整数1表示SQL语句中第一个"?"占位符，mingrisoft为赋予该占位符的值。若name字段类型为整型，则应使用setInt()方法来赋值。

还可以使用setObject()方法，在无法判断字段类型的情况下进行赋值。doPstm()方法就应用了该方法进行赋值，代码如下。

例程05 代码位置：资源包\TM\04\cityinfo\src\com\mingrisoft\dao\DB.java

```java
public void doPstm(String sql,Object[] params){
    if(sql!=null&&!sql.equals("")){
        if(params==null)params=new Object[0];
        getCon();                                    //调用getCon()方法获取数据库连接
        if(con!=null){
            try{
                pstm=con.prepareStatement(sql,ResultSet.TYPE_SCROLL_INSENSITIVE,
                                    ResultSet.CONCUR_READ_ONLY);
                for(int i=0;i<params.length;i++){
                    pstm.setObject(i+1,params[i]);
                }
                pstm.execute();                       //执行SQL语句
            }catch(SQLException e){
                System.out.println("doPstm()方法出错！");
                e.printStackTrace();                  //输出错误信息
            }
        }
    }
}
```

代码贴士

❶ 调用Connection对象的prepareStatement()方法获取PreparedStatement类对象pstm。参数sql为要执行的SQL语句；通过设置ResultSet.TYPE_SCROLL_INSENSITIVE与ResultSet.CONCUR_READ_ONLY两个参数，在查询数据库后，可获得可滚动的结果集。

❷ 调用PreparedStatement类对象的execute()方法执行SQL语句。该方法可执行任何类型的SQL语句，如查询、添加等。execute()方法返回的是boolean型值，若为true，则表示执行SQL语句后的结果中第一个结果为ResultSet对象；若为false，则表示第一个结果为更新数据库所影响的记录数或表示不存在任何结果。若第一个结果为ResultSet对象，可通过PreparedStatement类对象的getResultSet()方法返回；若第一个结果为更新数据库后所影响的记录数，可通过

PreparedStatement 类对象的 getUpdateCount() 方法返回。通过 PreparedStatement 类对象的 getMoreResults() 方法可指向下一个结果,若该结果为 ResultSet 对象,则返回 true;若该结果为更新数据库后所影响的记录数或不再有结果存在,则返回 false。执行 getMoreResults() 方法后,会自动关闭之前通过 getResultSet() 方法获得的 ResultSet 对象。

(6) 执行查询的 SQL 语句后,返回的结果是 ResultSet 结果集对象;执行更新的 SQL 语句,则返回所影响的记录数。DB 类中的 doPstm() 方法用来操作数据库,但其并没有返回值,即在执行了上述两种 SQL 语句后,可通过创建以下方法来返回结果。

创建返回 ResultSet 结果集对象的方法的代码如下。

例程 06　代码位置:资源包\TM\04\cityinfo\src\com\mingrisoft\dao\DB.java

```
public ResultSet getRs() throws SQLException{
    return pstm.getResultSet();    //调用 PreparedStatement 类对象的 getResultSet() 方法返回 ResultSet 对象
}
```

创建返回执行更新的 SQL 语句后所影响的记录数的方法的代码如下。

例程 07　代码位置:资源包\TM\04\cityinfo\src\com\mingrisoft\dao\DB.java

```
public int getCount() throws SQLException{
    return pstm.getUpdateCount(); //调用 PreparedStatement 类对象的 getUpdateCount() 方法返回影响的记录数
}
```

这样,在执行 doPstm() 方法操作数据库后,就可调用其中一个方法返回需要的值,例如如下所示。

```
mydb.doPstm(sql, null);                //操作数据库
ResultSet rs=mydb.getRs();             //获取结果集对象
```

其中,mydb 为 DB 类的实例,sql 为查询 SQL 语句。

4.5.2 业务处理类

OpDB 类实现了处理本系统中用户请求的所有业务的操作,如信息显示、信息发布、管理员登录、信息审核、信息删除等。几乎每个用户请求的业务,在 OpDB 类中都对应着一个方法,具有相同性质的业务可在一个方法中实现。在这些方法中,通过调用 DB 类中的 doPstm() 方法来对数据库进行操作。

OpDB 类中的方法及其所处理的业务如表 4.9 所示。

表 4.9　OpDB 类中的方法

方　　法	返　回　值	实　现　业　务
OpGetListBox()	java.util.TreeMap	初始化主页导航菜单项与后台下拉列表框选项
OpListShow()	java.util.List	信息列表显示
OpSingleShow()	com.mingrisoft.model.InfoSingle	查看信息详细内容
OpUpdate()	int	信息发布、信息审核、信息删除、付费设置
LogOn()	boolean	管理员登录
OpCreatePage()	com.mingrisoft.model.CreatePage	分页设置

1. OpGetListBox()方法

OpGetListBox()方法用来获取所有的信息类别,以实现前台页面中的导航菜单项与后台的"信息类别"下拉列表框中的选项。该方法中首先调用 DB 类的 doPstm()方法查询 tb_type 数据表中的所有记录,然后依次取出每条记录中的 type_sign 与 type_intro 字段内容,并分别作为 TreeMap 对象的 key 值与 value 值进行保存,最后返回该 Map 对象。OpGetListBox()方法的代码如下。

例程 08 代码位置:资源包\TM\04\cityinfo\src\com\mingrisoft\dao\OpDB.java

```java
public TreeMap OpGetListBox(String sql,Object[] params){
    TreeMap typeMap=new TreeMap();                          //创建一个 TreeMap 对象
    mydb.doPstm(sql, params);                               //调用 DB 类的 doPstm()方法查询数据库
    ResultSet rs=mydb.getRs();                              //获取 ResultSet 结果集对象
    if(rs!=null){
        while(rs.next()){                                   //循环判断结果集中是否还存在记录
            Integer sign=Integer.valueOf(rs.getInt("type_sign"));  //获取当前记录中 type_sign 字段内容
            String intro=rs.getString("type_intro");        //获取当前记录中 type_intro 字段内容
            typeMap.put(sign,intro);                        //将获取的内容分别作为 Map 对象的 key 值与 value 值进行保存
        }
        rs.close();                                         //关闭结果集
    }                                                       //while 循环结束
    return typeMap;
}
```

该方法在处理用户访问前台首页请求的 Action 类中被调用,在该 Action 类中将返回的 TreeMap 对象保存在 session 范围内,在请求返回 JSP 页面后,可通过 Struts 2.5 标签获取该 TreeMap 对象,实现导航菜单或下拉列表。

2. OpListShow()方法

OpListShow()方法用来实现具有列表显示信息功能的业务,例如搜索信息、查看某类别下的所有信息等。在方法中首先调用 DB 类的 doPstm()方法查询数据库,接着调用 getRs()方法获取查询后的结果集,然后依次将结果集中的记录封装到 InfoSingle 类对象中,并将该对象保存到 List 集合中,最后返回该 List 集合对象。OpListShow()方法的关键代码如下。

例程 09 代码位置:资源包\TM\04\cityinfo\src\com\mingrisoft\dao\OpDB.java

```java
public List OpListShow(String sql,Object[] params){
    List onelist=new ArrayList();
    mydb.doPstm(sql, params);                               //调用 DB 类的 doPstm()方法查询数据库
    ResultSet rs=mydb.getRs();                              //获取 ResultSet 结果集对象
    if(rs!=null){
        while(rs.next()){
            InfoSingle infoSingle=new InfoSingle();         //创建一个 InfoSingle 类对象
            //以下代码将记录封装到 infoSingle 对象中
            infoSingle.setId(rs.getInt("id"));
            infoSingle.setInfoType(rs.getInt("info_type"));
            ……//省略了其他类似代码
            onelist.add(infoSingle);                        //将 infoSingle 对象保存到 List 集合对象中
```

```
            }
        }
        return onelist;
}
```

3．OpSingleShow()方法

OpSingleShow()方法实现了查看信息详细内容的功能，如在前台查看某信息的详细内容、在后台进行信息审核与付费设置时用来显示被操作信息的详细内容。方法中首先查询数据库，获取指定条件的记录，然后将记录封装到 InfoSingle 类对象中，最后返回该对象。OpSingleShow()方法的关键代码如下。

例程 10　代码位置：资源包\TM\04\cityinfo\src\com\mingrisoft\dao\OpDB.java

```
public InfoSingle OpSingleShow(String sql,Object[] params){
    InfoSingle infoSingle=null;                        //声明一个 InfoSingle 类对象
    mydb.doPstm(sql, params);                          //调用 DB 类的 doPstm()方法查询数据库
    ResultSet rs=mydb.getRs();                         //获取 ResultSet 结果集对象
    if(rs!=null&&rs.next()){                           //如果 rs 不为 null，并且存在记录
        infoSingle=new InfoSingle();                   //实例化 infoSingle 对象
        infoSingle.setId(rs.getInt("id"));
        infoSingle.setInfoType(rs.getInt("info_type"));
        …//省略了其他类似代码
        rs.close();
    }
    return infoSingle;
}
```

4．OpUpdate()方法

本系统的信息发布、信息审核、信息删除和付费设置业务具有相同的性质，即都是根据指定的 SQL 语句来更新数据库。OpUpdate()方法用来实现具有该性质的业务，方法中首先调用 DB 类的 doPstm()方法更新数据库，接着调用 getCount()方法获取更新操作所影响的记录数，最后返回该记录数。OpUpdate()方法的关键代码如下。

例程 11　代码位置：资源包\TM\04\cityinfo\src\com\mingrisoft\dao\OpDB.java

```
public int OpUpdate (String sql,Object[] params){
    int i=-1;
    mydb.doPstm(sql, params);                          //调用 DB 类的 doPstm()方法更新数据库
    i=mydb.getCount();                                 //获取更新操作所影响的记录数
    return i;
}
```

5．LogOn()方法

LogOn()方法用来实现管理员登录操作的身份验证业务，该方法通过查询数据库来判断请求登录的用户是否存在，若存在则返回 true，否则返回 false。LogOn()方法的关键代码如下。

例程 12 代码位置：资源包\TM\04\cityinfo\src\com\mingrisoft\dao\OpDB.java

```
public boolean LogOn(String sql,Object[] params){
    mydb.doPstm(sql, params);                              //查询数据库
    ResultSet rs=mydb.getRs();                             //获取结果集
    boolean mark=(rs==null||!rs.next()?false:true);        //判断用户是否存在，不存在返回 false，存在返回 true
    return mark;
}
```

6．OpCreatePage()方法

OpCreatePage()方法用来设置分页信息，这些信息包括总记录数、总页数、当前页、分页状态和分页导航链接等。该方法存在多个参数，这些参数及说明如表 4.10 所示。

表 4.10　OpCreatePage()方法中的参数

参 数 名 称	类　　型	说　　明
sqlall	java.lang.String	查询符合条件的所有记录的 SQL 语句
params	java.lang.Object[]	存储了要赋给 SQL 语句中 "?" 占位符的值
perR	int	每页显示的记录数
strCurrentP	java.lang.String	当前页码
gowhich	java.lang.String	导航链接所请求的目标资源

OpCreatePage()方法主要用于将分页信息封装到 CreatePage 类对象中，然后返回该 CreatePage 对象。在 CreatePage 类中定义了存储分页信息的属性，并且创建了对应的 setXXX()与 getXXX()方法来存取这些属性。CreatePage 类的介绍可查看 4.5.3 节。OpCreatePage()方法的关键代码如下。

例程 13 代码位置：资源包\TM\04\cityinfo\src\com\mingrisoft\dao\OpDB.java

```
public CreatePage OpCreatePage(String sqlall,Object[] params,int perR,String strCurrentP,String gowhich){
    CreatePage page=new CreatePage();                      //创建一个 CreatePage 类对象
    page.setPerR(perR);                                    //设置每页显示记录数
    if(sqlall!=null&&!sqlall.equals("")){
        DB mydb=new DB();
        mydb.doPstm(sqlall,params);                        //查询数据库
        ResultSet rs=mydb.getRs();                         //获取结果集
        if(rs!=null&&rs.next()){
            rs.last();                                     //将指针移动到结果集的最后一行
            page.setAllR(rs.getRow());//调用 getRow()方法获取当前记录行数（总记录数），然后设置总记录数
            page.setAllP();                                //设置总页数
            page.setCurrentP(strCurrentP);                 //设置当前页
            page.setPageInfo();                            //设置分页状态信息
            page.setPageLink(gowhich);                     //设置分页导航链接
            rs.close();                                    //关闭结果集
        }
    }
    return page;
}
```

4.5.3 分页类

CreatePage 类用来封装分页信息,这些信息都保存在 CreatePage 类的相应属性中,CreatePage 类的属性如下。

例程 14　代码位置:资源包\TM\04\cityinfo\src\com\mingrisoft\model\CreatePage.java

```
private int CurrentP;                    //当前页码
private int AllP;                        //总页数
private int AllR;                        //总记录数
private int PerR;                        //每页显示的记录数
private String PageLink;                 //分页导航栏信息
private String PageInfo;                 //分页状态显示信息
```

在类的构造方法中为这些属性赋初始值,CreatePage 类的构造方法如下。

例程 15　代码位置:资源包\TM\04\cityinfo\src\com\mingrisoft\model\CreatePage.java

```
public CreatePage(){
    CurrentP=1;              //设置当前页码为 1
    AllP=1;                  //设置总页数为 1
    AllR=0;                  //设置总记录数为 0
    PerR=3;                  //设置每页显示 3 条记录
    PageLink="";
    PageInfo="";
}
```

分页信息中的总记录数需要通过查询数据库来获得,其实现可查看 4.5.2 节对 OpDB 类中的 OpCreatePage()方法的介绍,CreatePage 类中用来设置总记录数的方法如下。

例程 16　代码位置:资源包\TM\04\cityinfo\src\com\mingrisoft\model\CreatePage.java

```
/** 设置总记录数 */
public void setAllR(int AllR){
    this.AllR=AllR;
}
```

总页数需要在获得总记录数后与每页显示的记录数经计算得到,其算法为:总页数=(总记录数%每页显示记录==0)?(总记录数/每页显示记录):(总记录数/每页显示记录+1),所以要先设置总记录数,然后再设置总页数,CreatePage 类中用来设置总页数的方法如下。

例程 17　代码位置:资源包\TM\04\cityinfo\src\com\mingrisoft\model\CreatePage.java

```
/** 计算总页数 */
public void setAllP(){
    AllP=(AllR%PerR==0)?(AllR/PerR):(AllR/PerR+1);
}
```

在设置当前页码时,要判断由参数传递的当前页码是否有效,例如传递的值是否为数字形式、是否小于1、是否大于总页数等,对这些情况要进行相应的处理。CreatePage类中用来设置当前页码的方法如下。

例程18 代码位置:资源包\TM\04\cityinfo\src\com\mingrisoft\model\CreatePage.java

```java
/** 设置当前页码 */
public void setCurrentP(String currentP) {
    if(currentP==null||currentP.equals(""))
        currentP="1";
    try{
        CurrentP=Integer.parseInt(currentP);
    }catch(NumberFormatException e){        //若参数传递的当前页码不是数字形式
        CurrentP=1;                          //将当前页码设为1
        e.printStackTrace();
    }
    if(CurrentP<1)                           //若当前页码小于1
        CurrentP=1;                          //将当前页码赋值为1
    if(CurrentP>AllP)                        //若当前页码大于总页数
        CurrentP=AllP;                       //将当前页码赋值为总页数,即最后一页
}
```

调用以上方法后,就可调用设置分页状态显示信息的方法来设置分页状态显示信息,该方法的代码如下。

例程19 代码位置:资源包\TM\04\cityinfo\src\com\mingrisoft\model\CreatePage.java

```java
/** 设置分页状态显示信息 */
public void setPageInfo(){
    if(AllP>1){
        PageInfo="<table border='0' cellpadding='3'><tr><td>";
        PageInfo+="每页显示:"+PerR+"/"+AllR+" 条记录! ";
        PageInfo+="当前页:"+CurrentP+"/"+AllP+" 页! ";
        PageInfo+="</td></tr></table>";
    }
}
```

另外,还需要设置分页导航栏信息。在设置该信息时,需要判断总页数,若总页数大于1,则显示分页导航链接,否则不显示。CreatePage类中用来设置分页导航栏信息的方法如下。

例程20 代码位置:资源包\TM\04\cityinfo\src\com\mingrisoft\model\CreatePage.java

```java
/** 设置分页导航栏信息 */
public void setPageLink(String gowhich){
    if(gowhich==null)
        gowhich="";
    if(gowhich.indexOf("?")>=0)
        gowhich+="&";
    else
        gowhich+="?";
    if(AllP>1){                              //如果总页数大于1页,生成分页导航链接
```

```
        PageLink="<table border='0' cellpadding='3'><tr><td>";
        if(CurrentP>1){                    //若当前页码大于1,则显示"首页"和"上一页"超链接

            PageLink+="<a href='"+gowhich+"showpage=1'>首页</a> ";
            PageLink+="<a href='"+gowhich+"showpage="+(CurrentP-1)+"'>上一页</a> ";
        }
        if(CurrentP<AllP){                //若当前页码小于总页数,则显示"下一页"和"尾页"超链接
            PageLink+="<a href='"+gowhich+"showpage="+(CurrentP+1)+"'>下一页</a> ";
            PageLink+="<a href='"+gowhich+"showpage="+AllP+"'>尾页</a>";
        }
        PageLink+="</td></tr></table>";
    }
}
```

4.5.4 字符串处理类

字符串处理类用来解决程序中经常出现的有关字符串处理的问题,在本系统的字符串处理类中实现了转换字符串中的 HTML 字符和将日期型数据转换为字符串的两种操作。下面介绍字符串处理类 DoString 的实现过程。

(1) 创建转换字符串中 HTML 字符的方法 HTMLChange(),代码如下。

例程 21　代码位置:资源包\TM\04\cityinfo\src\com\mingrisoft\tools\DoString.java

```
public static String HTMLChange(String source){
    String changeStr="";
    changeStr=source.replaceAll("&","&amp;");           //转换字符串中的"&"符号
    changeStr=changeStr.replaceAll(" "," ");       //转换字符串中的空格
    changeStr=changeStr.replaceAll("<","&lt;");         //转换字符串中的"<"符号
    changeStr=changeStr.replaceAll(">","&gt;");         //转换字符串中的">"符号
    changeStr=changeStr.replaceAll("\r\n","<br>");      //转换字符串中的回车换行
    return changeStr;
}
```

(2) 创建转换日期格式为 String 型的方法 dateTimeChange(),代码如下。

例程 22　代码位置:资源包\TM\04\cityinfo\src\com\mingrisoft\tools\DoString.java

```
public static String dateTimeChange(Date source){
    SimpleDateFormat format=new SimpleDateFormat("yyyy-MM-dd HH:mm:ss");
    String changeTime=format.format(source);
    return changeTime;
}
```

dateTimeChange()方法主要是调用 java.text.SimpleDateFormat 类来转换日期型数据为 String 型。使用该类进行转换,首先创建一个 SimpleDateFormat 类对象,在创建的同时指定了格式化日期为 String 后的格式为 yyyy-MM-dd HH:mm:ss,即"年-月-日 时:分:秒",然后调用该类的 format(java.util.Date date) 方法将 Date 型转换成 String 型。

4.6 前台页面设计

4.6.1 前台页面概述

页面是用户与程序进行交互的接口，用户可从页面中查看程序显示的信息，程序可从页面中获取用户输入的数据，所以在进行页面的设计时，不仅要从程序开发的角度分析，还要考虑到页面的美观及布局。本系统的前台页面中就充分考虑到了这些问题，因此，本系统中所有的前台页面都采用一种页面框架。该页面框架采用二分栏结构，分为4个区域，即页头、侧栏、页尾和内容显示区。52同城信息网的前台首页运行效果如图 4.15 所示。

图 4.15 前台首页运行效果

4.6.2 前台页面技术分析

实现前台页面框架的 JSP 文件为 IndexTemp.jsp，该页面的布局如图 4.16 所示。

本系统中，对前台用户所有请求的响应都通过该框架页面进行显示。在 IndexTemp.jsp 文件中主要采用 include 动作和 include 指令来包含各区域所对应的 JSP 文件。因为页头、页尾和侧栏是不变的，所以可以在框架页面中事先指定；而对于内容显示区中的内容则应根据用户的操作来显示，所以该区域要显示的页面是动态改变的，可通过一个存储在 request 范围内的属性值指定。例如，对用户访问网站首页的请求，

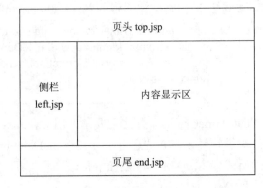

图 4.16 IndexTemp.jsp 页面布局

可在处理该请求的类中向 request 中注册一个属性，并设置其值为 default.jsp，这样当响应返回到框架页面后，可在页面中获取该值，根据该值加载相应页面；若用户触发了"发布信息"请求，则设置该属性值为 addInfo.jsp，此时在 IndexTemp.jsp 中就会显示信息发布的页面。

4.6.3 前台页面的实现过程

根据以上的页面概述及技术分析，需要分别创建实现各区域的 JSP 文件，如实现页头的 top.jsp、实现侧栏的 left.jsp、页尾文件 end.jsp 和首页中需要在内容显示区显示的 default.jsp 等 JSP 文件。下面主要介绍框架页面 IndexTemp.jsp 的实现。

在 IndexTemp.jsp 文件的顶部编写以下代码，用于获取要加载页面的文件名，如果没有指定要加载的文件名，则默认加载 default.jsp 文件。

例程 23 代码位置：资源包\TM\04\cityinfo\WebContent\view\IndexTemp.jsp

```jsp
<%@ page language="java" contentType="text/html; charset=utf-8"%>
<%
  String mainPage=(String)request.getAttribute("mainPage");    //获取要加载页面的文件名
  if(mainPage==null||mainPage.equals(""))
      mainPage="default.jsp";                                  //指定默认加载页面的文件为 default.jsp
%>
```

继续添加以下 HTML 代码，用于布局界面，并且通过<jsp:include>动作标识包含各个部分的 JSP 文件。

例程 24 代码位置：资源包\TM\04\cityinfo\WebContent\view\IndexTemp.jsp

```html
<html>
<head>
  <title>52 同城信息网</title>
    <link type="text/css" rel="stylesheet" href="css/style.css">
</head>
<body background="images/back.gif">
      <table border="0" width="920" cellspacing="0" cellpadding="0" bgcolor="white" align="center">
          <tr><td colspan="2"><jsp:include page="top.jsp"/></td></tr>       <!-- 包含页头文件 -->
          <tr>
              <td width="230" valign="top" align="center">
              <jsp:include page="left.jsp"/></td>                            <!-- 包含侧栏文件 -->
              <td width="690" height="400" align="center" valign="top" bgcolor="#FFFFFF">
               <jsp:include page="<%=mainPage%>"/></td>
          </tr>
          <tr><td colspan="2"><jsp:include page="end.jsp"/></td></tr>       <!-- 包含页尾文件 -->
      </table>
</body>
</html>
```

代码贴士

❶ 通过<link>HTML 标识包含外部 CSS 样式文件，其中 href 属性用来指定文件位置。
❷ 通过 include 动作标识包含需要在内容显示区显示的 JSP 文件。

4.7 前台信息显示设计

4.7.1 信息显示概述

信息显示是本系统要实现的主要功能之一，根据需求分析与系统设计，在前台要实现 3 种显示方式：首页信息的列表显示、某类别中所有信息的列表显示和某信息详细内容的显示。下面分别对这 3 种方式进行介绍。

1. 首页信息的列表显示

该显示实现的效果是：以超链接方式显示信息的标题，单击这些超链接可查看该信息的详细内容。该显示方式将付费信息与免费信息进行分类显示。对于所有类别的付费信息按照信息的发布时间降序排列显示，如图 4.17 所示；对于免费信息进行归类显示，并且每一类中按照信息的发布时间降序排列，显示前 5 条记录，如图 4.18 所示。

图 4.17 首页中列表显示付费信息

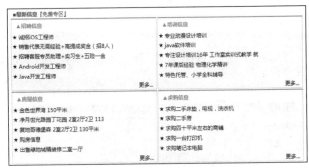

图 4.18 首页中分类显示免费信息

2. 某类别中所有信息的列表显示

该显示实现的效果是：显示出该类别中所有信息的详细内容。该显示方式同样将付费信息与免费信息进行分类显示，并且对所有已通过审核的付费信息与所有已通过审核的免费信息都按照信息的发布时间降序排列显示。当用户单击导航栏中的超链接后，就会通过该方式显示信息，如图 4.19 所示。

图 4.19 某类别中所有信息的列表显示效果

3. 某信息详细内容的显示

该显示实现的效果是：显示选择的某信息的详细内容。当用户单击信息标题超链接后，就会显示该信息的详细内容，如图 4.20 所示。

图 4.20 某信息详细内容的显示效果

对于前台的信息显示，应该显示已通过审核的信息；对于免费信息的列表显示，要进行分页的显示。

4.7.2 信息显示技术分析

下面将对 4.7.1 节介绍的 3 种显示方式的实现技术进行分析。另外，由于在实现列表显示时还会涉及分布，所以本节将对信息列表显示中的分页技术进行分析。

1. 首页列表显示技术分析

首页信息的显示又分为付费信息的显示与免费信息的显示，下面分别进行介绍。

（1）实现付费信息显示的技术分析。该技术要实现的是以超链接形式显示出数据库中所有已付费信息的标题。要实现这样一个目的，可先按照用户访问、程序处理、页面显示这样的程序流程进行反向分析。

① 先来考虑如何在 JSP 页面中输出信息。可设想将要显示的已付费信息都存在一个 List 集合对象中，则在页面中可通过 Struts 2.5 的 iterator 标签遍历该集合，然后再使用 property 标签输出信息，实现信息的列表显示。

② 接下来考虑如何在程序中生成这样的 List 集合对象。因为信息都以记录形式保存在数据库中，要在页面中显示信息，就必须先查询数据库，获取符合已付费条件的记录，然后依次将每条记录封装到对应的 JavaBean 中，再创建一个 List 集合对象存储这些 JavaBean。这个过程实际上就是将信息从以记录存储的形式转换为通过 JavaBean 进行封装的过程，如图 4.21 所示。

③ 最后考虑如何生成 SQL 查询语句。查询数据库获取所有显示在前台的已付费信息，需要两个条件——已通过审核和已付费。这两个条件都是已知的，不需要从请求中来获取，所以当用户访问首页时可直接在处理类中生成 SQL 语句。

（2）实现免费信息显示的技术分析。该技术要实现的是以超链接形式显示出每个类别中最新发布的前 5 条免费信息的标题。在实现之前，同样可采用实现付费信息显示的技术分析，但在分析的第②

步中，此时的 List 集合对象中存储的不是 JavaBean，而是另外一个 List 集合对象，在这个 List 集合对象中存储的是封装信息的 JavaBean，如图 4.22 所示。这样存储信息，是为了在页面中进行归类显示免费信息，显示的效果如图 4.18 所示。

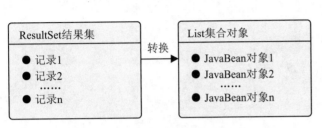

图 4.21　转换信息存储方式

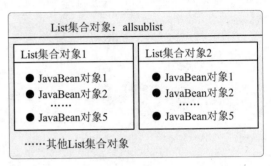

图 4.22　存储免费信息的 List 集合对象

2．某类别中所有信息的列表显示技术分析

该技术要实现的是列表显示该类别下所有已通过审核的信息的详细内容，它与首页付费信息显示技术的实现是相同的，只不过在页面中进行显示时，显示的是信息的详细内容，这只需通过 property 标签输出 JavaBean 中所有属性值即可实现。

3．某信息详细内容显示技术分析

该技术要实现的是显示被选中信息的详细内容。与之前实现列表显示技术不同的是，这里不需要 List 集合对象，因为只显示一条记录，可直接将查询到的信息封装到 JavaBean 对象中后，在响应的页面中通过 property 标签输出。此时 property 标签的应用与前面列表显示中 property 标签的使用是不同的，主要体现在标签的 value 属性值的设置上。

4．信息列表显示中的分页技术分析

在列表显示信息时必须要考虑分页的实现，本系统是通过数据库分页查询的方法实现。数据库分页是指通过查询语句从数据库中查询出某页所要显示的数据。例如，某一数据表中有 10 条记录，若以每页 4 条记录来进行显示，要显示第二页信息，则只需查询从第五条开始到第八条的所有记录。

例如，某数据表存在一个名称为 id 的字段。将其设置为自动编号，这样数据表中的记录就会以该字段递增排列。若对该表进行分页查询，可使用如下查询语句查询出只在当前页中需要显示的所有记录。

```
select top m * from tb_table where id>(select MAX(id) from(select top (n-1)*m (id) from tb_table) as maxid)
```

其中，n 为当前页码；m 为每页显示的记录数；id 是一个被设为自动递增的字段名；"select top(n-1)*m (id) from tb_table"子查询语句表示从 tb_table 表中查询出第 n 页前的所有记录；"select MAX(id) from(子查询语句 1)as maxid" 表示从子查询语句 1 中查询出字段 id 中的最大值。

所以整个 SQL 语句表示在 tb_table 表中，以 id 字段的内容大于一个指定值的记录为起点，查询出前 m 条记录，该指定值为前 n-1 页中 id 字段内容中的最大值。

> **注意** 查询第一页中的记录，应使用"select top m * from tb_table"语句。

本系统是按照信息的发布时间来显示信息，最新发布的信息显示在最顶部，所以对查询出的记录要按照发布时间进行降序排列。此时分页查询的 SQL 语句应使用信息的发布时间作为分页的条件，而不能再使用设为自动编号的字段。

4.7.3 列表显示信息的实现过程

- 列表显示信息用到的数据表：tb_info和tb_type。

本节将分别介绍首页信息的列表显示的实现过程和列表显示某类别中所有信息的实现过程。

1. 首页信息的列表显示实现过程

首页信息的列表显示分为付费信息和免费信息的列表显示，下面先来介绍列表显示付费信息的实现过程。

（1）列表显示付费信息的实现过程。

① 创建 JavaBean：InfoSingle。根据前面的技术分析，需要将从信息表中查询出的已通过审核的付费信息封装到 JavaBean 中，然后保存到 List 集合对象中。所以先来创建这个 JavaBean，该 JavaBean 中的每个属性要对应表中的字段，代码如下。

例程 25　代码位置：资源包\TM\04\cityinfo\src\com\mingrisoft\model\InfoSingle.java

```java
package com.mingrisoft.model;
public class InfoSingle {
    private int id;                              //信息 ID
    private int infoType;                        //信息类型
    private String infoTitle;                    //信息标题
    private String infoContent;                  //信息内容
    private String infoLinkman;                  //联系人
    private String infoPhone;                    //联系电话
    private String infoEmail;                    //E-mail 地址
    private String infoDate;                     //信息发布时间
    private String infoState;                    //信息审核状态
    private String infoPayfor;                   //信息付费状态
    …//省略了属性的 getXXX()与 setXXX()方法
    public String getSubInfoTitle(int len){      //截取信息标题
        if(len<=0||len>this.infoTitle.length())
            len=this.infoTitle.length();
        return this.infoTitle.substring(0,len);
    }
}
```

② 创建处理访问网站首页请求的 Action 类 IndexAction。Struts 2.5 中的 Action 类通常继承自 com.opensymphony.xwork2.ActionSupport 类，在 Action 类中可实现 execute()方法，当请求转发给 Action 类时，Action 类会自动调用 execute()方法来处理请求。IndexAction 类中用来生成保存付费信息的 List 集合对象的代码如下。

例程 26 代码位置：资源包\TM\04\cityinfo\src\com\mingrisoft\action\IndexAction.java

```java
package com.mingrisoft.action;
import java.util.ArrayList;
import java.util.Iterator;
import java.util.List;
import java.util.TreeMap;
import com.mingrisoft.actionSuper.MySuperAction;
import com.mingrisoft.dao.OpDB;
public class IndexAction extends MySuperAction {//MySuperAction 为自定义类，该类继承了 ActionSupport 类
    public static TreeMap searchMap;              //用来存储搜索条件
    public static TreeMap typeMap;                //用来存储信息类别
    public String execute() throws Exception {    //实现 Action 类的 execute()方法，该方法返回 String 型值
        /* 查询所有收费信息，按发布时间降序排列 */
        OpDB myOp=new OpDB();                     //创建一个处理业务的 OpDB 类对象
        String sql1="select * from tb_info where (info_state='1') and (info_payfor = '1') " +
                "order by info_date desc";
        List payforlist=myOp.OpListShow(sql1,null); //调用业务对象中获取信息列表的方法，返回 List 对象
        request.setAttribute("payforlist",payforlist); //保存 List 对象到 request 对象中
        session.put("typeMap",typeMap);            //保存 typeMap 对象
        /* 查询免费信息，按发布时间降序排列 */
        …//代码省略
        return SUCCESS;                            //返回 Action 类中的最终静态常量 SUCCESS，其值为 success
    }
    static{                                        //静态代码块，在 IndexAction 类第一次被调用时执行
        OpDB myOp=new OpDB();
        /* 初始化所有信息类别 */
        String sql="select * from tb_type order by type_sign";
        //调用业务对象中实现初始化信息类别的方法，返回 TreeMap 对象
        typeMap=myOp.OpGetListBox(sql,null);
        if(typeMap==null)
            typeMap=new TreeMap();
        /* 初始化搜索功能的下拉列表选项 */
        …//代码省略
    }
}
```

在 static 静态代码块中，主要进行初始化操作。OpGetListBox()方法返回的 TypeMap 对象存储了信息类别，具体代码可查看 4.5.2 节业务处理类中介绍的 OpGetListBox()方法，该 TypeMap 对象中存储的内容如图 4.23 所示。

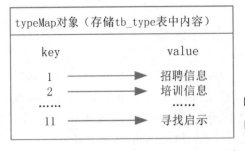

图 4.23 TypeMap 对象存储的内容

上述代码在调用业务处理对象的 OpListShow()方法后获取了存储付费信息的 List 集合对象，然后将该 List 集合对象保存到了 request 对象中。在 Struts 2.5 的 Action 类中若要使用 HttpServletRequest、HttpServletResponse 类对象，必须使该 Action 类继承 ServletRequestAware 和 ServletResponseAware 接口。另外，如果仅仅是对会话进行存取数据的操作，则可继承 SessionAware 接口，否则可通过 HttpServletRequest 类对象的 getSession()方法来获取会话。Action 类继承了这些接口后，必须实现接口中定义的方法。在 IndexAction 类的父类 MySuperAction 中就继承了这些接口，代码如下。

例程 27　代码位置：资源包\TM\04\cityinfo\src\com\mingrisoft\actionSuper\MySuperAction.java

```java
package com.mingrisoft.actionSuper;

import java.util.Map;
import javax.servlet.http.HttpServletRequest;
import javax.servlet.http.HttpServletResponse;
import org.apache.struts2.interceptor.ServletRequestAware;
import org.apache.struts2.interceptor.ServletResponseAware;
import org.apache.struts2.interceptor.SessionAware;
import com.opensymphony.xwork2.ActionSupport;
public class MySuperAction extends ActionSupport implements SessionAware,ServletRequestAware, ServletResponseAware {
    protected HttpServletRequest request;
    protected HttpServletResponse response;
    protected Map session;                                   //session 对象的类型为 Map
    public void setSession(Map session) {                    //继承 SessionAware 接口必须实现的方法
        this.session=session;
    }
    public void setServletRequest(HttpServletRequest request) {//继承 ServletRequestAware 接口必须实现的方法
        this.request=request;
    }
    public void setServletResponse(HttpServletResponse response) { //继承 ServletResponseAware 接口必须
实现的方法
        this.response=response;
    }
}
```

③ 配置 Struts 2.5 的配置文件。本系统创建了一个名为 cityinfo.xml 的配置文件，在该文件中配置用户请求动作。以下代码为对访问首页请求的配置。

例程 28　代码位置：资源包\TM\04\cityinfo\WebContent\WEB-INF\classes\cityinfo.xml

```xml
<?xml version="1.0" encoding="UTF-8"?>
<!DOCTYPE struts PUBLIC
    "-//Apache Software Foundation//DTD Struts Configuration 2.5//EN"
    "http://struts.apache.org/dtds/struts-2.5.dtd">
<struts>
    <package name="cityInfo" extends="struts-default" strict-method-invocation="false">
    <!-- 访问首页 -->
        <action name="goindex" class="com.mingrisoft.action.IndexAction">
            <result>/view/IndexTemp.jsp</result>
        </action>
    </package>
</struts>
```

代码贴士

❶ Struts 2.5 配置文件的根元素。

❷ 配置包空间，name 属性指定该空间的名称，extends 属性指定继承的包空间，strict-method-invocation 属性指定是否采用精确绑定，该属性是为解决升级到 Struts 2.5 后不能采用通配符方式访问而新添加的。

❸ 配置 Action 动作，name 属性指定 Action 动作名称，class 属性指定 Action 处理类。

❹ 指定处理结束后，返回的视图资源。<result>元素的 name 属性指定了从 IndexAction 类中返回的字符串，省略 name 属性的<result>等价于<result name="success">。

通过上面的配置，任何访问*/goindex.action 路径的请求都会由 IndexAction 类进行处理。下面在 struts.xml 文件中包含 cityinfo.xml 文件，对 Struts 2.5 中配置文件的介绍可查看 4.14.2 节 "Struts 2.5 框架介绍"中的内容，struts.xml 文件的配置如下。

例程 29　代码位置：资源包\TM\04\cityinfo\WebContent\WEB-INF\classes\struts.xml

```xml
<?xml version="1.0" encoding="UTF-8"?>
<!-- 指定配置文件的 DTD 信息 -->
<!DOCTYPE struts PUBLIC
        "-//Apache Software Foundation//DTD Struts Configuration 2.5//EN"
        "http://struts.apache.org/dtds/struts-2.5.dtd">
<struts>
    <!-- 通过 include 元素包含其他配置文件-->
    <include file="cityinfo.xml"/>
</struts>
```

④ 创建用来显示首页内容的 default.jsp 文件，编写实现列表显示付费信息的代码。在该页面中通过 Struts 2.5 标签获取已存储 request 对象中的 List 集合对象，然后遍历该集合对象，输出信息。default.jsp 文件中用来实现付费信息列表显示的代码如下。

例程 30　代码位置：资源包\TM\04\cityinfo\WebContent\view\default.jsp

```jsp
<%@ taglib uri="/struts-tags" prefix="s"%>
<s:set var="payforlist" value="#request.payforlist"/>
<table border="0" width="670" cellspacing="0" cellpadding="5">
    <tr height="35"><td style="text-indent:5" valign="bottom"><font color="#004790"><b>■推荐信息</b>
『缴费专区』</font></td></tr>
    <tr bgcolor="#FAFCF5">
        <td style="border:1 solid">
            <table border="0" width="100%" cellspacing="0" cellpadding="0">
                <s:if test="#payforlist==null||#payforlist.size()==0">
                    <tr height="30"><td align="center" style="border:1 solid">★★★ 缴费后，您发布信息就可在这里显示！★★★</td></tr>
                </s:if>
                <s:else>
                    <s:iterator status="payforStatus" value="payforlist">
                        <s:if test="#payforStatus.odd"><tr height="23"></s:if>
                            <td width="50%">『<b>
                                <s:property value="#session.typeMap[infoType]"/></b>』
                                <a href="info_SingleShow.action?id=<s:property value='id'/>">
                                <s:property value="getSubInfoTitle(20)"/></a></td>
                            <s:if test="#payforStatus.even"></tr></s:if>
```

```
                </s:iterator>
            </s:else>
        </table>
    </td>
</tr>
</table>
```

📢 代码贴士

❶ 通过 taglib 指令引入 Struts 2.5 标签,并指定一个前缀。

❷ 获取 request 范围内 payforlist 属性存储的 List 集合对象,赋值给变量 payforlist。代码中 value 的属性 #request.adminlistshow 等价于 request.getAttribute("adminlistshow")。

❸ 判断 payforlist 变量引用的 List 集合对象是否存在或大小是否为 0。

❹ 遍历 payforlist 变量引用的 List 集合对象,属性 status 用来创建一个 IteratorStatus 类实例。IteratorStatus 类封装了从 value 属性指定的集合对象中遍历出的当前元素在该集合对象中的状态,如在该集合对象中的索引序号(从 0 开始)、在该集合中的位置是否为奇数或偶数、是否为该集合对象中的第一个元素或最后一个元素等。

❺ 代码中 test 属性指定的表达式的意义为:如果当前元素在集合对象中的位置是奇数,则输出标签体中的内容。

❻ 通过<property>标签输出付费信息。该行中第一个<property>标签输出信息类别,第二个<property>标签输出信息 ID,第三个<property>标签输出 InfoSingle 类对象的 getSubInfoTitle()方法返回的值。

在首页中列表显示付费信息的运行效果如图 4.17 所示。

(2)列表显示免费信息的实现过程。

① 根据 4.7.2 节中的首页列表显示免费信息技术的分析,在 IndexAction 类的 execute()方法中编写如下代码来生成存储免费信息的 List 集合对象。

例程 31　代码位置:资源包\TM\04\cityinfo\src\com\mingrisoft\action\IndexAction.java

```
/* 查询免费信息,按发布时间降序排列 */
List allsublist=new ArrayList();
if(typeMap!=null&&typeMap.size()!=0){
    Iterator itype=typeMap.keySet().iterator();
    String sql2="SELECT TOP 5 * FROM tb_info WHERE (info_type = ?) AND (info_state='1') " +
            "AND (info_payfor = '0') ORDER BY info_date DESC";
    while(itype.hasNext()){
        Integer sign=(Integer)itype.next();//获取信息类别
        Object[] params={sign};
        //调用业务对象中获取信息列表的方法,返回 List 对象
        List onesublist=myOp.OpListShow(sql2, params);
        allsublist.add(onesublist);
    }
}
request.setAttribute("allsublist",allsublist);
```

📢 代码贴士

❶ 先调用 Map 对象的 keySet()方法获取 typeMap 对象中包含的所有 key 值,返回一个 java.util.Set 类对象,然后调用 Set 对象的 iterator()方法转换为 Iterator 对象。

❷ 查询 tb_info 数据表中符合已通过审核、免费的和信息类别为指定值这 3 个条件的前 5 条记录,并按发布时间降序排列。

❸ 依次将 typeMap 对象中的 key 值作为❷中 SQL 语句的信息类别值查询 tb_info 数据表。在该 while 循环中将依次查询所有类别的符合条件的信息。

② 在显示首页内容的 default.jsp 文件中，编写实现列表显示免费信息的代码。该页面中通过 Struts 2.5 标签获取已存储 request 对象中的 allsublist 集合对象，然后遍历该集合对象。如图 4.22 所示，从 allsublist 对象中遍历出的对象是一个存储了某一类信息的 List 集合对象，因此再对该对象进行遍历，输出该类中的信息。这样，就通过两个 iterator 标签实现了免费信息的列表显示并进行归类。default.jsp 文件中用来实现免费信息列表显示的关键代码如下。

例程 32　代码位置：资源包\TM\04\cityinfo\WebContent\view\default.jsp

```
<!-- 免费专区 -->
    <%@ taglib uri="/struts-tags" prefix="s"%>
<table>
    <tr><td colspan="2"><font color="#004790"><b>■最新信息</b>『免费专区』</font></td></tr>
        <s:if test="#allsublist==null||#allsublist.size()==0">
            <tr><td>★★★ 在这里显示免费发布的信息！★★★</td></tr>
        </s:if>
        <s:else>
            <s:iterator status="allStatus" value="allsublist">
                <s:if test="#allStatus.odd"><tr></s:if>
                    <td align="center">
                        <table>
                            <s:iterator status="oneStatus">
                                <s:if test="#oneStatus.index==0">
                                    <tr><td><b><font color="white">
                                        ▲<s:property value="#session.typeMap[infoType]"/>
                                    </font></b></td> </tr>
                                </s:if>
                                <tr><td>★ <a href="info_SingleShow.action?id=<s:property value='id'/>">
<s:property value="getSubInfoTitle(20)"/></a></td></tr>
                                <s:if test="#oneStatus.last">
                                    <tr><td><a href=info_ListShow.action?infoType=<s:property value='infoType'/>">更多...</a>  </td></tr>
                                </s:if>
                            </s:iterator>
                        </table>
                    </td>
                <s:if test="#allStatus.even"></tr></s:if>
            </s:iterator>
        </s:else>
</table>
```

 代码贴士

❶ 获取 request 范围内 allsublist 属性存储的 List 集合对象，赋值给变量 allsublist。

❷ 判断 allsublist 变量引用的 List 集合对象是否存在或大小是否为 0。

❸ 遍历 allsublist 变量引用的 List 集合对象。

❹ 遍历当前从 allsublist 变量引用的 List 集合对象中遍历出的对象。

❺ 如果当前元素为第一个元素，执行<if>标签体中的内容，该标签体内的代码用来输出信息类别。

❻ 以超链接形式显示信息标题,该超链接请求的路径为 info_SingleShow.action,根据在 Struts 2.5 配置文件中的配置,将调用 InfoAction 类中的 SingleShow()方法处理请求。

❼ 如果当前元素为最后一个元素,则执行<if>标签体中的内容,该标签体内的代码用来输出"更多"超链接。

❽ 该超链接请求的路径为 info_ListShow.action,根据在 Struts 2.5 配置文件中的配置,将调用 InfoAction 类中的 ListShow ()方法处理请求。

在首页中列表显示免费信息的运行效果如图 4.18 所示。

2.列表显示某类别中所有信息的实现过程

当用户单击导航菜单中的类别时,将会列表显示该类别中的所有信息,其实现与首页付费信息显示技术是相同的。下面介绍列表显示某类别中所有信息的实现过程。

(1)创建处理用户请求的 Action 类 InfoAction。在该类中创建 ListShow()方法来处理列表显示某类别中所有信息的请求,代码如下。

例程 33　代码位置:资源包\TM\04\cityinfo\src\com\mingrisoft\action\InfoAction.java

```java
package com.mingrisoft.action;
import java.util.List;
import com.mingrisoft.actionSuper.InfoSuperAction;
import com.mingrisoft.dao.OpDB;
import com.mingrisoft.model.CreatePage;
import com.mingrisoft.tools.DoString;
public class InfoAction extends InfoSuperAction {
    public String ListShow(){                                          //处理列表显示某类别中所有信息的请求
        request.setAttribute("mainPage","/pages/show/listshow.jsp");   //设置在内容显示区中显示的页面
        String infoType=request.getParameter("infoType");              //获取信息类别
        Object[] params={infoType};
        OpDB myOp=new OpDB();                                          //创建一个业务处理对象
        /* 获取所有的付费信息 */
        String sqlPayfor="SELECT * FROM tb_info WHERE (info_type = ?) AND (info_state='1') AND (info_payfor = '1') ORDER BY info_date DESC";  //查询某类别中所有付费信息的 SQL 语句
        List onepayforlist=myOp.OpListShow(sqlPayfor, params);          //获取所有付费信息
        request.setAttribute("onepayforlist",onepayforlist);            //保存 onepayforlist 对象
        /* 获取当前页要显示的免费信息 */
        String sqlFreeAll="SELECT * FROM tb_info WHERE (info_type = ?) AND (info_state='1') AND (info_payfor = '0') ORDER BY info_date DESC";  //查询某类别中所有免费信息的 SQL 语句
        String sqlFreeSub="";                                           //查询某类别中某一页的 SQL 语句
        int perR=3;                                                     //每页显示 3 条记录
        String strCurrentP=request.getParameter("showpage");            //获取请求中传递的当前页码
        String gowhich="info_ListShow.action?infoType="+infoType;       //设置分页超链接请求的资源
        CreatePage createPage=myOp.OpCreatePage(sqlFreeAll, params,perR,strCurrentP,gowhich);
        /*调用 OpDB 类中的 OpCreatePage()方法计算出总记录数、总页数,并且设置当前页码,这些信息都封装到了 createPage 对象中*/
        int top1=createPage.getPerR();                                  //获取每页显示记录数
        int currentP=createPage.getCurrentP();                          //获取当前页码
        if(currentP==1){                                                //设置显示第一页信息的 SQL 语句
            sqlFreeSub="SELECT TOP "+top1+" * FROM tb_info WHERE (info_type = ?) AND (info_state = '1') AND (info_payfor = '0') ORDER BY info_date DESC";
```

```
                    }
                    else{                                      //设置显示除第一页外,其他指定页信息的 SQL 语句
                        int top2=(currentP-1)*top1;
                        sqlFreeSub="SELECT TOP "+top1+" * FROM tb_info i WHERE (info_type = ?) AND (info_state =
'1') AND (info_payfor = '0') AND (info_date < (SELECT MIN(info_date) FROM (SELECT TOP "+top2+"
(info_date) FROM tb_info WHERE (info_type = i.info_type) AND (info_state = '1') AND (info_payfor = '0')
ORDER BY info_date DESC) AS mindate)) ORDER BY info_date DESC";
                    }
                    List onefreelist=myOp.OpListShow(sqlFreeSub, params);    //获取当前页要显示的免费信息
                    request.setAttribute("onefreelist",onefreelist);          //保存 onefreelist 对象
                    request.setAttribute("createPage", createPage);           //保存封装分页信息的 JavaBean 对象
                    return SUCCESS;
        }
}
```

InfoAction 类继承了自定义类 InfoSuperAction,InfoSuperAction 继承了 MySuperAction 类(在 4.7.4 节将介绍 InfoSuperAction 类)。在 InfoAction 类中并没有实现 execute()方法来处理请求,而是创建了 ListShow()方法来处理列表显示某类别中所有信息的请求,这种改变调用默认方法的功能,与之前 Struts 版本中的 org.apache.struts.actions.DispatchAction 类实现的功能有些类似。改变 Struts 2.5 中这种默认方法的调用可通过如下两种方法实现。

① 通过<action>元素的 method 属性指定要调用的方法。

② 在请求 Action 时,在 Action 名字后加入"!xxx",其中 xxx 表示要调用的方法名。

下面分别进行介绍。

若存在一个 Action 类 LogXAction,该类中存在 login()和 logout ()方法,代码如下。

```
package com.action;
import com.opensymphony.xwork2.ActionSupport;
public class LogXAction extends ActionSupport{
        public String login(){
                System.out.println("用户登录");
                return SUCCESS;
        }
        public String logout(){
                System.out.println("成功注销");
                return SUCCESS;
        }
}
```

在 JSP 页面中提供"登录"和"注销"两个超链接,当用户单击"登录"超链接时,调用 LogXAction 类,并执行 login()方法;当单击"注销"超链接时,调用 LogXAction 类,并执行 logout()方法。

先来介绍第一种方法的实现:通过 struts.xml 文件中<action>元素的 method 属性指定调用的方法。在 struts.xml 文件中进行如下配置。

```
<struts>
        <package name="logX" extends="struts-default">
                <!-- 用户登录配置 -->
                <action name="in" class="com.action.LogXAction" method="login">
                        <result>/login.jsp</result>
```

```xml
        </action>
        <!-- 用户注销配置 -->
        <action name="out" class="com.action.LogXAction" method="logout">
            <result>/logout.jsp</result>
        </action>
    </package>
</struts>
```

在 JSP 页面中实现"登录"与"注销"超链接的代码如下。

```html
<a href="in.action">登录</a>
<a href="out.action">注销</a>
```

完成如上编码后,单击"登录"超链接,将在控制台中输出"用户登录",单击"注销"超链接将输出"成功注销"。

在上面 struts.xml 文件的配置中,可以通过一个<action>元素来配置"登录"与"注销"两个请求,实现代码如下。

```xml
<package name="logX" extends="struts-default">
    <action name="user_*" class="com.action.LogXAction" method="{1}">
        <result>/{1}.jsp</result>
    </action>
</package>
```

代码中<action>元素的 name 属性值为"user_*",其中"*"表示可取任意值,"{1}"占位符将被赋值为"*"部分的内容。

更改 JSP 页面中"登录"与"注销"超链接,代码如下。

```html
<a href="user_login.action">登录</a>
<a href="user_logout.action">注销</a>
```

经过上述编码后,单击"登录"超链接将调用 login()方法,单击"注销"超链接将调用 logout()方法。

下面介绍第二种方法的实现:在请求 Action 时,在 Action 名字后加入"!xxx"。

首先在 struts.xml 配置文件中进行如下配置。

```xml
<package name="logX" extends="struts-default">
    <action name="logInOut" class="com.action.LogXAction">
        <result>/message.jsp</result>
    </action>
</package>
```

更改 JSP 页面中"登录"与"注销"超链接,代码如下。

```html
<a href="logInOut!login.action">登录</a>
<a href="logInOut!logout.action">注销</a>
```

经过上述编码后,单击"登录"超链接将调用 login()方法,单击"注销"超链接将调用 logout()

方法。

（2）配置 cityinfo.xml 配置文件。

例程 34　代码位置：资源包\TM\04\cityinfo\WebContent\WEB-INF\classes\cityinfo.xml

```xml
<!-- 前台信息处理 -->
<action name="info_*" class="com.mingrisoft.action.InfoAction" method="{1}">
    <result>/view/IndexTemp.jsp</result>
    <result name="input">/view/IndexTemp.jsp</result> <!-- 指定进行信息发布时，表单验证失败后返回的页面 -->
</action>
```

上述的配置，是针对单击导航菜单中的超链接所触发的请求的配置。在 view 目录下的 top.jsp 页面中实现的导航菜单的代码如下。

例程 35　代码位置：资源包\TM\04\cityinfo\WebContent\view\top.jsp

```xml
<s:set name="types" value="#session.typeMap"/>
<s:iterator status="typesStatus" value="types">
    <td>
        <a href="info_ListShow.action?infoType=<s:property value='key'/>" style="color:white">
            <s:property value="value"/>
        </a>
    </td>
</s:iterator>
```

（3）创建要在框架页面的内容显示区中显示的 listhshow.jsp 页面，在该页面中编码实现显示某类别中的所有信息。下面为列表显示免费信息的代码，显示付费信息的代码与此相同，这里不再给出。

例程 36　代码位置：资源包\TM\04\cityinfo\WebContent\view\default.jsp

```xml
<!-- 列表显示免费信息 -->
<s:set name="onefreelist" value="#request.onefreelist"/>
<table>
<s:if test="#onefreelist==null||#onefreelist.size()==0">
    <tr><td align="center">★★★ 在这里显示免费发布的信息！★★★</td></tr></s:if>
<s:else>
    <tr><td><font color="#004790"><b>
        ■最新<s:property value="#session.typeMap[#onefreelist[0].infoType]"/></b>『免费专区』
    </font></td></tr>
    <s:iterator status="onefreeStatus" value="onefreelist">
        <s:if test="#onefreeStatus.odd">
            <tr><td align="center" style="border:1 solid" bgcolor="#F0F0F0"></s:if>
        <s:else>
            <tr><td align="center" style="border:1 solid" bgcolor="white"></s:else>
            <table>
                <tr>
                    <td colspan="2">【<s:property value="#session.typeMap[infoType]"/>】</td>
                    <td align="right">发布时间：『<s:property value="infoDate"/>』 </td>
                </tr>
                <tr><td colspan="3"><s:property value="infoContent"/></td></tr>
                <tr>
                    <td>联系电话：<s:property value="infoPhone"/></td>
```

```
                    <td>联系人：<s:property value="infoLinkman"/></td>
                    <td>E-mail：<s:property value="infoEmail"/></td>
                </tr>
            </table>
        </td>
    </tr>
    <tr height="1"><td></td></tr>
</s:iterator>
    <tr><td align="center"><jsp:include page="/pages/page.jsp"/></td></tr>     <!-- 包含分页导航栏页面 -->
</s:else>
</table>
```

在例程 36 中，<jsp:include page="/pages/page.jsp"/>用来包含实现分页导航栏的页面。分页导航栏页面的代码如下。

例程 37　代码位置：资源包\TM\04\cityinfo\WebContent\pages\page.jsp

```
<%@ taglib uri="/struts-tags" prefix="s"%>
<table>
    <tr>
        <td> <s:property escapeHtml="false" value="#request.createpage.PageInfo"/> </td>
        <td> <s:property escapeHtml="false" value="#request.createpage.PageLink"/> </td>
    </tr>
</table>
```

代码中设置了 property 标签的 escapeHtml 属性，表示是否忽略 HTML 语言，false 表示不忽略，当输出 value 属性指定的值时，若其中包含 "<" 或 ">" 或其他 HTML 标识，则将被解析为有效的 HTML 语法后输出；否则，设为 true，表示忽略 HTML 语言，将原封不动地输出 value 属性指定值。

4.7.4　显示信息详细内容的实现过程

显示信息详细内容用到的数据表：tb_info。

当用户在前台单击以超链接形式显示的某信息标题时，就触发了查看信息详细内容的请求，该请求的处理是在 InfoAction 类中的 SingleShow()方法中实现的，请求处理结束后，返回 JSP 页面进行显示。

1. 创建处理请求的 SingleShow()方法

在 SingleShow()方法中，首先从请求中获取要查看详细内容的信息的 ID 值，并定义查询 SQL 语句，然后将这两个值作为参数来调用业务处理对象 myOp 的 OpSingleShow()方法，在该方法中将查询到的记录封装到 InfoSingle 类对象中，然后返回该 InfoSingle 类对象，具体代码可查看 4.5.2 节介绍的 OpSingleShow()方法，SingleShow()方法的代码如下。

例程 38　代码位置：资源包\TM\04\cityinfo\src\com\mingrisoft\action\InfoAction.java

```
public String SingleShow(){
    request.setAttribute("mainPage","/pages/show/singleshow.jsp");
    String id=request.getParameter("id");                           //获取请求中传递信息的 ID
    String sql="SELECT * FROM tb_info WHERE (id = ?)";              //生成查询 SQL 语句
```

```
        Object[] params={id};
        OpDB myOp=new OpDB();                                   //创建一个业务处理对象
        infoSingle=myOp.OpSingleShow(sql, params);              //获取要查看的信息
        if(infoSingle==null){                                   //若为null，表示要查看的信息不存在
            request.setAttribute("mainPage","/pages/error.jsp");    //设置要显示的JSP页面
            addFieldError("SingleShowNoExist",getText("city.singleshow.no.exist"));  //设置提示信息
        }
        return SUCCESS;
    }
```

代码中将 OpSingleShow()方法返回的 InfoSingle 类对象赋值给了 infoSingle，infoSingle 是在 InfoAction 类的父类 InfoSuperAction 中定义的属性，InfoSuperAction 类的代码如下。

例程 39　代码位置：资源包\TM\04\cityinfo\src\com\mingrisoft\actionSuper\InfoSuperAction.java

```
package com.mingrisoft.actionSuper;
import com.mingrisoft.model.InfoSingle;
import com.mingrisoft.model.SearchInfo;
public class InfoSuperAction extends MySuperAction {
    protected InfoSingle infoSingle;        //用来封装从数据表中查询出的记录和发布信息时的表单数据
    protected SearchInfo searchInfo;        //用来封装搜索时的表单数据
    …//省略了属性的getXXX()与setXXX()方法
}
```

2．配置 cityinfo.xml 文件

查看信息详细内容请求的配置与列表显示某类别中所有信息请求的配置是同一个配置，可参看例程 34。

3．创建显示详细信息的 singleshow.jsp 页面

singleshow.jsp 页面内容将显示在框架页面的内容显示区中，在该页面中编码实现要查看信息的详细内容，代码如下。

例程 40　代码位置：资源包\TM\04\cityinfo\WebContent\pages\show\singleshow.jsp

```
<table>
    <s:if test="infoSingle==null">
        <tr><td colspan="2">★★★ 查看信息详细内容出错！★★★</td></tr></s:if>
    <s:else>
        <tr>
            <td>信息类别：</td>
            <td><s:property value="#session.typeMap[infoSingle.infoType]"/></td>
        </tr>
        <tr>
            <td>发布时间：</td>
            <td><s:property value="infoSingle.infoDate"/></td>
        </tr>
        …//省略了显示其他信息的代码
    </s:else>
</table>
```

细心的读者会发现<s:if test="infoSingle==null">中 test 属性所指定的表达式中没有使用 "#" 符号，这是因为请求从 InfoAction 类处理结束，转发到 singleshow.jsp 页面后，当前堆栈顶部存储的是 InfoAction 类对象的引用。因此，此时在 singleshow.jsp 页面中使用 Struts 2.5 标签时，都是以 InfoAction 类对象为基准，所以<s:if test="infoSingle==null">中 test 属性指定的表达式，即相当于判断 InfoAction 类对象的 getInfoSingle()方法返回的值是否为 null。同理，在后面的 property 标签中，如<s:property value="infoSingle.infoDate"/>输出的值，即相当于先调用 InfoAction 类对象的 getInfoSingle()方法返回 InfoSingle 类对象，再调用 InfoSingle 对象的 getInfoDate()方法，所以<s:property value="infoSingle.infoDate"/>等价于<s:property value="getInfoSingle().getInfoDate()"/>。

能够这样使用的前提是在 InfoAction 类中或其父类中提供 infoSingle 属性及属性的 getInfoSingle()与 setInfoSingle()方法，可查看例程 39，最终的运行效果如图 4.20 所示。

4.8 信息发布模块设计

4.8.1 信息发布模块概述

单击页面顶部的"发布信息"超链接，将进入信息发布页面。在该页面中，用户可从下拉列表中选择一种信息类别（共包括 10 个信息类别：招聘信息、培训信息、房屋信息、求购信息、公寓信息、求职信息、家教信息、车辆信息、出售信息、寻物启事），然后输入其他信息，如图 4.24 所示。

信息录入完成后，单击"发布"按钮，即可发布信息。此时，程序会先验证用户是否输入了信息，若验证失败，则返回信息发布页面，进行相应提示；若验证成功，则会继续验证输入的联系电话和 E-mail 格式是否正确；若该验证成功，则向数据库中插入记录，完成发布操作；信息发布成功后，返回给用户信息的 ID 值。发布的信息还需要管理员进行审核，只有审核成功的信息才能显示在前台页面中，信息发布的流程如图 4.25 所示。

图 4.24　信息发布页面

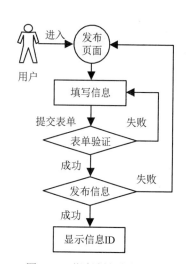

图 4.25　信息发布流程

4.8.2 信息发布模块技术分析

信息发布技术所要实现的是将用户填写的数据保存到数据表中。要实现这样一个目的，首先要解决在 Struts 2.5 中如何获取表单数据以及如何验证表单数据的问题，下面分别进行介绍。

1. 如何获取表单数据

在 Struts 2.5 中不存在与表单对应的 ActionForm，而是直接在处理类中设置与表单字段对应的属性，并为属性创建 setXXX()与 getXXX()方法来获取、返回表单数据。

下面以应用 Struts 2.5 实现一个简单的用户登录为例介绍如何获取表单数据。当用户输入的用户名为 tsoft、密码为 111 时，则登录成功，返回到 welcome.jsp 页面，显示用户输入的用户名和密码。

首先，创建一个请求处理类 LoginAction，表单请求被提交到该类中进行处理，为了能够获取表单数据，需要创建与表单字段对应的属性并设置它们的 setXXX()与 getXXX()方法，LoginAction 类的具体代码如下。

```
package com.action;
import com.opensymphony.xwork2.ActionSupport;
public class LoginAction extends ActionSupport {
    private String userName;          //对应表单中的"用户名"字段
    private String userPassword;      //对应表单中的"密码"字段
    private String message;           //用来保存提示消息
    …//省略了属性的 setXXX()与 getXXX()方法
    public String execute() {
        if(userName.equals("tsoft")&&userPass.equals("111")) {
            message="登录成功！";
            return "yes";
        }else{
            message="登录失败！";
            return "no";
        }
    }
}
```

然后，创建登录页面 login.jsp，在该页面中应用 Struts 2.5 标签来创建一个 Form 表单、文本输入框、密码输入框和"登录""重置"按钮，运行效果如图 4.26 所示，login.jsp 页面的关键代码如下。

图 4.26　用户登录

```
<%@ taglib uri="/struts-tags" prefix="s" %>
    <s:form action="login.action" theme="simple">
<table border="0">
    <tr>
        <td>用户名：</td>
            <td><s:textfield name="userName"/></td>
    </tr>
    <tr>
        <td>密  码：</td>
```

```
            <td><s:password name="userPassword"/></td>
        </tr>
    </table>
</s:form>
```

📢 **代码贴士**

❶ <form>标签用于生成一个表单，其 action 属性指定请求路径，若该路径以".action"为后缀，则会到 Struts 2.5 的配置文件中查找与之对应的配置，根据配置将请求转发给对应的 Action 类进行处理；将 theme 属性值设为 simple，可以取消其默认的表格布局。

❷ <textfield>标签表示文本输入框，其 name 属性指定了该文本框与表单处理类中对应的属性 userName。实际上，<textfield>标签的 name 属性值并不是必须与处理类中的属性具有相同的名称。如上述代码，当表单提交后，会自动调用处理类中的 setUserName()方法和 setuserPassword()方法将表单数据赋值给类中指定的属性，因此该属性的命名是任意的，如命名为 myName。不过为了便于理解，通常情况下都是将属性与表单字段设置为相同的名称，读者也应按照该规则命名。

❸ <password>标签表示密码输入框，其用法同❷。

其次，在配置文件中对表单所请求的路径进行配置，配置代码如下。

```
<package name="login" extends="struts-default">
    <action name="login" class="com.action.LoginAction">
        <result name="yes">welcome.jsp</result>       <!-- 配置登录成功后返回的页面 -->
        <result name="no">welcome.jsp</result>        <!-- 配置登录失败后返回的页面 -->
    </action>
</package>
```

关于 Struts 2.5 配置文件的介绍，读者可查看 4.14.2 节。

接下来，创建登录操作后的提示页面 welcome.jsp，在该页面中输出用户登录结果，并输出用户输入的用户名和密码，welcome.jsp 页面的关键代码如下。

```
<%@ taglib uri="/struts-tags" prefix="s" %>
<b><s:property value="message"/></b>
<table>
    <tr>
        <td>
            用户名：<b><s:property value="userName"/></b>--
            密  码：<b><s:property value="userPassword"/></b>
        </td>
    </tr>
</table>
```

welcome.jsp 页面是从 LoginAction 处理类中进行请求转发来访问的，只有在这种情况下，<property>标签采用如上用法时，才能输出 LoginAction 类中 message、userName 和 userPassword 属性的值；否则若是通过地址栏或超链接直接访问 welcome.jsp 页面，如上用法的<property>标签将不输出任何值。

最后，分别在"用户名"和"密码"输入框中输入 tsoft 和 111，单击"登录"按钮，将出现如图 4.27 所示的运行结果。

若输入的数据为 mingrisoft 和 123，则出现如图 4.28 所示的运行结果。

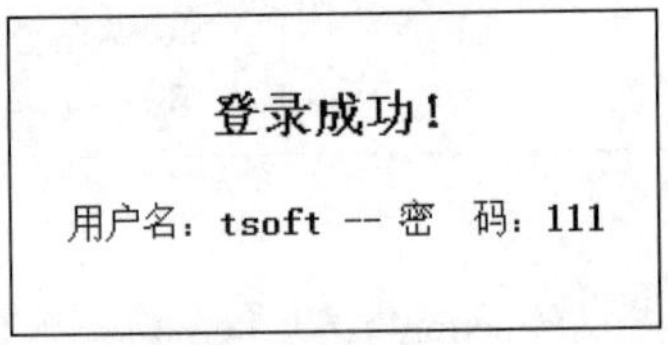

```
登录成功！

用户名：tsoft -- 密  码：111
```

图 4.27 登录成功

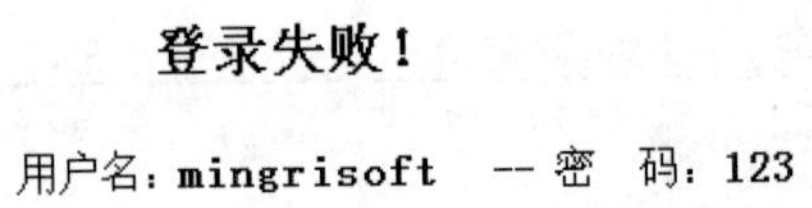

登录失败！

用户名：mingrisoft -- 密 码：123

图 4.28 登录失败

Struts 2.5 还允许将封装表单数据的代码从 Action 类中分离出来，写在另一个 JavaBean 中。例如，将上述例子进行如下修改。

首先，创建一个存储表单数据的 JavaBean，代码如下。

```
package com.model;
public class User {
    private String userName;          //对应表单中的"用户名"字段
    private String userPass;          //对应表单中的"密码"字段
    …//省略了属性的setXXX()与getXXX()方法
}
```

然后，创建处理类 LoginAction，代码如下。

```
package com.action;
import com.model.User;
import com.opensymphony.xwork2.ActionSupport;
public class LoginAction extends ActionSupport {
    private User user;
     private String message;
    public User getUser() {
        return user;
    }
    public void setUser(User user) {
        this.user = user;
    }
    …//省略了 message 属性的setXXX()与getXXX()方法
    public String execute() {
        if(user.getUserName().equals("tsoft")&&user.getuserPassword ().equals("111")) {
            message="登录成功！";
            return "yes";
        }else{
            message="登录失败！";
            return "no";
        }
    }
}
```

其次，修改 login.jsp 页面，修改部分的代码如下。

```
<tr>
    <td>用户名：</td>
```

```html
        <td><s:textfield name="user.userName"/></td>
    </tr>
    <tr>
        <td>密  码：</td>
        <td><s:password name="user. userPassword"/></td>
    </tr>
```

Struts 配置文件不需要修改，接下来修改 welcome.jsp 文件。

```html
<%@ taglib uri="/struts-tags" prefix="s" %>
<font size="3"><b><s:property value="message"/></b></font>
<table border="0">
    <tr>
        <td>
            用户名：<b><s:property value="user.userName"/></b>--
            密  码：<b><s:property value="user. userPassword"/></b>
        </td>
    </tr>
</table>
```

最后，分别在"用户名"和"密码"文本框中输入 tsoft 和 111，运行结果与图 4.27 所示相同。

2．Struts 2.5 中的表单验证

在 Struts 2.5 中可使用校验框架和 Action 类中的验证方法来对表单数据进行验证，本系统采用的是第二种方法。

Action 类中的验证方法的命名规则为 validateXXX()，其中 XXX 表示 Action 类中用来处理请求的某个方法名称。当请求被转发给 Action 类时，该 Action 会根据用户请求来调用相应的方法处理请求，若在这之前需要进行表单数据验证，则可实现与该方法对应的 validateXXX()验证方法进行验证。

例如，本系统中用来处理前台操作的 Action 类中的 Add()方法用来处理信息发布的请求，在 Add()方法中需要编写向数据表中插入记录的代码，所以在这之前需要验证用户输入的表单数据是否为空，可在 Action 类中实现 validateAdd()方法进行验证，验证成功后会自动调用 Add()方法。

validateXXX()验证方法不需要返回值，在方法中可将提示信息通过 addFieldError()方法进行保存，这样，返回验证失败的提示页面后，就可通过 fielderror 标签输出提示信息。

Struts 2.5 将根据是否调用了 addFieldError()方法判断验证是否成功，若 validateXXX()方法的程序流程执行了 addFieldError()方法，则验证失败，那么在 validateXXX()方法的流程结束后，将返回到配置文件中指定的 JSP 页面。

例如，本系统在配置文件中对登录操作进行的配置如下。

```xml
<action name="login_*" class="com.mingrisoft.action.AdminAction" method="{1}">
    <result name="input">/pages/admin/Login.jsp</result>
    <result name="login">/pages/admin/view/AdminTemp.jsp</result>
    <result name="logout" type="redirectAction">index</result>
</action>
```

其中加粗的代码就是对表单验证失败时的配置，此时<result>元素的 name 属性值必须为 input，/pages/admin/Login.jsp 则表示验证失败后返回的页面。

3. 解决 Struts 2.5 中的中文乱码问题

在 Struts 2.5 中解决中文乱码问题，可通过一种简单的方法实现。在应用的 WEB-INF/classes 目录下创建一个 struts.properties 资源文件，Struts 2.5 默认会加载 WEB-INF/classes 目录下的该文件，在该文件中进行如下编码。

```
struts.i18n.encoding=utf-8
```

其中，struts.i18n.encoding 指定了 Web 应用默认的编码。

4.8.3 信息发布模块的实现过程

信息发布模块用到的数据表：tb_info。

用户通过单击页面顶部的"发布信息"超链接进入信息发布页面，在该页面中填写发布信息后提交表单，在 InfoAction 处理类中获取表单数据进行验证，验证成功后向数据表中插入数据，完成信息的发布。下面按照这个操作流程介绍信息发布的实现过程。

1．实现页面顶部的"发布信息"超链接

在 view 目录下的 top.jsp 文件中实现进入信息发布页面的"发布信息"超链接，代码如下。

例程 41　代码位置：资源包\TM\04\cityinfo\WebContent\view\top.jsp

```
<a href="info_Add.action?addType=linkTo" style="color:gray">[发布信息]</a>
```

该超链接请求的路径为 info_Add.action，根据在 Struts 配置文件中的配置，由 InfoAction 类中的 Add()方法处理该请求，参数 addType 通知 Add()方法当前请求的操作，其值为 linkTo 表示仅连接到信息发布页面；若为 add，则表示向数据表中插入记录。

2．创建发布信息的 addInfo.jsp 页面

在信息发布页面中包含一个表单，该表单中的元素如表 4.11 所示。

表 4.11　信息发布页面所涉及的表单元素

名　称	元素类型	重要属性	含　义
addType	<input type="hidden">	name	通过该表单元素，InfoAction 类的 Add()方法判断要进行的操作
infoSingle.infoType	<s:select>	name、list	信息类别下拉列表框
infoSingle.infoTitle	<s:textfield>	name	信息标题
infoSingle.infoContent	<s:textarea>	name	信息内容
infoSingle.infoPhone	<s:textfield>	name	联系电话
infoSingle.infoLinkman	<s:textfield>	name	联系人
infoSingle.infoEmail	<s:textfield>	name	E-mail 地址

addInfo.jsp 页面的关键代码如下。

例程 42 代码位置：资源包\TM\04\cityinfo\WebContent\pages\add\addInfo.jsp

```
<%@ taglib prefix="s" uri="/struts-tags" %>
<s:form action="info_Add.action" theme="simple">
    <input type="hidden" name="addType" value="add"/>
     <tr>
        <td>信息类别：</td>
            <td> <s:select emptyOption="true" list="#session.typeMap" name="infoSingle.infoType"/></td>
        <td>[信息标题最多不得超过 40 个字符]  </td>
    </tr>
        <tr> <td colspan="3"> <s:fielderror escape="false"><s:param value="%{'typeError'}"/></s:fielderror></td></tr>
     <tr>
        <td>信息标题：</td>
            <td colspan="2"><s:textfield name="infoSingle.infoTitle"/></td>
    </tr>
<tr><td colspan="3"> <s:fielderror escape="false">
                    <s:param value="%{'titleError'}"/></s:fielderror></td></tr>
    …//省略了实现其他表单字段的代码
</s:form>
```

代码贴士

❶ <select>标签用来实现下拉列表框，emptyOption 属性取值为 true，表示第一个下拉列表项为空白，取值为 false 或省略该属性，则不生成空白列表项；list 属性则指定用来生成下拉列表项的数据源，若该数据源是一个 Map 对象，则默认会将该 Map 对象的 key 值作为列表项的值（在程序中使用），将 value 值作为列表项的标签（显示给用户）；name 属性指定了与表单的处理类中对应的 setXXX()与 getXXX()方法。

❷ <fielderror>标签用来输出通过 Action 类的 addFieldError()方法保存的信息，其中，escape 属性用于指定是否忽略 HTML 语言，其属性值同 4.7.3 节介绍的 property 标签的 escapeHtml 属性值相同；<param>标签则指定要输出保存的信息。如果要输出保存的全部信息，可使用<s:fielderror/>。"%{}"用来计算表达式，被计算的表达式写在"{}"中，如<s:property value="%{100+1}"/>，将输出"101"，所以，代码中为<param>标签的 value 属性指定的是字符串值 typeError，若写为<s:param value="typeError"/>，则此时的 typeError 相当于一个页面变量。例如，<s:set name="myError" value="%{'typeError'}"/><s:param value="myError"/>与<s:param value="%{'typeError'}"/>实现的功能是相同的。

3．在 InfoAction 类中实现处理信息发布请求的方法

例程 42 中指定表单所触发的请求为 info_Add.action，根据例程 34 中 cityinfo.xml 文件的配置，表单将被提交到 InfoAction 类的 Add()方法中进行处理，在这之前需要进行表单验证，下面先来创建验证表单的方法。

（1）创建验证表单的 validateAdd()方法。在该方法中，先获取表单数据，然后依次进行验证。首先验证用户输入是否为空，在都不为空的情况下，再验证输入的联系电话和 E-mail 格式是否正确。在验证过程中，若验证失败，则调用 addFieldError()方法保存提示信息，validateAdd()方法的代码如下。

例程 43 代码位置：资源包\TM\04\cityinfo\src\com\mingrisoft\action\InfoAction.java

```
public void validateAdd(){
    int type=infoSingle.getInfoType();              //获取信息类别表单数据
    String title=infoSingle.getInfoTitle();         //获取信息标题表单数据
```

```
        String content=infoSingle.getInfoContent();                    //获取信息内容表单数据
        String phone=infoSingle.getInfoPhone();                        //获取联系电话表单数据
        String linkman=infoSingle.getInfoLinkman();                    //获取联系人表单数据
        String email=infoSingle.getInfoEmail();                        //获取E-mail地址表单数据
        boolean mark=true;
        if(type<=0){
            mark=false;
            //getText(String key)方法用来获取properties资源文件中key指定的键值存储的内容
            addFieldError("typeError",getText("city.info.no.infoType"));
        }
        …//省略了其他表单数据的验证
        if(mark){                                                      //若表单数据都不为空
            …//省略了验证联系电话和E-mail格式的代码
        }
    }
```

（2）创建处理请求的 Add()方法。表单验证成功后，调用 Add()方法处理请求。在该方法中先获取表单数据，然后生成 SQL 语句，最后调用 OpDB 类对象的 OpUpdate()方法向数据表中插入记录，完成信息发布，Add()方法的代码如下。

例程44 代码位置：资源包\TM\04\cityinfo\src\com\mingrisoft\action\InfoAction.java

```
public String Add(){
    String addType=request.getParameter("addType");                    //获取访问该方法的请求要进行的操作
    if(addType==null||addType.equals("")){
        request.setAttribute("mainPage","/pages/add/addInfo.jsp");
        addType="linkTo";
    }
    if(addType.equals("add")){                                         //执行信息发布操作
        request.setAttribute("mainPage","/pages/error.jsp");
        OpDB myOp=new OpDB();
        Integer type=Integer.valueOf(infoSingle.getInfoType());        //获取信息类别
        String title=infoSingle.getInfoTitle();                        //获取信息标题
        String content=DoString.HTMLChange(infoSingle.getInfoContent()); //转换信息内容中的HTML字符
        String phone=infoSingle.getInfoPhone();                        //获取联系电话
        phone =   phone.replaceAll(",","●");                           //替换","符号
        String linkman=infoSingle.getInfoLinkman();                    //获取联系人
        String email=infoSingle.getInfoEmail();                        //获取E-mail地址
        String date=DoString.dateTimeChange(new java.util.Date());     //获取当前时间并转换为字符串格式
        String state="0";                                              //设置已审核状态为0
        String payfor="0";                                             //设置已付费状态为0
        Object[] params={type,title,content,linkman,phone,email,date,state,payfor};
        String sql="insert into tb_info values(?,?,?,?,?,?,?,?,?)";
        int i=myOp.OpUpdate(sql,params);         //调用业务对象的OpUpdate()方法向数据表中插入记录
        if(i<=0)                                                       //操作失败
            addFieldError("addE",getText("city.info.add.E"));          //保存失败提示信息
        else {                                                         //操作成功
            sql="select * from tb_info where info_date=?";             //生成查询刚刚发布信息的SQL语句
            Object[] params1={date};
            int infoNum=myOp.OpSingleShow(sql, params1).getId();       //获取刚刚发布信息的ID值
            addFieldError("addS",getText("city.info.add.S")+infoNum);  //保存成功提示信息
```

```
            }
        }
        return SUCCESS;
}
```

4．配置 cityinfo.xml 文件

对信息发布请求的配置，与列表显示某类别中所有信息请求的配置相同，可参看例程 34。

4.8.4 单元测试

在进行软件开发的过程中，避免不了出现错误或未发现的 Bug，这些错误和 Bug 发现得越早，对后面的开发和维护越有利，因此测试在软件开发的过程中显得越来越重要。软件测试通常可分为单元测试、综合测试和用户测试，其中单元测试是开发过程中最常用的。

1．单元测试概述

具体来说，单元就是指一个可独立完成某个操作的程序元素，通常为方法或过程，所以单元测试就是针对这个方法或过程进行的测试。但通常情况下，几乎很少存在不与其他方法发生调用与被调用关系的方法，所以也可将对一组用来完成某个操作的方法或过程进行的测试称为单元测试。

对单元的理解可归纳为以下几点。

（1）不可再分的程序模块。

（2）该模块实现了一个具体的功能。

（3）实现了某一功能的模块，与程序中其他模块不发生关系。

对于面向过程的语言来说，如 C 语言，进行的单元测试一般针对的是函数或过程，而像 Java 这种面向对象的语言，通常是针对类进行单元测试。

对单元测试的理解可归纳为以下几点。

（1）单元测试是一种验证行为。程序中的每一项功能都可以通过单元测试来验证其正确性。它为以后的开发提供支持，就算是开发后期，也可以轻松地增加功能或更改程序结构，而不用担心这个过程中会破坏重要的东西；而且它为代码的重构提供了保障。这样，开发员可以更自由地对程序进行改进。

（2）单元测试是一种设计行为。编写单元测试将使开发员从调用者的角度观察、思考。特别是先写测试，迫使开发人员把程序设计成易于调用和可测试的。

（3）单元测试是一种编写文档的行为。单元测试是展示类或函数如何使用的最佳文档，这份文档是可编译、可运行的，并且永远保持与代码同步。

2．单元测试带来的好处

（1）对于开发人员来说，进行单元测试可以大大减少程序的调试时间及程序中的 Bug。

（2）对于整个项目来说，减少了调试时间，缩短了项目开发周期。对项目中的模块进行单元测试后，保证项目最后交付给用户进行测试时有可靠依据。

（3）对于测试人员来说，减少了反馈的问题。

（4）最主要的是，为项目的后期维护带来了很大的方便，并可减少后期维护的费用。

3. JUnit 单元测试工具的介绍与使用

JUnit 是程序单元测试的框架，专门用于测试 Java 开发的程序。同类产品还包括 NUnit（.Net）、CPPUnit（C++），都属于 xUnit 中的成员。目前 JUnit 的最新版本是 JUnit 4.10。在 Eclipse 开发工具中已经集成了 JUnit 的多个版本，本节将介绍如何在 Eclipse 中使用 JUnit 进行单元测试。在介绍 JUnit 的使用之前，先来看一下测试成功与失败后的运行结果，如图 4.29 和图 4.30 所示。

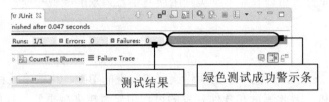

图 4.29　单元测试成功

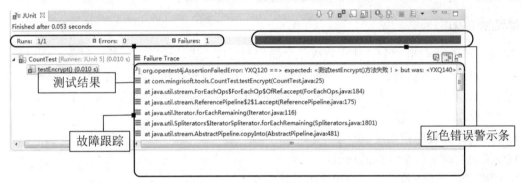

图 4.30　单元测试失败

下面介绍如何在 Eclipse 中使用 JUnit 进行单元测试。

（1）在 Eclipse 中新建一个 Java 项目。

（2）在项目名称节点上单击鼠标右键，在弹出的快捷菜单中选择 Build Path→Add Libraries 命令，在弹出的 Add Library 对话框中选择 JUnit 选项，如图 4.31 所示。

（3）单击 Next 按钮，在弹出的"JUnit 库"对话框中选择 JUnit Library 版本为 JUnit5，单击 Finish 按钮，完成 JUnit 测试环境的搭建。

（4）创建一个名为 Count 的 Java 类，保存在 com.mingrisoft.tools 包中。在该类中实现一个 encrypt() 方法，该方法用于将传递的整数进行简单的加密，并返回加密后的值，创建 Count 类的代码如下。

图 4.31　Add Library 对话框

```
package com.mingrisoft.tools;
public class Count {
    public String encrypt(int input){
        int temp=2*input+100;
        String over="YXQ"+temp;
```

```
            return over;
        }
}
```

（5）测试 Count 类。在 Count 类节点上单击鼠标右键，在弹出的快捷菜单中选择 New→JUnit Test Case（JUnit 测试用例）命令，在弹出的 JUnit Test Case 对话框中进行如图 4.32 所示的设置。

（6）单击 Next 按钮，在弹出的 Test Methods 对话框中选择要测试的类中的方法，如图 4.33 所示。

图 4.32　新建 JUnit 测试用例　　　　　　　图 4.33　选择测试方法

（7）单击 Finish 按钮，完成测试类 CountTest 的创建，最终 CountTest 类的代码如下。

```
package com.mingrisoft.tools;

import static org.junit.jupiter.api.Assertions.*;
import org.junit.jupiter.api.AfterEach;
import org.junit.jupiter.api.BeforeEach;
import org.junit.jupiter.api.Test;

class CountTest {
    @BeforeEach
    void setUp() throws Exception {        //初始化方法，执行 CountTest 类时先来执行该方法
    }
    @AfterEach
    void tearDown() throws Exception {     //清理方法，测试结束后执行该方法
    }
    @Test
    void testEncrypt() {   //在被测试的方法名前自动加入 test 并使方法名的第一个字母大写
        fail("Not yet implemented");
    }
}
```

（8）对 CountTest 类进行如下编码。

```
private Count count;
@BeforeEach
```

```
    void setUp() throws Exception {
        count=new Count();                          //创建 Count 类对象
    }

    @AfterEach
    void tearDown() throws Exception {
        count=null;                                 //销毁 count 对象
    }

    @Test
    void testEncrypt() {                            //测试将整数 10 进行加密后的结果是否为 YXQ120
        String result=count.encrypt(10);
        if(!"YXQ120".equals(result)) {
            assertEquals("测试 testEncrypt()方法失败！ ",result,"YXQ120");
        }
    }
}
```

上述代码中的 assertEquals()方法是 org.junit.jupiter.api.Assertions 类中的静态方法，其用法如下。

assertEquals(String message,String expected,String actual)

其中，参数 message 表示断言失败输出的信息，该参数可以省略；expected 表示期望的数据；actual 表示实际的数据。assertEquals()方法用来断言 expected 表示的数据与 actual 表示的数据相等，若不等，则抛出异常并输出 message 表示的提示信息。

在 Assert 类中，常见的 assertXxx()方法如表 4.12 所示。

表 4.12　Assert 类中常用 assertXxx()方法

方　　法	功　能　描　述
assertEquals(type expected,type actual)	断言两个对象相等，其中 type 表示数据类型，如基本数据类型、数组、Object 类
assertNull(Object object)	断言对象为 NULL
assertNotNull(Object object)	断言对象不为 NULL
assertSame(Object expected,Object actual)	断言两个引用变量引用的是同一个对象
assertNotSame(Object expected,Object actual)	断言两个引用变量引用的不是同一个对象
assertTrue(boolean condition)	断言指定的条件为 True
assertFalse(boolean condition)	断言指定的条件为 False
fail(String message)	中断测试，并输出 message 表示的信息

（9）运行测试。单击 Eclipse 菜单栏中的 按钮，在弹出的菜单中选择 Run As→JUnit Test 命令运行测试，若显示图 4.29 所示的运行结果，则说明 Count 类中的 encrypt()方法正确；否则，则说明 encrypt()方法中存在错误或方法实现的功能与预设不同（例如，将上面代码中的 encrypt(10)修改为 encrypt(20)），那么将显示如图 4.30 所示的测试不成功的结果。

4.9 后台登录设计

4.9.1 后台登录功能概述

用户通过单击前台页面顶部的"进入后台"超链接，进入后台登录页面，如图 4.34 所示。

图 4.34 用户登录页面

为了防止任意用户进入后台进行非法操作，所以设置登录功能。当用户没有输入用户名和密码，或输入了错误的用户名和密码进行登录时，会返回登录页面显示相应的提示信息，如图 4.35 所示。

图 4.35 登录失败

后台登录模块的操作流程如图 4.36 所示。

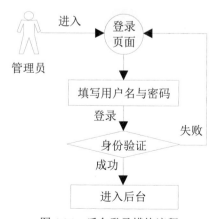

图 4.36 后台登录模块流程

在实现登录功能时，对于已经登录的用户，当再次单击前台页面顶部的"进入后台"超链接时，应直接进入后台主页，而不是再次显示图 4.34 所示的登录页面要求用户登录，该功能的具体实现过程，将在 4.9.3 节中进行介绍。

4.9.2 后台登录技术分析

在后台登录模块中已登录的用户可跳过登录页面，直接进入后台主页。实现该功能的主要技术是：在当前用户登录成功后，向 Session 中注册一个属性，并为该属性赋值，当用户再次单击"进入后台"超链接时，在程序中先获取存储在 Session 中该属性的值，然后通过判断其值来得知当前用户是否已经登录，从而决定将请求转发到登录页面还是后台首页。

4.9.3 后台登录的实现过程

> 后台登录用到的数据表：tb_user。

根据技术分析，用户单击页面顶部的"进入后台"超链接请求登录时，会先判断用户是否已经登录。若没有登录，则进入登录页面，在该页面中填写用户名和密码后提交表单，在 Action 处理类中获取表单数据进行验证，验证成功后查询数据表，查询是否存在用户输入的用户名和密码；若存在，则登录成功，进入网站后台。如果用户已经登录，则直接进入后台。下面按照这个流程，介绍后台登录的实现过程。

1．实现"进入后台"超链接

在 view 目录下的 top.jsp 文件中实现进入后台的超链接。代码如下。

例程 45 代码位置：资源包\TM\04\cityinfo\WebContent\view\top.jsp

```
<a href="log_isLogin.action">[进入后台]</a>
```

上述代码实现的超链接所请求的路径为 log_isLogin.action，触发该超链接产生的请求将由 LogInOutAction 类中的 isLogin()方法处理 isLogin()方法用来判断用户是否已经登录。

2．设计登录页面 Login.jsp

在登录页面中应包含一个表单，并提供"用户名"和"密码"两个表单字段以便用户输入数据。Login.jsp 页面的关键代码如下。

例程 46 代码位置：资源包\TM\04\cityinfo\WebContent\pages\admin\Login.jsp

```
<%@ taglib prefix="s" uri="/struts-tags" %>
<s:form action="log_Login.action" theme="simple">
    <tr><td colspan="2"><s:fielderror escape="false"/></td></tr>    <!-- 输出提示信息 -->
    <tr>
        <td>用户名：  </td>
        <td><s:textfield name="user.userName" size="30"/></td>
    </tr>
    <tr>
        <td>密  码：  </td>
```

```html
            <td><s:password name="user.userPassword" size="30"/></td>
        </tr>
</s:form>
```

3．创建封装登录表单数据的 JavaBean

该 JavaBean 用来保存输入的用户名和密码，代码如下。

例程 47　代码位置：资源包\TM\04\cityinfo\src\com\mingrisoft\model\UserSingle.java

```java
package com.mingrisoft.model;
public class UserSingle{
    private String userName;                    //对应表单中的"用户名"字段
    private String userPassword;                //对应表单中的"密码"字段
    …//省略了属性的setXXX()与getXXX()方法
}
```

4．创建 LogInOutAction 类

LogInOutAction 类用来处理用户登录和退出登录请求，代码如下。

例程 48　代码位置：资源包\TM\04\cityinfo\src\com\mingrisoft\action\LogInOutAction.java

```java
package com.mingrisoft.action;
import com.mingrisoft.actionSuper.MySuperAction;
import com.mingrisoft.dao.OpDB;
import com.mingrisoft.model.UserSingle;
public class LogInOutAction extends MySuperAction {
    protected UserSingle user;                  //封装表单数据的 JavaBean
    public UserSingle getUser() {
        return user;
    }
    public void setUser(UserSingle user) {
        this.user = user;
    }
    …//此处为判断当前用户是否登录的 isLogin()方法
    …//此处为验证用户身份的 Login()方法
    …//此处为处理退出登录的 Logout()方法
    …//此处为表单验证方法 validateLogin()
}
```

当用户触发"进入后台"超链接后，请求由 LogInOutAction 类中的 isLogin()方法验证用户是否已经登录，isLogin()方法的代码如下。

例程 49　代码位置：资源包\TM\04\cityinfo\src\com\mingrisoft\action\LogInOutAction.java

```java
/** 功能：判断当前用户是否登录 */
public String isLogin(){
    Object ob=session.get("loginUser");
    if(ob==null||!(ob instanceof UserSingle))   //如果对象为空，或者不是 UserSingle 类的实例，表示没有登录
        return INPUT;                           //返回登录页面
    else                                        //已经登录
        return LOGIN;                           //进入后台
}
```

若用户没有登录，则进入登录页面，在该页面中输入用户名和密码后提交表单进行登录，请求将被提交到 LogInOutAction 类中的 Login()方法进行身份验证，Login()方法的代码如下。

例程 50　代码位置：资源包\TM\04\cityinfo\src\com\mingrisoft\action\LogInOutAction.java

```java
/** 功能：查询数据表，验证是否存在该用户 */
public String Login(){
    String sql="select * from tb_user where user_name=? and user_password=?";
    Object[] params={user.getUserName(),user.getUserPassword()};     //获取输入的用户名和密码，并保存
    OpDB myOp=new OpDB();
    if(myOp.LogOn(sql, params)){                                     //存在该用户，登录成功
        session.put("loginUser",user);                               //保存当前用户到 session 中
        return LOGIN;                                                //进入后台
    }
    else{                                                            //用户名或密码错误
        addFieldError("loginE",getText("city.login.wrong.input"));   //保存提示信息
        return INPUT;                                                //返回登录页面
    }
}
```

请求被提交给 Login()方法之前需要进行表单验证，所以可实现 validateLogin()方法来验证表单，其实现代码比较简单，这里不再给出，具体代码读者可查看本书赠送的资源包。

5．配置 cityinfo.xml 文件

之所以能在触发"进入后台"超链接和提交登录表单后，请求 LogInOutAction 类相应的方法进行处理，是因为在 cityinfo.xml 文件中指定了它们之间的关系，配置代码如下。

例程 51　代码位置：资源包\TM\04\cityinfo\WebContent\WEB-INF\classes\cityinfo.xml

```xml
<!-- 管理员登录/退出 -->
<action name="log_*" class="com.mingrisoft.action.LogInOutAction" method="{1}">
    <result name="input">/pages/admin/Login.jsp</result>
    <result name="login">/pages/admin/view/AdminTemp.jsp</result>
    <result name="logout" type="redirectAction">goindex</result>
</action>
```

4.10　后台页面设计

4.10.1　后台页面概述

本系统中所有的后台页面都采用了同一个页面框架。该页面框架采用二分栏结构，分为 4 个区域，即页头、侧栏、页尾和内容显示区。该页面框架的总体结构与前台页面框架的结构相同，网站后台首页的运行效果如图 4.37 所示。

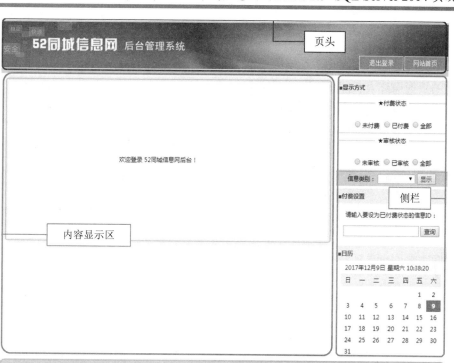

图 4.37　后台首页的运行效果

4.10.2　后台页面技术分析

本系统中，实现后台页面框架的 JSP 文件为 AdminTemp.jsp，该页面的布局如图 4.38 所示。

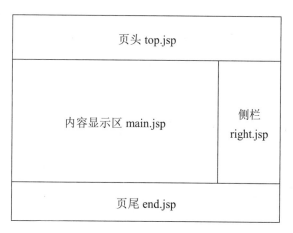

图 4.38　AdminTemp.jsp 页面布局

本系统中，对后台管理员所有请求的响应都通过该框架页面进行显示。在 AdminTemp.jsp 文件中主要采用 include 动作和 include 指令来包含各区域所对应的 JSP 文件。其实现技术与前台页面的实现技术是相同的，读者可查看 4.6.2 节介绍的前台页面实现技术分析。

4.10.3 后台页面的实现过程

根据以上的页面概述及技术分析，需要分别创建实现各区域的 JSP 文件，如实现页头的 top.jsp、实现内容显示区的 main.jsp、实现侧栏的 right.jsp、实现页尾的 end.jsp 等。下面主要介绍框架页面 AdminTemp.jsp 和 main.jsp 页面的实现。

在 AdminTemp.jsp 页面中应用 include 指令和动作标识来包含各区域对应的 JSP 文件，代码如下。

例程52　代码位置：资源包\TM\04\cityinfo\WebContent\pages\admin\view\AdminTemp.jsp

```
<table>
    <tr><td colspan="2"><%@ include file="top.jsp"%></td></tr>       <!-- 包含页头文件 -->
    <tr><td colspan="2"></td></tr>
    <tr>
        <td><jsp:include page="main.jsp"/></td>                       <!-- 包含 main.jsp 文件 -->
        <td><jsp:include page="right.jsp"/></td>                      <!-- 包含侧栏文件 -->
    </tr>
    <tr><td colspan="2"></td></tr>
    <tr><td colspan="2"><%@ include file="end.jsp" %></td></tr>       <!-- 包含页尾文件 -->
</table>
```

在 main.jsp 文件中实现了内容显示区中的背景图片，并在该页面中加载要显示在内容显示区中的 JSP 文件，代码如下。

例程53　代码位置：资源包\TM\04\cityinfo\WebContent\pages\admin\view\main.jsp

```
<%
    String mainPage=(String)request.getAttribute("mainPage");
    if(mainPage==null||mainPage.equals(""))
        mainPage="default.jsp";
%>
<table>
    <tr><td><img src="images/default_t.jpg"></td></tr>
    <tr><td background="images/default_m.jpg" valign="top"><jsp:include page="<%=mainPage%>"/></td></tr>
    <tr><td><img src="images/default_e.jpg"></td></tr>
</table>
```

视频讲解

4.11　后台信息管理设计

4.11.1　信息管理功能概述

根据需求分析，后台信息的管理功能主要包括信息显示、信息审核、信息删除和信息付费设置。下面分别介绍后台信息管理中的各功能。

1．信息显示功能介绍

后台信息显示功能，分为信息的列表显示和详细内容显示。列表显示的信息由管理员选择的状态类型决定。显示状态分为付费状态和审核状态两种，如图 4.39 所示。

管理员在状态区域中选择显示方式，并在"信息类别"下拉列表框中选择要显示信息的信息类别，单击"显示"按钮提交表单，则程序会按照该显示方式列表显示出符合条件的所有信息，如图 4.40 所示。

图 4.39　显示方式

图 4.40　列表显示信息

当用户单击列表显示出的信息的标题或"审核"超链接后，将显示该信息的详细内容。

2．信息审核功能介绍

用户发布信息后并不能直接显示在页面中，需要由管理员来审核该信息是否可以发布。要进行信息审核，首先需要显示出"未审核"的信息。可从后台主页右侧的功能区的"显示方式"栏中选择"付费状态"为"全部"，"审核状态"为"未审核"的显示方式，并在"信息类别"下拉列表框中选择信息类别，如图 4.41 所示，单击"显示"按钮，则显示该类别下的所有未审核信息。

图 4.41　显示未审核信息

接下来单击要审核信息的标题或"审核"超链接，进入信息审核页面，如图 4.42 所示。

在该页面中查看信息详细内容，单击"通过审核"按钮，即可将该信息设置为已通过审核状态。信息审核成功后，会按照之前已选择的显示方式重新进行查询并显示结果。

3．信息删除功能介绍

信息删除用来删除一些已发布的无效信息，从图 4.41 可以看到，在每条信息的操作栏中，都提供了一个"删除"超链接，单击该超链接，即可删除对应的信息。另外，也可以通过图 4.42 所示的信息审核页面中的"删除信息"按钮来实现删除操作。信息删除成功后，同样会按照之前已选择的显示方式重新进行查询并显示结果。

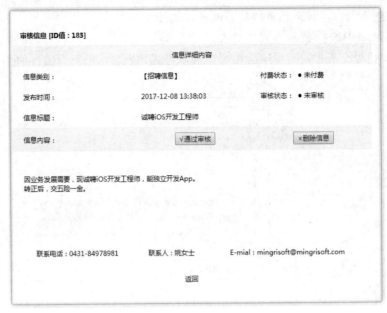

图 4.42　信息审核页面

4．信息付费管理功能概述

付费管理功能可将信息设置为"已付费"状态。已付费的信息在前台页面显示时，始终显示在页面的顶部位置，以便第一时间被浏览。在本系统中，用户在前台发布的信息默认都是免费信息。若想将发布的信息在"缴费专区"中显示，信息发布者首先需要缴纳费用，然后提供信息的 ID 值，由系统管理员根据该 ID 值查询信息，最后将该信息设置为"已付费"状态。需要信息发布者提供的 ID 值，是在信息发布成功后，由系统提供给用户。

管理员要进行付费设置，首先需要登录到后台，然后在功能区的"付费设置"栏中输入要进行付费设置的 ID 值，查询出该信息，如图 4.43 所示。单击"设为付费"按钮，可将该信息设置为"已付费"状态。

图 4.43　付费设置页面

4.11.2 信息管理技术分析

1. 信息显示技术分析

对于后台信息显示中的列表显示,主要用来显示符合指定条件的信息,该条件包括信息类别、付费状态和审核状态。

在数据表 tb_info 的设计中设置了 info_payfor 和 info_state 两个字段,分别用来表示"付费状态"与"审核状态"。当 info_payfor 字段内容为 1 时,表示该信息已付费,为 0 时表示未付;同样,info_state 字段内容为 1 时,表示已通过审核,为 0 时表示未通过审核。

所以,若要显示招聘信息类别下的"未审核"和"已付费"的信息,应执行如下的 SQL 语句。

```
SELECT * FROM tb_info WHERE (info_type=1) AND (info_state='0') AND (info_payfor='1')
```

若要显示培训信息类别下的"未审核"和"未付费"的信息,应执行如下的 SQL 语句。

```
SELECT * FROM tb_info WHERE (info_type=1) AND (info_state='0') AND (info_payfor='0')
```

因此,要获取符合条件的信息,只需要设置字段 info_type、info_state 和 info_payfor 的值即可。

本系统提供了两组单选按钮组成了"付费状态"和"审核状态"选项。对于"付费状态"选项组,选择"未付费",则传递的值为"0";选择"已付费",则传递的值为"1";若选择"全部",则传递 all。"审核状态"选项组的设置与此相同。另外,实现了一个下拉列表框,供用户选择信息类别。将这些单选按钮与下拉列表框都在一个表单中实现,这样,当单击"显示"按钮提交表单后,选择的状态会通过表单进行传递。可创建一个 JavaBean 来封装表单数据,即保存选择的状态。

例如,按照图 4.44 所示的方式进行选择,则提交表单后请求中将添加如下参数。

图 4.44 选择显示方式

```
showType.payforType=1&showType.stateType=0&showType.infoType=1
```

其中,showType 为封装表单数据的 JavaBean 实例,payforType 为该 JavaBean 中保存"付费状态"的属性,stateType 为保存"审核状态"的属性,infoType 为保存"信息类别"的属性。

Action 处理类接收表单请求后,通过如下代码获取表单数据。

```
int infoType=showType.getInfoType();
String stateType=showType.getStateType();
String payforType=showType.getPayforType();
```

然后生成 SQL 语句如下。

```
SELECT * FROM tb_info WHERE (info_type=?) AND (info_state=?) AND (info_payfor=?)
```

语句中的"?"最终将依次被设置为变量 infoType、stateType 和 payforType 的值。

对于后台信息显示中的详细内容显示，只需要获取要查看信息的 ID 值，然后通过如下的 SQL 语句查询数据表来实现。

```
SELECT * FROM tb_info WHERE (id = ?)
```

2．信息审核技术分析

对于信息审核，实现该功能的主要技术就是执行 SQL 语句更新数据表。首先需要获取信息的 ID 值，然后生成如下 SQL 语句。

```
UPDATE tb_info SET info_state = 1 WHERE (id = ?)
```

其中，id 字段的值将通过表单中的隐藏域字段进行传递，在 Action 处理类中可通过如下代码获取。

```
String checkID=request.getParameter("checkID")
```

最后执行该 SQL 语句更新数据表，完成信息审核操作。

3．信息删除技术分析

与信息审核技术的实现相同，首先获取信息的 ID 值，然后通过执行 SQL 语句来实现，该 SQL 语句如下。

```
DELETE tb_info WHERE (id = ?)
```

其中，id 字段的值将通过表单中的隐藏域字段进行传递，在 Action 处理类中可通过如下代码获取。

```
String deleteID=request.getParameter("deleteID")
```

最后执行该 SQL 语句更新数据表，完成信息删除操作。

4．信息付费设置技术分析

付费管理技术主要就是执行 SQL 语句更新数据表，将信息的付费状态设置为"已付费"，该 SQL 语句如下。

```
UPDATE tb_info SET info_payfor=1 WHERE (id = ?)
```

其中，id 字段的值将通过表单进行传递，在 Action 处理类中可通过如下代码获取。

```
String moneyID=request.getParameter("moneyID");
```

最后执行该 SQL 语句更新数据表，完成信息付费设置操作。

4.11.3 后台信息显示的实现过程

　　后台信息显示用到的数据表：tb_info。

1．在侧栏对应的 right.jsp 页面中编写实现显示方式的代码

根据信息显示功能的介绍及信息显示的技术分析，在 right.jsp 页面中编写如下代码。

例程54 代码位置：资源包\TM\04\cityinfo\WebContent\pages\view\right.jsp

```jsp
<%@ page import="java.util.Map,java.util.TreeMap" %>
<%@ taglib prefix="s" uri="/struts-tags" %>
<%
    Map checkState=new TreeMap();                    //用来存储"审核状态"中的选项
    checkState.put("1","已审核");                    //Map 对象的 key 值存储选项的值，value 存储选项的标签
    checkState.put("0","未审核");
    checkState.put("all","全部");
    Map payforState=new TreeMap();                   //用来存储"付费状态"中的选项
    payforState.put("1","已付费");                   //Map 对象的 key 值存储选项的值，value 存储选项的标签
    payforState.put("0","未付费");
    payforState.put("all","全部");
    request.setAttribute("checkState",checkState);   //将 Map 对象保存在 request 范围内，以便 radio 标签遍历
该 Map 对象生成一组单选按钮
    request.setAttribute("payforState",payforState); //同上
%>
<s:form action="admin_ListShow.action?" theme="simple">
<table>
  <tr><td colspan="2">
      <fieldset>
          <legend>★付费状态</legend>
          <s:radio list="#request.payforState" name="showType.payforType" value="%{showType.payforType}"/>
      </fieldset>
      <fieldset>
          <legend>★审核状态</legend>
          <s:radio list="#request.checkState" name="showType.stateType" value="%{showType.stateType}"/>
      </fieldset>
  </td></tr>
  <tr><td>
      信息类别：<s:select emptyOption="true" list="#session.typeMap" name="showType.infoType"/>
      <s:submit value="显示"/>
  </td></tr>
</table>
</s:form>
…//省略了显示付费设置界面的代码
```

代码中用到了 Struts 2.5 中的<radio>标签，其用法与<select>标签的使用相同，可查看 4.8.3 节"信息发布实现过程"中对<select>标签的讲解。

2. 创建 JavaBean：AdminShowType

根据信息显示的技术分析，需要创建一个 JavaBean 来保存显示方式中的选择状态，实际上就是用来封装表单数据。关键代码如下。

例程55 代码位置：资源包\TM\04\cityinfo\src\com\mingrisoft\model\AdminShowType.java

```java
package com.mingrisoft.model;
public class AdminShowType {
    private String stateType;          //保存审核状态
    private String payforType;         //保存付费状态
```

```
        private int infoType;                                  //保存信息类别
        …//省略了属性的setXXX()与getXXX()方法
}
```

3．在AdminAction类中实现处理后台信息列表显示的方法

AdminAction类用来处理后台管理员请求的操作，其中后台信息列表显示的请求是在该类中的ListShow()方法中处理的。在ListShow()方法中，首先需要获取管理员选择的显示方式，所以在调用该方法之前，需要验证管理员是否选择了显示方式及信息类别，可创建validateListShow()验证方法实现，其代码可查看本书赠送的资源包，下面介绍ListShow()方法的实现代码。

例程56　代码位置：资源包\TM\04\cityinfo\src\com\mingrisoft\action\AdminAction.java

```
int infoType=showType.getInfoType();                    //获取选择的"信息类别"
String payforType=showType.getPayforType();             //获取选择的"付费状态"
String stateType=showType.getStateType();               //获取选择的"审核状态"
session.put("infoType",Integer.valueOf(infoType));      //保存已选择的"信息类别"
session.put("payforType",payforType);                   //保存已选择的"付费状态"
session.put("stateType",stateType);                     //保存已选择的"审核状态"
```

然后通过判断是否选中"付费状态"与"审核状态"中的"全部"单选按钮来生成相应的SQL语句，实现代码如下。

例程57　代码位置：资源包\TM\04\cityinfo\src\com\mingrisoft\action\AdminAction.java

```
        String sqlall="";                               //用来保存查询所有记录的SQL语句
        String sqlsub="";                               //用来保存查询指定页中记录的SQL语句
        Object[] params=null;
        String mark ="";
        int perR=8;                                     //设置每页显示的记录数
        if(!stateType.equals("all")&&!payforType.equals("all")){
                mark="1";
                sqlall="SELECT * FROM tb_info WHERE (info_type=?) AND (info_state=?) AND (info_payfor=?) ORDER BY info_date DESC";
                sqlsub="SELECT TOP "+perR+" * FROM tb_info WHERE (info_type=?) AND (info_state=?) AND (info_payfor=?) ORDER BY info_date DESC";
                params=new Object[3];                   //声明一个大小为3的对象数组
                params[0]=Integer.valueOf(infoType);    //保存设置info_type字段的值
                params[1]=stateType;                    //保存设置info_state字段的值
                params[2]=payforType;                   //保存设置info_payfor字段的值
        }else if(stateType.equals("all")&&payforType.equals("all")){
                mark="2";
                sqlall="SELECT * FROM tb_info WHERE (info_type=?) ORDER BY info_date DESC";
                sqlsub="SELECT TOP "+perR+" * FROM tb_info WHERE (info_type=?) ORDER BY info_date DESC";
                params=new Object[1];                   //声明一个大小为1的对象数组
                params[0]=Integer.valueOf(infoType);    //保存设置info_type字段的值
        }else if(payforType.equals("all")){
                mark="3";
                sqlall="SELECT * FROM tb_info WHERE (info_type=?) AND (info_state=?) ORDER BY info_date DESC";
                sqlsub="SELECT TOP "+perR+" * FROM tb_info WHERE (info_type=?) AND (info_state=?) ORDER BY info_date DESC";
```

```
            params=new Object[2];                          //声明一个大小为2的对象数组
            params[0]=Integer.valueOf(infoType);           //保存设置 info_type 字段的值
            params[1]=stateType;                           //保存设置 info_state 字段的值
        }else if(stateType.equals("all")){
            mark="4";
            sqlall="SELECT * FROM tb_info WHERE (info_type=?) AND (info_payfor=?) ORDER BY info_date DESC";
            sqlsub="SELECT TOP "+perR+" * FROM tb_info WHERE (info_type=?) AND (info_payfor=?) ORDER BY info_date DESC";
            params=new Object[2];                          //声明一个大小为2的对象数组
            params[0]=Integer.valueOf(infoType);           //保存设置 info_type 字段的值
            params[1]=payforType;                          //保存设置 info_payfor 字段的值
        }
```

代码贴士

❶ 没有同时选中"付费状态"与"审核状态"的"全部"单选按钮。
❷ 同时选中了"付费状态"与"审核状态"的"全部"单选按钮。
❸ 选中了"付费状态"中的"全部"单选按钮,"审核状态"任意。
❹ 选中了"审核状态"中的"全部"单选按钮,"付费状态"任意。

以上代码中加粗的 SQL 语句用来查询符合条件的第一页所包含的记录,其中变量 perR 表示每页显示的记录数。

接着获取存储分页信息的 CreatePage 类对象,实现代码如下。

例程 58　代码位置:资源包\TM\04\cityinfo\src\com\mingrisoft\action\AdminAction.java

```
String strCurrentP=request.getParameter("showpage");        //获取当前页码
String gowhich="admin_ListShow.action";                     //设置分页超链接请求的资源
OpDB myOp=new OpDB();                                       //创建一个业务处理对象
CreatePage createPage=myOp.OpCreatePage(sqlall, params,perR,strCurrentP,gowhich); //调用 OpDB 类中的
//OpCreatePage()方法计算出总记录数、总页数,并且设置当前页码,这些信息都封装到了 createPage 对象中
```

接下来判断用户访问的页码是否为第一页,若不是,则生成查询其他页记录的 SQL 语句,实现代码如下。

例程 59　代码位置:资源包\TM\04\cityinfo\src\com\mingrisoft\action\AdminAction.java

```
int currentP=createPage.getCurrentP();                      //获取当前页码
if(currentP>1){                                             //如果不是第一页
    int top=(currentP-1)*perR;
    if(mark.equals("1")){
        sqlsub="SELECT TOP "+perR+" * FROM tb_info i WHERE (info_type = ?) AND (info_payfor = ?) AND (info_state = ?) AND (info_date < (SELECT MIN(info_date) FROM (SELECT TOP "+top+" (info_date) FROM tb_info WHERE (info_type = i.info_type) AND (info_payfor = i.info_payfor) AND (info_state = i.info_state) ORDER BY info_date DESC) AS mindate)) ORDER BY info_date DESC";
    }
    else if(mark.equals("2")){
        sqlsub="SELECT TOP "+perR+" * FROM tb_info i WHERE (info_type = ?) AND (info_date < (SELECT MIN(info_date) FROM (SELECT TOP "+top+" (info_date) FROM tb_info WHERE (info_type = i.info_type) ORDER BY info_date DESC) AS mindate)) ORDER BY info_date DESC";
    }
```

```
            else if(mark.equals("3")){
                sqlsub="SELECT TOP "+perR+" * FROM tb_info i WHERE (info_type = ?) AND (info_state = ?) AND
(info _date < (SELECT MIN(info_date) FROM (SELECT TOP "+top+" (info_date) FROM tb_info WHERE
(info_type = i.info_type) AND (info_state = i.info_state) ORDER BY info_date DESC) AS mindate)) ORDER BY
info_date DESC";
            }
            else if(mark.equals("4")){
                sqlsub="SELECT TOP "+perR+" * FROM tb_info i WHERE (info_type = ?) AND (info_payfor = ?)
AND (info _date < (SELECT MIN(info_date) FROM (SELECT TOP "+top+" (info_date) FROM tb_info WHERE
(info_type = i.info_type) AND (info_payfor = i.info_payfor) ORDER BY info_date DESC) AS mindate)) ORDER
BY info_date DESC";
            }
}
```

最后查询数据库，获取符合条件的在当前页中显示的信息，实现代码如下。

例程60　代码位置：资源包\TM\04\cityinfo\src\com\mingrisoft\action\AdminAction.java

```
List adminlistshow=myOp.OpListShow(sqlsub, params);
request.setAttribute("adminlistshow",adminlistshow);
request.setAttribute("createpage",createPage);
```

4．配置 cityinfo.xml 文件

本系统中所有访问后台操作的请求，都将其访问路径设置为 admin_xxx.action，然后在 cityinfo.xml 配置文件中将该路径模式与 AdminAction 后台处理类进行指定，这样所有访问 admin_*.action 的请求都会由 AdminAction 类进行处理，其配置代码如下。

例程61　代码位置：资源包\TM\04\cityinfo\WEB-INF\classes\cityinfo.xml

```xml
<!-- 后台管理员操作 -->
<action name="admin_*" class="com.mingrisoft.action.AdminAction" method="{1}">
    <result name="input">/pages/admin/view/AdminTemp.jsp</result> <!-- 指定表单验证失败后返回的资源-->
    <result>/pages/admin/view/AdminTemp.jsp</result> <!-- 指定信息显示请求处理成功后返回的资源 -->
</action>
```

5．创建显示信息的 JSP 文件

在获取了符合条件的信息后，应返回 JSP 页面进行显示，其关键代码如下。

例程62　代码位置：资源包\TM\04\cityinfo\WebContent\pages\admin\info\listshow.jsp

```
        <s:set name="listshow" value="#request.adminlistshow"/>
…//省略了部分代码
<s:iterator status="status" value="listshow">
<s:if test="#status.odd">
    <tr></s:if>
<s:else>
    <tr bgcolor="#F9F9F9"></s:else>
        <td><b><s:property value="#status.index+1"/></b></td>      <!-- 输出序号 -->
            <td><s:property value="id"/></td>                 <!-- 输出信息 ID 值 -->
        <td><a href="admin_CheckShow.action? checkID =<s:property value='id'/>"><s:property value=
"getSubInfoTitle(17)"/> </a></td>                 <!-- 以超链接形式输出信息标题 -->
```

```html
            <td><s:property value="infoDate"/></td>                           <!-- 输出信息发布时间 -->
            <td><s:if test="infoPayfor==1">是</s:if><s:else>否</s:else></td>    <!-- 输出付费状态-->
            <td><s:if test="infoState==1"><font color="red">是</font></s:if><s:else><b><font color="blue">否</font></b></s:else></td>                                       <!-- 输出审核状态-->
            <td><a href="admin_CheckShow.action? checkID =<s:property value='id'/>">√审核</a></td>
            <td><a href="admin_Delete.action? deleteID=<s:property value='id'/>" onclick="return really()">×删除</a></td>
        </tr>
</s:iterator>
```

代码贴士

❶ <set>标签用来为变量赋值,并将该变量保存到指定范围内。其中,name 属性指定变量名,value 属性指定变量值,代码中 value 的属性值#request.adminlistshow 等价于 request.getAttribute("adminlistshow"); 可通过 scope 属性指定变量的存储范围,可选值为 application、session、request、page 和 action。

❷ 注意,该<property>标签并不是输出字符串 id,而是输出当前遍历出的元素的 getId()方法返回的值。

4.11.4 信息审核的实现过程

> 信息审核用到的数据表:tb_info。

根据信息审核功能介绍,进行信息审核操作,需要先进入信息审核页面,显示被审核信息的详细内容,然后管理员通过单击"通过审核"按钮,完成信息审核操作。下面按照这个流程来介绍信息审核的实现过程。

1. 在信息列表显示页面中实现进入审核页面的超链接

在信息列表显示页面中提供了信息标题和"审核"超链接,单击超链接后即可进入信息审核页面。实现代码如下。

例程 63 代码位置:资源包\TM\04\cityinfo\WebContent\pages\admin\info\listshow.jsp

```html
<td><a href="admin_CheckShow.action? checkID=<s:property value='id'/>"><s:property value="getSubInfoTitle(17)"/> </a></td>
...
<td><a href="admin_CheckShow.action? checkID =<s:property value='id'/>">√审核</a></td>
```

根据在 cityinfo.xml 文件中对 admin_*.action 的配置,上述代码实现的超链接被触发后,将由 AdminAction 类中的 CheckShow()方法进行处理。

2. 在 AdminAction 类中创建 CheckShow()方法

CheckShow()方法用来显示被审核信息的详细内容。在该方法中,首先需要获取请求中传递的信息 ID 值,然后生成查询 SQL 语句,最后调用业务处理对象的 OpSingleShow()方法返回封装信息的 InfoSingle 类对象,实现代码如下。

例程 64 代码位置:资源包\TM\04\cityinfo\src\com\mingrisoft\action\AdminAction.java

```java
/** 功能:管理员操作-显示要审核的信息 */
public String CheckShow(){
```

```
        request.setAttribute("mainPage","../info/checkshow.jsp");
        comebackState();                                              //恢复在"显示方式"中选择的状态的方法
        String sql="SELECT * FROM tb_info WHERE (id = ?)";
        String checkID=request.getParameter("checkID");               //获取请求中传递的信息 ID 值
        if(checkID==null||checkID.equals(""))
            checkID="-1";
        Object[] params={checkID};
        OpDB myOp=new OpDB();
        infoSingle=myOp.OpSingleShow(sql, params);                    //返回 InfoSingle 类对象
        if(infoSingle==null){                                         //信息不存在
            request.setAttribute("mainPage","/pages/error.jsp");
            addFieldError("AdminShowNoExist",getText("city.singleshow.no.exist"));   //保存提示信息
        }
        return SUCCESS;
}
```

代码中调用的 comebackState()方法用来恢复在"显示方式"中选择的状态，实现代码如下。

例程 65　代码位置：资源包\TM\04\cityinfo\src\com\mingrisoft\action\AdminAction.java

```
/** 功能：恢复在"显示方式"中选择的状态 */
private void comebackState(){
    /* 获取 session 中保存的选择状态。将选择状态保存在 session 中，是在管理员单击"显示"按钮请求列表
    显示时，在 ListShow()方法中实现的*/
    Integer getInfoType=(Integer)session.get("infoType");
    String getPayForType=(String)session.get("payforType");
    String getStateType=(String)session.get("stateType");
    /* 恢复选择的状态 */
    if(getPayForType!=null&&getStateType!=null&&getInfoType!=null){
        showType.setInfoType(getInfoType.intValue());
        showType.setPayforType(getPayForType);
        showType.setStateType(getStateType);
    }
}
```

3．创建显示审核信息的 JSP 页面

用来显示审核信息的页面为 checkshow.jsp，该页面通过一个表单显示被审核信息的详细内容，并提供了"通过审核"与"删除信息"两个提交按钮。单击"通过审核"按钮，表单触发 admin_Check 动作，将由 AdminAction 类中的 Check()方法来处理该请求；单击"删除信息"按钮，表单触发 admin_Delete 动作，将由 AdminAction 类中的 Delete()方法处理请求，checkshow.jsp 的代码如下。

例程 66　代码位置：资源包\TM\04\cityinfo\WebContent\pages\admin\info\checkshow.jsp

```
<s:form theme="simple">
<input type="hidden" name="checkID" value="<s:property value="infoSingle.id"/>">
<input type="hidden" name="deleteID" value="<s:property value="infoSingle.id"/>">
<table>
    <tr>
        <td><b>审核信息  [ID 值：<s:property value="infoSingle.id"/>]</b></td>
        <td colspan="2" align="right"><s:fielderror/></td>
    </tr>
```

```
            ···//省略了显示其他字段信息的代码
    <tr>
        <td>信息内容：</td>
            <td>
                <s:if test="infoSingle.infoState==1"><s:set name="forbid" value="true"/></s:if>
                <s:else><s:set name="forbid" value="false"/></s:else>
                <s:submit formaction="admin_Check" value="√通过审核" disabled="%{forbid}"/>
            </td>
            <td><s:submit formaction="admin_Delete" value="×删除信息" onclick="return really()"/></td>
    </tr>
            ···//省略了显示其他字段信息的代码
        </table>
</s:form>
```

代码贴士

❶ 该<form>标签并没有设置 form 属性来指定表单触发的 Action 动作，则默认触发当前请求中的 Action 动作。
❷ 通过该<submit>标签的 formaction 属性设置表单触发的 Action 动作为 admin_Check。
❸ 通过该<submit>标签的 formaction 属性设置表单触发的 Action 动作为 admin_Delete。

4．在 AdminAction 类中创建信息审核的 Check()方法

Check()方法将实现信息审核的操作。在该方法中，先获取请求中传递的信息 ID 值，然后生成 SQL 语句，最后调用业务处理对象的 OpUpdate ()方法实现信息审核操作，实现代码如下。

例程 67　代码位置：资源包\TM\04\cityinfo\src\com\mingrisoft\action\AdminAction.java

```java
/** 功能：管理员操作-审核信息（更新数据库） */
public String Check(){
    session.put("adminOP","Check");                          //记录当前操作为"审核信息"
    String checkID=request.getParameter("checkID");          //获取信息 ID 值
    String sql="UPDATE tb_info SET info_state = 1 WHERE (id = ?)";
    Object[] params={checkID};
    OpDB myOp=new OpDB();
    int i=myOp.OpUpdate(sql, params);                        //更新数据表，实现信息审核操作
    if(i>0)                                                  //审核信息成功
        return "checkSuccess";
    else{                                                    //审核信息失败
        comebackState();
        addFieldError("AdminCheckUnSuccess",getText("city.admin.check.no.success"));
        request.setAttribute("mainPage","/pages/error.jsp");
        return "UnSuccess";
    }
}
```

5．配置 cityinfo.xml 文件

对信息审核操作的配置与对信息显示的操作的配置使用的是同一个配置，读者可查看 4.11.3 节中配置 cityinfo.xml 文件中的代码，只不过在该<action>元素中需要增加对<result>元素的配置，来指定信息审核操作成功和失败后返回的视图，配置代码如下。

例程 68　代码位置：资源包\TM\04\cityinfo\WebContent\WEB-INF\classes\cityinfo.xml

```xml
    <result name="checkSuccess" type="redirectAction">
        admin_ListShow.action
    </result>
    <result name="deleteSuccess" type="redirectAction">
        admin_ListShow.action
    </result>
    <result name="UnSuccess">/pages/admin/view/AdminTemp.jsp</result>
```

代码贴士

该<result>元素用来指定信息删除成功后返回的视图，若程序返回由该<result>元素指定的视图，则会生成如下请求：http://localhost:8080/cityinfo/admin_ListShow.action。

4.11.5　信息付费设置的实现过程

信息付费设置用到的数据表：tb_info。

根据信息付费设置功能介绍进行信息付费设置操作，需要先查询出要进行付费设置的信息，在页面中显示要进行付费设置信息的详细内容，然后管理员通过单击"设为付费"按钮，完成信息付费设置操作。实际上，信息付费设置的实现与信息审核的实现是相同的，只不过在查询被操作的信息时，信息审核操作的实现，是将要查询信息的 ID 值在超链接中传递，而信息付费设置需要管理员向表单中输入信息 ID 值，然后提交表单进行传递，下面介绍信息付费设置的实现过程。

1．在侧栏对应的 right.jsp 页面中编写实现付费设置页面的代码

该编码要实现一个表单，在表单中提供一个文本输入框和一个提交按钮，文本框用来接收管理员输入的信息 ID 值，实现代码如下。

例程 69　代码位置：资源包\TM\04\cityinfo\WebContent\pages\admin\view\right.jsp

```html
<!-- 设置已付费信息 -->
<form action="admin_SetMoneyShow.action">
    <tr><td>
        <table>
            <tr><td>请输入要设为已付费状态的信息 ID：</td></tr>
            <tr><td >
                <input type="text" name="moneyID" value="${param['moneyID']}" size="24"/>
                <input type="submit" value="查询"/>
            </td></tr>
        </table>
    </td></tr>
</form>
```

代码中${param['moneyID']}为 JSP 的 EL 表达式，表示获取请求中名为 moneyID 的参数的值，也可以写成${param.moneyID}形式。

根据在 cityinfo.xml 文件中对 admin_*.action 的配置，上述代码实现的表单被提交后，将由 AdminAction 类中的 SetMoneyShow()方法进行处理。

2. 在 AdminAction 类中创建 SetMoneyShow()方法

SetMoneyShow()方法用来显示要进行付费设置的信息的详细内容。在该方法中，首先需要获取通过表单传递的信息 ID 值，然后生成查询 SQL 语句，最后调用业务处理对象的 OpSingleShow()方法返回封装信息的 InfoSingle 类对象。在此之前，需要验证是否输入了信息的 ID 值和 ID 值是否为数字格式，该验证可在 validateSetMoneyShow ()方法中实现，具体代码可查看本书赠送的资源包，SetMoneyShow()方法的关键代码如下。

例程 70　代码位置：资源包\TM\04\cityinfo\src\com\mingrisoft\action\AdminAction.java

```
String moneyID=request.getParameter("moneyID");            //获取信息 ID 值
String sql="SELECT * FROM tb_info WHERE (id = ?)";         //生成 SQL 语句
Object[] params={moneyID};
OpDB myOp=new OpDB();                                       //创建业务对象
infoSingle=myOp.OpSingleShow(sql, params);                 //返回 InfoSingle 类对象
```

3. 创建显示付费信息的 JSP 页面

该页面的编码与显示审核信息的 JSP 页面的编码相同，其关键代码如下。

例程 71　代码位置：资源包\TM\04\cityinfo\WebContent\pages\admin\info\moneyshow.jsp

```html
<s:form theme="simple">
    <input type="hidden" name="moneyID " value="<s:property value="infoSingle.id"/>">
    <input type="hidden" name="deleteID" value="<s:property value="infoSingle.id"/>">
    <table>
        <tr>
            <td><b>付费设置[ID 值：<s:property value="infoSingle.id"/>]</b></td>
            <td colspan="2"><s:fielderror/></td>
        </tr>
        …//省略了显示其他字段信息的代码
        <tr>
            <td>信息内容：</td>
            <td>
                <s:if test="infoSingle.infoState==1"><s:set name="forbid" value="true"/></s:if>
                <s:else><s:set name="forbid" value="false"/></s:else>
                <s:submit formaction="admin_SetMoney " value=" √设为付费" disabled="%{forbid}"/>
            </td>
            <td><s:submit formaction="admin_Delete" value="×删除信息" onclick="return really()"/></td>
        </tr>
        …//省略了显示其他字段信息的代码
    </table>
</s:form>
```

4. 在 AdminAction 类中创建付费设置的 SetMoney()方法

SetMoney()方法将实现付费设置的操作。在该方法中，首先获取表单中传递的信息 ID 值，然后生成 SQL 语句，最后调用业务处理对象的 OpUpdate ()方法实现付费设置的操作，关键代码如下。

例程 72 代码位置：资源包\TM\04\cityinfo\src\com\mingrisoft\action\AdminAction.java

```
String moneyID=request.getParameter("moneyID");              //获取信息 ID 值
String sql="UPDATE tb_info SET info_payfor=1 WHERE (id = ?)"; //生成 SQL 语句
Object[] params={Integer.valueOf(moneyID)};
OpDB myOp=new OpDB();                                         //创建业务对象
int i=myOp.OpUpdate(sql, params);                             //执行付费设置操作
```

4.12 网站发布

如今有很多网络用户利用自己的计算机作为服务器，发布网站到 Internet，这也是一个不错的选择，为网站的更新和维护提供了很大的便利。

在发布 Java Web 程序到 Internet 之前，需具备如下前提条件（假设使用的是 Tomcat 服务器）。

☑ 拥有一台可连接到 Internet 的计算机，并且是固定 IP。

☑ 拥有一个域名。

☑ 在可连接到 Internet 的计算机上要有 Java Web 程序的运行环境，即已经成功安装了 JDK 和 Tomcat 服务器。

☑ 拥有一个可运行的 Java Web 应用程序。

具备了上述条件，就可以将已经开发的 Java Web 程序发布到 Internet 了。发布步骤如下：

（1）申请一个域名，例如 www.mingrisoft.com。

（2）将域名的 A 记录的 IP 指向自己的计算机的 IP。

（3）在本地计算机中创建一个目录用来存放 Java Web 程序，如 D:/JSPWeb。

（4）将 Java Web 程序复制到 D:/JSPWeb 目录下，可对其重命名，如命名为 04_CityInfo。

（5）将 Tomcat 服务器端口改为 80。修改方法为：打开 Tomcat 安装目录中 conf 目录下的 server.xml 文件，找到以下配置代码。

```
<Connector port="8080" protocol="HTTP/1.1"
          connectionTimeout="20000"
          redirectPort="8443" />
```

修改<Connector>元素中 port 属性的值为 80。

（6）建立虚拟主机，主机名为申请的域名。创建方法为：打开 Tomcat 安装目录中 conf 目录下的 server.xml 文件，找到<Host>元素并进行如下配置。

```
<Host name="www.mingrisoft.com"   appBase="D:/JSPWeb"
      unpackWARs="true" autoDeploy="true"
      xmlValidation="false" xmlNamespaceAware="false">
    <Context path="/city" docBase="04_CityInfo" debug='0' reaload="true"/>
</Host>
```

<Host>元素用来创建主机，name 属性指定了主机名（域名），appBase 属性指定了 Java Web 应用程序存放在本地计算机中的位置。<Context>元素用来配置主机的 Web 应用程序，path 属性指定了访问主机中某个 Web 应用的路径，docBase 属性指定了相对于 D:/JSPWeb 目录下的 Java Web 应用程序路径。所以，若访问 www.mingrisoft.com/city 路径，既可访问 D:/JSPWeb 目录下的 04_CityInfoWeb 应用程序，也可以将 path 属性设置为"/"，这样直接访问 www.mingrisoft.com 即可访问 04_CityInfoWeb 应用程序。

（7）访问站点。启动 Tomcat 服务器，在浏览器地址栏中输入 http://www.mingrisoft.com/city，访问发布的 Java Web 应用程序。

也可通过该方法将网站发布到局域网内，只不过在<Host>元素中 name 属性指定的是计算机名称，并且该计算机名称不能包含空格或"."等非法字符，否则局域网内的其他计算机将不能访问发布的网站。

4.13 开发技巧与难点分析

4.13.1 实现页面中的超链接

虽然在应用 Struts 框架开发 Web 应用时推荐使用 Struts 中提供的标签，但有些时候不妨灵活地使用原始的 HTML 语言中的一些标识。例如，在页面中实现一个超链接，链接请求的资源为 welcome.jsp 页面，若使用如下 Struts 2.5 的<a>标签实现。

```
<s:a href="<s:url value='/welcome.jsp'/>">转发</s:a>
```

则上述代码将生成如下 HTML 代码。

```
<a href="<s:url value='/welcome.jsp'/>">转发</a>
```

所以该超链接请求的资源为<s:url value='/welcome.jsp'/>，很显然不是预期的效果，可以写为如下形式。

```
<s:a href="welcome.jsp">转发</s:a>
```

但是，如果超链接请求的资源是动态改变的，或者传递的参数也是动态改变的，这时可以使用如下 HTML 语言中的标识实现。

```
<a href="<s:url value="/welcome.jsp"/>">转发</a>
<a href="welcome.jsp?name=<s:url value='mingrisoft'/>">传参</a>
```

则上述代码将生成如下 HTML 代码。

```
<a href="welcome.jsp">转发</a>
<a href="welcome.jsp?name=mingrisoft">传参</a>
```

4.13.2 Struts 2.5 中的中文乱码问题

在 Struts 2.5 中解决中文乱码的问题，可在 struts.properties 文件中进行如下配置。

```
struts.i18n.encoding=utf-8
```

struts.i18n.encoding 用来设置 Web 应用默认的编码，utf-8 则指定了默认的编码。

在 struts.properties 文件中添加上面的代码可以解决提交表单后出现的中文乱码问题。此时，表单的 method 属性值必须为 post，若使用 Struts 2.5 中的<form>标签实现的表单，可省略 method 属性，默认值为 post；若是通过原始的 HTML 语言的<form>标签实现的表单，则需要设置 method 属性，并赋值为 post。

4.14 Struts 2.5 框架搭建与介绍

4.14.1 搭建 Struts 2.5 框架

本系统使用的 Struts 2.5 框架为 Struts 2.5.13 版本，读者可到 http://struts.apache.org/download.cgi#struts2513 网址下载 Full Distribution。Full Distribution 为 Struts 2.5.13 的完整版本，其中包含了 Struts 2.5 的类库、示例应用、说明文档和源代码等资源。解压下载后的文件的目录结构如图 4.45 所示，下面介绍 Struts 2.5 框架的搭建。

图 4.45 Struts 2.5 框架目录结构

1．导入 Struts 2.5 类包文件

通常情况下，将如图 4.45 所示的 lib 目录下的 commons-fileupload-1.3.3.jar、commons-lang3-3.6.jar、freemarker-2.3.23.jar、javassist-3.20.0-GA.jar、log4j-api-2.8.2.jar、ognl-3.1.15.jar 和 struts2-core-2.5.13.jar 包文件复制到 Web 应用中的 WEB-INF/lib 目录下，就可应用 Struts 2.5 开发项目了。如果想使用 Struts 2.5 中的更多功能，将其他的 Jar 包文件复制到 WEB-INF/lib 目录下即可。

2．配置 Web 应用的 web.xml 文件

打开 Web 应用中 WEB-INF 目录下的 web.xml 文件，并进行如下配置。

```xml
<?xml version="1.0" encoding="UTF-8"?>
<web-app xmlns:xsi="http://www.w3.org/2001/XMLSchema-instance"
    xmlns="http://xmlns.jcp.org/xml/ns/javaee" xsi:schemaLocation="http://xmlns.jcp.org/xml/ns/javaee
    http://xmlns.jcp.org/xml/ns/javaee/web-app_3_1.xsd" id="WebApp_ID" version="3.1">

    <filter>
        <filter-name>struts2</filter-name>                               <!-- 命名 Struts 2.5 核心类 -->
```

```xml
        <!-- 指定 Struts 2.5 核心类 -->
        <filter-class>org.apache.struts2.dispatcher.filter.StrutsPrepareAndExecuteFilter</filter-class>
    </filter>
    <filter-mapping>                                    <!-- 配置核心类处理的请求 -->
        <filter-name>struts2</filter-name>
        <url-pattern>/*</url-pattern>                   <!-- 指定处理用户所有请求 -->
    </filter-mapping>
    <jsp-config>
    </jsp-config>
</web-app>
```

经过如上操作就完成了 Struts 2.5 框架的搭建。

在 Struts 2.5 中也提供了标签，在使用时可以直接在 JSP 页面中通过如下代码引入 Struts 2.5 标签。

```
<%@ taglib prefix="s" uri="/struts-tags" %>
```

4.14.2 Struts 2.5 框架介绍

Struts 2.5 与 Struts 1.0 存在很大的差别，因为 Struts 2.5 是以 WebWork 为核心，可以说 Struts 2.5 是 WebWork 框架的升级版本，因此具有 WebWork 开发经验的读者会更容易学习 Struts 2.5 框架。

1．控制器

Struts 2.5 中的控制器分为核心控制器和业务控制器（用户控制器），其中业务控制器是用户创建的 Action 类，下面介绍这两种控制器。

（1）核心控制器：FilterDispatcher。FilterDispatcher 类存在于 org.apache.struts2.dispatcher 包下，继承了 javax.servlet.Filter 接口。在应用的 web.xml 文件中需要配置该控制器，用来接收用户的所有请求，FilterDispatcher 会判断请求是否为*.action 模式，如果匹配，则 FilterDispatcher 将请求转发给 Struts 2.5 框架进行处理。在 web.xml 文件中，对 FilterDispatcher 的配置可查看 4.14.1 节中的介绍。

（2）业务控制器。由用户创建的 Action 类实例，充当着 Struts 2.5 中的业务控制器，也可称为用户控制器。创建 Action 类时，通常使其继承 Struts 2.5 包中的 com.opensymphony.xwork2.ActionSupport 类。在 Action 类中可实现 execute()方法，当有请求访问该 Action 类时，execute()方法会被调用来处理请求，这与之前的 Struts 版本中 Action 的处理是相同的。

在 Struts 之前的版本中，若 Action 类继承自 org.apache.struts.actions.DispatchAction 父类，那么该 Action 会根据用户请求调用相应的自定义方法来处理请求，不必实现 execute()方法。同样，在 Struts 2.5 中要实现这样的功能，可通过在配置文件中指明调用方法和在请求路径中指明调用方法两种方法实现。具体的使用方法在前面已经做了讲解，读者可查看 4.7.3 节中"列表显示某类别中所有信息的实现过程"中的内容。

同之前的版本一样，Struts 2.5 也需要在配置文件中对 Action 进行配置。该配置主要就是将用户请求与业务控制器进行关联，然后指定请求处理结束后返回的视图资源，例如如下所示。

```
<!-- 若请求路径中包含 userLogin.action，则转发给 LoginAction 业务控制器 -->
<action name="userLogin" class="com.mingrisoft.action.LoginAction">
    <result>/welcome.jsp</result>                      <!-- 登录成功后，转发到 welcome.jsp 页面 -->
```

```
        <result name="loginError">/login.jsp</result>       <!-- 登录失败后，转发到 login.jsp 页面 -->
</action>
```

在 Struts 2.5 中可使用拦截器处理请求。在一些拦截器中通过 com.opensymphony.xwork2.Action-Context 类将请求、会话与 Map 对象进行了映射。在开发程序时，若仅仅是对请求或会话进行存取数据的操作，则可使创建的 Action 控制器继承相应的接口，在拦截器中判断该 Action 控制器是哪个接口的实例，根据判断，生成一个与请求进行映射的 Map 对象或与会话进行映射的 Map 对象。在用户 Action 控制器中，对这些 Map 对象进行数据存取操作，即可实现对请求或会话的数据存取操作。

Struts 2.5 中实现该功能的拦截器为 ServletConfigInterceptor，存放在 struts2-core-2.5.13.jar 中的 org.apache.struts2.interceptor 包下，其部分代码如下。

```
public String intercept(ActionInvocation invocation) throws Exception {
    final Object action = invocation.getAction();                       //获取请求要访问的 Action 控制器
    final ActionContext context = invocation.getInvocationContext();    //获取 Action 上下文
    if (action instanceof ParameterAware) {                             //如果控制器是 ParameterAware 类实例
❶       ((ParameterAware) action).setParameters(context.getParameters());
    }
    if (action instanceof RequestAware) {                               //如果控制器是 RequestAware 类实例
❷       ((RequestAware) action).setRequest((Map) context.get("request"));
    }
    if (action instanceof SessionAware) {                               //如果控制器是 SessionAware 类实例
❸       ((SessionAware) action).setSession(context.getSession());
    }
    …
    return invocation.invoke();                                         //调用 Action 控制器
}
```

 代码贴士

❶ 调用 ActionContext 类的 getParameters()方法将请求中的参数封装到 Map 对象中，并保存该 Map 对象。
❷ 调用 ActionContext 类的 get()方法获取一个与请求对应的 Map 对象，并保存该 Map 对象。
❸ 调用 ActionContext 类的 getSession()方法获取一个与会话对应的 Map 对象，并保存该 Map 对象。

所以，在用户控制器中，若对请求或会话存取数据，可使该 Action 控制器继承相应的接口，例如如下所示。

```
package com.mingrisoft.action;
import java.util.Map;
import org.apache.struts2.interceptor.RequestAware;
import org.apache.struts2.interceptor.ResponseAware;
import org.apache.struts2.interceptor.SessionAware;
import com.opensymphony.xwork2.ActionSupport;
public class s extends ActionSupport implements RequestAware,SessionAware {
    private Map request;
    private Map session;
    public void setRequest(Map request) {                   //继承 RequestAware 接口必须实现的方法
        this.request=request;
    }
    public void setSession(Map session) {                   //继承 SessionAware 接口必须实现的方法
        this.session=session;
```

```
    }
    public String execute() throws Exception {
        request.get("userName");                    //获取请求中 userName 属性值
        session.put("longer","mingrisoft");         //向会话中存储值
        return SUCCESS;
    }
}
```

通过对拦截器中的 Map 对象进行存取数据的操作来实现对请求或会话进行存储数据的操作,这使得用户实现的 Action 控制器避免了对 Servlet API 的依赖。

2．模型组件

模型组件概念的范围是很宽泛的,对于实现了 MVC 体系结构的 Struts 2.5 框架来说,在模型的设计方面并没有提供太多的帮助。在 Java Web 应用中,模型通常由 JavaBean 组成,一种 JavaBean 被指定用来封装表单数据,实现了视图与控制器之间的数据传递;另一种则实现了具体的业务,称为系统的业务逻辑组件。

在 MVC 体系结构中,位于控制层的业务控制器负责接收请求,然后调用业务逻辑组件处理请求,最后转发请求到指定视图。所以,真正用来处理请求的是系统中的模型组件。

3．视图组件

在 Struts 2.5 中,请求处理结束后,返回的视图不仅可以是 JSP 页面、Action 动作,还可以是其他的视图资源,如 FreeMarker 模板、Velocity 模板和 XSLT 等。

Struts 2.5 完成了请求的处理后,将根据在配置文件中的配置决定返回怎样的视图,这主要是通过<result>元素的 type 属性来决定。若返回 FreeMarker 模板,则设置 type 属性的值为 freemarker;若返回 Velocity 模板,则设置为 velocity;若返回另外一个 Action 动作,则设置为 redirectAction;在没有设置 type 属性的情况下,默认返回的视图为 JSP 页面,例如下面的配置。

```
<action name="returnType" class="com.mingrisoft.action.ReturnAction">
    <result>/welcome.jsp</result>                                              <!-- 返回 JSP 页面 -->
    <result name="vm" type=" velocity ">/welcome.vm </result>                  <!-- 返回 Velocity 模板 -->
    <result name="action " type=" redirectAction ">myReturn.action</result>    <!-- 返回 Action 动作 -->
</action>
```

4．配置文件

Struts 2.5 默认会加载 Web 应用 WEB-INF/classes 目录下的 struts.xml 配置文件,通过该文件的配置为用户请求指定处理类,并设置该请求处理结束后返回的视图资源。在开发大型项目时,这往往会导致 struts.xml 文件过于庞大,降低了可读性。此时可以自己创建配置文件,然后在 struts.xml 文件中通过<include>元素包含这些文件。例如,在 struts.xml 文件中包含名为 myxml.xml 的文件。

```
<?xml version="1.0" encoding="UTF-8"?>
<!DOCTYPE struts PUBLIC
    "-//Apache Software Foundation//DTD Struts Configuration 2.5//EN"
    "http://struts.apac
<struts>
```

```
            <include file="myxml.xml"/>              <!-- 包含 myxml.xml 文件 -->
    </struts>
```

在 myxml.xml 文件中配置用户请求与处理类的关系，例如下面的配置。

```
<?xml version="1.0" encoding="UTF-8"?>
<!DOCTYPE struts PUBLIC
        "-//Apache Software Foundation//DTD Struts Configuration 2.5//EN"
        "http://struts.apac
❶       <struts>
❷            <package name=" example" extends="struts-default">
❸                <action name="my" class="com.mingrisoft.action. MyAction">
❹                    <result>/welcome.jsp </result>
                </action>
                …//其他<action>元素的配置
            </package>
        </struts>
```

代码贴士

❶ Struts 2.5 配置文件的根元素。

❷ 包元素。name 属性指定了包名称；extends 属性指定了继承的另一个包元素；struts-default 是在 struts-default.xml 文件中定义的包的名称。struts-default.xml 位于 struts2-core-2.5.13.jar 文件下，在该文件的 struts-default 包元素中，定义了<result>元素的 type 属性所能指定的视图类型、Struts 2.5 中提供的拦截器以及对继承了 struts-default 包的 XML 配置文件中配置的所有 Action 类默认执行的拦截器。

❸ <action>元素，用来配置业务控制器与请求的关系。

❹ <result>元素，指定请求处理结束后返回的视图资源。

5．消息资源文件

在 Struts 2.5 中用来存储提示信息的 properties 资源文件有以下 3 种：应用范围内的资源文件、包（package）范围内的资源文件和 Action 类范围内的资源文件。

（1）应用范围内的资源文件。该资源文件在整个应用内都可以被访问，通常称为全局资源文件，需要在 struts.properties 配置文件中指定。例如，在 WEB-INF\classes 目录下创建了一个名为 allMessage.properties 的全局资源文件，在 struts.properties 文件中需进行如下配置。

```
struts.custom.i18n.resources=allMessage
```

若将文件保存在了 WEB-INF\classes\messages 目录下，需进行如下配置：

```
struts.custom.i18n.resources= messages.allMessage
```

struts.properties 文件通常应被存放到 Web 应用的 WEB-INF\classes 目录下，Struts 2.5 会自动加载该文件，该文件以 key=value 的形式存储了一些在 Struts 2.5 启动时对 Web 应用进行的配置，key 用来表示配置选项名称，value 表示配置选项的值，如解决 Struts 2.5 中文乱码的问题。

（2）包（package）范围内的资源文件。包范围内的资源文件必须命名为 package_xx_XX.properties，其中 xx 表示语言代码，XX 表示地区代码，例如 package_zh_CN.properties 表示中文（中国）。通过这样命名，可以实现应用程序国际化。也可忽略语言代码与地区代码，命名为 package.properties，表示任意语言（地区）。包范围内的资源文件只可被当前包中的类文件访问。例如，存在如图 4.46 所示的包结构，在 actionA 子包中存在一个 package.properties 资源文件，则 actionA 子包中的类文件可以访问 package.properties 资源文件，而 actionB 子包中的类文件则不能访问。可将 package.properties 文件存放在 com\yxq 目录下，使得 com\yxq 目录下所有子目录中的类文件都可以访问。

图 4.46　包结构图

（3）Action 类范围内的资源文件。该资源文件只可被某一个 Action 类访问，必须与访问它的 Action 类存放在同一个目录下，并且文件的命名与该 Action 类的名称相同。例如，在 com.yxq.action 包下存在 MyAction.java 类文件，若在 com.yxq.action 下创建一个 MyAction.properties 资源文件，则该文件只可被 MyAction.java 类文件访问。

4.15　本章小结

本章讲解的是如何应用 Struts 2.5 开发一个 Web 项目。通过本章的学习，读者应该对 Struts 2.5 框架有了初步的了解，并能够成功搭建 Struts 2.5 框架，应用该框架开发一个简单的 Web 应用程序。

另外，通过阅读本章内容，读者应对一个项目的开发过程有进一步的了解，并要时刻牢记在进行任何项目的开发之前一定要做好充分的前期准备，如完善的需求分析、清晰的业务流程、合理的程序结构、简单的数据关系等，这样在后期的程序开发中才会得心应手、有备无患。

第 5 章

物流配货系统
（Struts 2.5+MySQL 实现）

物流配送管理系统不但能使物流企业走上科学化、网络化管理的道路，而且能够为企业带来巨大的经济效益和技术上飞速的发展。物流企业信息化的目的是通过建设物流信息系统，提高信息流转效率，降低物流运作成本。

通过阅读本章，可以学习到：

▶▶ 如何进行需求分析和编写项目计划书

▶▶ 物流配货系统的设计过程

▶▶ 如何分析并设计数据库

▶▶ Struts 2.5 的基本应用

配置说明

5.1 开发背景

物流信息化,是指物流企业运用现代信息技术对物流过程中产生的全部或部分信息进行采集、分类、传递、汇总、查询等一系列处理活动,以实现对货物流动过程的控制,从而降低成本,提高效益。物流企业信息化的目的是通过建设物流信息系统,提高信息流转效率,降低物流运作成本。

5.2 系统分析

5.2.1 需求分析

通过对物流企业和相关行业信息的调查,物流配货系统站具有以下功能。
- ☑ 全面展示企业的形象。
- ☑ 通过系统流程图,全面介绍企业的服务项目。
- ☑ 实现对车辆来源的管理。
- ☑ 实现对固定客户的管理。
- ☑ 通过发货单编号,详细查询物流配货的详细信息。
- ☑ 具备易操作的界面。
- ☑ 当受到外界环境(停电、网络病毒)干扰时,系统可以自动保护原始数据的安全。
- ☑ 系统退出。

5.2.2 必要性分析

- ☑ 经济性

科学的管理方法,便捷的操作环境,系统的经营模式,将为企业带来更多的客户资源,树立企业的品牌形象,提高企业的经济效益。

- ☑ 技术性

网络化的物流管理方式,在操作过程中能够快捷地查找出车源信息、客户订单以及客户信息;能够对货物进行全程跟踪,了解货物的托运情况,从而使企业能够根据实际情况做好运营过程中的各项准备工作,并对突发事件做出及时准确的调整;能够保证托运人以及收货人对货物进行及时的处理。

5.3 系统设计

5.3.1 系统目标

结合目前网络上物流配送系统的设计方案,对客户做的调查结果以及企业的实际需求,本项目在设计时应该满足以下目标。

- ☑ 界面设计美观大方、操作简单。
- ☑ 功能完善、结构清晰。
- ☑ 能够快速查询车源信息。
- ☑ 能够准确填写发货单。
- ☑ 能够实现发货单查询。
- ☑ 能够实现对回单处理。
- ☑ 能够对车源信息进行添加、修改和删除。
- ☑ 能够对客户信息进行管理。
- ☑ 能够及时、准确地对网站进行维护和更新。
- ☑ 良好的数据库系统支持。
- ☑ 最大限度地实现易安装性、易维护性和易操作性。
- ☑ 系统运行稳定，具备良好的安全措施。

5.3.2 系统功能结构

物流配货系统的功能结构如图 5.1 所示。

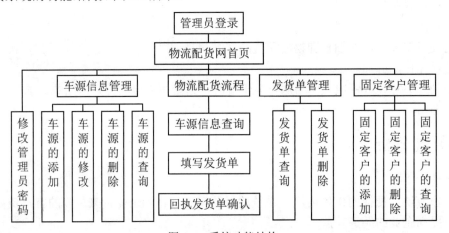

图 5.1 系统功能结构

5.3.3 系统开发环境

本系统的软件开发及运行环境具体如下。
- ☑ 操作系统：Windows 7。
- ☑ JDK 环境：Java SE Development Kit（JDK）version 8。
- ☑ 开发工具：Eclipse for Java EE 4.7（Oxygen）。
- ☑ Web 服务器：Tomcat 9.0。
- ☑ 数据库：MySQL 5.7 数据库。
- ☑ 浏览器：推荐 Google Chrome 浏览器。
- ☑ 分辨率：最佳效果为 1440×900 像素。

5.3.4 系统预览

物流配货系统中有多个页面，下面列出网站中几个典型页面的预览，其他页面可以通过运行资源包中本系统的源程序进行查看。

物流配货系统的管理员登录界面如图 5.2 所示，在该页面中将要求用户输入管理员的用户名和密码，从而实现管理员登录。

图 5.2　物流配货系统的登录页面

管理员在系统登录页面中输入正确的用户名和密码后，单击"登录"按钮，即可进入到物流配货系统的主界面，如图 5.3 所示。

在物流配货系统的主界面中，单击"发货单查询"按钮，可以查看已有发货单，如图 5.4 所示；单击"回执发货单确认"按钮后，输入发货单号（如 1305783681593），单击"订单确认"按钮，即可显示该发货单的确认信息，如图 5.5 所示。查看无误后，单击"回执发货单确认"按钮，即可完成该发货单的确认操作。

图 5.3　物流配货系统的主界面

图 5.4　发货单查询　　　　　　　　　　图 5.5　回执发货单确认

5.3.5 系统文件夹架构

物流配货系统的文件夹架构如图 5.6 所示。

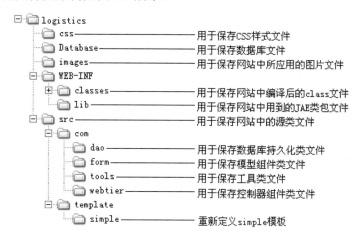

图 5.6　物流配货系统文件夹架构

5.4　数据库设计

5.4.1　数据表概要说明

本系统数据库采用的是 MySQL 5.7 数据库，用来存储管理员信息、车源信息、固定客户信息和发货单信息等。这里将数据库命名为 db_logistics，其中包含 5 张数据表，表树形结构如图 5.7 所示。

图 5.7　数据表树形结构图

5.4.2　数据库逻辑设计

1．tb_admin（管理员信息表）

管理员信息表用来存储管理员信息，表 tb_admin 的结构如表 5.1 所示。

表 5.1 表 tb_admin 的结构

字 段 名	数据类型	长 度	是否主键	描 述
id	int	11	主键	数据库自动编号
admin_user	varchar	50		管理员用户名
admin_password	varchar	50		管理员密码

2．tb_car（车源信息表）

车源信息表用来存储车源信息，表 tb_car 的结构如表 5.2 所示。

表 5.2 表 tb_car 的结构

字 段 名	数据类型	长 度	是否主键	描 述
id	int	11	主键	数据库编号
username	varchar	50		车主姓名
user_number	varchar	50		车主身份证号
car_number	varchar	50		车牌号码
tel	varchar	50		车主电话
address	varchar	80		车主地址
car_road	varchar	50		车辆运输路线
car_content	varchar	50		车辆描述

3．tb_carlog（车源日志表）

车源日志表用来存储车源日志信息，表 tb_carlog 的结构如表 5.3 所示。

表 5.3 表 tb_carlog 的结构

字 段 名	数据类型	长 度	是否主键	描 述
id	int	11	主键	数据库自动编号
good_id	varchar	255		发货单号
car_id	int	11		车源信息表的自动编号
startTime	varchar	255		车辆使用开始时间
endTime	varchar	255		车辆使用结束时间
describer	varchar	255		车辆使用描述

4．tb_customer（固定客户信息表）

固定客户信息表用来存储固定客户信息，表 tb_customer 的结构如表 5.4 所示。

表 5.4 表 tb_customer 的结构

字 段 名	数据类型	长 度	是否主键	描 述
customer_id	int	11	主键	自动编号
customer_user	varchar	50		固定客户姓名
customer_tel	varchar	50		固定客户电话
customer_address	varchar	80		固定客户地址

5. tb_operationgoods（发货单信息表）

发货单信息表用来存储发货单信息，表 tb_operationgoods 的结构如表 5.5 所示。

表 5.5 表 tb_operationgoods 的结构

字 段 名	数 据 类 型	长 度	是 否 主 键	描 述
id	int	11	主键	数据库自动编号
car_id	int	11		车辆信息表的自动编号
customer_id	int	11		固定客户信息表的自动编号
goods_id	varchar	255		发货单编号
goods_name	varchar	255		收货人姓名
goods_tel	varchar	255		收货人电话
goods_address	varchar	255		收货人地址
goods_sure	int	11		回执发货单确认标识

5.5 公共模块设计

视频讲解

在开发过程中经常会用到一些公共类和相关的配置，因此，在开发网站前首先编写这些公共类以及相应的配置文件代码。下面将具体介绍物流配货系统所涉及的公共类和相应的配置文件代码的编写。

5.5.1 编写数据库持久化类

本实例使用的数据库持久化类的名称为 JDBConnection.java。该类不仅提供了数据库的连接，还有根据数据库获取的 Statement 和 ResultSet 等。com.tool.JDBConnection 类封装了关于数据库的各项操作，关键代码如下。

例程 01 代码位置：资源包\TM\05\logistics\src\com\tools\JDBConnection.java

```
public class JDBConnection {
    private final static String url = "jdbc:mysql://localhost:3306/db_logistics?user=root&password=root&useUnicode= true&characterEncoding=utf8";
    private final static String dbDriver = "com.mysql.jdbc.Driver";
    private Connection con = null;
    static {
        try {
            Class.forName(dbDriver).newInstance();
        } catch (Exception ex) {
        }
    }
    //创建数据库连接
    public boolean creatConnection() {
        try {
            con = DriverManager.getConnection(url);
```

```
            con.setAutoCommit(true);
        } catch (SQLException e) {
            return false;
        }
        return true;
    }
    //对数据库的增加、修改和删除的操作
    public boolean executeUpdate(String sql) {
        if (con == null) {
            creatConnection();
        }
        try {
            Statement stmt = con.createStatement();
            int iCount = stmt.executeUpdate(sql);        //如果返回结果为1，则说明执行了该 SQL 语句
            System.out.println("操作成功，所影响的记录数为" + String.valueOf(iCount));
            return true;
        } catch (SQLException e) {
            return false;
        }
    }
    //对数据库的查询操作
    public ResultSet executeQuery(String sql) {
        ResultSet rs;
        try {
            if (con == null) {
                creatConnection();
            }
            Statement stmt = con.createStatement();
            try {
                rs = stmt.executeQuery(sql);        /*执行查询的 SQL 语句，将查询结果存放在 ResultSet 对象中*/
            } catch (SQLException e) {
                return null;
            }
        } catch (SQLException e) {
            return null;
        }
        return rs;
    }
}
```

5.5.2 编写获取系统时间操作类

本实例使用的对系统时间操作的类名称为 CurrentTime。该类对时间的操作中存在获取当前系统时间的方法，具体代码如下。

例程 02　代码位置：资源包\TM\05\logistics\src\com\tools\CurrentTime.java

```
public class CurrentTime {
//获取系统时间的方法，在页面中显示的格式为：年-月-日 星期几
```

```java
public String currentlyTime() {
    Date date = new Date();
    DateFormat dateFormat = DateFormat.getDateInstance(DateFormat.FULL);
    return dateFormat.format(date);
 }
//获取系统时间,返回值为自 1970 年 1 月 1 日 00:00:00 GMT 以来此 Date 对象表示的毫秒数
public long autoNumber() {
     Date date = new Date();
     long autoNumber = date.getTime();
     return autoNumber;
 }
}
```

5.5.3 编写分页 Bean

在本实例中,分页 Bean 的名称为 MyPagination。对于结果集保存在 List 对象中的查询结果进行分页时,通常将用于分页的代码放在一个 JavaBean 中实现。下面将介绍如何对保存在 List 对象中的结果集进行分页显示。

1.设置分页 Bean 的属性对象

首先编写用于保存分页代码的 JavaBean,名称为 MyPagination,保存在 com.wy.core 包中,并定义 1 个 List 类型对象 list 和 3 个 int 类型的变量,具体代码如下。

例程 03 代码位置:资源包\TM\05\logistics\src\com\tools\MyPagination.java

```java
public class MyPagination {
    public List<Object> list=null;              //设置 List 类型的对象 list
    private int recordCount=0;                  //设置 int 类型变量 recordCount
    private int pagesize=0;                     //设置 int 类型变量 pagesize
    private int maxPage=0;                      //设置 int 类型变量 maxPage
}
```

2.初始化分页信息的方法

在 MyPagination 类中添加一个用于初始化分页信息的方法 getInitPage(),该方法包括 3 个参数,分别用于保存查询结果的 List 对象 list,用于指定当前页面的 int 型变量 Page 和用于指定每页显示的记录数的 int 型变量 pagesize。该方法的返回值为保存要显示记录的 List 对象,具体代码如下。

例程 04 代码位置:资源包\TM\05\logistics\src\com\tools\MyPagination.java

```java
public List getInitPage(List list,int Page,int pagesize){
    List<Object> newList=new ArrayList<Object>();      //实例化 List 集合对象
    this.list=list;                                     //获取当前的记录集合
    recordCount=list.size();                            //获取当前的记录数
    this.pagesize=pagesize;                             //获取当前页数
    this.maxPage=getMaxPage();                          //获取最大页码数
    try{
        for(int i=(Page-1)*pagesize;i<=Page*pagesize-1;i++){
            try{
```

```
                if(i>=recordCount){                //当循环i大于最大页码数时，则程序中止
            break;
        }
        }catch(Exception e){}
        newList.add((Object)list.get(i));          //将查询的结果存放在list集合中
    }
    }catch(Exception e){
        e.printStackTrace();
    }
    return newList;                                //返回查询的结果
}
```

3．获取指定页数据的方法

在MyPagination类中添加一个用于获取指定页数据的方法getAppointPage()，该方法只包括一个用于指定当前页数的int型变量Page，该方法的返回值为保存要显示记录的List对象，具体代码如下。

例程05　代码位置：资源包\TM\05\logistics\src\com\tools\MyPagination.java

```
public List<Object> getAppointPage(int Page){
    List<Object> newList=new ArrayList<Object>();   //实例化List集合对象
    try{
        for(int i=(Page-1)*pagesize;i<=Page*pagesize-1;i++){
            try{
                if(i>=recordCount){                 //当i的值大于最大页码数时，则程序中止
                    break;                          //程序中止
                }
            }catch(Exception e){}
            newList.add((Object)list.get(i));       //将查询的结果存放在list集合中
        }
    }catch(Exception e){
        e.printStackTrace();
    }
    return newList;                                 //返回指定页数的记录
}
```

4．获取最大记录数的方法

在MyPagination类中添加一个用于获取最大记录数的方法getMaxPage()，该方法无参数，其返回值为最大记录数，具体代码如下。

例程06　代码位置：资源包\TM\05\logistics\src\com\tools\MyPagination.java

```
public int getMaxPage(){
    //计算最大的记录数
    int maxPage=(recordCount%pagesize==0)?(recordCount/pagesize):(recordCount/pagesize+1);
    return maxPage;
}
```

5．获取总记录数的方法

在MyPagination类中添加一个用于获取总记录数的方法getRecordSize()，该方法无参数，其返回值为总记录数，具体代码如下。

例程 07 代码位置：资源包\TM\05\logistics\src\com\tools\MyPagination.java

```java
public int getRecordSize(){
    return recordCount;                    //通过 return 关键字返回记录总数
}
```

6．获取当前页数的方法

在 MyPagination 中添加一个用于获取当前页数的方法 getPage()，该方法只有一个用于指定从页面中获取的页数的参数，其返回值为处理后的页数，具体代码如下。

例程 08 代码位置：资源包\TM\05\logistics\src\com\tools\MyPagination.java

```java
public int getPage(String str){
    if(str==null){                         //当参数值为 null，则将参数 str 赋值为 0
        str="0";
    }
    int Page=Integer.parseInt(str);        //将参数类型进行转换，并赋值为 Page 变量
    if(Page<1){                            //当 Page 变量小于 1 时，则将变量赋值为 1
        Page=1;
    }else{
        if(((Page-1)*pagesize+1)>recordCount){
            Page=maxPage;                  //将变量 Page 设置为最大页码数量
        }
    }
    return Page;                           //通过 return 关键字返回当前页码数
}
```

7．输出记录导航的方法

在 MyPagination 类中添加一个用于输出记录导航的方法 printCtrl()，该方法只有一个用于指定当前页数的参数，其返回值为输出记录导航的字符串，具体代码如下。

例程 09 代码位置：资源包\TM\05\logistics\src\com\tools\MyPagination.java

```java
public String printCtrl(int Page) {
    String strHtml = "<div style='width:980px;text-align:right;padding:10px;color:#525252;'>当前页数：["+ Page
        + "/" + maxPage + "]  ";
    try {
        if (Page > 1) {         //如果当前页码数大于 1，"第一页"及"上一页"超链接存在
            strHtml = strHtml + "<a href='?" + method + "&Page=1'>第一页</a>";
            strHtml = strHtml + "  <a href='?Page="+ (Page - 1) + "'>上一页</a>";
        }
        if (Page < maxPage) {    //如果当前页码数小于最大页码数，"下一页"及"最后一页"超链接存在
            strHtml = strHtml + "  <a href='?Page="
                + (Page + 1) + "'>下一页</a>   <a href='?Page="
                + maxPage + "'>最后一页 </a>";
        }
        strHtml = strHtml + "</div>";
    } catch (Exception e) {
        e.printStackTrace();
    }
    return strHtml;              //通过 return 关键字返回这个表格
}
```

}

5.5.4 请求页面中元素类的编写

在 Struts 2.5 的 Action 类中若要使用 HttpServletRequest、HttpServletResponse 类对象，必须使该 Action 类实现 ServletRequestAware 和 ServletResponseAware 接口。另外，如果仅仅是对会话进行存取数据的操作，则可实现 SessionAware 接口；否则可通过 HttpServletRequest 类对象的 getSession()方法来获取会话。Action 类继承了这些接口后，必须实现接口中定义的方法。

在本实例中，请求页面中元素类的名称为 MySuperAction，该类实现了 ServletRequestAware 接口、ServletResponseAware 接口和 SessionAware 接口，并继承了 ActionSupport 类，关键的代码如下。

例程 10 代码位置：资源包\TM\05\logistics\src\com\tools\MySuperAction.java

```
public class MySuperAction extends ActionSupport implements SessionAware,ServletRequestAware,
ServletResponseAware {
    protected HttpServletRequest request;              //定义 HttpServletRequest 对象
    protected HttpServletResponse response;            //定义 HttpServletResponse 对象
    protected Map session;                             //定义 Map 对象
    public void setSession(Map session) {
        this.session=session;
    }
    public void setServletRequest(HttpServletRequest request) {
        this.request=request;
    }
    public void setServletResponse(HttpServletResponse response) {
        this.response=response;
    }
}
```

5.5.5 编写重新定义的 simple 模板

使用 Struts 2.5 提供的标签可以根据 Struts 2.5 的模板在 JSP 页面中生成实用的 HTML 代码，这样可以大大减少 JSP 页面中的冗余代码，只需要配置使用不同的主题模板，就可以显示不同的页面样式。

Struts 2.5 默认提供 5 种主题，分别为 simple 主题、XHTML 主题、CSS XHTML 主题、Archive 主题及 Ajax 主题。一般情况下，默认的主题为 XHTML 主题，通过这个主题会生成一些没有用处的 HTML 代码，我们可以将默认的主题进行修改。进行主题的修改需要设置 struts.properties 资源文件，该文件的主要代码如下。

例程 11 代码位置：资源包\TM\05\logistics\src\struts.properties

```
struts.ui.theme=simple
```

通过上面的代码就可以手动编写所需要的 HTML 代码了，但是如果通过 Struts 2.5 的 actionenor 和 actionmessage 标签产生错误信息时，都会增加<li>元素。如何将<li>元素去掉呢？可以将 simple 主题重新进行定义，在重新定义主题之前，需要将在 src 节点下依次创建名称为 template\simple 两个包文件，之后在 simple 包下重新定义 Simple 主题。

1. 重新定义<s:fielderror>标签输出内容

创建 fielderror.ftl 文件，该文件将重新定义<s:fielderror>标签输出的内容，该文件的关键代码如下。

例程 12　代码位置：资源包\TM\05\logistics\src\template\simple\fielderror.ftl

```
<#if fieldErrors?exists><#t/>
    <#assign eKeys = fieldErrors.keySet()><#t/>
    <#assign eKeysSize = eKeys.size()><#t/>
    <#assign doneStartUlTag=false><#t/>
    <#assign doneEndUlTag=false><#t/>
    <#assign haveMatchedErrorField=false><#t/>
    <#if (fieldErrorFieldNames?size > 0) ><#t/>
        <#list fieldErrorFieldNames as fieldErrorFieldName><#t/>
            <#list eKeys as eKey><#t/>
            <#if (eKey = fieldErrorFieldName)><#t/>
                <#assign haveMatchedErrorField=true><#t/>
                <#assign eValue = fieldErrors[fieldErrorFieldName]><#t/>
                <#if (haveMatchedErrorField && (!doneStartUlTag))><#t/>
                    <#assign doneStartUlTag=true><#t/>
                </#if><#t/>
                <#list eValue as eEachValue><#t/>
                    ${eEachValue}
                </#list><#t/>
            </#if><#t/>
            </#list><#t/>
        </#list><#t/>
        <#if (haveMatchedErrorField && (!doneEndUlTag))><#t/>
            <#assign doneEndUlTag=true><#t/>
        </#if><#t/>
    <#else><#t/>
    <#if (eKeysSize > 0)><#t/>
        <#list eKeys as eKey><#t/>
            <#assign eValue = fieldErrors[eKey]><#t/>
            <#list eValue as eEachValue><#t/>
                ${eEachValue}</span>
            </#list><#t/>
        </#list><#t/>
    </#if><#t/>
    </#if><#t/>
</#if><#t/>
```

2. 重新定义<s:actionerror>标签输出内容

创建 actionerror.ftl 文件，该文件将重新定义<s:actionerror>标签输出的内容，该文件的关键代码如下。

例程 13　代码位置：资源包\TM\05\logistics\src\template\simple\actionerror.ftl

```
<#if (actionErrors?exists && actionErrors?size > 0)>
<#list actionErrors as error>
${error}
```

```
</#list>
</#if>
```

3. 重新定义<s:actionmessage>标签输出内容

创建 actionmessage.ftl 文件,该文件将重新定义<s: actionmessage>标签输出的内容,该文件的关键代码如下。

例程 14 代码位置:资源包\TM\05\logistics\src\template\simple\actionmessage.ftl

```
<#if (actionMessages?exists && actionMessages?size > 0)>
<#list actionMessages as message>
${message}
</#list>
</#if>
```

> **注意** <s:actionmessage>、<s:actionerror>和<s:fielderror>这 3 个标签,将在后面的模块进行介绍。对于上面的代码内容,如果不太清楚,请读者参考 Struts 2.5 相关资料。

视频讲解

5.6 管理员功能模块设计

本模块使用的数据表:tb_admin(管理员信息表)。

5.6.1 管理员模块概述

在管理员模块中,涉及的数据表是管理员信息表(tb_admin)。在管理员信息表中保存着管理员名称和登录密码两部分内容,根据这些信息创建管理员的 FormBean,名称为 AdminForm,关键代码如下。

例程 15 代码位置:资源包\TM\05\logistics\src\com\form\AdminForm.java

```java
public class AdminForm extends MySuperAction {
    public String admin_user;                    //用户名属性
    public String admin_password;                //密码属性
    public String admin_repassword1;             //新密码属性
    public String admin_repassword2;             //新密码确认属性
    public String getAdmin_user() {
        return admin_user;
    }
    public void setAdmin_user(String admin_user) {
        this.admin_user = admin_user;
    }
        ……//此处省略了其他控制管理员信息的getXXX()和setXXX()
}
```

在上述代码中,admin_user 和 admin_password 两个属性代表 tb_admin 数据表中的两个字段,而

admin_repassword1 和 admin_repassword2 两个属性用于修改密码的操作。

5.6.2 管理员模块技术分析

管理员模块是一个系统必有的功能，系统管理员有着系统的最高权限，该模块需要实现管理员的登录功能和修改密码的功能。首先需要创建管理员的 Action 实现类，在该 Action 相应的方法中调用 DAO 层的方法验证登录和修改密码。

1．创建管理员的实现类

在本实例中，管理员的实现类名称为 AdminAction。该类继承 AdminForm 类，可以使用 AdminForm 类中的属性和方法，而 AdminForm 本身继承了 MySuperAction 类，可以使用 MySuperAction 类中的属性和方法。

AdminAction 类中可以使用 AdminForm 类和 MySupperAction 类中的方法和属性。在该类中首先需要在静态方法中实例化管理员模块的 AdminDao 类（该类用于实现与数据库的交互），管理员模块中实现类的关键代码如下。

例程 16 代码位置：资源包\TM\05\logistics\src\com\form\AdminForm.java

```java
public class AdminAction extends AdminForm {
    private static AdminDao adminDao = null;
    static{
        adminDao=new AdminDao();
    }
                    …//省略其他业务逻辑的代码
}
```

2．管理员功能模块涉及 struts.xml 文件

在创建完管理员功能模块中实现类后，需要在 struts.xml 文件中进行配置。该文件主要配置管理员功能模块的请求结果，管理员功能模块涉及的 struts.xml 文件的代码如下。

例程 17 代码位置：资源包\TM\05\logistics\src\Struts.xml

```xml
<action name="admin_*" class="com.webtier.AdminAction" method="{1}">
    <result name="success">/admin_{1}.jsp</result>
    <result name="input">/admin_{1}.jsp</result>
</action>
```

在上述代码中，<action>元素的 name 属性代表着请求的方式，在请求方式中"*"代表请求方式的方法，这与 method 属性的配置相对应，而 class 属性是请求处理类的路径。如果客户端请求的名称是 admin_index.action 时，则通过 struts.xml 文件的配置信息，请求的是 AdminAction 类中的 index()方法。

通过<result>子元素添加了两个返回映射地址。其中 success 表示返回请求的成功页面，而 input 表示请求失败的页面，但是无论是请求成功还是请求失败，最后返回的页面是同一个页面，而这个页面的名称要根据请求方法的名称而确定。

5.6.3　管理员模块实现过程

1. 管理员登录实现过程

（1）编写管理员登录页面。管理登录是物流配货系统中最先使用的功能，是系统的入口。在系统登录页面中，管理员可以通过输入正确的用户名和密码进入系统，当用户没有输入用户名和密码时，系统会通过服务器端进行判断，并给予系统提示。系统登录模块运行结果如图 5.8 所示。

图 5.8　管理员登录页面的运行结果

如图 5.8 所示页面的 form 表单，主要通过 Struts 2.5 的标签进行编写的，关键代码如下。

例程 18　代码位置：资源包\TM\05\logistics\WebContent\admin_index.jsp

```
<%@ taglib prefix="s" uri="/struts-tags"%>
<link href="css/style.css" type="text/css" rel="stylesheet">
<div style="width: 42%; float: left;color: #525252;padding-top: 110;">
    <s:form action="admin_index" method="post">
        <ul class="login_ul">
            <li style="color:red;text-align: center;"><s:fielderror>
                <s:param value="%{'admin_user'}" />
            </s:fielderror> <s:fielderror>
                <s:param value="%{'admin_password'}" />
            </s:fielderror> <s:actionerror /></li>
            <li>用户名：<s:textfield name="admin_user" /> </li>
            <li>密　码：<s:password name="admin_password" /></li>
```

```html
            <li style="padding-left:138px;"><s:submit value="登录" />     <s:reset
                value="重置" /></li>
        </ul>
    </s:form>
</div>
```

（2）编写管理员登录代码。在管理登录页面的用户名和密码文本框中输入正确的用户名和密码后，单击"登录"按钮，网页会访问一个 URL 地址（可以通过 IE 浏览器看到），该地址是 admin_index.action。根据 struts.xml 文件的配置信息，我们可以知道，该请求地址执行的是 AdminAction 类中的 index()方法，该方法主要执行管理员登录验证。

在执行验证 index()方法之前，需要输入校验对管理员登录页面的表单实现校验。在 Struts 2.5 中，validate()方法是无法知道需要校验哪个处理逻辑的。实际上，如果我们重写了 validate()方法，则该方法会校验所有的处理逻辑。为了实现校验执行指定处理逻辑的功能，Struts 2.5 的 Action 类允许提供一个 validateXxx()方法，其中 Xxx 即是 Action 对应处理逻辑方法。验证 index()方法之前，执行校验登录页面的表单的代码如下：

例程 19　代码位置：资源包\TM\05\logistics\src\com\webtier\AdminAction.java

```java
public void validateIndex() {
    if (null == admin_user || admin_user.equals("")) {
        this.addFieldError("admin_user", "| 请您输入用户名");
    }
    if (null == admin_password || admin_password.equals("")) {
        this.addFieldError("admin_password", "| 请您输入密码");
    }
}
```

在上述代码中，一旦判断用户名和密码为 null 或空字符串时，则将校验失败提示通过 addFieldError()方法添加进 fieldError 中，之后系统自动返回 input 逻辑视图，该逻辑视图需要在 struts.xml 配置文件中进行配置。为了在 input 视图对应的 JSP 页面中输出错误提示，应该在页面中编写如下的标签代码。

```html
<s:fielderror/>
```

如果输入校验成功，则直接进入业务逻辑处理的 index()方法，该方法主要判断用户名和密码是否与数据库中的用户名和密码相同，验证用户名和密码是否正确的关键代码如下。

例程 20　代码位置：资源包\TM\05\logistics\src\com\webtier\AdminAction.java

```java
public String index() {
    String query_password = adminDao.getAdminPassword(admin_user);
    if (query_password.equals("")) {
        this.addActionError("| 该用户名不存在");
        return INPUT;
    }
    if (!query_password.equals(admin_password)) {
            this.addActionError("| 您输入的密码有误，请重新输入");
            return INPUT;
    }
        session.put("admin_user", admin_user);
```

```
            return SUCCESS;
}
```

（3）编写管理员登录的 AdminDao 类的方法。管理员登录实现类使用的 AdminDao 类的方法是 getAdminPassword()，在该方法中，首先从数据表 tb_admin 中查询输入的用户名是否存在，如果存在，则根据这个用户名查询出密码，将密码的值返回，getAdminPassword()方法的具体代码如下。

例程 21　代码位置：资源包\TM\05\logistics\src\com\dao\AdminDao.java

```java
public String getAdminPassword(String admin_user) {
    String admin_password = "";
    String sql = "select * from tb_admin where admin_user='" + admin_user + "'";
    ResultSet rs = connection.executeQuery(sql);
    try {
        while (rs.next()) {
            admin_password = rs.getString("admin_password");
        }
    } catch (SQLException e) {
        e.printStackTrace();
    }
    return admin_password;
}
```

2．管理员修改密码实现过程

（1）编写管理员密码修改页面。管理员成功登录后，直接进入物流配货系统的主界面。如果登录的管理员想要修改自己的登录密码，则在主界面中单击最上面的"修改密码"超链接，进入修改管理密码的页面，如图 5.9 所示。

如图 5.9 所示页面为通过 Struts 2.5 标签进行编写的 form 表单，关键代码如下。

例程 22　代码位置：资源包\TM\05\logistics\WebContent\admin_updatePassword.jsp

```jsp
<%@ taglib prefix="s" uri="/struts-tags"%>
<%String admin=(String)session.getAttribute("admin_user");%>
<s:form action="admin_updatePassword">
    <table width="70%" class="table"   style="float: right;">
        <tr>
            <td width="20%">原 密 码：</td>
            <td bgcolor="#FFFFFF">
                <s:password name="admin_password" />
                <s:fielderror>
                    <s:param value="%{'admin_password'}" />
                </s:fielderror></td>
        </tr>
        <tr>
            <td>新 密 码：</td>
            <td bgcolor="#FFFFFF"><s:password name="admin_repassword1" />
                <s:fielderror>
                    <s:param value="%{'admin_repassword1'}" />
                </s:fielderror></td>
        </tr>
```

```
            <tr>
                <td>密码确认：</td>
                <td bgcolor="#FFFFFF"><s:password name="admin_repassword2" />
                    <s:fielderror>
                        <s:param value="%{'admin_repassword2'}" />
                    </s:fielderror></td>
            </tr>
            <tr align="center" bgcolor="#FFFFFF">
                <td></td>
                <td height="50">
                    <s:hidden name="admin_user" value="%{#session.admin_user}" />
                    <s:submit value="修改" />  <s:reset value="重置" /></td>
            </tr>
        </table>
</s:form>
```

图 5.9 修改管理员密码页面

（2）编写管理员修改代码。在管理修改页面中，"原密码"文本框中输入管理员登录的原来的密码，而"新密码"和"密码确认"两个文本框中输入的新密码要求必须一致，这些操作都在修改密码之前进行编写。因此，在 AdminAction 类中编写 validateUpdatePassword()方法，该方法是完成上述操作的内容，主要代码如下。

例程 23 代码位置：资源包\TM\05\logistics\src\com\webtier\AdminAction.java

```java
public void validateUpdatePassword() {
    if (null == admin_password || admin_password.equals("")) {
            this.addFieldError("admin_password", "请输入原密码");
    }
    if (null == admin_repassword1 || admin_repassword1.equals("")) {
            this.addFieldError("admin_repassword1", "请输入新密码");
    }
    if (null == admin_repassword2 || admin_repassword2.equals("")) {
            this.addFieldError("admin_repassword2", "请输入密码确认");
    }
    if (!admin_repassword1.equals(admin_repassword2)) {
            this.addActionError("您输入两次密码不相同，请重新输入！！！");
    }
}
```

validateUpdatePassword()方法是在执行修改密码之前进行操作的，而修改密码的方法名称是updatePassword()，该方法主要代码如下。

例程 24 代码位置：资源包\TM\05\logistics\src\com\webtier\AdminAction.java

```java
public String updatePassword() {
        String query_password = adminDao.getAdminPassword(admin_user);
        if (!admin_password.equals(query_password)) {
        this.addFieldError("admin_password", "您输入的原密码有误，请重新输入");
    }
    String sql = "update tb_admin set admin_password='" + admin_repassword1
            + "' where admin_user='" + admin_user + "'";
        if (!adminDao.operationAdmin(sql)) {
            this.addActionError("修改密码失败！！！");
            return INPUT;
        } else {
                request.setAttribute("editPassword", "您修改密码成功，请您重新登录！！！");
            return SUCCESS;
        }
}
```

5.7 车源管理模块设计

📊 本模块使用的数据表：tb_cars（车源信息表）。

5.7.1 车源管理模块概述

车源管理模块主要具有以下几个功能。
- ☑ 车源查询：用于对车源信息的全部查询功能。
- ☑ 车源添加：用于对车源信息添加的功能。
- ☑ 车源修改：用于对车源信息修改的功能。
- ☑ 车源删除：用于对车源信息删除的功能。

5.7.2 车源管理技术分析

车源管理主要就是对车源信息进行增、删、改、查的操作，首先我们知道了对应的数据库车源信息表是 tb_car，因此需要创建一个对应的车源信息的实体 JavaBean 类，再通过 Struts 2.5 创建对应的车源管理的 Action 类来实现对车源信息的增、删、改、查控制。

1. 定义车源信息的 FormBean 实现类

在车源管理模块中，涉及的数据表是 tb_car（车源信息表）。车源信息表中保存着车源的各种信息，根据这些信息创建车源信息的 FormBean，名称为 CarForm，关键代码如下。

例程 25 代码位置：资源包\TM\05\logistics\src\com\form\CarForm.java

```java
package com.form;
import com.tools.MySuperAction;
public class CarForm extends MySuperAction{
    public Integer id=null;                   //设置自动编号的属性
    public String username=null;              //设置车主姓名的属性
    public Integer user_number=null;          //设置车主身份证号码的属性
    public String car_number=null;            //设置车牌号码的属性
    public Integer tel=null;                  //设置车主电话的属性
    public String address=null;               //设置车主地址的属性
    public String car_road=null;              //设置车源行车路线的属性
    public String car_content=null;           //设置车源描述信息的属性
    public Integer getId() {
        return id;
    }
    public void setId(Integer id) {
        this.id = id;
    }
    ...                                       //省略其他属性的setXXX()和getXXX()方法
}
```

2．创建车源管理的实现类

在本实例中，车源管理的实现类名称为 CarAction。该类继承自 CarForm 类，可以使用 CarForm 类的属性和方法，而 CarForm 类本身继承自 MySuperAction 类，可以使用 MySuperAction 类中的属性和方法。

CarAction 类中可以使用 CarForm 类和 MySupperAction 类中的方法和属性。首先需要在该类静态方法中实例化车源模块的 AdminDao 类（该类用于实现与数据库的交互），车源模块中实现类的关键代码如下。

例程 26 代码位置：资源包\TM\05\logistics\src\com\webtier\CarAction.java

```java
public class CarAction extends CarForm {
    private static CarDao carDao = null;
    static {
        carDao = new CarDao();
    }
}
```

3．车源管理模块涉及的 struts.xml 文件

在创建完车源管理模块中的实现类后，需要在 struts.xml 文件中进行配置，主要配置车源管理模块的请求结果，车源管理模块涉及的 struts.xml 文件的代码如下。

例程 27 代码位置：资源包\TM\05\logistics\src\struts.xml

```xml
<action name="car_*" class="com.webtier.CarAction" method="{1}">
    <result name="success">/car_{1}.jsp</result>
    <result name="input">/car_{1}.jsp</result>
    <result name="operationSuccess" type="redirect">car_queryCarList.action</result>
</action>
```

上述代码中，<action>元素的name属性代表着请求的方式，在请求方式中"*"代表请求方式的方法，这与method属性的配置相对应，而class属性是请求处理类的路径。这段代码的意思是如果客户端请求的名称是car_select.action，则通过struts.xml文件的配置信息，请求的是CarAction类中的select()方法。

在<result>元素中，除了设置success和input两个返回值外，还设置了operationSuccess，其中，type属性设置转发页面的方法，这里将type属性设置成redirect，也就是重定向请求。也就是说，当执行控制器CarAction类中的某个方法时，如果返回operationSuccess，则根据struts.xml配置文件信息内容，将请求重定向，执行car_queryCarList.action方法（这个方法具有查询车辆信息的功能）。

5.7.3 车源管理实现过程

1．车源查看的实现过程

（1）编写车源信息查看页面。管理员登录后，单击"车源信息管理"超链接，进入查看车源信息查询页面，在该页面中将分页显示车源信息。其中，每个页面显示4条记录，同时提供添加车源信息、修改车源信息和删除车源信息的超链接，车源信息查看页面的运行结果如图5.10所示。

实现如图5.10所示的页面时，首先通过<s:set>标签获取出车源信息所有的集合对象，然后再通过Struts 2.5标签库中的<s:iterator>标签循环显示车源信息，关键代码如下。

例程28　代码位置：资源包\TM\05\logistics\WebContent\car_queryCarList.jsp

```jsp
<%@ taglib prefix="s" uri="/struts-tags"%>
<jsp:directive.page import="java.util.List"/>
<jsp:useBean id="pagination" class="com.tools.MyPagination" scope="session"></jsp:useBean>
<%
String str=(String)request.getParameter("Page");
int Page=1;
List list=null;
if(str==null){
    list=(List)request.getAttribute("list");
    int pagesize=2;                                         //指定每页显示的记录数
    list=pagination.getInitPage(list,Page,pagesize);        //初始化分页信息
}else{
    Page=pagination.getPage(str);
    list=pagination.getAppointPage(Page);                   //获取指定页的数据
}
request.setAttribute("list1",list);
%>
<!--  ……  此处省略部分布局代码  -->
<s:set var="carList" value="#request.list1"/>
<s:if test="#carList==null||#carList.size()==0">
    <br>★★★目前没有车源信息★★★
    <a href="car_insertCar.jsp" class="a2">添加车源信息</a>
</s:if>
<s:else>
    <s:iterator status="carListStatus" value="carList">
        <table width="100%"    class="table" >
```

```
        <tr align="center">
            <td width="82" class="td">序号</td>
            <td width="82" class="td">姓名</td>
            <td width="105" class="td">车牌号</td>
            <td width="139" class="td">地址</td>
            <td width="78" class="td">电话</td>
            <td width="119" class="td">身份证号</td>
            <td class="td">运输路线</td>
            <td class="td">车辆描述</td>
            <td class="td">操作</td>
        </tr>
        <tr align="center" >
            <td height="35" class="td"><s:property value="id"/></td>
            <td class="td"><s:property value="username"/></td>
            <td class="td"><s:property value="car_number"/></td>
            <td class="td"><s:property value="address"/></td>
            <td class="td"><s:property value="tel"/></td>
            <td class="td"><s:property value="user_number"/></td>
            <td class="td"><s:property value="car_road"/></td>
            <td class="td"><s:property value="car_content"/></td>
            <td class="td"><s:a href="car_queryCarForm.action?id=%{id}">修改</s:a>
                 
              <s:a href="car_deleteCar.action?id=%{id}">删除</s:a></td>
        </tr>
    </table>
</s:iterator>
    <div style="width:100%;padding-left:10px;text-align: left;font-size: 14pt;">
      <img src="images/add.jpg" width="16" height="16"> <a href="car_insertCar.jsp" class="a2">添加车源信息</a> <%=pagination.printCtrl(Page) %></div>
</s:else>
<%=pagination.printCtrl(Page)%>
```

图 5.10 车源信息查看页面

（2）编写查看车源信息 CarDao 类的方法。查看车源信息使用的 CarDao 类的方法是 queryCarList()。

在该方法中首先设置了 String 类型的对象，如果这个对象的值为 null，则执行对车源查询所有的数据；如果这个对象的值不为 null，则执行的是复合查询的 SQL 语句，queryCarList()方法的关键代码如下。

例程 29　代码位置：资源包\TM\05\logistics\src\com\dao\CarDao.java

```java
public List queryCarList(String sign) {
    List list = new ArrayList();
    CarForm carForm = null;
    String sql=null;
    if(sign==null){
        sql = "select * from tb_car order by id desc";
    }else{
        sql = "select * from tb_car where id not in (select car_id from tb_carlog)";0
    }
    ResultSet rs = connection.executeQuery(sql);
    try {
        while (rs.next()) {
            carForm = new CarForm();
            …                                         //省略其他赋值的方法
            list.add(carForm);
        }
    } catch (SQLException e) {
        e.printStackTrace();
    }
    return list;
}
```

2．车源添加的实现过程

（1）车源添加页面。管理员登录系统后，单击"车源信息管理"超链接，进入查看车源信息页面，在该页面中单击"添加车源信息"超链接，进入添加车源信息页面，该页面的运行结果如图 5.11 所示。

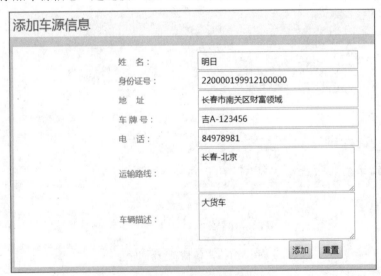

图 5.11　车源添加页面

（2）编写车源添加代码。在如图 5.11 所示的车源添加页面中，实现车源信息添加功能是 car_insertCar，根据 struts.xml 配置文件内容，添加车源信息添加调用的是 CarAction 类中的 insertCar() 方法，在执行该方法之前，需要对车源添加页面表单实现验证操作，也就是说，不允许客户端输入 null 或空字符串的操作。验证 null 或空字符串的操作方法的名称为 validateInsertCar()，该方法的关键代码如下。

例程 30 代码位置：资源包\TM\05\logistics\src\com\webtier\CarAction.java

```java
public void validateInsertCar() {
    if (null == username || username.equals("")) {
        this.addFieldError("username", "请您输入姓名");
    }
    if (null == user_number || user_number.equals("")) {
        this.addFieldError("user_number", "请您输入身份证号");
    }
    ...                                                    //省略其他属性的校验
}
```

如果验证所有的表单信息成功，则执行 insertCar()方法实现添加车源信息的操作，该方法首先将表单的内容对象设置成添加 SQL 语句的参数，之后调用 CarDao 类中的 operationCar()实现添加车源信息的操作，该方法的关键代码如下。

例程 31 代码位置：资源包\TM\05\logistics\src\com\dao\CarDao.java

```java
public String insertCar() {
    String sql = "insert into tb_car (username,user_number,car_number,tel,address,car_road,car_content) value('"
    + username+ "','"+ user_number+ "','"+ car_number+ "','"+ tel+ "','"+ address+ "','"+ car_road+ "','"
            + car_content + "')";
    carDao.operationCar(sql);
    return "operationSuccess";
}
```

（3）编写添加车源信息的 CarDao 类的方法。添加车源信息类使用的 CarDao 类的方法是 operationCar()，该方法将 SQL 语句作为这个方法参数，并执行该 SQL 语句，该方法的关键代码如下。

例程 32 代码位置：资源包\TM\05\logistics\src\com\dao\CarDao.java

```java
public boolean operationCar(String sql) {
    return connection.executeUpdate(sql);
}
```

在上述代码中，返回值为 boolean 类型，根据这个 boolean 类型的结果判断该 SQL 语句是否执行成功。

3．车源修改的实现过程

（1）车源信息修改页面。管理员登录后，单击"车源信息管理"超链接，进入车源信息查询页面，在该页面中，如果管理员想要修改某个车源信息的数据，则单击该车源信息中的"修改"超链接，进入修改车源信息的页面，该页面的运行结果如图 5.12 所示。

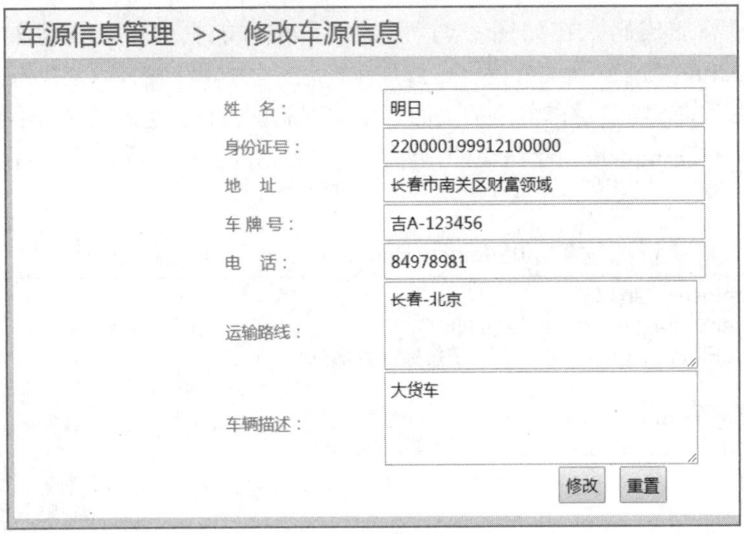

图 5.12 车源信息修改页面

（2）编写车源信息修改代码。在如图 5.12 所示的车源修改页面中，实现车源信息修改功能的映射是 car_updateCar。根据 struts.xml 配置文件内容，车源修改调用的是 CarAction 类中的 updateCar()方法，在执行该方法之前，需要对车源修改页面表单实现验证操作，即不允许客户端输入 null 或空字符串的操作。

如果验证所有的表单信息成功，则执行 updateCar()方法实现修改车源信息的操作，在该方法中首先将表单的内容对象设置成修改 SQL 语句的参数，之后调用 CarDao 类中的 operationCar()实现修改车源信息的操作，该方法的关键代码如下。

例程 33　代码位置：资源包\TM\05\logistics\src\com\dao\CarDao.java

```
public String updateCar() {
    String sql = "update tb_car set username='" + username
        + "',user_number='" + user_number + "',car_number='"
        + car_number + "',tel='" + tel + "',address='" + address
        + "',car_road='" + car_road + "',car_content='" + car_content
        + "' where id='" + id + "'";
    carDao.operationCar(sql);
    return "operationSuccess";
}
```

4．车源删除的实现过程

管理员登录系统后，单击"车源信息管理"页面，进入车源信息查看页面，在该页面中，如果管理员想要删除某个车源信息，则单击该车源信息"删除"超链接，执行的是删除车源信息的操作。

在查看车源信息页面中可以找到删除车源信息超链接代码，代码如下。

例程 34　代码位置：资源包\TM\05\logistics\WebContent\car_queryCarList.jsp

```
<s:a href="car_deleteCar.action?id=%{id}">删除</s:a>
```

在上面的代码中，删除车源信息所调用的方法是 CarAction 类中的 deleteCar()方法，在该方法中通过执行删除 SQL 语句，将指定的车源信息进行删除，deleteCar()方法的关键代码如下。

例程 35 代码位置：资源包\TM\05\logistics\src\com\webtier\CarAction.java

```java
public String deleteCar() {
    String sql = "delete from tb_car where id='" + id + "'";
    carDao.operationCar(sql);
    return "operationSuccess";
}
```

视频讲解

5.8 发货单管理流程模块

> 本模块使用的数据表：tb_operationgoods（发货单信息表）和tb_carlog（发货单日志信息表）。

5.8.1 发货单管理流程概述

车源管理模块主要功能如下。
- ☑ 填写发货单：对普通发货单的填写及根据固定的车源对发货单的填写。
- ☑ 回执发货单确认：根据发货单的号码，对指定发货记录进行回执。
- ☑ 发货单查询：实现对发货单的全部查询，并对指定的发货单进行删除操作。

5.8.2 发货单管理流程技术分析

发货单管理模块流程如图 5.13 所示。

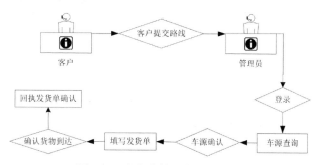

图 5.13 发货单管理流程图

在发货单管理流程模块中，主要涉及两个数据表，分别为 tb_operationgoods（发货单信息表）和 tb_carlog（发货单日志信息表），因此需要创建两个 FormBean，还需要创建一个发货单管理的 Action 实现类并在 Struts 2.5 的配置文件中对 Action 类进行配置。

1．定义发货单管理流程模块的 FormBean

（1）编写发货单表的 FormBean。根据 tb_operationgoods（发货单表）中的字段内容，创建 GoodsForm.java 类文件，具体代码如下。

例程36 代码位置：资源包\TM\05\logistics\src\com\form\GoodsForm.java

```java
public class GoodsForm extends MySuperAction{
    public Integer id=null;                      //设置数据库自动编号的属性
    public String car_id=null;                   //设置车源信息表中自动编号的属性
    public String customer_id=null;              //设置客户信息表中自动编号的属性
    public String goods_id=null;                 //设置发货单编号的属性
    public String goods_name=null;               //设置收货人姓名的属性
    public String goods_tel=null;                //设置收货人电话的属性
    public String goods_address=null;            //设置收货人地址的属性
    public String goods_sure=null;               //设置货物信息回执标示的属性
    public Integer getId() {
        return id;
    }
    public void setId(Integer id) {
        this.id = id;
    }
    …//省略其他属性的getXXX()和setXXX()方法
}
```

（2）编写发货单日志表的 FormBean。根据 tb_carlog（发货单日志表）中的字段内容，创建 LogForm.java 类文件，具体代码如下。

例程37 代码位置：资源包\TM\05\logistics\src\com\form\LogForm.java

```java
public class LogForm{
    public Integer id=null;                      //设置数据库自动编号的属性
    public String car_id=null;                   //设置车源信息表中自动编号的属性
    public String goods_id=null;                 //设置发货单编号的属性
    public String startTime=null;                //设置车源使用开始时间的属性
    public String endTime=null;                  //设置车源使用结束时间的属性
    public String describe=null;                 //设置车源的描述信息的属性
    public Integer getId() {
        return id;
    }
    public void setId(Integer id) {
        this.id = id;
    }
    …//省略其他属性的getXXX()和setXXX()方法
}
```

2．创建发货单实现类

在本实例中，发货单的实现类名称为 GoodsAction。该类继承自 GoodsForm 类，可以使用 GoodsForm 类的属性和方法，而 GoodsForm 类本身继承了 MySuperAction 类，可以使用 MySuperAction 类中的属性和方法。在 GoodsAction 类中除了具有继承关系外，还将调用 LogForm 类的属性与方法，实现对发货单日志的操作。

GoodsAction 类中可以使用 GoodsForm 类和 MySuperAction 类中的方法和属性。首先需要在该类静态方法中实例化发货单管理模块的 GoodsAndLogDao 类（该类用于实现与数据库的交互）以及车源信息模块的 CarDao 类，发货单管理中实现类的关键代码如下。

例程 38　代码位置：资源包\TM\05\logistics\src\com\webtier\GoodsAction.java

```
public class GoodsAction extends GoodsForm {
    private static GoodsAndLogDao goodsAndLogDao = null;
    private static CarDao carDao = null;
    staitc{
        goodsAndLogDao = new GoodsAndLogDao();
        carDao=new CarDao();
        }
}
```

3．发货单所涉及的 struts.xml 文件

在创建完发货单实现类后，需要在 struts.xml 文件中进行配置，该文件主要配置发货单实现了的所有请求结果，发货单实现类涉及的 struts.xml 文件的代码如下。

例程 39　代码位置：资源包\TM\05\logistics\src\struts.xml

```
<action name="goods_*" class="com.webtier.GoodsAction" method="{1}">
    <result name="success">/goods_{1}.jsp</result>
    <result name="deleteSuccess" type="redirect">goods_queryGoodsList.action</result>
</action>
```

5.8.3　发货单管理流程实现过程

1．填写发货单的实现过程

（1）填写发货单页面。管理员登录系统后，可以通过两种方式进入填写发货单页面，一种是直接单击"发货单"超链接，运行结果如图 5.14 所示。

图 5.14　直接进入发货单页面

另一种是单击"车源信息查询"超链接，可以对所有的车源进行查看，这里也包括车源的使用日志，单击没有使用车源中的"未被使用"超链接，可以将指定的车源添加到发货单内，运行结果如图 5.15 所示。

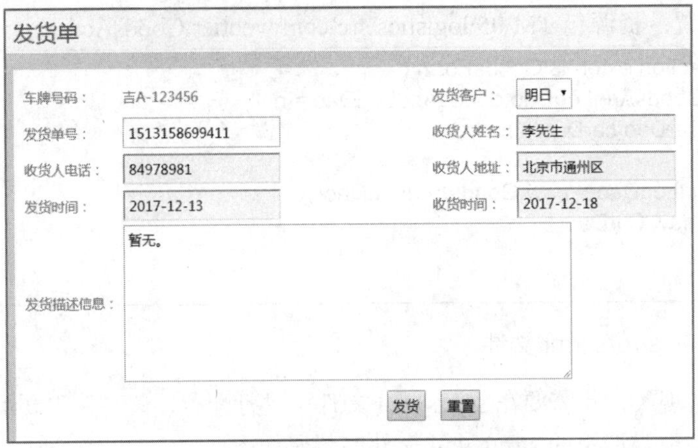

发货单界面截图

图 5.15　间接进入填写发货单页面

（2）编写发货单填写代码。在填写发货单页面时，将发货单的内容填写完毕后，单击"发货"按钮，网页会访问一个 URL 地址，该地址是 goods_insertGoods。根据 struts.xml 文件的配置信息可以知道，发货单填写涉及的操作指的是 GoodsAction 类中的 insertGoods()方法。

在 insertGoods()方法中将执行两条 SQL 语句的操作，一个是对 tb_operationgoods（发货单表）实现添加数据的操作，另一个是对 tb_carlog（车源日志表）实现添加数据的操作，insertGoods()的关键代码如下。

例程 40　代码位置：资源包\TM\05\logistics\src\com\webtier\GoodsAction.java

```
public String insertGoods() {
String sql1 = "insert into tb_operationgoods (car_id,customer_id,goods_id,goods_name,goods_tel,goods_address,goods_sure) value ("
    + this.car_id+ ","+ this.customer_id+ ",'" + this.goods_id+ "','"+ this.goods_name + "','"
    + this.goods_tel + "','" + this.goods_address + "',1)";
        String startTime = request.getParameter("startTime");      //从页面中获取发货时间的表单信息
        String endTime = request.getParameter("endTime");          //从页面中获取收货时间的表单信息
        String describer = request.getParameter("describer");      //从页面中获取发货描述信息的表单信息
        String sql2 = "insert into tb_carlog (goods_id,car_id,startTime,endTime,describer) value ('"
            + goods_id+ "','"+ car_id "','" startTime+ "','" + endTime + "','" + describer + "')";
        this.goodsAndLogDao.operationGoodsAndLog(sql1);
        this.goodsAndLogDao.operationGoodsAndLog(sql2);
        request.setAttribute("goodsSuccess", "<br><br>您添加订货单成功");
        return SUCCESS;
}
```

（3）编写发货单信息的 GoodsDao 类。添加发货单信息时使用的是 GoodsAndLogDao 类中的 operationGoodsAndLog()方法，在该方法中将 SQL 语句作为这个方法的参数，通过 JDBConnection 类中的 executeUpdate()方法执行该 SQL 语句，由于这个方法的返回值为 boolean 类型，可以根据这个返回值的结果判断该 SQL 语句是否执行成功，operationGoodsAndLog()方法的关键代码如下。

例程 41　代码位置：资源包\TM\05\logistics\src\com\dao\GoodsAndLogDao.java

```
public boolean operationGoodsAndLog(String sql) {
    return connection.executeUpdate(sql);
}
```

2. 回执发货单确认的实现过程

（1）回执发货单确认页面。如果收货人收到发货单中的货物，管理员可以进行回执发货单确认操作。管理员登录系统后，单击"回执发货单确认"超链接，在回执发货单确认页面中，在发货单文本框中输入发货单号，单击"订单确认"按钮后，将对发货单号所对应的发货单内容全部查询，运行结果如图 5.16 所示。

（2）编写回执发货单确认代码。在如图 5.16 所示的页面中，单击"回执发货单确认"按钮后，网站会访问一个 URL 地址，该地址是 "goods_changeOperation.action?goods_id=<%=logForm.getGoods_id()%>"，其中，goods_id 为发货单编号，根据这个编号将修改发货单表的 sign 字段内容以及删除车源日志表的内容。

根据 struts.xml 文件中的内容可知，该 URL 地址调用的是 GoodsAction 类中的 changeOperation()，该方法的主要代码如下。

例程 42 代码位置：资源包\TM\05\logistics\src\com\webtier\GoodsAction.java

```java
public String changeOperation(){
    String goods_id=request.getParameter("goods_id");
    String sql1="update tb_operationgoods set goods_sure=0 where goods_id='"+goods_id+"'";
    String sql2="delete from tb_carlog where goods_id='"+goods_id+"'";
    this.goodsAndLogDao.operationGoodsAndLog(sql1);
    this.goodsAndLogDao.operationGoodsAndLog(sql2);
    request.setAttribute("goods_id", goods_id);
    return SUCCESS;
}
```

图 5.16 根据发货单号查询发货单全部内容

3. 查看发货单确认的实现过程

当管理员登录后，单击"发货单查询"超链接，则执行对所有发货单查询的操作，查看发货单确认页面的运行结果如图 5.17 所示。

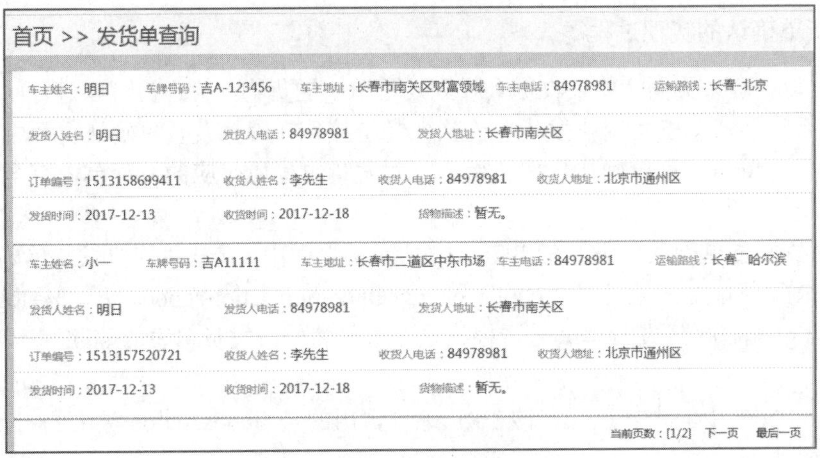

图 5.17 查看发货单确认页面

根据该超链接的 URL 的地址，可以知道"发货单查询"超链接调用是 GoodsAction 类中的 queryGoodsList()方法，该方法的主要代码如下。

例程 43 代码位置：资源包\TM\05\logistics\src\com\webtier\GoodsAction.java

```
public String queryGoodsList(){
    List list = goodsAndLogDao.queryGoodsList();
    request.setAttribute("list", list);
    return SUCCESS;
}
```

查询发货单确认信息所使用的方法是 GoodsAndLogDao 类中的 queryGoodsList()方法。该方法将执行 select 查询语句，对发货单表内容全部查询，该方法的关键代码如下。

例程 44 代码位置：资源包\TM\05\logistics\src\com\dao\GoodsAndLogDao.java

```
public List queryGoodsList() {
    List list=new ArrayList();
    String sql = "select * from tb_operationgoods order by id desc";    //设置查询的 SQL 语句
    ResultSet rs = connection.executeQuery(sql);                        //执行查询的 SQL 语句
    try {
        while (rs.next()) {
            goodsForm = new GoodsForm();
            goodsForm.setId(rs.getInt(1));
            goodsForm.setCar_id(rs.getString(2));
            goodsForm.setCustomer_id(rs.getString(3));
            goodsForm.setGoods_id(rs.getString(2));
            goodsForm.setGoods_name(rs.getString(5));
            goodsForm.setGoods_tel(rs.getString(6));
            goodsForm.setGoods_address(rs.getString(7));
            goodsForm.setGoods_sure(rs.getString(8));
            list.add(goodsForm);
        }
    } catch (SQLException e) {
        e.printStackTrace();
```

```
        }
        return list;                                    //通过 return 关键字将查询结果返回
}
```

4．删除发货单的实现过程

当执行回执发货单确认操作后，通过发货单的查询操作可以对已经回执发货信息进行删除操作。在发货单查询页面中可以找到删除发货单信息的超链接代码，代码如下。

例程45 代码位置：资源包\TM\05\logistics\WebContent\goods_queryGoodsList.java

```
<a href="goods_deleteGoods.action?id=<%=goodsForm.getId()%>">删除订货单</a>
```

从上面的链接地址中可以知道，删除发货单信息调用的是 GoodsAction 类中的 deleteGoods()方法。在该方法中，通过 request 对象中的 Parameter()方法获取链接地址的 id 值，根据这个 id 值，设置删除的 SQL 语句，通过执行这个 SQL 语句进行删除发货单信息的操作，该方法的关键代码如下。

例程46 代码位置：资源包\TM\05\logistics\src\com\webtier\GoodsAction.java

```
public String deleteGoods(){
    String id=request.getParameter("id");
    String sql="delete from tb_operationgoods where id='"+id+"'";
    this.goodsAndLogDao.operationGoodsAndLog(sql);
    return "deleteSuccess";
}
```

在上述代码中，根据 struts.xml 文件的配置可以知道，当执行完删除发货单操作后，将会执行对发货单的查询操作。

5.9 开发技巧与难点分析

在公共模块设计中介绍了重写 simple 模板的代码，但是在实际应用过程中，如果每个验证的表单都需要重新执行 simple，这样会造成大量代码的冗余，为了解决这个问题，可以在 struts.properties 资源文件中对所有系统的模板统一进行定义，具体代码如下。

```
struts.ui.theme=simple
```

5.10 本章小结

本章运用软件工程的设计思想，通过一个完整的物流配货系统站为读者详细讲解了一个系统的开发流程。通过本章的学习，读者可以了解应用程序的开发流程、数据库的设计过程和 Struts 2.5 的基本应用，希望对读者日后的程序开发有所帮助。

第 6 章

明日知道

(Struts 2.5+Spring 4+Hibernate 4+jQuery+MySQL 实现)

技术交流平台是一种以技术交流和会员互动为核心的社区,在这种社区上,用户不仅可以维护自己的文章,也可以针对其他人的文章发表自己的意见,还可以输入关键字搜索相关的文章。随着 IT 技术更新速度的加快,这种社区将会成为未来 IT 技术服务的主要载体,因而其前景是一片光明的。本章将向大家介绍如何通过 Struts 2.5+Spring 4+Hibernate 4 来实现这样一种技术交流平台。

通过阅读本章,可以学习到:

▶▶ 了解明日知道系统的开发流程
▶▶ 掌握如何进行 Struts 2.5+Spring 4+Hibernate 4 框架的整合
▶▶ 了解 JavaScript 面向对象编程
▶▶ 了解 jQuery 库的使用
▶▶ 掌握 Hibernate 模糊查询
▶▶ 掌握利用 Struts 2.5 标签分页的方法

配置说明

6.1 开发背景

近年来，随着 IT 技术的飞速发展，各种技术交流平台已经成为技术人员进行技术交流的主要途径，一些著名的技术交流平台，例如 ITeye、CSDN、开源中国等已经成为技术人员的主要活动社区。在这种形势下，作为专业从事软件开发和软件图书创作的明日公司，为了给公司员工以及广大用户提供技术交流的平台，公司决定开发明日知道系统。该系统专门为软件编程人员设计。用户不仅可以在这里发表自己的技术文章，也可以阅读别人的文章，还可以通过"搜索答案"的方式搜索一种类型的文章，方便大家的学习和交流。

6.2 系统分析

6.2.1 需求分析

明日知道系统主要是为了满足企业内部员工和企业用户的需要，因此可以根据不同公司的内部结构来组织系统的框架。例如，明日公司是一家专业从事软件开发和软件图书创作的 IT 企业，公司分为 Java、JavaWeb、C#、.NET 等几大部门。每个部门都有独立的任务和用户群，因此，可以将明日知道系统按照明日公司的部门分类，即可分为 Java、JavaWeb、C#、.NET 等几大部分，完成适合企业的需要。

6.2.2 可行性研究

对于从事软件开发的企业来说，可能经常会有出差或者单独完成一项任务的时候，而每个人都会有自己的工作心得等内容。如果在工作中进行交流，可能会因为耽误大家的时间而影响工作。因此，开发类似于明日知道的技术讨论系统是非常必要的，开发明日知道系统有以下优势。

☑ 经济可行性

明日知道系统不是很复杂，主要包括用户管理、文章管理两项内容。因此，系统开发不会用很长的时间，投资也不会太大。而通过明日知道系统，可以实现用户之间的相互交流是非常重要的。既可以为大家的交流提供平台，也可以提高大家的技术，可以说是一举两得。

☑ 技术可行性

本系统应用了 Struts 2.5、Hibernate 4、Spring 4 和 jQuery 框架，都是当前比较流行的技术：Struts 2.5 是构建基于 Java 的 Web 应用的首选技术；Hibernate 已经被越来越多的 Java 开发人员作为企业应用和关系数据库之间的中间件；Spring 框架的应用可以简化开发代码；jQuery 是每个 Web 程序员必学的技术。应用这几种技术开发的项目，代码规整，方便维护。

6.3 系统设计

6.3.1 系统目标

本系统根据企业的需求进行设计，主要实现以下目标。

- ☑ 界面友好，采用人机对话方式，操作简单。信息查询灵活、快捷，数据存储安全。
- ☑ 实现用户管理功能，主要包括用户登录与注册功能。
- ☑ 对用户输入的数据，系统进行严格的数据检查，尽可能排除人为错误。
- ☑ 要实现模糊查询功能，允许用户查询一类的文章。
- ☑ 系统运行稳定，安全可靠。

6.3.2 系统功能结构

本系统主要分为用户模块、文章模块、文章搜索模块三个大功能模块。当用户成功登录后，可以搜索文章，并对文章进行回复等操作，本系统功能结构如图6.1所示。

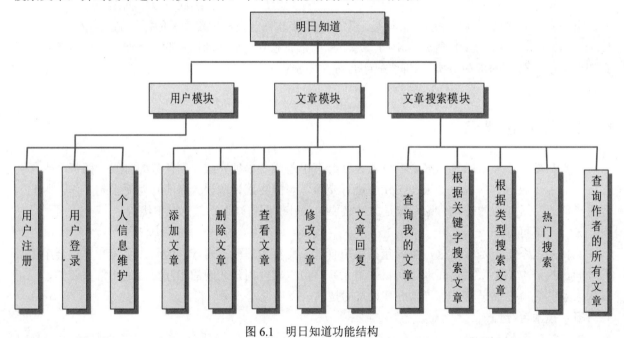

图6.1 明日知道功能结构

6.3.3 系统流程

本系统流程如图6.2所示。

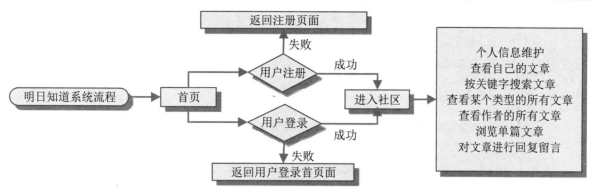

图 6.2　明日知道系统流程

6.3.4　开发环境

本系统的软件开发及运行环境具体如下。
- ☑ 操作系统：Windows 7。
- ☑ JDK 环境：Java SE Development Kit（JDK）version 8。
- ☑ 开发工具：Eclipse for Java EE 4.7（Oxygen）。
- ☑ Web 服务器：Tomcat 9.0。
- ☑ 数据库：MySQL 5.7 数据库。
- ☑ 浏览器：推荐 Google Chrome 浏览器。
- ☑ 分辨率：最佳效果为 1440×900 像素。

6.3.5　系统预览

明日知道中有多个页面，下面列出网站中几个典型页面的预览，其他页面可以通过运行资源包中本系统的源程序进行查看。

明日知道的首页主要用于进行文章的搜索和导航，效果如图 6.3 所示。

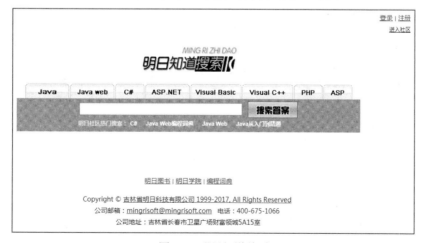

图 6.3　明日知道首页

在明日知道的首页中,单击右上角的"进入社区"超链接,将显示到社区首页,如图 6.4 所示。在该页面中将列出各个分类,以及该分类的一些统计信息。

图 6.4　社区首页

在社区首页中,单击某个分类的标题,可以分页显示该分类的帖子列表,如图 6.5 所示。

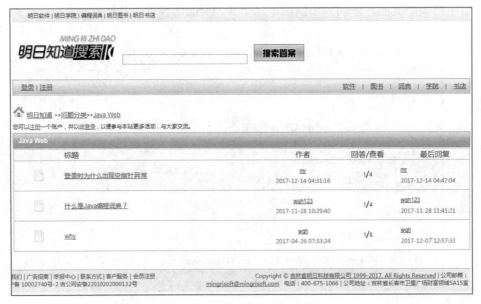

图 6.5　Java Web 分类的帖子列表

在帖子列表中，单击某个帖子标题时，将显示该帖子的详细信息，包括该帖子的回复信息。另外，也可以对该帖子进行回复，如图6.6所示。

图6.6　帖子的详细信息页面

6.3.6　文件夹组织结构

在开发程序之前，可以把系统中可能用到的文件夹先创建出来（例如，创建一个名为css的文件夹，用于保存网站中用到的CSS样式），这样不仅可以方便以后的程序开发工作，也可以规范网站的整体结构，方便日后的网站维护。在明日知道系统中，设计了如图6.7所示的文件夹架构图。在开发时，只需要将所创建的文件保存在相应的文件夹中即可。

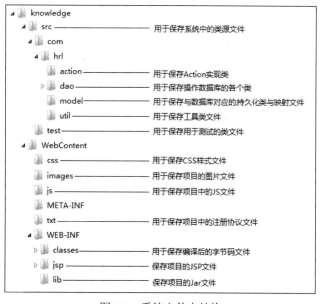

图6.7　系统文件夹结构

6.4 数据库设计

本系统采用 MySQL 作为后台数据库，根据需要分析和功能结构图，为整个系统设计了 5 个数据表，分别用于存储用户信息、文章信息、文章类型信息、文章回复信息和文章浏览信息。根据各个表的存储信息和功能，分别设计对应的 E-R 图和数据表。

6.4.1 数据库概念结构分析

根据明日知道系统的特点，规划出本系统中使用的数据库实体分别为用户实体、文章实体、文章类型实体、文章回复实体等。

用户实体包括用户名、密码、性别、注册时间、联系电话等，实体 E-R 图如图 6.8 所示。

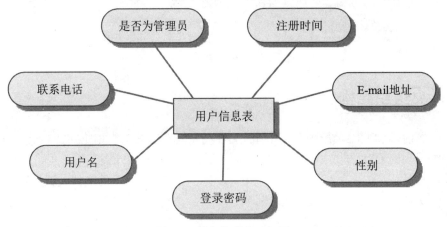

图 6.8　用户信息表 E-R 图

文章实体包括文章标题、文章内容、发表时间、用户等内容，实体 E-R 图如图 6.9 所示。

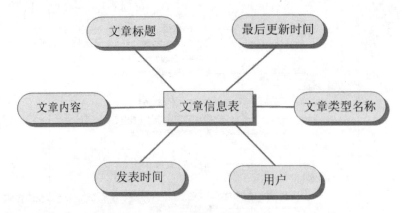

图 6.9　文章信息表的 E-R 图

文章类型信息实体包括文件类型名称、文件类型描述，实体 E-R 图如图 6.10 所示。

图 6.10 文章类型信息表 E-R 图

文章回复实体包括回复内容、回复用户、回复时间、回复文章,实体 E-R 图如图 6.11 所示。

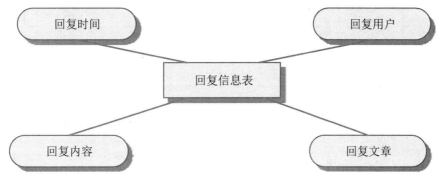

图 6.11 文章回复信息表 E-R 图

文章浏览实体,包括浏览时间与浏览文章两项内容,实体 E-R 图,如图 6.12 所示。

图 6.12 文章浏览信息表 E-R 图

6.4.2 数据库逻辑结构设计

本系统采用 MySQL 数据库,数据库名称为 db_knowledge,该数据库包含 5 张表。下面分别给出全部数据表的结构。下面给出数据库表树形结构图,该树形结构图包含了所有数据表,如图 6.13 所示。

图 6.13 数据库属性结构图

1. tb_user(用户信息表)

用户信息表用于保存所有用户信息,该表的结构如表 6.1 所示。

表 6.1 tb_user(用户信息表)的表结构

字 段 名	数据类型	是否为空	是否主键	默 认 值	说 明
userId	INT(11)	否	是	NULL	系统自动编号

续表

字段名	数据类型	是否为空	是否主键	默认值	说明
username	VARCHAR(45)	是	否	NULL	用户名
password	VARCHAR(45)	是	否	NULL	用户登录密码
registerTime	DATETIME	是	否	NULL	注册时间
birthday	VARCHAR(20)	是	否	NULL	出生年月
email	VARCHAR(45)	是	否	NULL	邮箱
tel	VARCHAR(20)	是	否	NULL	联系电话
isAdmin	VARCHAR(2)	是	否	NULL	管理员访问次数

2．tb_article（文章信息表）

文章信息表用于保存文章信息，该表的结构如表6.2所示。

表6.2 tb_article（文章信息表）的表结构

字段名	数据类型	是否为空	是否主键	默认值	说明
articleId	INT(10)	否	是	NULL	系统自动编号
title	VARCHAR(255)	是	否	NULL	文章标题
content	VARCHAR(2048)	是	否	NULL	文章内容
emitTime	DATETIME	是	否	NULL	发表时间
lastUpdateTime	DATETIME	是	否	NULL	最后更新时间
articleTypeName	VARCHAR(255)	是	否	NULL	文章类型名称
userId	INT(10)	是	否	NULL	用户ID

3．tb_articleType（文章类型信息表）

文章类型信息表用于保存所有文章类型信息，该表的结构如表6.3所示。

表6.3 tb_articleType（文章类型信息表）的表结构

字段名	数据类型	是否为空	是否主键	默认值	说明
articleTypeId	INT(10)	否	是	NULL	系统自动编号
articleTypeName	VARCHAR(255)	否	否	NULL	文章类型名称
articleTypeDesc	VARCHAR(255)	是	否	NULL	文章类型描述

4．tb_reply（回复信息表）

回复信息表用于保存所有回复信息，该表的结果如表6.4所示。

表6.4 tb_reply（回复信息表）的表结构

字段名	数据类型	是否为空	是否主键	默认值	说明
replyId	INT(10)	否	否	NULL	系统自动编号
replyTime	DATETIME	是	是	NULL	回复时间
content	VARCHAR(1024)	是	否	NULL	回复内容
userId	INT(10)	是	否	NULL	用户ID
articleId	INT(10)	是	否	NULL	文章ID

5. tb_scan（浏览信息表）

浏览信息表用于保存所有浏览信息，该表的结果如表 6.5 所示。

表 6.5 tb_scan（浏览信息表的表）结构

字　段　名	数据类型	是否为空	是否主键	默　认　值	说　　明
scanId	INT(10)	否	否	NULL	系统自动编号
scanTime	DATETIME	是	是	NULL	浏览时间
articleId	INT(10)	是	是	NULL	浏文章 ID

6.5　公共模块设计

视频讲解

将一些常用的操作抽象出来可以提高代码复用率，减少工作量，所以公共模块设计的好坏将决定程序整体的开发效率。持久化操作是应用系统中使用频率较高的操作之一，所以常常将程序中的数据库持久化操作方法抽取出来，以便随时调用。

6.5.1　Spring+Hibernate 组合下实现持久层

由于 Spring 将 Hibernate 集成进来，并对 Hibernate 进行数据源和事务封装，这样我们就可以不用去单独写额外代码管理 Hibernate 的事务处理而把主要精力放在企业级业务逻辑上，关键代码如下。

例程 01　代码位置：资源包\TM\06\knowledge\src\applicationContext-dao.xml

```xml
<!-- 配置 sessionFactory -->
<bean id="sessionFactory" class="org.springframework.orm.hibernate4.LocalSessionFactoryBean">
    <property name="configLocation">
        <value>classpath:hibernate.cfg.xml</value>
    </property>
</bean>
<!-- 配置事务管理器 -->
<bean id="transactionManager"
        class="org.springframework.orm.hibernate4.HibernateTransactionManager">
    <property name="sessionFactory">
        <ref bean="sessionFactory" />
    </property>
    <property name="dataSource" ref="datasource"></property>
</bean>
    <!-- 配置数据源 -->
<bean id="datasource"
        class="org.springframework.jdbc.datasource.DriverManagerDataSource">
</bean>
<!-- 配置事务的传播特性 -->
<tx:advice id="txAdvice" transaction-manager="transactionManager">
    <tx:attributes>
        <tx:method name="add*" propagation="REQUIRED" />
        <tx:method name="save*" propagation="REQUIRED" />
```

```xml
            <tx:method name="del*" propagation="REQUIRED" />
            <tx:method name="update*" propagation="REQUIRED" />
            <tx:method name="modify*" propagation="REQUIRED" />
            <tx:method name="*" read-only="true" />
        </tx:attributes>
</tx:advice>
<!-- 哪些类的哪些方法参与事务 -->
<aop:config>
        <aop:pointcut id="allManagerMethod" expression="execution(* com.hrl.dao.*.*(..))" />
        <aop:advisor pointcut-ref="allManagerMethod" advice-ref="txAdvice" />
</aop:config>
```

事务和数据源配置完毕之后,在持久层只需要继承 HibernateDaoSupport 即可获取 Hibernate 的常用方法,其中一些常用方法的代码如下。

例程 02　代码位置:资源包\TM\06\knowledge\src\com\hrl\dao\impl\DefaultDaoImpl.java

```java
/**
 * 保存数据
 * @param object
 * @return
 */
public Serializable save(Object object) {
    return this.getSession().save(object);
}
/**
 * 删除数据
 * @param clazz
 * @param ids
 */
public void delete(Class clazz, Serializable... ids) {
    Session session=this.getSession();
    for (Serializable id : ids) {
        Object obj = session.load(clazz, id);
        session.delete(obj);
    }
    session.flush();
}
/**
 * 修改
 */
public void update(Object object) {
    this.getSession().update(object);
}
public void saveOrUpdate(Object object) {
    this.getSession().saveOrUpdate(object);
}
/**
 * 查询实体的所有对象
 */
public List findAll(Class clazz) {
    return getSession().createQuery("from " + clazz.getName()).list();
```

```
}
/**
 * 通过主键, 加载对象
 */
public Object load(Class clazz, Serializable id) {
    return getSession().load(clazz, id);
}
/**
 * 得到 Criteria 的对象, 以方便进行 QBC 查询
 * @param clazz
 * @return
 */
public Criteria getCriteria(Class clazz){
    return this.getSession().createCriteria(clazz);
}
```

> **说明** delete()方法: 方法中参数 "…" 为数组的一种新的写法, 相当于 Serializable[] ids。

6.5.2 Struts 2.5 标签实现分页

Struts 2.5 对模型驱动支持得很好, 它可以在页面上很方便地取到业务 Bean 里的属性, 同时它的标签库也非常强大。鉴于 Struts 2.5 的这些优点, 可以将分页也定义成一个可以重用的组件, 这将为后续开发省去不少麻烦。

分页页面代码是通过 Struts 2.5 标签来完成的, 代码如下。

例程 03 代码位置: 资源包\TM\06\knowledge\WebContent\WEB-INF\jsp\pageUtil.jsp

```
<div align="center">
    <span>每页显示<s:property value="page.pageSize" />条
    </span> <span>共<s:property value="page.recordCount" />条 
    </span> <span>当前页<s:property value="page.currPage" />/共<s:property
            value="page.pageCount" />页
    </span> <span> <s:if test="page.hasPrevious==true">
            <s:a action="%{pageAction}">第一页
                <s:param name="page.index" value="0"></s:param>
                    <s:param name="page.currPage" value="1"></s:param>
                </s:a>
            </s:if>
            <s:else>第一页</s:else>
    </span> <span> <s:if test="page.hasPrevious==true">
            <s:a action="%{pageAction}">上一页
                <s:param name="page.index" value="page.previousIndex"></s:param>
                    <s:param name="page.currPage" value="page.currPage-1"></s:param>
                </s:a>
            </s:if>
            <s:else>上一页</s:else>
    </span> <span> <s:if test="page.hasNext==true">
```

```
                <s:a action="%{pageAction}">下一页
                <s:param name="page.index" value="page.nextIndex"></s:param>
                    <s:param name="page.currPage" value="page.currPage+1"></s:param>
                </s:a>
            </s:if>
            <s:else>下一页</s:else>
        </span> <span> <s:if test="page.hasNext==true">
                <s:a action="%{pageAction}">最后一页
                <s:param name="page.index"
                    value="(page.pageCount-1)*page.pageSize"></s:param>
                    <s:param name="page.currPage" value="page.pageCount"></s:param>
                </s:a>
            </s:if>
            <s:else>最后一页</s:else>
        </span>
</div>
```

分页后台是一个普通 Java 类，它主要提供一些分页重用的方法，比如记录总数、当前页数、当前索引数等，关键代码实现如下。

例程 04　代码位置：资源包\TM\06\knowledge\src\com\hrl\util\PageUtil.java

```java
public class PageUtil {
    private Integer pageSize = 10;          //一页显示条数，默认值为 10
    private Integer recordCount = 0;        //总条数
    private Integer index = 0;              //索引下标
    private Integer currPage = 1;           //当前页数
    ...                                     //省略的 set()和 get()方法
}
```

至此，分页组件则定义完毕，分页的使用只需要将分页的 Bean 注入到 Action 中，并且把分页组件的 JSP 包含到目标 JSP 页面即可以使用，下面是使用分页组件的代码。

例程 05　代码位置：资源包\TM\06\knowledge\WebContent\WEB-INF\article\searchResult.jsp

```
<!-- 为分页定制的 url，支持传参数 -->
<s:url var="pageAction" includeContext="false"
    action="articleAction_doSearch" namespace="/">
    <s:param name="searchStr" value="searchStr"></s:param>
    <s:param name="article.articleTypeName"
        value="article.articleTypeName"></s:param>
</s:url>
<!-- 分页 -->
<s:include value="/WEB-INF/jsp/pageUtil.jsp"></s:include>
```

> **注意**　在调用分页的组件时，URL 的 id 一定要和分页组件里的 Action 属性匹配。另外，传入 URL 的时候也可以传参数。

6.6 主页面设计

6.6.1 主页面概述

明日知道系统首页可分为两大类,分别为文章搜索的首页和进入社区的首页。在文章搜索首页中用户可以搜索出相关的文章,并且在该页面中还包括"登录""注册""进入社区"超链接,运行结果如图 6.14 所示。在"进入社区"首页中用户可查看所有文章,也可以为文章添加评论,"进入社区"首页运行结果如图 6.15 所示。

图 6.14 文章搜索首页运行结果

图 6.15 进入社区首页截图

6.6.2 主页面技术分析

在首页的设计中使用了 jQuery 框架进行页面的显示，jQuery 是一套简洁、快速、灵活的 JavaScript 脚本库，它是由 John Resig 于 2006 年创建，它帮助开发人员简化了 JavaScript 代码。JavaScript 脚本库类似于 Java 的类库，将一些工具方法或对象方法封装在类库中，方便用户使用。

下面介绍 jQuery 通过 id 取值、创建 Dom 元素以及 jQuery 的 Ajax 异步操作。

通过 id 取值：

```
var confirmPassword = $.trim($('#confirmPassword').val());
```

创建 Dom 元素：

```
var img = $('<img>');                        //创建一个<img>标签
img.attr('src', 'image/test.gif');           //为<img>添加 src 属性
```

$.ajax()方法是 jQuery 中最底层的 Ajax 实现方法，使用$.ajax()方法用户可以根据功能需求自定义 Ajax 操作，具体代码如下。

```
$.ajax( {
    url : 'userAction_findUserByUserName',
    type : 'POST',
    data : $('#registerForm').serialize(),
    dataType : 'json',
    success : function(data) {
        ...                                  //进行成功之后返回处理操作省略
    }
});
```

$.ajax()方法的参数说明如表 6.6 所示。

表 6.6　$.ajax()方法的参数说明

参　　数	说　　明
url 属性	发送请求的地址
type 属性	请求方式（POST 或者 GET），默认为 GET
data 属性	需要向服务器端发送的数据，这里传送的是表单 registerForm 的序列化数据
dataType 属性	服务器端返回的数据类型
success 方法	请求成功之后调用的方法

6.6.3 首页实现过程

首页主要分为用户栏、搜索栏和版权栏三个部分。用户栏主要给用户提供注册或登录信息，如果用户已经登录则显示欢迎信息；用户可以在搜索栏里输入要搜索的关键字进行搜索，也可以选在一个

文章类型输入关键字进行搜索；版权栏主要显示系统的版权和联系地址等信息。文章类型部分，每个类型都是一张图片，在页面加载时动态创建的，首页实现过程如下。

（1）动态加载图片代码如下。

例程 06　代码位置：资源包\TM\06\knowledge\WebContent\js\articleTypes.js

```
var articleTypes = {
    'Java' : {                                  //名称
        id : 'Java',                            // id
        style : 'cursor:pointer;',              //样式
        src : 'images/top_02.gif',              //图片
        activeSrc : 'images/top2_02.gif',       //被激活时的图片
        width : 98,
        height : 35
    },
    ...                                         //其他文章类型省略不写
}
```

（2）在首页中通过 jQuery 框架加载文章类型，具体代码如下。

例程 07　代码位置：资源包\TM\06\knowledge\WebContent\js\articleTypes.js

```
/**
 * 加载文章类型 title
 */
var activeId = '';                              //选中的文章类型
$(function() {
    var div = $('#articleTypeDiv');
    for ( var type in articleTypes) {
        var articleType = articleTypes[type];
        var img = $('<img>');
        img.attr('src', articleType.src);
        img.attr('activeSrc', articleType.activeSrc);
        img.attr('height', articleType.height);
        img.attr('width', articleType.width);
        img.attr('id', articleType.id);
        img.attr('style', articleType.style);
        img.attr('border', "0");
        img.attr('alt', "");
        img.bind('mouseover', function() {
            var o = $(this);
            if (o.attr('id') != activeId) {
                o.attr('src', articleTypes[o.attr('id')].activeSrc);
            }
        });
        img.bind('click', function() {
            var o = $(this);
            o.attr('src', articleTypes[o.attr('id')].activeSrc); //激活
            if (activeId != '') {
                if (o.attr('id') == activeId) {
                    o.attr('src', articleTypes[o.attr('id')].src);
                    activeId = '';
```

```
                    return;
                } else {
                    document.getElementById(activeId).src = articleTypes[activeId].src;
                }
            }
            activeId = o.attr('id');
        });
        img.bind('mouseout', function() {
            var o = $(this);
            if (o.attr('id') != activeId) {
                o.attr('src', articleTypes[o.attr('id')].src);
            }
        });
        div.append(img);
    }
    doSearchForm.reset();
});
```

6.6.4 社区首页实现过程

社区首页展示所有的文章类型、类型描述、文章和回复次数以及文章动态信息。单击某个文章类型，可以把该类型下的所有文章搜索出来，单击文章作者可以把该作者发过的所有文章搜索出来，下面介绍社区首页的具体实现过程。

（1）在社区首页中，用户可以浏览到每个类型文章的问题数与浏览数，最后更新等信息，社区首页代码用 Struts 2.5 标签来完成，部分关键代码如下。

例程 08　代码位置：资源包\TM\06\knowledge\WebContent\WEB-INF\jsp\article\forum.jsp

```
<s:iterator value="articleTypes" var="articleType" status="st">
<s:a cssClass="hong" action="articleAction_findArticlesByType" target="_blank">
<s:property value="#articleType.articleTypeName" />
<s:param name="articleType" value="#articleType.articleTypeName"></s:param>
</s:a>
…//篇幅有限，省略了页面的其他代码
</s:iterator>
```

说明　articleType 参数：该参数为一个 List<ArticleType> articleType 可以看作是 articleType（为 List<ArticleType>类型）的一个对象，通过它可以获取 Article 实体类里的属性值。

（2）在社区首页中显示了所有文章类型，本系统在 Action 中调用 DAO 中查询所有文章类型方法，Dao 中定义查找文章类型的方法的代码如下。

例程 09　代码位置：资源包\TM\06\knowledge\src\com\hrl\dao\impl\ArticleDaoImpl.java

```
public List<ArticleType> queryAllArticleType() {
    return this.getCriteria(ArticleType.class).list();
}
```

（3）在ActicleAction中定义调用Dao类中方法，获取查询结果，并将请求转发至首页，具体代码如下：

例程 10　代码位置：资源包\TM\06\knowledge\src\com\hrl\action\ActicleAction.java

```java
public String forum() {
    articleTypes = articleDao.queryAllArticleType();        //调用Dao类方法
    return "forum";
}
```

> **说明**　在本系统中，所有的DAO层类都继承了DefaultDaoImpl类，这样就可以直接调用已经封装好的持久层方法了。

6.7　文章维护模块设计

视频讲解

　　文章维护模块使用到的数据表：tb_article、tb_articleType。

6.7.1　文章维护模块概述

　　文章维护模块可以说是本系统的一个重点，该模块主要包括添加文章、修改文章、删除文章、浏览文章和文章回复几个子功能模块，用户只有登录系统才可以对文章进行维护操作。

6.7.2　文章维护模块技术分析

　　文章维护模块的整体开发过程，使用了Struts 2.5与Hibernate、Spring整合开发的模式。Struts 2.5是一个非常简单易用的控制层框架，它整合了Struts 1.X和WebWork框架，并且取消了Struts 1.X中的ActionForm，其Action就是普通Java类，这大大提高了开发效率。

> **说明**　Struts 2.5框架分为3个部分：核心控制器FilterDispatcher、业务控制器Action和业务组

　　Hibernate是目前优秀的持久层框架之一，它在数据存储器和控制器之间加入一个持久层，该层简化CRUD数据的工作，分离应用程序和数据库之间的耦合，实现在无须修改代码的情况下轻松更换应用程序的底层数据库。

　　Spring是业务层框架，它以IoC（反转控制）和AOP（面向切面编程）两种先进技术为基础，完美简化了企业开发的复杂度。

　　Struts 2.5、Spring 4和Hibernate 4整合技术流程如图6.16所示。

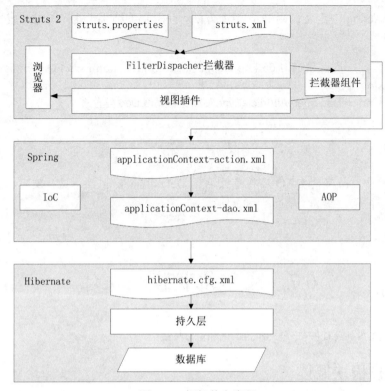

图 6.16 框架整合流程

6.7.3 添加文章实现过程

已登录的用户进入社区首页,单击"添加文章"按钮,用户可进入添加文章页面,在该页面中可实现添加文章操作,添加文章可分为添加文件标题、选择文章标题、添加文章内容等,添加文章页面的运行结果如图 6.17 所示。

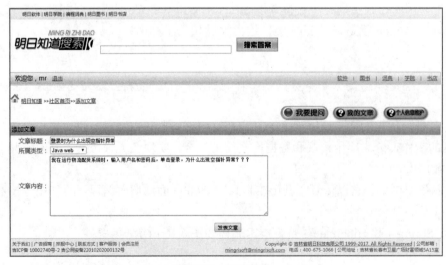

图 6.17 添加文章

添加文章实现过程如下。

（1）用户填写信息完毕，系统会校验填写内容的合法性，以防止不合法的数据对系统造成破坏，例如非法字符、超长文字等，添加文章表单代码如下。

例程 11 代码位置：资源包\TM\06\knowledge\WebContent\WEB-INF\jsp\article\addArticle.jsp

```
<form action="articleAction_addArticle" method="post" id="addArticleForm">
<table>
<tr>
<td class="huise">文章标题：</td>
    <td><input typoe="text" name="article.title" id="title"></td>
</tr>
    <tr>
<td class="huise">所属类型：</td>
    <td>
<select name="article.articleTypeName" id="type">
        <option value="">请选择</option>
            <option value="Visual Basic">Visual Basic</option>
            <option value="Visual C++">Visual C++</option>
            <option value="Java">Java</option>
            <option value="Java Web">Java Web</option>
            <option value="C#">C#</option>
            <option value="ASP.NET">ASP.NET</option>
            <option value="PHP">PHP</option>
            <option value="ASP">ASP</option>
            <option value="其他">其他</option>
        </select>
</td>
    </tr>
    <tr>
<td class="huise">文章内容：</td>
        <td><textarea name="article.content" cols="80" rows="10"id="content"></textarea></td>
    </tr>
</table>
<p align="center"><input type="button" value="发表文章" onclick="addArticle1()" /></p>
</form>
```

（2）单击发表文章，系统校验输入是否为空，通过 JavaScript 代码实现，具体代码如下。

例程 12 代码位置：资源包\TM\06\knowledge\WebContent\WEB-INF\jsp\article\addArticle.jsp

```
<script type="text/javascript">
function addArticle1() {
if (!$('#title').val()) {
    alert('请输入标题');
    return;
}
if (!$('#type').val()) {
    alert('请选择文章类型');
    return;
```

```
}
if (!$('#content').val()) {
alert('请输入文章内容');
    return;
}
addArticleForm.submit();
}
</script>
```

（3）页面将参数传给 Action，Action 就参数封装为文章对象传给 DAO 层，DAO 层调用保存方法即可把文章信息存入数据库，文章对象类代码如下。

例程 13 代码位置：资源包\TM\06\knowledge\src\com\hrl\model\Article.java

```
public class Article {
    private Integer articleId = null;                //文章主键 id
    private String title = null;                     //标题
    private String content = null;                   //内容
    private Date emitTime = null;                    //发表时间
    private Date lastUpdateTime = null;              //最后更新时间
    private String articleTypeName = null;           //文章类型名称
    private User user = null;                        //文章作者
    private ArticleType articleType = null;          //文章类型
    private Set<Reply> replies = null;               //文章回复
    private Set<Scan> scans = null;                  //文章浏览
    ...                                              //get()和 set()方法省略
}
```

（4）在 ArticleDaoImpl 类中调用 addArticle()方法添加文章，该方法有一个 Article 类型参数，用于表示要添加的文章类型。通过 Spring 框架实现文件添加操作很简单，具体代码如下。

例程 14 代码位置：资源包\TM\06\knowledge\src\com\hrl\dao\impl\ArticleDaoImpl.java

```
public void addArticle(Article article) {
    ArticleType articleType = this.getArticleTypeByName(article.getArticleTypeName());  //获取文档类型信息
    article.setArticleType(articleType);              //设置 JavaBean 对象属性
    this.save(article);                               //调用 save()方法实现文章添加操作
}
```

6.7.4 浏览文章实现过程

用户可以任意从文章列表中选择一篇文章，单击查看详细超链接或者文章标题即可进入文章的详细信息页面。浏览文章的运行效果如图 6.18 所示。

浏览文章的代码业务流程是：当用户单击进入文章的时候，页面向后台传送一个文章 id，系统根据这个 id 通过持久层查询单篇文章的方法即可获取该篇文章的所有信息，然后将文章对象传回给 Struts 2.5，Struts 2.5 根据文章属性信息展示文章信息，具体实现过程如下。

（1）在浏览文章页面中，通过 Struts 2.5 标签，将查询出来的文章信息显示在页面中，具体代码如下。

例程 15　代码位置：资源包\TM\06\knowledge\WebContent\WEB-INF\jsp\article\singleArticle.jsp

```
<tr>
    <td width="160" class="huise1">用户：<s:property
            value="article.user.userName" /><br /> 主题：<span
    class="chengse"><s:property
            value="article.user.myArticleCount" /></span> 篇<br /> 回答：<span
    class="chengse" id="replyCount"><s:property
            value="article.user.myReplyCount" /></span> 个<br /> 注册：<span
    class="henhong">
        <s:date name="article.user.registerTime" format="yyyy-MM-dd hh:mm:ss" /></span></td>
</tr>
...                     //其他代码省略
<tr>
<td width="24" align="center"><img src="images/mark_time.gif" width="16" height="16" /></td>
<td width="173">提出于：<s:date name="article.emitTime" format="yyyy-MM-dd hh:mm:ss" /></td>
</tr>
...                     //其他代码省略
<div style="width: 50"><s:property value="article.content" /></div>
```

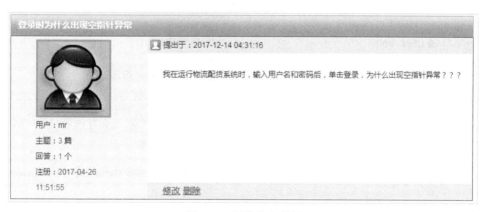

图 6.18　浏览文章截图

（2）在 ArticleDaoImpl 类中，定义按照文章编号查询文章信息的 querySingleArticle()方法，该方法有一个 String 类型的参数，用于指定要查询的文章编号，关键代码如下。

例程 16　代码位置：资源包\TM\06\knowledge\src\com\hrl\dao\impl\ArticleDaoImpl.java

```
public Article querySingleArticle(String articleId) {
    String hql = "from Article where articleId=" + articleId;
    return (Article) this.find(hql).get(0);
}
```

6.7.5　文章回复实现过程

用户浏览文章之后可以对文章进行回复，但前提是用户必须已经登录系统，否则不能对文章进行回复，文章回复效果如图 6.19 所示。

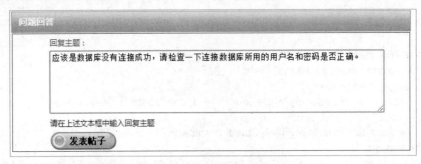

图 6.19　回复文章页面

当用户在如图 6.19 所示的页面中输入回复内容后，单击"发表帖子"按钮，即可完成对文章的回复工作，文章回复实现过程如下。

（1）本系统应用了 Hibernate 开发框架，首先编写与文章回复表对应的持久化类 Reply，该类中包含的属性与文章回复表中的字段一一对应，具体代码如下。

例程 17　代码位置：资源包\TM\06\knowledge\src\com\hrl\model\Reply.java

```
public class Reply {
    private Integer replyId = null;         //回复主键 id
    private Date replyTime = null;          //回复时间
    private String content = null;          //回复内容
    private User user = null;               //回复用户
    private Article article = null;         //回复的文章
    ...                                     //getter 和 setter 方法省略
}
```

（2）在 ReplyDaoImpl 类中，编写保存文章回复的 addReply()方法，该方法有一个持久化类 Reply 类型对象，调用 Hibernate 的 save()方法，实现保存操作，具体代码如下。

例程 18　代码位置：资源包\TM\06\knowledge\src\com\hrl\dao\impl\ReplyDaoImpl.java

```
/**
 * 添加回复
 */
public void addReply(Reply reply) {
    this.save(reply);
}
```

6.7.6　修改文章实现过程

用户只可以修改自己发表的文章，用户从文章列表中选择一篇文章进入，系统会判断该文章的作者是不是当前用户，如果是系统才会显示修改按钮，用户才有权限对文章进行修改。修改文章运行效果如图 6.20 所示。

修改文章需要首先根据文章 id 查询出文章，再通过修改文章的各个属性来完成修改操作，通过执行 update()方法实现修改操作，具体代码如下。

例程 19 代码位置：资源包\TM\06\knowledge\src\com\hrl\action\ActicleAction.java

```
public String updateArticle() {
    Article article = articleDao.querySingleArticle(this.article.getArticleId().toString());  //获取要修改的文章
    article.setLastUpdateTime(new Date());                //设置文章的最后修改时间
    article.setTitle(this.article.getTitle());            //设置文章的标题
    article.setContent(this.article.getContent());        //设置文章的内容
    this.articleDao.updateArticle(article);               //调用修改文章的方法
    this.article = articleDao.querySingleArticle(this.article.getArticleId().toString());   //获取修改后的文章
    return "singleArticle";                               //返回修改后的文章
}
```

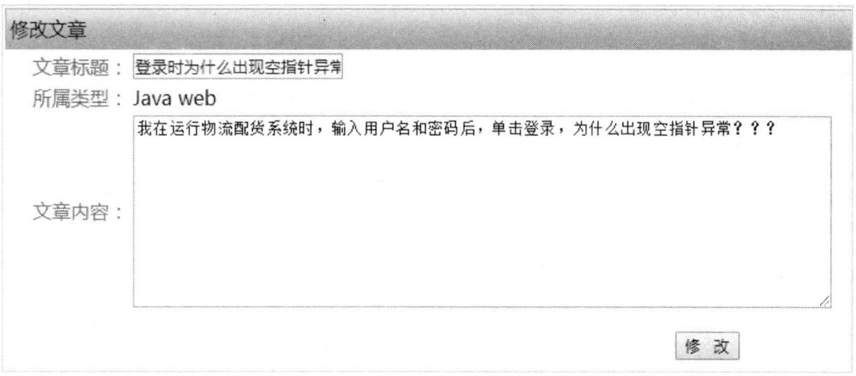

图 6.20　文章修改效果

6.7.7　删除文章实现过程

用户在浏览文章页面时，可以浏览自己的文章，如果用户登录了本系统，在文章的底部会出现"删除"超链接。单击该链接，即可实现删除自己发表的文章，如图 6.21 所示。

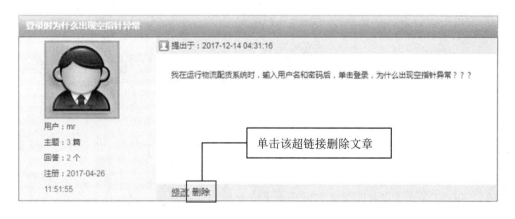

图 6.21　删除文章

删除文章的主要实现步骤如下。

（1）与修改文章一样，用户只能删除自己的文章。在页面中通过 Struts 2.5 标签判断页面是否显示"删除"超链接，代码如下。

例程 20　代码位置：资源包\TM\06\knowledge\WebContent\WEB-INF\jsp\article\singleArticle.jsp

```
<s:a action="articleAction_deleteArticle" cssClass="hong">
<s:param name="article.articleId" value="article.articleId"></s:param>
删除
</s:a>
```

（2）删除文章之后，再做一次查询，页面将跳转到我的文章列表，具体代码如下。

例程 21　代码位置：资源包\TM\06\knowledge\src\com\hrl\action\ActicleAction.java

```
public String deleteArticle() {
    articleDao.deleteArticle(this.article);                    //删除所选文章
    User user = new User();
    user.setUserId(this.getCurrUser().getUserId());            //设置用户信息
    this.article.setUser(user);
    //根据用户信息查询其发表的所有文章
    this.myArticles = this.articleDao.queryAllArticleByUser(user, this.getFirstResult(),
                this.getMaxResults());
    return "myArticle";
}
```

（3）删除文章的时候，需要删除该文章下所有的回复信息以及浏览信息，否则数据库将会产生冗余数据。为了达到级联删除，只需要在 Hibernate 映射文件中配置即可。

例程 22　代码位置：资源包\TM\06\knowledge\src\com\hrl\model\Article.hbm.xml

```
<set name="replies" inverse="true" cascade="all" order-by="replyTime desc">
<key column="articleId" />
<one-to-many class="Reply" />
</set>
<set name="scans" inverse="true" cascade="all" order-by="scanTime desc">
<key column="articleId" />
<one-to-many class="Scan" />
</set>
```

> **说明**　cascade 属性：cascade="true"为级联删除，order-by="replyTime desc"表示以时间倒序来排序。key 属性：<key column="articleId" /> 中 articleId 为关联外键。

视频讲解

6.8　文章搜索模块设计

　　文章搜索模块使用到的数据表：tb_article、tb_articleType。

6.8.1　文章搜索模块概述

　　文章搜索模块是本系统的核心部分，这部分内容主要包括搜索我的文章、根据关键字搜索文章、根据文章类型搜索文章、热门搜索和搜索作者的所有文章几个功能。在如图 6.14 所示的首页中可以实现对文章的搜索工作，进入社区首页后可实现搜索本人的文章等内容。

6.8.2 文章搜索模块技术分析

本模块中在对文章进行搜索时使用了 QBC 检索方式，这种检索方式提供了一种面向对象的检索方式，并将数据的查询条件封装成为一个对象。使用 QBC 查询方式的就是 Criteria 接口。对于完整使用 Criteria 接口进行数据库检索的操作主要包括以下步骤。

（1）调用 Session 实例对象的 createCriteria()方法得到一个 Criteria 接口实例。
（2）设置查询条件。
（3）调用 Criteria 对象的 list()方法执行查询语句。

Criteria 接口的典型方法如下。

- add()方法：用于设置查询的条件。该方法的参数为 Criterion 对象的实例。该对象的实例可以通过 Restrictions 类或者 Expression 类所提供的一系列静态方法来创建。
- createCriteria()方法：该方法用于创建一个新的 Criteria。用于在符合查询时设置查询条件。
- list()方法：用于执行数据库查询，返回查询的结果。
- setFetchSize()方法：设置获取记录的数目。
- setFirstResult()方法：设置获取第一个记录的位置。这个位置从 0 开始计算。
- uniqueResult()方法：用于获取唯一的结果对象的实例。在确保只有一个满足条件的查询结果时，可以使用此方法。

6.8.3 搜索我的文章实现过程

用户登录社区之后，只需要单击社区首页中的"我的文章"按钮，即可把用户发表过的所有文章搜索出来，搜索我的文章运行效果如图 6.22 所示。

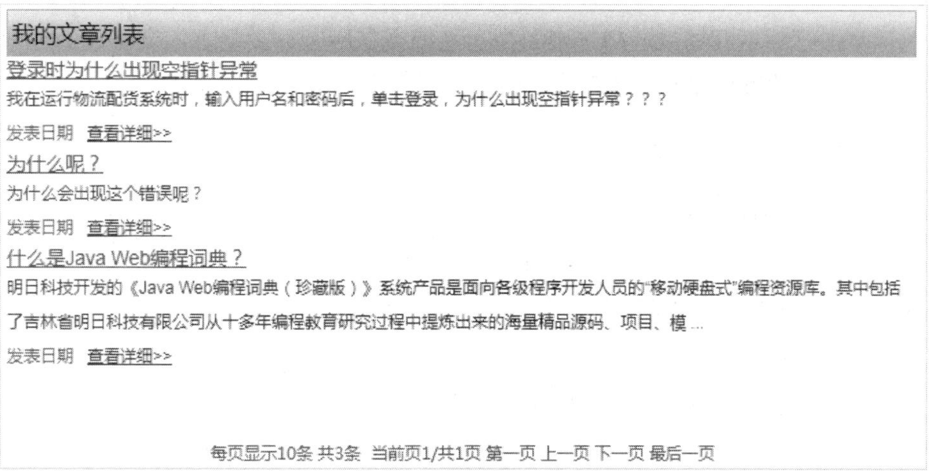

图 6.22 搜索我的文章效果截图

搜索我的文章模块的主要实现步骤如下。

（1）搜索我的文章主要流程是系统先取得当前用户信息，传给后台根据文章对象里的用户 id，查询出该用户下的所有文章，具体代码实现如下。

例程 23　代码位置：资源包\TM\06\knowledge\src\com\hrl\action\ActicleAction.java

```java
public String queryAllMyArticles() {
    this.myArticles = this.articleDao.queryAllArticleByUser(this.getCurrUser(),
        this.getPage().getIndex().toString(), this.getPage().getPageSize().toString()); //调用查询用户所有文章方法
    this.getPage().setRecordCount(this.articleDao.queryAllArticle_countByUser(this.getCurrUser()));
    return "myArticle";
}
```

（2）定义方法 queryAllArticleByUser()，用于查找某个用户发表的所有文章。在实现查询的过程中使用了分页技术。具体代码如下。

例程 24　代码位置：资源包\TM\06\knowledge\src\com\hrl\dao\impl\ArticleDaoImpl.java

```java
public List<Article> queryAllArticleByUser(User user, String firstResult,String maxResults) {
    String hql = "from Article where userId=" + user.getUserId()+ "order by emitTime desc";//查询某用户的文章
    return this.query(hql, firstResult, maxResults);           //获取文章的分页数据
}
```

> **说明**　Query()方法的三个参数分别代表 HQL 语句、分页查询的索引值和一页取多少条数据。具体的方法实现在 DefaultDaoImpl 中。

6.8.4　根据关键字搜索文章实现过程

根据文章关键字搜索文章时，会用输入的关键字在所有文章的标题和内容中进行任何位置的匹配，如果匹配成功则返回搜索结果，否则返回空。根据关键字搜索文章分为三种情况：在明日知道不选择文章类型而直接输入关键字进行搜索、在明日知道首页选择一个文章类型再加上关键字进行搜索和进入社区输入关键字进行搜索。如果选择选中类型，系统会在所有该类型下的文章里面进行搜索，如果没有选择文章类型，系统将在所有文章里进行搜索，运行效果如图 6.23 所示。

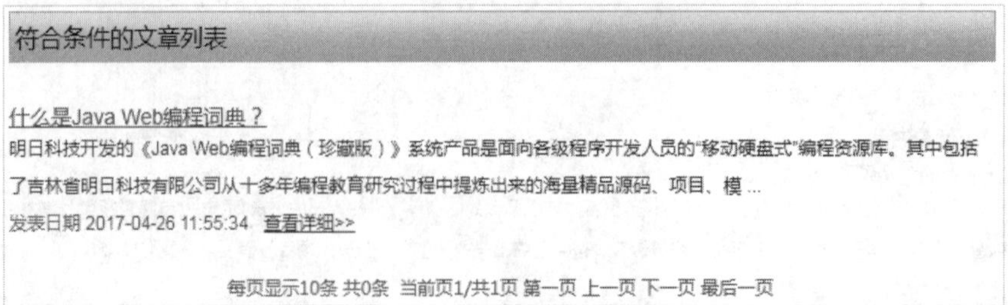

图 6.23　根据关键字搜索文章效果

如果搜索出来的文章较多，系统会采用分页显示的效果。根据关键字搜索文章的关键实现步骤如下。

（1）根据关键字搜索文章的前台代码如下。

例程 25 代码位置：资源包\TM\06\knowledge\WebContent\index.jsp

```
<table width="480" border="0" align="center" cellpadding="0" cellspacing="0">
<s:hidden name="article.articleTypeName" id="articleTypeName"></s:hidden>
<tr>
<td width="378" height="35">
<table width="359" height="35" border="0" cellpadding="0" cellspacing="0">
    <tr>
    <td align="center">
    <input type="text" id="searchStr" name="searchStr" style="width: 350px; height:20px;" />
    </td>
    </tr>
</table>
</td>
<td width="113">
<img src="images/so.GIF" width="109" height="35" style="cursor: hand;" onclick="doSearch()" />
</td>
</tr>
</table>
```

（2）当用户在系统首页或社区首页中单击"搜索"按钮，系统会执行 JavaScript 方法，判断用户输入的搜索内容是否合法，JavaScript 具体代码如下。

例程 26 代码位置：资源包\TM\06\knowledge\WebContent\js\index.js

```
function doSearch() {
    var searchText = $.trim($('#searchStr').val());
    if (!searchText) {
        alert('请输入要搜索的内容');
        return;
    }
    if (searchText.length > 255) {
        alert('输入内容不能超过 255 个字符');
        return;
    }
    $('#articleTypeName').val(activeId);
    doSearchForm.submit();
}
```

（3）在 ActicleAction 中，定义 doSearch()方法实现通过关键字搜索文章，并将请求转发至相应地址，具体代码如下。

例程 27 代码位置：资源包\TM\06\knowledge\src\com\hrl\action\ActicleAction.java

```
public String doSearch() {
    if (searchStr != null) {
        searchStr = searchStr.trim();                              //去除字符串首尾空格
    }
    String type = this.article == null ? null : this.article.getArticleTypeName();
    //调用 doSearch()方法，获取满足条件的文章信息
    this.searchArticles = this.articleDao.doSearch(type, searchStr, this.getFirstResult(), this.getMaxResults());
    return "searchResult";                                          //定义转发地址
}
```

（4）在 ArticleDaoImpl 中定义根据用户输入内容搜索符合条件的文章的 doSearch()方法。该方法有 4 个 String 类型的参数，分别用于指定要搜索的文章类型、要搜索的文章内容、分页显示的参数等。将查询结果以 List 形式返回。该方法采用 QBC 方式进行查询，这种方式的优点是不用手动写 HQL 语句，也不用考虑一些 SQL 关键字的注入攻击（例如%、*、[]等特殊字符），只需要简单调用 Criteria 提供的简单方法就行，具体代码如下。

例程 28　代码位置：资源包\TM\06\knowledge\src\com\hrl\dao\impl\ArticleDaoImpl.java

```java
@SuppressWarnings("unchecked")
public List<Article> doSearch(String type, String str, String firstResult,String maxResults) {
    int first = new Integer(firstResult).intValue();              //将参数转换为 int 类型
    int max = new Integer(maxResults).intValue();
    Criteria criteria = this.getCriteria(Article.class);
    if (type != null && !type.equals("")) {                       //判断参数是否为空
        criteria.add(Restrictions.eq("articleTypeName", type));
    }
    criteria.add(Restrictions.or(Restrictions.like("title", str,MatchMode.ANYWHERE),
        Restrictions.like("content", str,MatchMode.ANYWHERE)))
        .addOrder(Order.desc("lastUpdateTime")).setFirstResult(first).setMaxResults(max);
    List<Article> list = criteria.list();
    return list;
}
```

> **说明**　Criteria 对象：Criteria 对象可以添加多个表达式。这个实例中添加表单时有根据关键字在任意位置进行匹配、按照文章的最后更新时间进行倒序排序和分页表达式。Criteria 使得开发者可以写更少的代码去完成更多的功能。

6.8.5　热门搜索实现过程

通过热门搜索，用户可以搜索出时下热门的技术，该功能也是本系统的一大特色。每个热门搜索都是一个超链接，用户只要进入一个热门搜索系统就能查询出关于该热门搜索的所有文章，热门搜索的运行效果如图 6.24 所示。

图 6.24　热门搜索效果

热门搜索的关键实现步骤如下。

（1）热门搜索前台页面关键代码如下。

例程 29　代码位置：资源包\TM\06\knowledge\WebContent\index.jsp

```html
<table width="480" border="0" align="center" cellpadding="0" cellspacing="0">
    <tr>
        <td><span class="danhuang02">明日社区热门搜索：</span>
        <span class="cubai"><a href="#" onclick="seartchHot('c#')">C#</a>    
```

```
<a href="#" onclick="seartchHot('Java Web 编程词典')">Java Web 编程词典</a>
   <a href="#" onclick="seartchHot('Java Web')">JavaWeb</a>    
<a href="#" onclick="seartchHot('Java 从入门到精通')">Java 从入门到精通</a>  </span></td>
</tr>
</table>
```

（2）单击搜索系统会将热门搜索的字符串赋给搜索框的值，即执行逻辑和普通搜索相同，JavaScript 赋值代码如下。

例程 30　代码位置：资源包\TM\06\knowledge\WebContent\js\index.js

```
function seartchHot(content) {
    $('#searchStr').val(content);
    doSearchForm.submit();
}
```

6.8.6　搜索文章作者的所有文章实现过程

选择一个文章类型之后，系统会显示出该类型下的所有文章信息，包括文章标题、文章作者、文章发表时间、最后回复、最后回复时间以及作者，如图 6.25 所示。当单击"文章作者"超链接时，系统会搜索出该作者发表过的所有文章。

图 6.25　显示文章作者的所有文章

搜索文章作者的所有文章的关键实现过程如下。

（1）按照作者查询文章页面的关键代码如下所示。

例程 31　代码位置：资源包\TM\06\knowledge\WebContent\WEB-INF\jsp\article\type_article.jsp

```
<s:a action="articleAction_queryArticlesByUserOfArticle" cssClass="huise">
    <s:property value="#article.user.userName" />
    <s:param name="article.articleId" value="#article.articleId"></s:param>
    <s:param name="user.userName" value="#article.user.userName"></s:param>
    <s:param name="user.userId" value="#article.user.userId"></s:param>
</s:a>
```

（2）在 ActicleAction 中定义 queryArticlesByUserOfArticle()方法，实现查询文章作者的所有文章，并将请求转发至相应地址，具体代码如下。

例程 32 代码位置：资源包\TM\06\knowledge\src\com\hrl\action\ActicleAction.java

```java
public String queryArticlesByUserOfArticle() {
    this.searchArticles = this.articleDao.findArticlesByUserOfArticle(
        this.article.getArticleId().toString(), this.firstResult,this.maxResults);
    return "userArticle";
}
```

（3）在 ArticleDaoImpl 类中定义方法，二级缓存中取出用户信息，再根据该用户信息查询出其发表的所有文章，代码如下。

例程 33 代码位置：资源包\TM\06\knowledge\src\com\hrl\dao\impl\ArticleDaoImpl.java

```java
/**
 * 查找文章发表人发表过的所有文章
 * @param articleId
 * @param firstResult
 * @param maxResults
 * @return
 */
public List<Article> findArticlesByUserOfArticle(String articleId,String firstResult, String maxResults) {
    Article article = this.querySingleArticle(articleId);
    User user = article.getUser();
    return queryAllArticleByUser(user, firstResult, maxResults);
}
/**
 * 查找某个用户发表的所有文章
 */
public List<Article> queryAllArticleByUser(User user, String firstResult,String maxResults) {
    String hql = "from Article where userId=" + user.getUserId()+ "order by emitTime desc";
    return this.query(hql, firstResult, maxResults);
}
```

6.8.7　搜索回复作者的所有文章实现过程

搜索回复作者所发表的文章与搜索文章作者发表过的所有文章的业务逻辑相似，所不同的是这里的用户信息是从回复实体中获取的，具体代码实现如下。

（1）在 ActicleAction 类中定义 queryArticlesByUserOfReply()方法，实现查询文章回复用户的所有文章，并将请求转发至相应地址，具体代码如下。

例程 34 代码位置：资源包\TM\06\knowledge\src\com\hrl\action\ActicleAction.java

```java
/**
 * 查询文章回复用户的所有文章
 * @return
 */
public String queryArticlesByUserOfReply() {
```

```
        this.searchArticles = this.articleDao.findArticlesByUserOfReply(this.reply.getReplyId().toString(),
        this.firstResult,this.maxResults);
        return "userArticle";
}
```

（2）在 ArticleDaoImpl 类中定义 findArticlesByUserOfReply()方法，实现查询回复人发表过的所有文章，具体代码如下。

例程 35　代码位置：资源包\TM\06\knowledge\src\com\hrl\dao\impl\ArticleDaoImpl.java

```
public List<Article> findArticlesByUserOfReply(String replyId,String firstResult, String maxResults) {
    Reply reply = (Reply) this.load(Reply.class, Integer.parseInt(replyId));
    User user = reply.getUser();
    return queryAllArticleByUser(user, firstResult, maxResults);
}
```

6.9　开发技巧与难点分析

6.9.1　实现文章回复的异步提交的问题

用户回复完文章，系统会将用户回复的信息置顶，并且如果当前回复信息的用户就是文章的作者，在用户信息栏目的用户回复数就会自动加 1，在这个过程中页面并没有整体刷新，而是采用了局部异步刷新，其使得用户体验的良好性得到了很大提高。这个逻辑也是文章回复这部分最难懂的地方，具体的实现代码如下。

回复框区域的 HTML 代码如下。

例程 36　代码位置：资源包\TM\06\knowledge\WebContent\WEB-INF\jsp\article\singleArticle.jsp

```html
<table width="90%" border="0" align="center" cellpadding="0"
    cellspacing="0">
    <s:hidden name="reply.article.articleId" value="%{article.articleId}"></s:hidden>
    <s:hidden name="reply.user.userId" value="%{article.user.userId}"></s:hidden>
    <tr>
        <td><span class="henhong">回复主题：</span><br />
        <textarea rows="6" cols="90" name="reply.content" id="replyContent"></textarea>
            <br /> <span class="huise1">请在上述文本框中输入回复主题<br />
            <a href="#" onclick="addReply()">
            <img src="images/ite.gif" width="107" height="28" border="0" /><br /> </a></span></td>
    </tr>
</table>
```

单条回复信息的 HTML 代码模板如下。

例程 37　代码位置：资源包\TM\06\knowledge\WebContent\WEB-INF\jsp\article\singleArticle.jsp

```html
<!--单条回复信息模板 -->
<div id="replyItemTemplate" style="display: none;">
    <table width="100%" border="1" cellpadding="1" cellspacing="1"
```

```html
                bordercolor="#FFFFFF" bgcolor="#527800">
            <tr>
                <td height="20" bgcolor="#FFFFFF">userName 于 replyTime 回复到：<br />
                    <div style="font-size: 6">content</div>
                </td>
            </tr>
        </table>
</div>
```

addReply()方法的具体代码如下。

例程38 代码位置：资源包\TM\06\knowledge\WebContent\WEB-INF\jsp\article\singleArticle.jsp

```javascript
function addReply() {
//序列化回复表单数据
var data = $('#addReplyForm').serialize();
//校验回复内容
var replyContent = $.trim($('#replyContent').val());
if (!replyContent) {
    alert('回复内容不能为空');
        return;
    }
    //异步提交数据
    $.ajax( {
        type : 'POST',
        url : 'replyAction_addReply',
        processData : true,
        datatype : 'json',
        data : data,
        success : function(result) {
            //追加回复信息
            var json = eval('(' + result + ')');
            if (json.success == true) {
                //取出单条回复模板的 HTML 字符串
                //并将里面的一些特定字符串替换为服务器端返回的属性信息
                var template = $('#replyItemTemplate').html().replace(
                'userName', json.userName).replace('replyTime',
                json.replyTime).replace('content', json.content);
                $('#replySet')[0].innerHTML = template
                + $('#replySet')[0].innerHTML;
                if ('${session.currUser.userId}' == '<s:property   value="article.user.userId"/>') {
                    var replyCount = new Number($('#replyCount').text());
                    $('#replyCount').text(replyCount + 1);
                }
                addReplyForm.reset();
            } else {
                alert(json.msg);
            }
        }
    });
}
```

Action 调用 DAO 层代码并且将执行结果以 JSON 的格式返回给客户端，具体代码如下。

例程 39　代码位置：资源包\TM\06\knowledge\src\com\hrl\action\ReplyAction.java

```java
/**
 * 添加回复，给客户端返回 json 格式的信息
 * @return
 */
public String addReply() {
    User currUser = this.getCurrUser();                      //获取指定的用户
    if (currUser == null) {
        JSONKit.outJSONInfo("{success:false,msg:'你还没有登录,不能回复'}");
        return NONE;
    }
    this.reply.setReplyTime(new Date());                     //设置时间
    this.replyDao.addReply(reply);
    JSONKit.outJSONInfo("{success:true,'userName':'"
        + currUser.getUserName() + "','replyTime':'"
        + this.getNowTime() + "','content':'"
        + this.getReply().getContent() + "'}");
    return NONE;
}
```

outJSONInfo 是一个用于向客户端输出 JSON 格式数据的方法，代码如下。

例程 40　代码位置：资源包\TM\06\knowledge\src\com\hrl\util\JSONKit.java

```java
/**
 * 供 Action 直接输出 HTML 信息的方法
 * @param info
 */
public static void outJSONInfo(String info) {
    HttpServletResponse response = ServletActionContext.getResponse();
    response.setContentType("application/html;charset=UTF-8");
    try {
        PrintWriter out = response.getWriter();
        out.println(info);
        out.flush();
    } catch (IOException e) {
    }
}
```

6.9.2　解决系统当前位置动态设置的问题

每个系统都应该有个导航位置，导航位置的设置一般可以分为两种：在页面上设置和通过 Action 返回设置。本系统采用的是在页面动态设置，即在每个页面加载的时候调用一段 JavaScript 方法来将所构建的组件渲染到指定的 DIV 里以完成当前位置导航信息的设置。

存放当前位置的 DIV 的 HTML 代码如下。

例程 41　代码位置：资源包\TM\06\knowledge\WebContent\WEB-INF\jsp\article\search.jsp

```
<div id="path">
        <span class="huise">
        <img src="images/home32.gif" width="25" height="25" />
    <s:a action="homeAction_index" cssClass="hong">明日知道 </s:a>
        </span>
</div>
```

下面是导航信息位置和执行方法的代码。

例程 42　代码位置：资源包\TM\06\knowledge\WebContent\js\search.js

```
//每个位置都是一个 json 对象
//文章分类
var articleType = {
        action : 'articleAction_forum',
        text : '问题分类'
};
//社区首页
var forum = {
        action : 'articleAction_forum',
        text : '社区首页'
};
//某个分类下的所有文章
var articlesOfType = {
        action : 'articleAction_findArticlesByType',
        text : '',
        init : function(articleTypeName) {
        this.action = this.action + '?articleType='
        + encodeURIComponent(articleTypeName);
        this.text = articleTypeName;
        return this;
        }
};
//某个类型下的一篇文章
var articleOfType = {
        action : 'articleAction_querySingleArticle',
        text : '',
        init : function(articleName, articleId) {
        this.action = this.action + '?article.articleId='
        + encodeURIComponent(articleId);
        this.text = articleName;
        return this;
        }
};
//我的文章列表
var myArticles = {
        action : 'articleAction_queryAllMyArticles',
        text : '我的文章列表'
};
//添加文章
var addArticle = {
```

```
                action : 'articleAction_toAddArticlePage',
                text : '添加文章'
};
//修改文章
var updateArticle = {
                action : 'articleAction_querySingleArticleForUpdate',
                text : ' 修改文章'
};
//某个人的文章列表
var userArticles = {
                action : 'articleAction_getArticlesByUserId',
                text : '',
                init : function(userName, userId) {
                    this.action = this.action + '?user.userId='
                    + encodeURIComponent(userId) + '&user.userName='
                    + encodeURIComponent(userName);
                    this.text = userName + '的文章列表';
                    return this;
                }
};
//符合条件的文章列表
var article_search = {
                action : 'articleAction_doSearch',
                text : '符合条件的文章列表',
                    init : function(type, searchStr) {
                    this.action = this.action + '?searchStr='
                    + encodeURIComponent(searchStr) + '&article.articleTypeName='
                    + encodeURIComponent(type);
                    return this;
                }
};
//设置当前位置的类
var PathUtil = function(data) {
                var path = $('#path');
                var pathArray = [];
                if (data) {
                    pathArray = data;
                }
                for ( var i = 0; i < pathArray.length; i++) {
                    var obj = pathArray[i];
                    path.append($('<span>').addClass('huise1').html('&gt;&gt;')).
                    append($('<a>').attr('href', bj.action).addClass('hong').text(
                    obj.text));
                }
}
```

至此，PathUtil 和路径对象都定义好了，下面是 PathUtil 类的使用实例。

例程 43   代码位置：资源包\TM\06\knowledge\WebContent\WEB-INF\jsp\article\addArticle.jsp

```
<script language="JavaScript" type="text/javascript" src="js/search.js"></script>
<script language="JavaScript" type="text/javascript">
```

```
            var data = new Array();                    //存放路径对象
            data.push(forum);
            new PathUtil(data)
</script>
```

6.10 本章小结

　　本章为大家介绍了三大流行框架整合开发的明日知道系统。本系统中除了应用三大框架外，还应用了 jQuery 进行前台开发，所用技术都是当前最流行的，也是读者最感兴趣的，阅读本章，并仔细研究项目的读者，相信会对本系统应用的技术有很大的提高。

第 7 章

九宫格记忆网

（Java Web+Ajax+jQuery+MySQL 实现）

九宫格日记是一种全新的日记方式。它由 9 个方方正正的格子组成，9 个格子 9 个主题，用户只需要在每个格子中填写或选择相应的内容就能完成一篇日记，整个过程不过几分钟。九宫格日记因其便捷、省时等优点在网上迅速流行开来，备受学生、年轻上班族的青睐，很多公司白领也在写九宫格日记。本章将介绍如何应用 Java Web+Ajax+jQuery+ MySQL 实现九宫格记忆网。

通过阅读本章，可以学习到：

▶▶ 了解如何应用 DIV+CSS 进行网站布局
▶▶ 掌握如何实现 Ajax 重构
▶▶ 掌握图片的展开和收缩的方法
▶▶ 掌握如何进行图片的左转和右转
▶▶ 掌握如何根据指定内容生成 PNG 图片
▶▶ 掌握生成图片缩略图的技术
▶▶ 掌握如何弹出灰色半透明背景的无边框窗口

配置说明

7.1 开发背景

随着工作和生活节奏的不断加快，属于自己的私人时间也越来越少，日记这种传统的倾诉方式也逐渐被人们淡忘，取而代之的是各种各样的网络日志。九宫格日记是一种全新的日记方式，它由9个方方正正的格子组成，让用户可以像做填空题那样对号入座，填写相应的内容，从而完成一篇日记，整个过程不过几分钟，非常适合在快节奏的生活中留下自己的心灵足迹。

7.2 需求分析

通过实际调查，要求九宫格记忆网具有以下功能。
- ☑ 为了更好地体现九宫格日记的特点，需要以图片的形式保存每篇日记，并且日记的内容写在九宫格中。
- ☑ 为了便于浏览，默认情况下，只显示日记的缩略图。
- ☑ 对于每篇日记需要提供查看原图、左转和右转功能。
- ☑ 需要提供分页浏览日记列表功能。
- ☑ 写日记时，需要提供预览功能。
- ☑ 在保存日记时，需要生成日记图片和对应的缩略图。

7.3 系统设计

7.3.1 系统目标

根据需求分析的描述及与用户的沟通，制定网站实现目标如下。
- ☑ 界面友好、美观。
- ☑ 日记内容灵活多变，既可以做选择题，也可以做填空题。
- ☑ 采用 Ajax 实现无刷新数据验证。
- ☑ 网站运行稳定可靠。
- ☑ 具有多浏览器兼容性，既要保证在 Google Chrome 浏览器上正常运行，又要保证在 IE 浏览器上正常运行。

7.3.2 功能结构

九宫格记忆网的功能结构如图 7.1 所示。

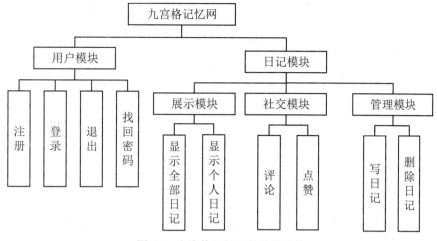

图 7.1 九宫格记忆网的功能结构

7.3.3 系统流程

九宫格记忆网的系统流程如图 7.2 所示。

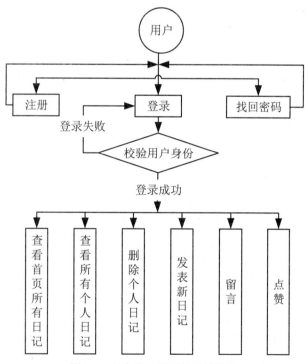

图 7.2 九宫格记忆网的系统流程

7.3.4 开发环境

本系统的软件开发及运行环境具体如下。

- ☑ 操作系统：Windows 7。
- ☑ JDK 环境：Java SE Development Kit（JDK）version 8。
- ☑ 开发工具：Eclipse for Java EE 4.7（Oxygen）。
- ☑ Web 服务器：Tomcat 9.0。
- ☑ 数据库：MySQL 5.7 数据库。
- ☑ 浏览器：推荐 Google Chrome 浏览器。
- ☑ 分辨率：最佳效果为 1440×900 像素。

7.3.5 系统预览

九宫格记忆网中有多个页面，下面列出网站中几个典型页面的预览，其他页面可以通过运行资源包中本系统的源程序进行查看。

分页显示九宫格日记列表如图 7.3 所示。该页面用于分页显示日记列表，包括展开和收缩日记图片、显示日记原图、对日记图片进行左转和右转等功能。当用户登录后，还可以查看和删除自己的日记。

图 7.3　分页显示九宫格日记列表页面

写九宫格日记页面如图7.4所示，该页面用于填写日记信息，允许用户选择并预览自己喜欢的模板，以及选择预置日记内容等。

图 7.4 写九宫格日记页面

预览九宫格日记页面如图7.5所示，该页面主要用于预览日记图片，如果用户满意，可以单击"保存"超链接保存日记图片，否则可以单击"再改改"超链接返回填写九宫格日记页面进行修改。

图 7.5　预览九宫格日记页面

用户注册页面如图 7.6 所示，该页面用于实现用户注册。在该页面中输入用户名后，将光标移出该文本框，系统将自动检测输入的用户名是否合法（包括用户名长度及是否被注册），如果不合法，将给出错误提示，同样，输入其他信息时，系统也将实时检测输入的信息是否合法。

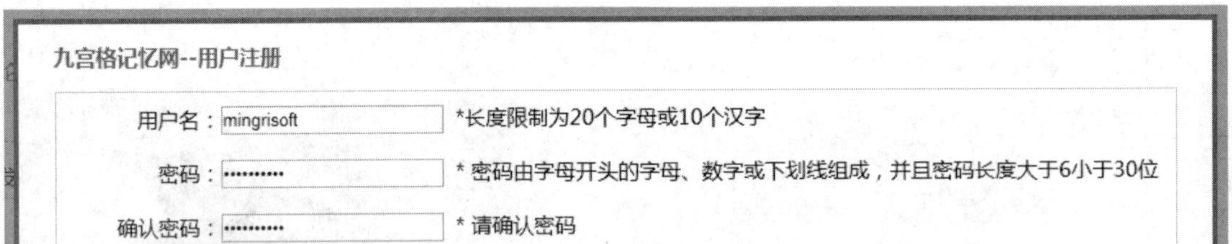

图 7.6　用户注册页面

7.3.6 文件夹组织结构

在进行九宫格记忆网开发之前,要对系统整体文件夹组织架构进行规划。对系统中使用的文件进行合理的分类,分别放置于不同的文件夹下。通过对文件夹组织架构的规划,可以确保系统文件目录明确、条理清晰,同样也便于系统的更新和维护,本项目的文件夹组织架构规划如图7.7所示。

```
9GridDiary                                      项目根文件夹
  src                                           用于保存网站中应用的Java类的源文件
    com.wgh                                     自定义包
      dao                                       用于保存数据库操作类
      filter                                    用于保存网站中应用的过滤器
      model                                     用于保存网站中应用的JavaBean
      servlet                                   用于保存网站中应用的Servlet
      tools                                     用于保存工具类
  JRE System Library [JavaSE-1.8]               Java类库
  Web App Libraries                             引入包类库
  Apache Tomcat v9.0 [Apache Tomcat v9.0]       Tomcat类库
  build                                         用于保存编译后文件
  WebContent                                    网页资源根目录
    CSS                                         用于保存网站中应用的CSS样式文件
    Database                                    用于保存网站中应用的数据库文件
    images                                      用于保存图片文件
      diary                                     用于保存生成的日记文件
    JS                                          用于保存网站中应用的JS文件
    META-INF                                    Web程序的.MF配置包
    WEB-INF                                     Web应用的安全目录
      lib                                       用于保存项目中引用的jar包
      web.xml                                   Web配置文件
```

图7.7 九宫格记忆网的文件夹组织结构

7.4 数据库设计

7.4.1 数据库设计概念

结合实际情况及对功能的分析,规划九宫格记忆网的数据库,定义数据库名称为 db_9griddiary,数据库主要包含4张数据表,如图7.8所示。

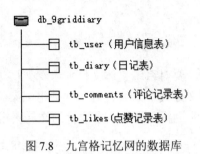

图 7.8 九宫格记忆网的数据库

7.4.2 数据表设计

九宫格记忆网的数据库中包括 4 张数据表。

1．tb_user（用户信息表）

用户信息表主要用于存储用户的注册信息，该数据表的结构如表 7.1 所示。

表 7.1 tb_user 表

字 段 名 称	数 据 类 型	字 段 大 小	是 否 主 键	说　　明
id	INT	11	主键	自动编号 ID
username	VARCHAR	50		用户名
pwd	VARCHAR	50		密码
email	VARCHAR	100		E-mail
question	VARCHAR	45		密码提示问题
answer	VARCHAR	45		提示问题答案
city	VARCHAR	30		所在地

2．tb_diary（日记表）

日记表主要用于存储日记的相关信息，该数据表的结构如表 7.2 所示。

表 7.2 tb_diary 表

字 段 名 称	数 据 类 型	字 段 大 小	是 否 主 键	说　　明
id	INT	11	主键	自动编号 ID
title	VARCHAR	60		标题
address	VARCHAR	50		日记保存的地址
writeTime	TIMESTAMP			写日记时间
userid	INT	11		用户 ID

说明 在设计数据表 tb_diary 时，还需要为字段 writeTime 设置默认值，这里为 CURRENT_TIMESTAMP，也就是当前时间。

3. tb_comments（评论记录表）

评论记录表主要用于存储评论记录的相关信息，该数据表的结构如表 7.3 所示。

表 7.3 tb_comments 表

字 段 名 称	数 据 类 型	字 段 大 小	是 否 主 键	说　　明
id	INT	11	主键	自动编号 ID
diary_id	INT	11		日记 ID
from_user_id	INT	11		评论用户 ID
content	VARCHAR	100000		评论内容
create_time	TIMESTAMP			评论时间
valid	VARCHAR			是否有效

4. tb_likes（点赞记录表）

点赞记录表主要用于存储日记与点赞用户之间的关系，该数据表的结构如表 7.4 所示。

表 7.4 tb_likes 表

字 段 名 称	数 据 类 型	字 段 大 小	是 否 主 键	说　　明
id	INT	11	主键	自动编号 ID
diary_id	INT	11		日记 ID
from_user_id	INT	11		点赞用户 ID

7.5　公共模块设计

在开发过程中经常会用到一些公共模块，例如，数据库连接及操作的类、保存分页代码的 JavaBean、解决中文乱码的过滤器及实体类等。因此，在开发系统前首先需要设计这些公共模块。下面将具体介绍九宫格记忆网所需要的公共模块的设计过程。

7.5.1　编写数据库连接及操作的类

数据库连接及操作类通常包括连接数据库的 getConnection()方法、执行查询语句的 executeQuery()方法、执行更新操作的 executeUpdate()方法、关闭数据库连接的 close()方法。下面将详细介绍如何编写九宫格记忆网的数据库连接及操作的类 ConnDB。

（1）指定类 ConnDB 保存的包并导入所需的类包，本例将其保存到 com.wgh.tools 包中，代码如下。

例程 01　代码位置：资源包\TM\07\9GridDiary\com\wgh\tools\ConnDB.java

```
package com.wgh.tools;                //将该类保存到 com.wgh.tools 包中
import java.io.InputStream;           //导入 java.io.InputStream 类
```

import java.sql.*;	//导入 java.sql 包中的所有类
import java.util.Properties;	//导入 java.util.Properties 类

> **注意** 包语句以关键字 package 后面紧跟一个包名称，然后以分号 ";" 结束；包语句必须出现在 import 语句之前；一个.java 文件只能有一个包语句。

（2）定义 ConnDB 类，并定义该类中所需的全局变量及构造方法，代码如下。

例程 02 代码位置：资源包\TM\07\9GridDiary\com\wgh\tools\ConnDB.java

```
public class ConnDB {
    public Connection conn = null;                              //声明 Connection 对象的实例
    public Statement stmt = null;                               //声明 Statement 对象的实例
    public ResultSet rs = null;                                 //声明 ResultSet 对象的实例
    private static String propFileName = "connDB.properties";   //指定资源文件保存的位置
    private static Properties prop = new Properties();          //创建并实例化 Properties 对象的实例
    private static String dbClassName = "com.mysql.jdbc.Driver"; //定义保存数据库驱动的变量
    private static String dbUrl =
    "jdbc:mysql://127.0.0.1:3306/db_9griddiary?user=root&password=root&useUnicode=true";
    public ConnDB() {                                           //构造方法
        try {                                                   //捕捉异常
            //将 Properties 文件读取到 InputStream 对象中
            InputStream in = getClass().getResourceAsStream(propFileName);
            prop.load(in);                                      //通过输入流对象加载 Properties 文件
            dbClassName = prop.getProperty("DB_CLASS_NAME");    //获取数据库驱动
            //获取连接的 URL
            dbUrl = prop.getProperty("DB_URL", dbUrl);
        } catch (Exception e) {
            e.printStackTrace();                                //输出异常信息
        }
    }
}
```

（3）为了方便程序移植，这里将数据库连接所需信息保存到 Properties 文件中，并将该文件保存在 com.wgh.tools 包中，connDB.properties 文件的内容如下。

例程 03 代码位置：资源包\TM\07\9GridDiary\com\wgh\tools\connDB.properties

```
DB_CLASS_NAME=com.mysql.jdbc.Driver
DB_URL=jdbc:mysql://127.0.0.1:3306/db_9griddiary?user=root&password=root&useUnicode=true
```

> **说明** Properties 文件为本地资源文本文件，以"消息/消息文本"的格式存放数据。使用 Properties 对象时，首先需创建并实例化该对象，代码如下。

`private static Properties prop = new Properties();`

再通过文件输入流对象加载 Properties 文件，代码如下。

`prop.load(new FileInputStream(propFileName));`

最后通过 Properties 对象的 getProperty()方法读取 Properties 文件中的数据。

（4）创建连接数据库的 getConnection()方法，该方法返回 Connection 对象的一个实例。getConnection()方法的代码如下。

例程04 代码位置：资源包\TM\07\9GridDiary\com\wgh\tools\ConnDB.java

```java
/**
 * 功能：获取连接的语句
 *
 * @return
 */
public static Connection getConnection() {
    Connection conn = null;
    try {                                              //连接数据库时可能发生异常，因此需要捕捉该异常
        Class.forName(dbClassName).newInstance();      //装载数据库驱动
        conn = DriverManager.getConnection(dbUrl);     //建立与数据库 URL 中定义的数据库的连接
    } catch (Exception ee) {
        ee.printStackTrace();                          //输出异常信息
    }
    if (conn == null) {
        System.err.println("警告: DbConnectionManager.getConnection() 获得数据库连接失败.\r\n 连接类型:"+ dbClassName + "\r\n 连接位置:" + dbUrl);   //在控制台上输出提示信息
    }
    return conn;                                       //返回数据库连接对象
}
```

📢 **代码贴士**

❶ 该句代码用于利用 Class 类中的静态方法 forName()，加载要使用的 Driver。使用该语句可以将传入的 Driver 类名称的字符串当作一个 Class 对象，通过 newInstance()方法可以建立此 Class 对象的一个新实例。

❷ DriverManager 用于管理 JDBC 驱动程序的接口，通过其 getConnection()方法来获取 Connection 对象的引用。Connection 对象的常用方法如下。

Statement createStatement()：创建一个 Statement 对象，用于执行 SQL 语句。

close()：关闭数据库的连接，在使用完连接后必须关闭，否则连接会保持一段比较长的时间，直到超时。

PreparedStatement prepareStatement(String sql)：使用指定的 SQL 语句创建了一个预处理语句，sql 参数中往往包含一个或多个"?"占位符。

CallableStatement prepareCall(String sql)：创建一个 CallableStatement 用于执行存储过程，sql 参数是调用的存储过程，中间至少包含一个"?"占位符。

（5）创建执行查询语句的方法 executeQuery()，返回值为 ResultSet 结果集，executeQuery()方法的代码如下。

例程05 代码位置：资源包\TM\07\9GridDiary\com\wgh\tools\ConnDB.java

```java
/*
 * 功能：执行查询语句
 */
public ResultSet executeQuery(String sql) {
    try {                                              //捕捉异常
        conn = getConnection();                        //调用 getConnection()方法构造 Connection 对象的一个实例 conn
        stmt = conn.createStatement(ResultSet.TYPE_SCROLL_INSENSITIVE,
```

```java
                    ResultSet.CONCUR_READ_ONLY);
            rs = stmt.executeQuery(sql);
        } catch (SQLException ex) {
            System.err.println(ex.getMessage());//输出异常信息
        }
        return rs;                              //返回结果集对象
    }
```

> 📢 **代码贴士**
>
> ❶ ResultSet.TYPE_SCROLL_INSENSITIVE 常量允许记录指针向前或向后移动，且当 ResultSet 对象变动记录指针时，会影响记录指针的位置。
>
> ❷ ResultSet.CONCUR_READ_ONLY 常量可以解释为 ResultSet 对象仅能读取，不能修改，在对数据库的查询操作中使用。
>
> ❸ stmt 为 Statement 对象的一个实例，通过其 executeQuery(String sql)方法可以返回一个 ResultSet 对象。

（6）创建执行更新操作的 executeUpdate()方法，返回值为 int 型的整数，代表更新的行数，executeUpdate()方法的代码如下。

例程 06　代码位置：资源包\TM\07\9GridDiary\com\wgh\tools\ConnDB.java

```java
/*
 * 功能：执行更新操作
 */
public int executeUpdate(String sql) {
    int result = 0;                             //定义保存返回值的变量
    try {                                       //捕捉异常
        conn = getConnection();     //调用 getConnection()方法构造 Connection 对象的一个实例 conn
        stmt = conn.createStatement(ResultSet.TYPE_SCROLL_INSENSITIVE,
                ResultSet.CONCUR_READ_ONLY);
        result = stmt.executeUpdate(sql);       //执行更新操作
    } catch (SQLException ex) {
        result = 0;                             //将保存返回值的变量赋值为 0
    }
    return result;                              //返回保存返回值的变量
}
```

（7）创建关闭数据库连接的方法 close()，close()方法的代码如下。

例程 07　代码位置：资源包\TM\07\9GridDiary\com\wgh\tools\ConnDB.java

```java
/*
 * 功能：关闭数据库的连接
 */
public void close() {
    try {                                       //捕捉异常
        if (rs != null) {                       //当 ResultSet 对象的实例 rs 不为空时
            rs.close();                         //关闭 ResultSet 对象
        }
        if (stmt != null) {                     //当 Statement 对象的实例 stmt 不为空时
            stmt.close();                       //关闭 Statement 对象
        }
```

```java
            if (conn != null) {                    //当 Connection 对象的实例 conn 不为空时
                conn.close();                      //关闭 Connection 对象
            }
        } catch (Exception e) {
            e.printStackTrace(System.err);         //输出异常信息
        }
    }
}
```

7.5.2 编写保存分页代码的 JavaBean

由于在九宫格记忆网中,需要对日记列表进行分页显示,所以需要编写一个保存分页代码的 JavaBean。保存分页代码的 JavaBean 的具体编写步骤如下。

(1)编写用于保存分页代码的 JavaBean,名称为 MyPagination,保存在 com.wgh.tools 包中,并定义一个全局变量 list 和 3 个局部变量,关键代码如下。

例程 08 代码位置:资源包\TM\07\9GridDiary\com\wgh\tools\MyPagination.java

```java
package com.wgh.tools;
import java.util.ArrayList;                        //导入 java.util.ArrayList 类
import java.util.List;                             //导入 java.util.List 类
import com.wgh.model.Diary;                        //导入 com.wgh.model.Diary 类
public class MyPagination {
    public List<Diary> list=null;
    private int recordCount=0;                     //保存记录总数的变量
    private int pagesize=0;                        //保存每页显示的记录数的变量
    private int maxPage=0;                         //保存最大页数的变量
}
```

(2)在 JavaBean,名称为 MyPagination 中添加一个用于初始化分页信息的方法 getInitPage(),该方法包括 3 个参数,分别是用于保存查询结果的 List 对象 list、用于指定当前页面的 int 型变量 Page 和用于指定每页显示的记录数的 int 型变量 pagesize。该方法的返回值为保存要显示记录的 List 对象,具体代码如下。

例程 09 代码位置:资源包\TM\07\9GridDiary\com\wgh\tools\MyPagination.java

```java
public List<Diary> getInitPage(List<Diary> list,int Page,int pagesize){
    List<Diary> newList=new ArrayList<Diary>();
    this.list=list;
    recordCount=list.size();                       //获取 list 集合的元素个数
    this.pagesize=pagesize;
    this.maxPage=getMaxPage();                     //获取最大页数
    try{                                           //捕获异常信息
        for(int i=(Page-1)*pagesize;i<=Page*pagesize-1;i++){
            try{
                if(i>=recordCount){break;}         //跳出循环
            }catch(Exception e){}
            newList.add((Diary)list.get(i));
        }
```

```
        }catch(Exception e){
            e.printStackTrace();                    //输出异常信息
        }
        return newList;
    }
```

（3）在JavaBean，名称为MyPagination中添加一个用于获取指定页数据的方法getAppointPage()，该方法只包括一个用于指定当前页数的int型变量Page。该方法的返回值为保存要显示记录的List对象，具体代码如下。

例程10　代码位置：资源包\TM\07\9GridDiary\com\wgh\tools\MyPagination.java

```java
//获取指定页的数据
public List<Diary> getAppointPage(int Page){
    List<Diary> newList=new ArrayList<Diary>();
    try{
        //通过for循环获取当前页的数据
        for(int i=(Page-1)*pagesize;i<=Page*pagesize-1;i++){
            try{
                if(i>=recordCount){break;}          //跳出循环
            }catch(Exception e){}
            newList.add((Diary)list.get(i));
        }
    }catch(Exception e){
        e.printStackTrace();                        //输出异常信息
    }
    return newList;
}
```

（4）在JavaBean，名称为MyPagination中添加一个用于获取最大记录数的方法getMaxPage()，该方法无参数，其返回值为最大记录数，具体代码如下。

例程11　代码位置：资源包\TM\07\9GridDiary\com\wgh\tools\MyPagination.java

```java
public int getMaxPage(){
    int maxPage=(recordCount%pagesize==0)?(recordCount/pagesize):(recordCount/pagesize+1);
    return maxPage;
}
```

（5）在JavaBean，名称为MyPagination中添加一个用于获取总记录数的方法getRecordSize()，该方法无参数，其返回值为总记录数，具体代码如下。

例程12　代码位置：资源包\TM\07\9GridDiary\com\wgh\tools\MyPagination.java

```java
public int getRecordSize(){
    return recordCount;
}
```

（6）在JavaBean，名称为MyPagination中添加一个用于获取当前页数的方法getPage()，该方法只有一个用于指定从页面中获取的页数的参数，其返回值为处理后的页数，具体代码如下。

例程 13 代码位置：资源包\TM\07\9GridDiary\com\wgh\tools\MyPagination.java

```java
public int getPage(String str){
    if(str==null){                                  //当页数等于 null 时，让其等于 0
        str="0";
    }
    int Page=Integer.parseInt(str);
    if(Page<1){                                     //当页数小于 1 时，让其等于 1
        Page=1;
    }else{
        if(((Page-1)*pagesize+1)>recordCount){      //当页数大于最大页数时，让其等于最大页数
            Page=maxPage;
        }
    }
    return Page;
}
```

（7）在 JavaBean，名称为 MyPagination 中添加一个用于输出记录导航的方法 printCtrl()，该方法包括 3 个参数，分别为 int 型的 Page（当前页数）、String 型的 url（URL 地址）和 String 型的 para（要传递的参数），其返回值为输出记录导航的字符串，具体代码如下。

例程 14 代码位置：资源包\TM\07\9GridDiary\com\wgh\tools\MyPagination.java

```java
public String printCtrl(int Page,String url,String para){
    String strHtml="<table width='100%'  border='0' cellspacing='0' cellpadding='0'><tr> <td height='24' align='right'>当前页数：【"+Page+"/"+maxPage+"】 ";
    try{
        if(Page>1){
            strHtml=strHtml+"<a href='"+url+"&Page=1"+para+"'>第一页</a>   ";
            strHtml=strHtml+"<a href='"+url+"&Page="+(Page-1)+para+"'>上一页</a>";
        }
        if(Page<maxPage){
            strHtml=strHtml+"<a href='"+url+"&Page="+(Page+1)+para+"'>下一页</a>
            <a href='"+url+"&Page="+maxPage+para+"'>最后一页 </a>";
        }
        strHtml=strHtml+"</td> </tr>     </table>";
    }catch(Exception e){
        e.printStackTrace();
    }
    return strHtml;
}
```

7.5.3 配置解决中文乱码的过滤器

在程序开发时通常有两种方法解决程序中经常出现的中文乱码问题，一种是通过编码字符串处理类，对需要的内容进行转码；另一种是配置过滤器。其中，第二种方法比较方便，只需要在开发程序时配置正确即可。下面将介绍本系统中配置解决中文乱码的过滤器的具体步骤。

（1）编写 CharacterEncodingFilter 类，让它实现 Filter 接口，成为一个 Servlet 过滤器，在实现 doFilter() 接口方法时，根据配置文件中设置的编码格式参数分别设置请求对象的编码格式和响应对象的内容类型参数。

例程 15　代码位置：资源包\TM\07\9GridDiary\com\wgh\filter\CharacterEncodingFilter.java

```java
public class CharacterEncodingFilter implements Filter {
    protected String encoding = null;                                      //定义编码格式变量
    protected FilterConfig filterConfig = null;                            //定义过滤器配置对象
    public void init(FilterConfig filterConfig) throws ServletException {
        this.filterConfig = filterConfig;                                  //初始化过滤器配置对象
        this.encoding = filterConfig.getInitParameter("encoding");         //获取配置文件中指定的编码格式
    }
    //过滤器的接口方法，用于执行过滤业务
    public void doFilter(ServletRequest request, ServletResponse response,
            FilterChain chain) throws IOException, ServletException {
        if (encoding != null) {
            request.setCharacterEncoding(encoding);                        //设置请求的编码
            //设置响应对象的内容类型（包括编码格式）
            response.setContentType("text/html; charset=" + encoding);
        }
        chain.doFilter(request, response);                                 //传递给下一个过滤器
    }
    public void destroy() {
        this.encoding = null;
        this.filterConfig = null;
    }
}
```

（2）在 web.xml 文件中配置过滤器，并设置编码格式参数和过滤器的 URL 映射信息，关键代码如下。

例程 16　代码位置：资源包\TM\07\9GridDiary\WebContent\WEB-INF\web.xml

```xml
<filter>
    <filter-name>CharacterEncodingFilter</filter-name>             <!--指定过滤器类文件-->
    <filter-class>com.wgh.filter.CharacterEncodingFilter</filter-class>
    <init-param>
      <param-name>encoding</param-name>
      <param-value>UTF-8</param-value>                             <!--指定编码为 UTF-8 编码-->
    </init-param>
</filter>
<filter-mapping>
    <filter-name>CharacterEncodingFilter</filter-name>
    <url-pattern>/*</url-pattern>
    <!--设置过滤器对应的请求方式-->
    <dispatcher>REQUEST</dispatcher>
    <dispatcher>FORWARD</dispatcher>
</filter-mapping>
```

7.5.4 编写实体类

实体类就是由属性及属性所对应的 getter 和 setter 方法组成的类。实体类通常与数据表相关联。在九宫格记忆网中共涉及 4 张数据表，分别是用户信息表、日记表、评论记录表和点赞记录表。通过这 4 张数据表可以得到用户信息、日记信息、日记的评论信息和点赞信息，根据这些信息可以得出用户实体类、日记实体类、评论记录实体类和点赞记录实体类。由于实体类的编写方法基本类似，所以这里将以日记实体类为例进行介绍。

编写 Diary 类，在该类添加 id、title、address、writeTime、userid 和 username 属性，并为这些属性添加对应的 getter 和 setter 方法，关键代码如下。

例程 17 代码位置：资源包\TM\07\9GridDiary\com\wgh\model\Diary.java

```java
import java.util.Date;
public class Diary {
    private int id = 0;                       //日记 ID 号
    private String title = "";                //日记标题
    private String address = "";              //日记图片地址
    private Date writeTime = null;            //写日记的时间
    private int userid = 0;                   //用户 ID
    private String username = "";             //用户名
    public int getId() {                      //id 属性对应的 getter 方法
        return id;
    }
    public void setId(int id) {               //id 属性对应的 setter 方法
        this.id = id;
    }
    //此处省略了其他属性对应的 getter 和 setter 方法
}
```

7.6 主界面设计

视频讲解

7.6.1 主界面概述

当用户访问九宫格记忆网时，首先进入的是网站的主界面。九宫格记忆网的主界面主要包括以下 4 部分内容。

- ☑ Banner 信息栏：主要用于显示网站的 Logo。
- ☑ 导航栏：主要用于显示网站的导航信息及欢迎信息。其中，导航条目将根据是否登录而显示不同的内容。
- ☑ 主显示区：主要用于分页显示九宫格日记列表。
- ☑ 版权信息栏：主要用于显示版权信息。

下面看一下本项目中设计的主界面，如图 7.9 所示。

图 7.9 九宫格记忆网的主界面

7.6.2 主界面技术分析

九宫格记忆网采用 DIV+CSS 布局。在采用 DIV+CSS 布局的网站中，一个首要问题就是如何让页面内容居中，下面将介绍具体的实现方法。

（1）在页面的<body>标记的下方添加一个<div>标记（使用<div>标记将页面内容括起来），并设置其 id 属性，这里将其设置为 box，关键代码如下。

例程 18 代码位置：资源包\TM\07\9GridDiary\WebContent\listAllDiary.jsp

```
<div id="box">
    <!--页面内容-->
</div>
```

（2）设置 CSS 样式。这里通过在链接的外部样式表文件中进行设置。

例程 19 代码位置：资源包\TM\07\9GridDiary\WebContent\CSS\style.css

```
body{
    margin:0px;            /*设置外边距*/
    padding:0px;           /*设置内边距*/
    font-size: 9pt;        /*设置字体大小*/
}
#box{
    margin:0 auto auto auto;          /*设置外边距*/
    width:800px;                      /*设置页面宽度*/
    clear:both;                       /*设置两侧均不可以有浮动内容*/
    background-color: #FFFFFF;        /*设置背景色*/
}
```

注意 在 JSP 页面中一定要包含以下代码，否则页面内容将不居中。
<!DOCTYPE html PUBLIC "-//W3C//DTD HTML 4.01 Transitional//EN" "http://www.w3.org/TR/html4/ loose.dtd">

7.6.3 主界面的实现过程

在九宫格记忆网主界面中，Banner 信息栏、导航栏和版权信息并不仅存在于主界面中，其他功能模块的子界面中也需要包括这些部分。因此，可以将这几个部分分别保存在单独的文件中，这样，在需要放置相应功能时只需包含这些文件即可。

在 JSP 页面中包含文件有两种方法：一种是应用<%@ include %>指令实现，另一种是应用<jsp:include>动作元素实现。

<%@ include %>指令用来在 JSP 页面中包含另一个文件。包含的过程是静态的，即在指定文件属性值时，只能是一个包含相对路径的文件名，而不能是一个变量，也不可以在所指定的文件后面添加任何参数，其语法格式如下。

```
<%@ include file="fileName"%>
```

<jsp:include>动作元素可以指定加载一个静态或动态的文件，但运行结果不同。如果指定为静态文件，那么这种指定仅仅是把指定的文件内容添加到 JSP 文件中去，则这个文件不被编译。如果是动态文件，那么这个文件将会被编译器执行。由于在页面中包含查询模块时，只需要将文件内容添加到指定的 JSP 文件中即可，所以此处可以使用加载静态文件的方法包含文件，应用<jsp:include>动作元素加载静态文件的语法格式如下。

```
<jsp:include page="{relativeURL | <%=expression%>}" flush="true"/>
```

使用<%@ include %>指令和<jsp:include>动作元素包含文件的区别是：使用<%@ include %>指令包含的页面，是在编译阶段将该页面的代码插入到了主页面的代码中，最终包含页面与被包含页面生成了一个文件。因此，如果被包含页面的内容有改动，需重新编译该文件。而使用<jsp:include>动作元素包含的页面可以是动态改变的，它是在 JSP 文件运行过程中被确定的，程序执行的是两个不同的页面，即在主页面中声明的变量，在被包含的页面中是不可见的。由此可见，当被包含的 JSP 页面中包含动态代码时，为了不与主页面中的代码相冲突，需要使用<jsp:include>动作元素包含文件，应用<jsp:include>动作元素包含查询页面的代码如下。

```
<jsp:include page="search.jsp"    flush="true"/>
```

考虑到本系统中需要包含的多个文件之间相对比较独立，并且不需要进行参数传递，属于静态包含，因此采用<%@ include %>指令实现，应用<%@ include %>指令包含文件的方法进行主界面布局的代码如下。

例程 20 代码位置：资源包\TM\07\9GridDiary\WebContent\listAllDiary.jsp

```
<%@ page language="java" contentType="text/html; charset=UTF-8" pageEncoding="UTF-8"%>
<!DOCTYPE html PUBLIC "-//W3C//DTD HTML 4.01 Transitional//EN" "http://www.w3.org/TR/html4/loose.dtd">
<html>
<head>
<meta http-equiv="Content-Type" content="text/html; charset=UTF-8">
<title>显示九宫格日记列表</title>
</head>
```

```
<body  bgcolor="#F0F0F0">
    <div id="box">
        <%@ include file="top.jsp" %>
        <%@ include file="register.jsp" %>
        <!--显示九宫格日记列表的代码-->
        <%@ include file="bottom.jsp" %>
    </div>
</body>
</html>
```

7.7 显示九宫格日记列表模块设计

显示九宫格日记列表模块使用到的数据表：tb_user、tb_diary。

7.7.1 显示九宫格日记列表概述

用户访问网站时，首先进入的是网站的主界面，在主界面的主显示区中，将以分页的形式显示九宫格日记列表。显示九宫格日记列表主要用于分页显示全部九宫格日记、分页显示我的日记、展开和收缩日记图片、显示日记原图、对日记图片进行左转和右转以及删除我的日记等。其中，分页显示我的日记和删除我的日记功能，只有在用户登录后才可以使用。

7.7.2 显示九宫格日记列表技术分析

在显示九宫格日记列表时，默认情况下显示的是日记图片的缩略图，如图 7.10 所示。单击该缩略图可以展开该缩略图，如图 7.11 所示，单击日记图片或"收缩"超链接，可以将该图片再次显示为如图 7.10 所示的缩略图。

图 7.10　日记图片的缩略图　　　　图 7.11　展开日记图片

在实现展开和收缩图片时，主要应用 JavaScript 对图片的宽度、高度、图片来源等属性进行设置，下面对这些属性进行详细介绍。

1．设置图片的宽度

通过 document 对象的 getElementById()方法获取图片对象后，可以通过设置其 width 属性来设置图片的宽度，具体的语法如下。

```
imgObject.width=value;
```

其中 imgObject 为图片对象，可以通过 document 对象的 getElementById()方法获取；value 为宽度值，单位为像素值或百分比。

2．设置图片的高度

通过 document 对象的 getElementById()方法获取图片对象后，可以通过设置其 height 属性来设置图片的高度，具体的语法如下。

```
imgObject.height=value;
```

其中 imgObject 为图片对象，可以通过 document 对象的 getElementById()方法获取；value 为高度值，单位为像素值或百分比。

3．设置图片的来源

通过 document 对象的 getElementById()方法获取图片对象后，可以通过设置其 src 属性来设置图片的来源，具体的语法如下。

```
imgObject.src=path;
```

其中 imgObject 为图片对象，可以通过 document 对象的 getElementById()方法获取；path 为图片的来源 URL，可以使用相对路径，也可以使用 HTTP 绝对路径。

由于在九宫格记忆网中，需要展开和收缩的图片不止一个，所以这里需要编写一个自定义的 JavaScript 函数 zoom()来完成图片的展开和收缩，zoom()函数的具体代码如下。

例程21　代码位置：资源包\TM\07\9GridDiary\WebContent\listAllDiary.jsp

```
<script language="javascript">
//展开或收缩图片的方法
function zoom(id,url){
    document.getElementById("diary"+id).style.display = "";              //显示图片
    if(flag[id]){                                                         //用于展开图片
        document.getElementById("diary"+id).src="images/diary/"+url+".png"; //设置要显示的图片
        document.getElementById("control"+id).style.display="";           //显示控制工具栏
        document.getElementById("diaryImg"+id).style.width=401;           //设置日记图片的宽度
        document.getElementById("diaryImg"+id).style.height=436;          //设置日记图片的高度
        document.getElementById("diary"+id).width=400;                    //设置图片的宽度
        document.getElementById("diary"+id).height=400;                   //设置图片的高度
        flag[id]=false;
    }else{                                                                //用于收缩图片
```

```
document.getElementById("diary"+id).src="images/diary/"+url+"scale.jpg";  //设置图片显示为缩略图
document.getElementById("control"+id).style.display="none";               //设置控制工具栏不显示
document.getElementById("diaryImg"+id).style.width=60;                    //设置日记图片的宽度
document.getElementById("diaryImg"+id).style.height=60;                   //设置日记图片的高度
document.getElementById("diary"+id).width=60;                             //设置图片的宽度
document.getElementById("diary"+id).height=60;                            //设置图片的高度
flag[id]=true;
document.getElementById("canvas"+id).style.display="none";                //设置面板不显示
        }
    }
    var i=0;                                                              //标记变量,用于记录当前页共有几条日记
</script>
```

为了分别控制每张图片的展开和收缩状态,还需要设置一个记录每张图片状态的标记数组,并在页面载入后,通过 while 循环将每个数组元素的值都设置为 true,具体代码如下。

例程 22 代码位置:资源包\TM\07\9GridDiary\WebContent\listAllDiary.jsp

```
<script type="text/javascript">
var flag=new Array(i);              //定义一个标记数组
window.onload = function(){
    while(i>0){
        flag[i]=true;                //初始化一维数组的各个元素
        i--;
    }
}
</script>
```

在图片的上方添加"收缩"超链接,并在其 onClick 事件中调用 zoom()方法,关键代码如下。

例程 23 代码位置:资源包\TM\07\9GridDiary\WebContent\listAllDiary.jsp

```
<a href="#" onClick="zoom('${id.count }','${diaryList.address }')">收缩</a>
```

同时,还需要在图片和面板的 onClick 事件中调用 zoom()方法,关键代码如下。

例程 24 代码位置:资源包\TM\07\9GridDiary\WebContent\listAllDiary.jsp

```
<img id="diary${id.count }" src="images/diary/${diaryList.address }scale.jpg"
     style="cursor: url(images/ico01.ico);"
     onClick="zoom('${id.count }','${diaryList.address }')">
<canvas id="canvas${id.count }" style="display:none;"
     onClick="zoom('${id.count }','${diaryList.address }')"></canvas>
```

说明 上面代码中的面板主要用于对图片进行左转和右转。

7.7.3 查看日记原图

在将图片展开后,可以通过单击"查看原图"超链接查看日记的原图,如图 7.12 所示。

图 7.12　查看原图

在实现查看日记原图时，首先需要获取请求的 URL 地址，然后在页面中添加一个"查看原图"超链接，并将该 URL 地址和图片相对路径组合成 HTTP 绝对路径作为超链接的地址，具体代码如下。

例程 25　代码位置：资源包\TM\07\9GridDiary\WebContent\listAllDiary.jsp

```
<%String url=request.getRequestURL().toString();
url=url.substring(0,url.lastIndexOf("/"));%>
<a href="<%=url %>/images/diary/${diaryList.address }.png" target="_blank">查看原图</a>
```

7.7.4　对日记图片进行左转和右转

在九宫格记忆网中，还提供了对展开的日记图片进行左转和右转功能。例如，展开标题为"心情不错"的日记图片，如图 7.13 所示，单击"左转"超链接，将显示如图 7.14 所示的效果。

图 7.13　没有进行旋转的图片

图 7.14　向左转一次的效果

在实现对图片进行左转和右转时，这里应用了 Google 公司提供的 excanvas 插件。应用 excanvas 插件对图片进行左转和右转的具体步骤如下。

（1）将 excanvas 插件中的 excanvas-modified.js 文件复制到项目的 JS 文件夹中。

（2）在需要对图片进行左转和右转的页面中应用以下代码包含该 JS 文件，本项目中为 listAllDiary.jsp 文件。

例程26 代码位置：资源包\TM\07\9GridDiary\WebContent\listAllDiary.jsp

```
<script type="text/javascript" src="JS/excanvas-modified.js"></script>
```

（3）编写 JavaScript 代码，应用 excanvas 插件对图片进行左转和右转。由于在本网站中需要进行旋转的图片有多个，所以这里需要通过循环编写多个旋转方法，方法名由字符串"rotate+ID 号"组成。具体代码如下。

例程27 代码位置：资源包\TM\07\9GridDiary\WebContent\listAllDiary.jsp

```
<script type="text/javascript">
i++;                                                    //标记变量，用于记录当前页共有几条日记
function rotate${id.count }(){
    var param${id.count } = {
        right: document.getElementById("rotRight${id.count }"),
        left: document.getElementById("rotLeft${id.count }"),
        reDefault: document.getElementById("reDefault${id.count }"),
        img: document.getElementById("diary${id.count }"),
        cv: document.getElementById("canvas${id.count }"),
        rot: 0
    };
    var rotate = function(canvas,img,rot){
        var w = 400;                                    //设置图片的宽度
        var h = 400;                                    //设置图片的高度
        //角度转为弧度
        if(!rot){
            rot = 0;
        }
        var rotation = Math.PI * rot / 180;
        var c = Math.round(Math.cos(rotation) * 1000) / 1000;
        var s = Math.round(Math.sin(rotation) * 1000) / 1000;
        //旋转后 canvas 面板的大小
        canvas.height = Math.abs(c*h) + Math.abs(s*w);
        canvas.width = Math.abs(c*w) + Math.abs(s*h);
        //绘图开始
        var context = canvas.getContext("2d");
        context.save();
        //改变中心点
        if (rotation <= Math.PI/2) {                    //旋转角度小于等于90°时
            context.translate(s*h,0);
        } else if (rotation <= Math.PI) {               //旋转角度小于等于180°时
            context.translate(canvas.width,-c*h);
        } else if (rotation <= 1.5*Math.PI) {           //旋转角度小于等于270°时
            context.translate(-c*w,canvas.height);
        } else {
```

```
                rot=0;
                context.translate(0,-s*w);
            }
            //旋转90°
            context.rotate(rotation);
            //绘制
            context.drawImage(img, 0, 0, w, h);
            context.restore();
            img.style.display = "none";                    //设置图片不显示
        }
        var fun = {
            right: function(){                              //向右转的方法
                param${id.count }.rot += 90;
                rotate(param${id.count }.cv, param${id.count }.img, param${id.count }.rot);
                if(param${id.count }.rot === 270){
                    param${id.count }.rot = -90;
                }else if(param${id.count }.rot > 270){
                    param${id.count }.rot = -90;
                    fun.right();                            //调用向右转的方法
                }
            },

            reDefault: function(){                          //恢复默认的方法
                param${id.count }.rot = 0;
                rotate(param${id.count }.cv, param${id.count }.img, param${id.count }.rot);
            },

            left: function(){                               //向左转的方法
                param${id.count }.rot -= 90;
                if(param${id.count }.rot <= -90){
                    param${id.count }.rot = 270;
                }
                rotate(param${id.count }.cv, param${id.count }.img, param${id.count }.rot);//旋转指定角度
            }
        };
        param${id.count }.right.onclick = function(){       //向右转
            param${id.count }.cv.style.display="";          //显示画图面板
            fun.right();
            return false;
        };
        param${id.count }.left.onclick = function(){        //向左转
            param${id.count }.cv.style.display="";          //显示画图面板
            fun.left();
            return false;
        };
        param${id.count }.reDefault.onclick = function(){   //恢复默认
            fun.reDefault();                                //恢复默认
            return false;
        };
    }
</script>
```

（4）在页面中图片的上方添加"左转""右转""恢复默认"超链接。其中，"恢复默认"超链接设置为不显示，该超链接是为了在收缩图片时将旋转恢复为默认而设置的，关键代码如下。

例程 28　代码位置：资源包\TM\07\9GridDiary\WebContent\listAllDiary.jsp

```
<a id="rotLeft${id.count }" href="#" >左转</a>
<a id="rotRight${id.count }" href="#">右转</a>
<a id="reDefault${id.count }" href="#" style="display:none">恢复默认</a>
```

（5）在页面中插入显示日记图片的<img>标记和面板标记<canvas>，关键代码如下。

例程 29　代码位置：资源包\TM\07\9GridDiary\WebContent\listAllDiary.jsp

```
<img id="diary${id.count }" src="images/diary/${diaryList.address }scale.jpg"
          style="cursor: url(images/ico01.ico);">
<canvas id="canvas${id.count }" style="display:none;"></canvas>
```

（6）在页面的底部还需要实现当页面载入完成后，通过 while 循环执行旋转图片的方法，具体代码如下。

例程 30　代码位置：资源包\TM\07\9GridDiary\WebContent\listAllDiary.jsp

```
<script type="text/javascript">
window.onload = function(){
    while(i>0){
        eval("rotate"+i)();              //执行旋转图片的方法
        i--;
    }
}
</script>
```

7.7.5　显示全部九宫格日记的实现过程

用户访问九宫格记忆网时，进入的页面就是显示全部九宫格日记页面。在该页面将分页显示最新的 50 条九宫格日记，具体的实现过程如下。

（1）编写处理日记信息的 Servlet DiaryServlet，在该类中，首先需要在构造方法中实例化 DiaryDao 类（该类用于实现与数据库的交互），然后编写 doGet()和 doPost()方法，在这两个方法中根据 request 的 getParameter()方法获取的 action 参数值执行相应方法，由于这两个方法中的代码相同，所以只需在第一个方法 doPost()中写相应代码，在另一个方法 doGet()中调用 doPost()方法即可。

例程 31　代码位置：资源包\TM\07\9GridDiary\src\com\wgh\servlet\DiaryServlet.java

```
public class DiaryServlet extends HttpServlet {
    MyPagination pagination = null;              //数据分页类的对象
    DiaryDao dao = null;                         //日记相关的数据库操作类的对象
    public DiaryServlet() {
        super();
        dao = new DiaryDao();                    //实例化日记相关的数据库操作类的对象
    }
    protected void doPost(HttpServletRequest request,
            HttpServletResponse response) throws ServletException, IOException {
```

```java
        String action = request.getParameter("action");
        if ("preview".equals(action)) {
            preview(request, response);                                    //预览九宫格日记
        } else if ("save".equals(action)) {
            save(request, response);                                       //保存九宫格日记
        } else if ("listAllDiary".equals(action)) {
            listAllDiary(request, response);                               //查询全部九宫格日记
        } else if ("listMyDiary".equals(action)) {
            listMyDiary(request, response);                                //查询我的日记
        } else if ("delDiary".equals(action)) {
            delDiary(request, response);                                   //删除我的日记
        }
    }
    protected void doGet(HttpServletRequest request,
            HttpServletResponse response) throws ServletException, IOException {
        doPost(request, response);                                         //执行doPost()方法
    }
}
```

（2）在处理日记信息的 Servlet DiaryServlet 中，编写 action 参数 listAllDiary 对应的方法 listAllDiary()。在该方法中，首先获取当前页码，并判断是否为页面初次运行，如果是初次运行，则调用 Dao 类中的 queryDiary()方法获取日记内容，并初始化分页信息，否则获取当前页面，并获取指定页数据，最后保存当前页的日记信息等，并重定向页面，listAllDiary()方法的具体代码如下。

例程32 代码位置：资源包\TM\07\9GridDiary\src\com\wgh\servlet\DiaryServlet.java

```java
public void listAllDiary(HttpServletRequest request,
        HttpServletResponse response) throws ServletException, IOException {
    String strPage = (String) request.getParameter("Page");                //获取当前页码
    int Page = 1;
    List<Diary> list = null;
    if (strPage == null) {                                                 //当页面初次运行
        String sql = "select d.*,u.username from tb_diary d inner join tb_user u on u.id=d.userid order by d.writeTime DESC limit 50";
        pagination = new MyPagination();
        list = dao.queryDiary(sql);                                        //获取日记内容
        int pagesize = 4;                                                  //指定每页显示的记录数
        list = pagination.getInitPage(list, Page, pagesize);               //初始化分页信息
        request.getSession().setAttribute("pagination", pagination);
    } else {
        pagination = (MyPagination) request.getSession().getAttribute( "pagination");
        Page = pagination.getPage(strPage);                                //获取当前页码
        list = pagination.getAppointPage(Page);                            //获取指定页数据
    }
    request.setAttribute("diaryList", list);                               //保存当前页的日记信息
    request.setAttribute("Page", Page);                                    //保存的当前页码
    request.setAttribute("url", "listAllDiary");                           //保存当前页面的URL
    request.getRequestDispatcher("listAllDiary.jsp").forward(request,response); //重定向页面
}
```

（3）在对日记进行操作的 DiaryDao 类中，编写用于查询日记信息的方法 queryDiary()，在该方法

中，首先执行查询语句，然后应用 while 循环将获取的日记信息保存到 List 集合中，最后返回该 List 集合，具体代码如下。

例程 33 代码位置：资源包\TM\07\9GridDiary\src\com\wgh\dao\DiaryDao.java

```java
public List<Diary> queryDiary(String sql) {
    ResultSet rs = conn.executeQuery(sql);                              //执行查询语句
    List<Diary> list = new ArrayList<Diary>();
    try {                                                                //捕获异常
        while (rs.next()) {
            Diary diary = new Diary();
            diary.setId(rs.getInt(1));                                   //获取并设置 ID
            diary.setTitle(rs.getString(2));                             //获取并设置日记标题
            diary.setAddress(rs.getString(3));                           //获取并设置图片地址
            Date date;
            try {
                date = DateFormat.getDateTimeInstance().parse(rs.getString(4));
                diary.setWriteTime(date);                                //设置写日记的时间
            } catch (ParseException e) {
                e.printStackTrace();                                     //输出异常信息到控制台
            }
            diary.setUserid(rs.getInt(5));                               //获取并设置用户 ID
            diary.setUsername(rs.getString(6));                          //获取并设置用户名
            list.add(diary);                                             //将日记信息保存到 list 集合中
        }
    } catch (SQLException e) {
        e.printStackTrace();                                             //输出异常信息
    } finally {
        conn.close();                                                    //关闭数据库连接
    }
    return list;
}
```

（4）编写 listAllDiary.jsp 文件，用于分页显示全部九宫格日记，具体的实现过程如下：

引用 JSTL 的核心标签库和格式与国际化标签库，并应用<jsp:useBean>指令引入保存分页代码的 JavaBean，名称为 MyPagination，具体代码如下。

例程 34 代码位置：资源包\TM\07\9GridDiary\WebContent\listAllDiary.jsp

```jsp
<%@ taglib uri="http://java.sun.com/jsp/jstl/core" prefix="c"%>
<%@ taglib uri="http://java.sun.com/jsp/jstl/fmt" prefix="fmt"%>
<jsp:useBean id="pagination" class="com.wgh.tools.MyPagination" scope="session"/>
```

应用 JSTL 的<c:if>标签判断是否存在日记列表，如果存在，则应用 JSTL 的<c:forEach>标签循环显示指定条数的日记信息，具体代码如下。

例程 35 代码位置：资源包\TM\07\9GridDiary\WebContent\listAllDiary.jsp

```jsp
<c:if test="${!empty requestScope.diaryList}">
<c:forEach items="${requestScope.diaryList}" var="diaryList" varStatus="id">
    <div style="border-bottom-color:#CBCBCB;padding:5px;border-bottom-style:dashed;border-bottom-width:1px;margin: 10px 20px;color:#0F6548">
```

```
            <font color="#CE6A1F" style="font-weight:
            bold;font-size:14px;">${diaryList.username}</font>  发表九宫格日记：
<b>${diaryList.title}</b></div>
            <div style="margin:10px 10px 0px 10px;background-color:#FFFFFF;
border-bottom-color:#CBCBCB;border-bottom-style:dashed;border-bottom-width: 1px;">
                <div id="diaryImg${id.count }" style="border:1px #dddddd
                solid;width:60px;background-color:#EEEEEE;">
                    <div id="control${id.count }" style="display:none;padding: 10px;">
                        <%String url=request.getRequestURL().toString();
                        url=url.substring(0,url.lastIndexOf("/"));%>
                        <a href="#" onClick="zoom('${id.count }','${diaryList.address }')">收缩</a>  
                        <a href="<%=url %>/images/diary/${diaryList.address }.png" target="_blank">查看原图
                        </a>
                          <a id="rotLeft${id.count }" href="#" >左转</a>
                          <a id="rotRight${id.count }" href="#">右转</a>
                        <a id="reDefault${id.count }" href="#" style="display:none">恢复默认</a>
                    </div>
                    <img id="diary${id.count }" src="images/diary/${diaryList.address }scale.jpg"
                        style="cursor: url(images/ico01.ico);"
                        onClick="zoom('${id.count }','${diaryList.address }')">
                <canvas id="canvas${id.count }" style="display:none;"
                onClick="zoom('${id.count }','${diaryList.address }')">
                </canvas>
                </div>
                <div style="padding:10px;background-color:#FFFFFF;text-align:right;color:#999999;">
                    发表时间：<fmt:formatDate value="${diaryList.writeTime}" type="both" pattern="yyyy-MM-dd
                                HH:mm:ss"/>
                    <c:if test="${sessionScope.userName==diaryList.username}">
                        <a
                        href="DiaryServlet?action=delDiary&id=${diaryList.id }&url=${requestScope.url}&imgName=$
                        {diaryList.address }">[删除]</a>
                    </c:if>
                </div>
            </div>
    </c:forEach>
</c:if>
```

应用 JSTL 的<c:if>标签判断是否存在日记列表,如果不存在,则显示提示信息"暂无九宫格日记!",
具体代码如下。

例程 36 代码位置：资源包\TM\07\9GridDiary\WebContent\listAllDiary.jsp

```
<c:if test="${empty requestScope.diaryList}">
暂无九宫格日记!
</c:if>
```

在页面的底部添加分页控制导航栏,具体代码如下。

例程 37 代码位置：资源包\TM\07\9GridDiary\WebContent\listAllDiary.jsp

```
<div style="background-color: #FFFFFF;">
<%=pagination.printCtrl(Integer.parseInt(request.getAttribute("Page").toString()),"DiaryServlet?action="+r
equest.getAttribute("url"),"")%>
</div>
```

7.7.6 我的日记的实现过程

用户注册并成功登录到九宫格记忆网后，就可以查看自己的日记。例如，用户 mr 登录后，单击导航栏中的"我的日记"超链接，将显示如图 7.15 所示的运行结果。

图 7.15 我的日记的运行结果

由于我的日记功能和显示全部九宫格日记功能的实现方法类似，所不同的是查询日记内容的 SQL 语句不同，所以在本网站中，我们将操作数据库所用的 Dao 类及显示日记列表的 JSP 页面使用同一个。下面给出在处理日记信息的 Servlet DiaryServlet 中，查询我的日记功能所需要的 action 参数 listMyDiary 对应的方法的具体内容。

在 listMyDiary()方法中，首先获取当前页码，并判断是否为页面初次运行，如果是初次运行，则调用 Dao 类中的 queryDiary()方法获取日记内容（此时需要应用内连接查询对应的日记信息），并初始化分页信息，否则获取当前页面，并获取指定页数据，最后保存当前页的日记信息等，并重定向页面，listMyDiary()方法的具体代码如下。

例程 38　代码位置：资源包\TM\07\9GridDiary\src\com\wgh\servlet\DiaryServlet.java

```
private void listMyDiary(HttpServletRequest request,
        HttpServletResponse response) throws ServletException, IOException {
    HttpSession session = request.getSession();
    String strPage = (String) request.getParameter("Page");         //获取当前页码
    int Page = 1;
    List<Diary> list = null;
```

```java
if (strPage == null) {
    int userid = Integer.parseInt(session.getAttribute("uid")
            .toString());                                       //获取用户ID号
    String sql = "select d.*,u.username from tb_diary d inner join tb_user u on u.id=d.userid    "
    +"where d.userid="+ userid + " order by d.writeTime DESC";  //应用内连接查询日记信息
    pagination = new MyPagination();
    list = dao.queryDiary(sql);                                 //获取日记内容
    int pagesize = 4;                                           //指定每页显示的记录数
    list = pagination.getInitPage(list, Page, pagesize);        //初始化分页信息
    request.getSession().setAttribute("pagination", pagination); //保存分页信息
} else {
    pagination = (MyPagination) request.getSession().getAttribute(
            "pagination");                                      //获取分页信息
    Page = pagination.getPage(strPage);
    list = pagination.getAppointPage(Page);                     //获取指定页数据
}
request.setAttribute("diaryList", list);                        //保存当前页的日记信息
request.setAttribute("Page", Page);                             //保存的当前页码
request.setAttribute("url", "listMyDiary");                     //保存当前页的URL地址
// 重定向页面到 listAllDiary.jsp
request.getRequestDispatcher("listAllDiary.jsp").forward(request,response);
}
```

7.8　写九宫格日记模块设计

视频讲解

写九宫格日记模块使用到的数据表：tb_user、tb_diary。

7.8.1　写九宫格日记概述

用户注册并成功登录到九宫格记忆网后，则可以写九宫格日记。写九宫格日记主要由填写日记信息、预览生成的日记图片和保存日记图片3部分组成，写九宫格日记的基本流程如图7.16所示。

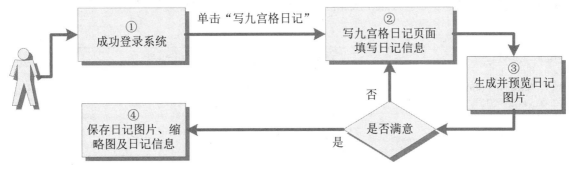

图7.16　写九宫格日记的基本流程

7.8.2 写九宫格日记技术分析

在实现写九宫格日记时,主要需要通过 DIV+CSS 布局出一个如图 7.17 所示的九宫格。

图 7.17 通过 DIV+CSS 实现一个九宫格

要实现这一功能,需要在<div>标记中添加一个包含 9 个列表项的无序列表作为布局显示日记内容的九宫格,关键代码如下。

```
<ul id="gridLayout">
    <li></li>
    <li></li>
    <li></li>
    <li></li>
    <li></li>
    <li></li>
    <li></li>
    <li></li>
    <li></li>
</ul>
```

接下来需要编写 CSS 代码,控制上面的无序列表的显示样式,让其每行显示 3 个列表项,具体代码如下。

```css
#gridLayout {                    /*设置写日记的九宫格的<ul>标记的样式*/
    float: left;                 /*设置浮动方式*/
    list-style: none;            /*不显示项目符号*/
    width: 100%;                 /*设置宽度为 100%*/
    margin: 0px;                 /*设置外边距*/
    padding: 0px;                /*设置内边距*/
    display: inline;             /*设置显示方式*/
}
#gridLayout li {                 /*设置写日记的九宫格的<li>标记的样式*/
    width: 33%;                  /*设置宽度*/
    float: left;                 /*设置浮动方式*/
```

```
    height: 198px;                  /*设置高度*/
    padding: 0px;                   /*设置内边距*/
    margin: 0px;                    /*设置外边距*/
    display: inline;                /*设置显示方式*/
}
```

说明 通过 CSS 控制的无序列表显示如图 7.17 所示的九宫格时,图中的边框线在网站运行时是没有的,这是为了让读者看到效果而后画上去的。

7.8.3 填写日记信息的实现过程

用户成功登录到九宫格记忆网后,单击导航栏中的"写九宫格日记"超链接,将进入填写日记信息的页面,在该页面中,用户可选择日记模板,单击某个模板标题时,将在下方给出预览效果,选择好要使用的模板(这里选择"默认"模板)后,就可以输入日记标题(这里为"留下足迹"),接下来通过在九宫格中填空来实现日记的编写,都填写好(如图 7.18 所示)后就可以单击"预览"按钮预览完成的效果。

图 7.18 填写九宫格日记页面

（1）编写填写九宫格日记的文件 writeDiary.jsp，在该文件中添加一个用于收集日记信息的表单，具体代码如下。

例程 39 代码位置：资源包\TM\07\9GridDiary\WebContent\writeDiary.jsp

```
<form name="form1" method="post" action="DiaryServlet?action=preview">
</form>
```

（2）在上面的表单中，首先添加一个用于设置模板的<div>标记，并在该<div>标记中添加 3 个用于设置模板的超链接和一个隐藏域，用于记录所选择的模板，然后再添加一个用于填写日记标题的<div>标记，并在该<div>标记中添加一个文本框用于填写日记标题，具体代码如下。

例程 40 代码位置：资源包\TM\07\9GridDiary\WebContent\writeDiary.jsp

```
<div style="margin:10px;"><span class="title">请选择模板：</span><a href="#" onClick="setTemplate('默认')">默认</a> <a href="#" onClick="setTemplate('女孩')">女孩</a> <a href="#" onClick="setTemplate('怀旧')">怀旧</a>
    <input id="template" name="template" type="hidden" value="默认">
</div>
<div style="padding:10px;" class="title">请输入日记标题： <input name="title" type="text" size="30" maxlength="30" value="请在此输入标题" onFocus="this.select()"></div>
```

（3）编写用于预览所选择模板的 JavaScript 自定义函数 setTemplate()，在该函数中引用的 writeDiary_bg 元素将在步骤（4）中添加，setTemplate()函数的具体代码如下。

例程 41 代码位置：资源包\TM\07\9GridDiary\WebContent\writeDiary.jsp

```
function setTemplate(style){
    if(style=="默认"){
        document.getElementById("writeDiary_bg").style.backgroundImage="url(images/diaryBg_00.jpg)";
        document.getElementById("writeDiary_bg").style.width="738px";          //宽度
        document.getElementById("writeDiary_bg").style.height="751px";         //高度
        document.getElementById("writeDiary_bg").style.paddingTop="50px";      //顶边距
        document.getElementById("writeDiary_bg").style.paddingLeft="53px";     //左边距
        document.getElementById("template").value="默认";
    }else if(style=="女孩"){
        document.getElementById("writeDiary_bg").style.backgroundImage="url(images/diaryBg_01.jpg)";
        document.getElementById("writeDiary_bg").style.width="750px";          //宽度
        document.getElementById("writeDiary_bg").style.height="629px";         //高度
        document.getElementById("writeDiary_bg").style.paddingTop="160px";     //顶边距
        document.getElementById("writeDiary_bg").style.paddingLeft="50px";     //左边距
        document.getElementById("template").value="女孩";
    }else{
        document.getElementById("writeDiary_bg").style.backgroundImage="url(images/diaryBg_02.jpg)";
        document.getElementById("writeDiary_bg").style.width="740px";          //宽度
        document.getElementById("writeDiary_bg").style.height="728px";         //高度
        document.getElementById("writeDiary_bg").style.paddingTop="30px";      //顶边距
        document.getElementById("writeDiary_bg").style.paddingLeft="60px";     //左边距
        document.getElementById("template").value="怀旧";
    }
}
```

（4）添加一个用于设置日记背景的<div>标记，并将标记的 id 属性设置为 writeDiary_bg，关键代码如下。

例程 42　代码位置：资源包\TM\07\9GridDiary\WebContent\writeDiary.jsp

```
<div id="writeDiary_bg">
    <!--此处省略了设置日记内容的九宫格代码-->
</div>
```

（5）编写 CSS 代码，用于控制日记背景，关键代码如下。

例程 43　代码位置：资源包\TM\07\9GridDiary\WebContent\writeDiary.jsp

```
#writeDiary_bg{                                 /*设置日记背景的样式*/
    width: 738px;                               /*设置宽度*/
    height: 751px;                              /*设置高度*/
    background-repeat: no-repeat;               /*设置背景不重复*/
    background-image: url(images/diaryBg_00.jpg); /*设置默认的背景图片*/
    padding-top: 50px;                          /*设置顶边距*/
    padding-left: 53px;                         /*设置左边距*/
}
```

（6）在 id 为 writeDiary_bg 的<div>标记中添加一个宽度和高度都是 800 的<div>标记，用于添加以九宫格方式显示日记内容的无序列表，关键代码如下。

例程 44　代码位置：资源包\TM\07\9GridDiary\WebContent\writeDiary.jsp

```
<div style="width:800px; height:800px; ">
</div>
```

（7）在步骤（6）添加的<div>标记中添加一个包含 9 个列表项的无序列表，用于布局显示日记内容的九宫格，关键代码如下。

例程 45　代码位置：资源包\TM\07\9GridDiary\WebContent\writeDiary.jsp

```
<ul id="gridLayout">
    <li></li>
    <li></li>
    <li></li>
    <li></li>
    <li></li>
    <li></li>
    <li></li>
    <li></li>
    <li></li>
</ul>
```

（8）编写 CSS 代码，控制上面的无序列表的显示样式，让其每行显示 3 个列表项，具体代码如下。

例程 46　代码位置：资源包\TM\07\9GridDiary\WebContent\writeDiary.jsp

```
#gridLayout {                   /*设置写日记的九宫格的<ul>标记的样式*/
    float: left;                /*设置浮动方式*/
    list-style: none;           /*不显示项目符号*/
```

```css
        width: 100%;                          /*设置宽度为100%*/
        margin: 0px;                          /*设置外边距*/
        padding: 0px;                         /*设置内边距*/
        display: inline;                      /*设置显示方式*/
}
#gridLayout li {                              /*设置写日记的九宫格的<li>标记的样式*/
        width: 33%;                           /*设置宽度*/
        float: left;                          /*设置浮动方式*/
        height: 198px;                        /*设置高度*/
        padding: 0px;                         /*设置内边距*/
        margin: 0px;                          /*设置外边距*/
        display: inline;                      /*设置显示方式*/
}
```

（9）在图 7.17 所示的九宫格的每个格子中添加用于填写日记内容的文本框及预置的日记内容。由于在这个九宫格中，除了中间的那个格子（即第五个格子）外，其他 8 个格子的实现方法是相同的，所以这里将以第一个格子为例进行介绍。

添加一个用于设置内容的<div>标记，并使用自定义的样式选择器 cssContent，关键代码如下。

例程 47 代码位置：资源包\TM\07\9GridDiary\WebContent\writeDiary.jsp

```css
<style>
.cssContent{                                  /*设置内容的样式*/
        float: left;
        padding: 40px 0px;                    /*设置上、下内边距为40，左、右内边距为0*/
        display: inline;                      /*设置显示方式*/
}
</style>
        <div class="cssContent"></div>
```

在上面的<div>标记中添加一个包含 5 个列表项的无序列表，其中，第一个列表项中添加一个文本框，其他 4 个设置预置内容，关键代码如下：

例程 48 代码位置：资源包\TM\07\9GridDiary\WebContent\writeDiary.jsp

```html
<ul id="opt">
    <li>
        <input name="content" type="text" size="30" maxlength="15" value="请在此输入文字" onFocus="this.select()">
    </li>
    <li>
        <a href="#" onClick="document.getElementsByName('content')[0].value='工作完成了'">◎ 工作完成了
</a>
    </li>
    <li><a href="#" onClick="document.getElementsByName('content')[0].value='我还活着'">◎ 我还活着
</a></li>
        <li><a href="#" onClick="document.getElementsByName('content')[0].value='瘦了'">◎ 瘦了</a></li>
        <li>
        <a href="#" onClick="document.getElementsByName('content')[0].value='好多好吃的'">◎ 好多好吃的
</a>
    </li>
</ul>
```

第7章 九宫格记忆网（Java Web+Ajax+jQuery+MySQL 实现）

> **说明** 在本项目中共设置了9个名称为 content 的文本框，用于以控件数组的方式记录日记内容。这样，当表单被提交后，在服务器中就可以应用 request 对象的 getParameterValues()方法来获取字符串数组形式的日记内容，比较方便。

编写 CSS 代码，用于控制列表项的样式，具体代码如下。

例程 49　代码位置：资源包\TM\07\9GridDiary\WebContent\writeDiary.jsp

```css
#opt{                                    /*设置默认选项相关的<ul>标记的样式 */
    padding: 0px 0px 0px 10px;           /*设置上、右、下内边距为 0，左内边距为10*/
    margin: 0px;                         /*设置外边距*/
}
#opt li{                                 /*设置默认选项相关的<li>标记的样式 */
    width: 99%;
    padding-top: 5px 0px 0px 10px;
    font-size: 14px;                     /*设置字体大小为 14 像素*/
    height: 25px;                        /*设置高度*/
    clear: both;                         /*左、右两侧不包含浮动内容*/
}
```

（10）实现九宫格中间的那个格子，即第五个格子，该格子用于显示当前日期和天气，具体代码如下。

例程 50　代码位置：资源包\TM\07\9GridDiary\WebContent\writeDiary.jsp

```html
<ul id="weather"><li style="height:27px;"> <span id="now" style="font-size:
14px;font-weight:bold;padding-left:5px;">正在获取日期</span>
    <input name="content" type="hidden" value="weathervalue"><br></br>
    <div class="examples">
    <input name="weather" type="radio" value="1">
    <img src="images/1.png" width="30" height="30">
    <input name="weather" type="radio" value="2">
    <img src="images/2.png" width="30" height="30">
    <input name="weather" type="radio" value="3">
    <img src="images/3.png" width="30" height="30">
    <input name="weather" type="radio" value="4">
    <img src="images/4.png" width="30" height="30">
    <input name="weather" type="radio" value="5" checked="checked">
    <img src="images/5.png" width="30" height="30">
    <input name="weather" type="radio" value="6">
    <img src="images/6.png" width="30" height="30">
    <input name="weather" type="radio" value="7">
    <img src="images/7.png" width="30" height="30">
    <input name="weather" type="radio" value="8">
    <img src="images/8.png" width="30" height="30">
    <input name="weather" type="radio" value="9">
    <img src="images/9.png" width="30" height="30">
    </div>
</li>
</ul>
```

（11）编写 JavaScript 代码，用于在页面载入后获取当前日期和星期，显示到 id 为 now 的<span>标记中，具体代码如下。

例程 51　代码位置：资源包\TM\07\9GridDiary\WebContent\writeDiary.jsp

```javascript
window.onload=function(){
    var date=new Date();            //创建日期对象
    year=date.getFullYear();        //获取当前日期中的年份
    month=date.getMonth();          //获取当前日期中的月份
    day=date.getDate();             //获取当时日期中的日
    week=date.getDay();             //获取当前日期中的星期
    var arr=new Array("星期日","日期一","星期二","星期三","星期四","星期五","星期六");
    document.getElementById("now").innerHTML=year+"年"+(month+1)+"月"+day+"日 "+arr[week];
}
```

（12）在 id 为 writeDiary_bg 的<div>标记后面添加一个<div>标记，并在该标记中添加一个提交按钮，用于显示预览按钮，具体代码如下。

例程 52　代码位置：资源包\TM\07\9GridDiary\WebContent\writeDiary.jsp

```html
<div style="height:30px;padding-left:360px;"><input type="submit" value="预览"></div>
```

7.8.4　预览生成的日记图片的实现过程

用户在日记信息页面填写好日记信息后，就可以单击"预览"按钮，预览完成的效果，如图 7.19 所示。如果感觉日记内容不是很满意，可以单击"再改改"超链接进行修改，否则可以单击"保存"超链接保存该日记。

图 7.19　预览生成的日记图片

（1）在处理日记信息的 Servlet DiaryServlet 中，编写 action 参数 preview 对应的方法 preview()。在该方法中，首先获取日记标题、日记模板、天气和日记内容，然后为没有设置内容的项目设置默认值，最后保存相应信息到 session 中，并重定向页面到 preview.jsp，preview()方法的具体代码如下。

例程 53　代码位置：资源包\TM\07\9GridDiary\src\com\wgh\servlet\DiaryServlet.java

```java
public void preview(HttpServletRequest request, HttpServletResponse response)
        throws ServletException, IOException {
    String title = request.getParameter("title");                    //获取日记标题
    String template = request.getParameter("template");              //获取日记模板
    String weather = request.getParameter("weather");                //获取天气
    String[] content = request.getParameterValues("content");        //获取日记内容
    for (int i = 0; i < content.length; i++) {                       //为没有设置内容的项目设置默认值
        if (content[i].equals(null) || content[i].equals("") || content[i].equals("请在此输入文字")) {
            content[i] = "没啥可说的";
        }
    }
    HttpSession session = request.getSession(true);                  //获取 HttpSession
    session.setAttribute("template", template);                      //保存选择的模板
    session.setAttribute("weather", weather);                        //保存天气
    session.setAttribute("title", title);                            //保存日记标题
    session.setAttribute("diary", content);                          //保存日记内容
    request.getRequestDispatcher("preview.jsp").forward(request, response);  //重定向页面
}
```

（2）编写 preview.jsp 文件，在该文件中首先显示保存到 session 中的日记标题，然后添加预览日记图片的<img>标记，并将其 id 属性设置为 diaryImg，关键代码如下。

例程 54　代码位置：资源包\TM\07\9GridDiary\WebContent\preview.jsp

```html
<div>
<ul>
<li>标题：${sessionScope.title }</li>
<li><img src="images/loading.gif" name="diaryImg" id="diaryImg"/></li>
<li style="padding-left:240px;">
    <a href="#" onclick="history.back();">再改改</a>   
    <a href="DiaryServlet?action=save">保存</a>
</li>
</ul>
</div>
```

（3）为了让页面载入后再显示预览图片，还需要编写 JavaScript 代码，设置 id 为 diaryImg 的<img>标记的图片来源，这里指定的是一个 Servlet 映射地址，关键代码如下。

例程 55　代码位置：资源包\TM\07\9GridDiary\WebContent\preview.jsp

```html
<script language="javascript">
window.onload=function(){                                            //当页面载入后
    document.getElementById("diaryImg").src="CreateImg";
}
</script>
```

（4）编写用于生成预览图片的Servlet，名称为CreateImg，该类继承自HttpServlet，主要通过service()方法生成预览图片，具体的实现过程如下。

创建名称为CreateImg的Servlet，并编写service()方法，在该方法中首先指定生成的响应是图片，以及图片的宽度和高度，然后获取日记模板、天气和图片的完整路径，再根据选择的模板绘制背景图片及相应的日记内容，最后输出生成的日记图片，并保存到Session中，具体代码如下。

例程 56　代码位置：资源包\TM\07\9GridDiary\src\com\wgh\servlet\CreateImg.java

```java
public class CreateImg extends HttpServlet {
    public void service(HttpServletRequest request, HttpServletResponse response) throws ServletException, IOException {
        //禁止缓存
        response.setHeader("Pragma", "No-cache");
        response.setHeader("Cache-Control", "No-cache");
        response.setDateHeader("Expires", 0);
        response.setContentType("image/jpeg");                              //指定生成的响应是图片
        int width = 600;                                                    //图片的宽度
        int height = 600;                                                   //图片的高度
        BufferedImage image = new BufferedImage(width, height,BufferedImage.TYPE_INT_RGB);
        Graphics g = image.getGraphics();                                   //获取 Graphics 类的对象
        HttpSession session = request.getSession(true);
        String template = session.getAttribute("template").toString();      //获取模板
        String weather = session.getAttribute("weather").toString();        //获取天气
        weather = request.getRealPath("images/" + weather + ".png");        //获取图片的完整路径
        String[] content = (String[]) session.getAttribute("diary");
        File bgImgFile;                                                     //背景图片
        if ("默认".equals(template)) {
            bgImgFile = new File(request.getRealPath("images/bg_00.jpg"));
            Image src = ImageIO.read(bgImgFile);                            //构造 Image 对象
            g.drawImage(src, 0, 0, width, height, null);                    //绘制背景图片
            outWord(g, content, weather, 0, 0);
        } else if ("女孩".equals(template)) {
            bgImgFile = new File(request.getRealPath("images/bg_01.jpg"));
            Image src = ImageIO.read(bgImgFile);                            //构造 Image 对象
            g.drawImage(src, 0, 0, width, height, null);                    //绘制背景图片
            outWord(g, content, weather, 25, 110);
        } else {
            bgImgFile = new File(request.getRealPath("images/bg_02.jpg"));
            Image src = ImageIO.read(bgImgFile);                            //构造 Image 对象
            g.drawImage(src, 0, 0, width, height, null);                    //绘制背景图片
            outWord(g, content, weather, 30, 5);
        }
        ImageIO.write(image, "PNG", response.getOutputStream());
        session.setAttribute("diaryImg", image);                            //将生成的日记图片保存到 Session 中
    }
}
```

在service()方法的下面编写outWord()方法，用于将九宫格日记的内容写到图片上，具体的代码如下。

例程 57 代码位置：资源包\TM\07\9GridDiary\src\com\wgh\servlet\CreateImg.java

```java
public void outWord(Graphics g, String[] content, String weather, int offsetX, int offsetY) {
    Font mFont = new Font("微软雅黑", Font.PLAIN, 26);           //通过 Font 构造字体
    g.setFont(mFont);                                              //设置字体
    g.setColor(new Color(0, 0, 0));                                //设置颜色为黑色
    int contentLen = 0;
    int x = 0;                                                     //文字的横坐标
    int y = 0;                                                     //文字的纵坐标
    for (int i = 0; i < content.length; i++) {
        contentLen = content[i].length();                          //获取内容的长度
        x = 45 + (i % 3) * 170 + offsetX;
        y = 130 + (i / 3) * 140 + offsetY;
```

判断当前内容是否为天气，如果是天气，则先获取当前日记并输出，然后再绘制天气图片。

```java
        if (content[i].equals("weathervalue")) {
            File bgImgFile = new File(weather);
            mFont = new Font("微软雅黑", Font.PLAIN, 14);          //通过 Font 构造字体
            g.setFont(mFont);                                       //设置字体
            Date date = new Date();
            String newTime = new SimpleDateFormat("yyyy 年 M 月 d 日 E").format(date);
            g.drawString(newTime, x - 12, y - 60);
            Image src;
            try {
                src = ImageIO.read(bgImgFile);
                g.drawImage(src, x + 10, y - 40, 80, 80, null);    //绘制天气图片
            } catch (IOException e) {
                e.printStackTrace();
            }                                                       //构造 Image 对象
            continue;
        }
```

根据文字的个数控制输出文字的大小。

```java
        if (contentLen < 5) {
            switch (contentLen % 5) {
            case 1:
                mFont = new Font("微软雅黑", Font.PLAIN, 40); //通过 Font 构造字体
                g.setFont(mFont);                              //设置字体
                g.drawString(content[i], x + 40, y);
                break;
            case 2:
                mFont = new Font("微软雅黑", Font.PLAIN, 36); //通过 Font 构造字体
                g.setFont(mFont);                              //设置字体
                g.drawString(content[i], x + 25, y);
                break;
            case 3:
                mFont = new Font("微软雅黑", Font.PLAIN, 30); //通过 Font 构造字体
                g.setFont(mFont);                              //设置字体
                g.drawString(content[i], x + 20, y);
                break;
```

```
                case 4:
                    mFont = new Font("微软雅黑", Font.PLAIN, 28);    //通过 Font 构造字体
                    g.setFont(mFont);                                //设置字体
                    g.drawString(content[i], x + 10, y);
                }
            } else {
                mFont = new Font("微软雅黑", Font.PLAIN, 22);        //通过 Font 构造字体
                g.setFont(mFont);                                    //设置字体
                if (Math.ceil(contentLen / 5.0) == 1) {
                    g.drawString(content[i], x, y);
                } else if (Math.ceil(contentLen / 5.0) == 2) {
                    // 分两行写
                    g.drawString(content[i].substring(0, 5), x, y - 20);
                    g.drawString(content[i].substring(5), x, y + 10);
                } else if (Math.ceil(contentLen / 5.0) == 3) {
                    // 分三行写
                    g.drawString(content[i].substring(0, 5), x, y - 30);
                    g.drawString(content[i].substring(5, 10), x, y);
                    g.drawString(content[i].substring(10), x, y + 30);
                }
            }
        }
        g.dispose();
    }
```

（5）在 web.xml 文件中配置用于生成预览图片的 Servlet，关键代码如下。

例程 58　代码位置：资源包\TM\07\9GridDiary\WebContent\WEB-INF\web.xml

```xml
<servlet>
    <description></description>
    <display-name>CreateImg</display-name>
    <servlet-name>CreateImg</servlet-name>
    <servlet-class>com.wgh.servlet.CreateImg</servlet-class>
</servlet>
<servlet-mapping>
    <servlet-name>CreateImg</servlet-name>
    <url-pattern>/CreateImg</url-pattern>
</servlet-mapping>
```

7.8.5　保存日记图片的实现过程

用户在预览生成的日记图片页面中单击"保存"超链接，将保存该日记到数据库中，并将对应的日记图片和缩略图保存到服务器的指定文件夹中。然后返回到主界面显示该信息，如图 7.20 所示。

图 7.20　刚刚保存的日记图片

（1）在处理日记信息的 Servlet（名称为 DiaryServlet）中，编写 action 参数 save 对应的方法 save()。在该方法中，首先生成日记图片的 URL 地址和缩略图的 URL 地址，然后生成日记图片，再生成日记图片的缩略图，最后将填写的日记保存到数据库，save()方法的具体代码如下。

例程 59　代码位置：资源包\TM\07\9GridDiary\src\com\wgh\servlet\DiaryServlet.java

```java
public void save(HttpServletRequest request, HttpServletResponse response) throws ServletException,
IOException{
    HttpSession session = request.getSession(true);
    BufferedImage image = (BufferedImage) session.getAttribute("diaryImg");
    String url = request.getRequestURL().toString();       //获取请求的 URL 地址
    url = request.getRealPath("/");                        //获取请求的实际地址
    long date = new Date().getTime();                      //获取当前时间
    Random r = new Random(date);
    long value = r.nextLong();                             //生成一个长整型的随机数
    url = url + "images/diary/" + value;                   //生成图片的 URL 地址
    String scaleImgUrl = url + "scale.jpg";                //生成缩略图的 URL 地址
    url = url + ".png";
    ImageIO.write(image, "PNG", new File(url));
    /***************  生成图片缩略图  ****************************************/
    File file = new File(url);                             //获取原文件
    Image src = ImageIO.read(file);
    int old_w = src.getWidth(null);                        //获取原图片的宽度
    int old_h = src.getHeight(null);                       //获取原图片的高度
    int new_w = 0;                                         //新图片的宽度
    int new_h = 0;                                         //新图片的高度
    double temp = 0;                                       //缩放比例
    /********* 计算缩放比例 **************/
    double tagSize = 60;
    if (old_w > old_h) {
        temp = old_w / tagSize;
    } else {
        temp = old_h / tagSize;
    }
    /************************************/
    new_w = (int) Math.round(old_w / temp);                //计算新图片的宽度
    new_h = (int) Math.round(old_h / temp);                //计算新图片的高度
    image = new BufferedImage(new_w, new_h, BufferedImage.TYPE_INT_RGB);
    src = src.getScaledInstance(new_w, new_h, Image.SCALE_SMOOTH);
    image.getGraphics().drawImage(src, 0, 0, new_w, new_h, null);
    ImageIO.write(image, "JPG", new File(scaleImgUrl));    //保存缩略图文件
    /*******************************************************************/
    /**** 将填写的日记保存到数据库中 *****/
    Diary diary = new Diary();
    diary.setAddress(String.valueOf(value));               //设置图片地址
    diary.setTitle(session.getAttribute("title").toString());  //设置日记标题
    diary.setUserid(Integer.parseInt(session.getAttribute("uid").toString()));  //设置用户 ID
    int rtn = dao.saveDiary(diary);                        //保存日记
    PrintWriter out = response.getWriter();
    if (rtn > 0) {                                         //当保存成功时
```

```
            out.println("<script>alert('保存成功！');
            window.location.href='DiaryServlet?action=listAllDiary'; </script>");
        } else {                                                                //当保存失败时
            out.println("<script>alert('保存日记失败，请稍后重试！');history.back();</script>");
        }
        /*********************************/
    }
```

（2）在对日记进行操作的 DiaryDao 类中编写用于保存日记信息的方法 saveDiary()，在该方法中首先编写执行插入操作的 SQL 语句，然后执行该语句，将日记信息保存到数据库中，再关闭数据库连接，最后返回执行结果，saveDiary()方法的具体代码如下。

例程 60　代码位置：资源包\TM\07\9GridDiary\src\com\wgh\dao\DiaryDao.java

```
public int saveDiary(Diary diary) {
    String sql = "INSERT INTO tb_diary (title,address,userid) VALUES('"+ diary.getTitle() + "','" +
        diary.getAddress() + "'," + diary.getUserid() + ")";        //保存数据的 SQL 语句
    int ret = conn.executeUpdate(sql);                              //执行更新语句
    conn.close();                                                    //关闭数据库连接
    return ret;
}
```

7.9　本章小结

在本章介绍的九宫格记忆网中应用到了很多关键的技术，这些技术在开发过程中都是比较常用的。例如，采用了 DIV+CSS 布局，用户注册功能是通过 Ajax 实现的，在 Servlet 中生成日记图片技术和生成缩略图技术等，读者也可以将它提炼出来应用到自己开发的其他网站中，这样可以节省开发时间，以提高开发效率。

第 8 章

图书馆管理系统
（Java Web+MySQL 实现）

随着网络技术的高速发展，计算机应用的普及，利用计算机对图书馆的日常工作进行管理势在必行。虽然目前很多大型的图书馆已经有一整套比较完善的管理系统，但是在一些中小型的图书馆中，大部分工作仍需由手工完成，工作起来效率比较低，管理员不能及时了解图书馆内各类图书的借阅情况，读者需要的图书难以在短时间内找到，不便于动态及时地调整图书结构。为了更好地适应当前读者的借阅需求，解决手工管理中存在的许多弊端，越来越多的中小型图书馆正在逐步向计算机信息化管理转变。

通过阅读本章，可以学习到：

▶▶ 掌握如何做需求分析
▶▶ 掌握 JSP 经典设计模式中 Model2 的开发流程
▶▶ 掌握通过配置过滤器解决中文乱码
▶▶ 掌握图书馆管理系统的开发流程
▶▶ 掌握实现安全登录系统并防止非法用户登录的方法

配置说明

8.1 开发背景

×××图书馆是吉林省一家私营的中型图书馆企业。图书馆本着以"读者为上帝""为读者节省每一分钱"的服务宗旨,企业利润逐年提高,规模不断壮大,经营图书品种、数量也逐渐增多。在企业不断发展的同时,企业传统的人工方式管理暴露了一些问题。例如,读者想要借阅一本书,图书管理人员需要花费大量时间在茫茫的书海中苦苦"寻觅",如果找到了读者想要借阅的图书则好,否则只能向读者苦笑着说"抱歉"了。企业为提高工作效率,同时摆脱图书管理人员在工作中出现的尴尬局面,现需要委托其他单位开发一个图书馆管理系统。

8.2 需求分析

长期以来,人们使用传统的人工方式管理图书馆的日常业务,其操作流程比较烦琐。在借书时,读者首先将要借的书和借阅证交给工作人员,然后工作人员将每本书的信息卡片和读者的借阅证放在一个小格栏里,最后在借阅证和每本书贴的借阅条上填写借阅信息。在还书时,读者首先将要还的书交给工作人员,工作人员根据图书信息找到相应的书卡和借阅证,并填好相应的还书信息。

从上述描述中可以发现传统的手工流程存在的不足:首先处理借书、还书业务流程的效率很低;其次处理能力比较低,一段时间内,所能服务的读者人数是有限的。为此,图书馆管理系统需要为企业解决上述问题,为企业提供快速的图书信息检索功能、快捷的图书借阅和归还流程。

8.3 系统设计

8.3.1 系统目标

根据前面所做的需求分析及用户的需求可以得出,图书馆管理系统实施后应达到以下目标。

- ☑ 界面设计友好、美观。
- ☑ 数据存储安全、可靠。
- ☑ 信息分类清晰、准确。
- ☑ 强大的查询功能,保证数据查询的灵活性。
- ☑ 实现对图书借阅、续借和归还过程的全程数据信息跟踪。
- ☑ 提供图书借阅排行榜,为图书馆管理员提供了真实的数据信息。
- ☑ 提供借阅到期提醒功能,使管理者可以及时了解到已经到达归还日期的图书借阅信息。
- ☑ 提供灵活、方便的权限设置功能,使整个系统的管理分工明确。
- ☑ 具有易维护性和易操作性。

8.3.2 系统功能结构

根据图书馆管理系统的特点，可以将该系统分为系统设置、读者管理、图书管理、图书借还、系统查询等 5 个部分，其中各个部分及其包括的具体功能模块如图 8.1 所示。

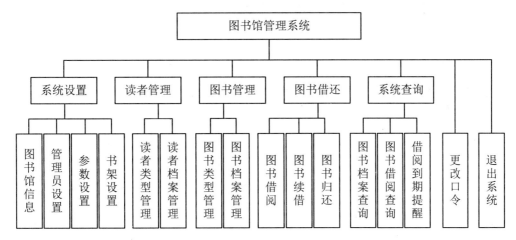

图 8.1 系统功能结构图

8.3.3 系统流程

图书馆管理系统的系统流程如图 8.2 所示。

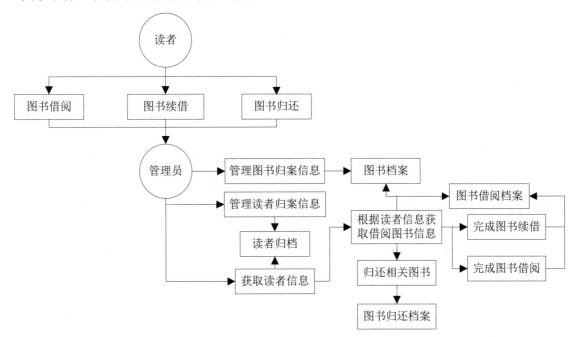

图 8.2 系统流程

8.3.4 开发环境

本系统的软件开发及运行环境具体如下。
- 操作系统：Windows 7。
- JDK 环境：Java SE Development Kit（JDK）version 8。
- 开发工具：Eclipse for Java EE 4.7（Oxygen）。
- Web 服务器：Tomcat 9.0。
- 数据库：MySQL 5.7 数据库。
- 浏览器：推荐 Google Chrome 浏览器。
- 分辨率：最佳效果为 1440×900 像素。

8.3.5 系统预览

图书馆管理系统由多个程序页面组成，下面仅列出几个典型页面，其他页面参见资源包中的源程序。

系统登录页面如图 8.3 所示，该页面用于实现管理员登录；主界面如图 8.4 所示，该页面用于实现显示系统导航、图书借阅排行榜和版权信息等功能。

图 8.3　系统登录页面　　　　　　　　图 8.4　主界面

图书借阅页面如图 8.5 所示，该页面用于实现图书借阅功能；图书借阅查询页面如图 8.6 所示，该页面用于实现按照符合条件查询图书借阅信息的功能。

图 8.5　图书借阅页面　　　　　　　　图 8.6　图书借阅查询页面

8.3.6 文件夹组织结构

在编写代码之前，可以把系统中可能用到的文件夹先创建出来（例如，创建一个名为 Images 的文件夹，用于保存网站中所使用的图片），这样不但可以方便以后的开发工作，还可以规范网站的整体架构。本书在开发图书馆管理系统时，设计了如图 8.7 所示的文件夹架构图。在开发时，只需要将所创建的文件保存在相应的文件夹中即可。

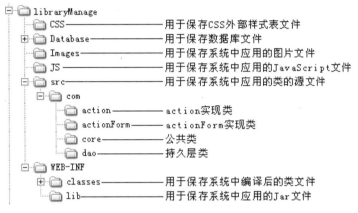

图 8.7　图书馆管理系统文件夹组织结构

8.4　数据库设计

8.4.1　数据库分析

由于本系统是为中小型图书馆开发的程序，需要充分考虑到成本问题及用户需求（如跨平台）等问题，而 MySQL 是目前最为流行的开放源码的数据库，是完全网络化的跨平台的关系型数据库系统，这正好满足了中小型企业的需求，所以本系统采用 MySQL 数据库。

8.4.2　数据库概念设计

根据以上各节对系统所做的需求分析和系统设计，规划出本系统中使用的数据库实体分别为图书档案实体、读者档案实体、图书借阅实体、图书归还实体和管理员实体，下面将介绍几个关键实体的 E-R 图。

1. 图书档案实体

图书档案实体包括编号、条形码、书名、类型、作者、译者、出版社、价格、页码、书架、库存总量、录入时间、操作员和是否删除等属性。其中"是否删除属性"用于标记图书是否被删除，由于图书馆中的图书信息不可以被随意删除，所以即使当某种图书不能再借阅，而需要删除其档案信息时，也只能采用设置删除标记的方法，图书档案实体的 E-R 图如图 8.8 所示。

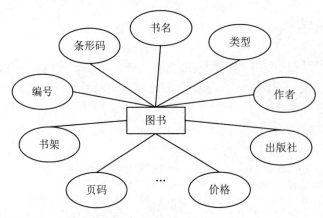

图 8.8 图书档案实体 E-R 图

2. 读者档案实体

读者档案实体包括编号、姓名、性别、条形码、职业、出生日期、有效证件、证件号码、电话、电子邮件、登记日期、操作员、类型和备注等属性，读者档案实体的 E-R 图如图 8.9 所示。

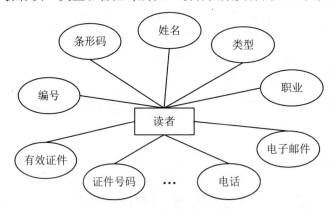

图 8.9 读者档案实体 E-R 图

3. 借阅档案实体

借阅档案实体包括编号、读者编号、图书编号、借书时间、应还时间、操作员和是否归还等属性，借阅档案实体的 E-R 图如图 8.10 所示。

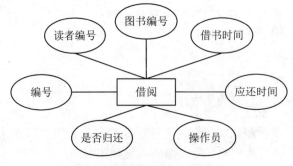

图 8.10 借阅档案实体 E-R 图

4．归还档案实体

归还档案实体包括编号、读者编号、图书编号、归还时间和操作员等属性，借阅档案实体的 E-R 图如图 8.11 所示。

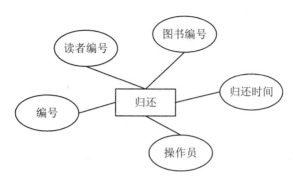

图 8.11　归还档案实体 E-R 图

8.4.3　数据库逻辑结构

在数据库概念设计中已经分析了本系统中主要的数据实体对象，通过这些实体可以得出数据表结构的基本模型，最终实施到数据库中，形成完整的数据结构。为了使读者对本系统数据库的结构有一个更清晰的认识，下面给出数据库中所包含的数据表的结构图，如图 8.12 所示。

图 8.12　db_librarysys 数据库所包含数据表的结构图

本系统共包含 12 张数据表，限于篇幅，这里只给出比较重要的数据表，其他数据表请参见本书附带的资源包。

1．tb_manager（管理员信息表）

管理员信息表主要用来保存管理员信息，tb_manager 表的结构如表 8.1 所示。

表 8.1 tb_manager 表的结构

字 段 名	数 据 类 型	是否为空	是否主键	默 认 值	描 述
id	int(11)unsigned	No	Yes		ID（自动编号）
name	varchar(30)	Yes		NULL	管理员名称
pwd	varchar(30)	Yes		NULL	密码

2．tb_purview（权限表）

权限表主要用来保存管理员的权限信息，该表中的 id 字段与 tb_manager（管理员信息表）中的 id 字段相关联，tb_purview 表的结构如表 8.2 所示。

表 8.2 tb_purview 表的结构

字 段 名	数 据 类 型	是否为空	是否主键	默 认 值	描 述
id	int(11)	No	Yes	0	管理员 ID 号
sysset	tinyint(1)	Yes		0	系统设置
readerset	tinyint(1)	Yes		0	读者管理
bookset	tinyint(1)	Yes		0	图书管理
borrowback	tinyint(1)	Yes		0	图书借还
sysquery	tinyint(1)	Yes		0	系统查询

3．tb_bookinfo（图书信息表）

图书信息表主要用来保存图书信息，tb_bookinfo 表的结构如表 8.3 所示。

表 8.3 tb_bookinfo 表的结构

字 段 名	数 据 类 型	是否为空	是否主键	默 认 值	描 述
barcode	varchar(30)	Yes		NULL	条形码
bookname	varchar(70)	Yes		NULL	书名
typeid	int(10)unsigned	Yes		NULL	类型
author	varchar(30)	Yes		NULL	作者
translator	varchar(30)	Yes		NULL	译者
ISBN	varchar(20)	Yes		NULL	出版社
price	float(8,2)	Yes		NULL	价格
page	int(10)unsigned	Yes		NULL	页码
bookcase	int(10)unsigned	Yes		NULL	书架
inTime	date	Yes		NULL	录入时间
operator	varchar(30)	Yes		NULL	操作员
del	tinyint(1)	Yes		0	是否删除
id	int(11)	No	Yes		ID（自动编号）

4．tb_parameter（参数设置表）

参数设置表主要用来保存办证费及书证的有效期限等信息，tb_parameter 表的结构如表 8.4 所示。

表 8.4 tb_parameter 表的结构

字 段 名	数 据 类 型	是 否 为 空	是 否 主 键	默 认 值	描 述
id	int(11)unsigned	No	Yes		ID（自动编号）
cost	int(11)unsigned	Yes		NULL	办证费
validity	int(11)unsigned	Yes		NULL	有效期限

5．tb_booktype（图书类型表）

图书类型表主要用来保存图书类型信息，tb_booktype 表的结构如表 8.5 所示。

表 8.5 tb_booktype 表的结构

字 段 名	数 据 类 型	是 否 为 空	是 否 主 键	默 认 值	描 述
id	int(11)unsigned	No	Yes		ID（自动编号）
typename	varchar(30)	Yes		NULL	类型名称
days	int(11)unsigned	Yes		NULL	可借天数

6．tb_bookcase（书架信息表）

书架信息表主要用来保存书架信息，tb_bookcase 表的结构如表 8.6 所示。

表 8.6 tb_bookcase 表的结构

字 段 名	数 据 类 型	是 否 为 空	是 否 主 键	默 认 值	描 述
id	int(11)unsigned	No	Yes		ID（自动编号）
name	varchar(30)	Yes		NULL	书架名称

7．tb_borrow（图书借阅信息表）

图书借阅信息表主要用来保存图书借阅信息，tb_borrow 表的结构如表 8.7 所示。

表 8.7 tb_borrow 表的结构

字 段 名	数 据 类 型	是 否 为 空	是 否 主 键	默 认 值	描 述
id	int(11)unsigned	No	Yes		ID（自动编号）
readerid	int(11)unsigned	Yes		NULL	读者编号
bookid	int(11)	Yes		NULL	图书编号
borrowTime	date	Yes		NULL	借书时间
backtime	date	Yes		NULL	应还时间
operator	varchar(30)	Yes		NULL	操作员
ifback	tinyint(1)	Yes		0	是否归还

8．tb_giveback（图书归还信息表）

图书归还信息表主要用来保存图书归还信息，tb_giveback 表的结构如表 8.8 所示。

表 8.8 tb_giveback 表的结构

字 段 名	数 据 类 型	是 否 为 空	是 否 主 键	默 认 值	描 述
id	int(11)unsigned	No	Yes		ID（自动编号）

续表

字 段 名	数 据 类 型	是 否 为 空	是 否 主 键	默 认 值	描 述
readerid	int(11)	Yes		NULL	读者编号
bookid	int(11)	Yes		NULL	图书编号
backTime	date	Yes		NULL	归还时间
operator	varchar(30)	Yes		NULL	操作员

9．tb_readertype（读者类型信息表）

读者类型信息表主要用来保存读者类型信息，tb_readertype 表的结构如表 8.9 所示。

表 8.9　tb_readertype 表的结构

字 段 名	数 据 类 型	是 否 为 空	是 否 主 键	默 认 值	描 述
id	int(11) unsigned	No	Yes		ID（自动编号）
name	varchar(50)	Yes		NULL	名称
number	int(4)	Yes		NULL	可借数量

10．tb_reader（读者信息表）

读者信息表主要用来保存读者信息，tb_reader 表的结构如表 8.10 所示。

表 8.10　tb_reader 表的结构

字 段 名	数 据 类 型	是 否 为 空	是 否 主 键	默 认 值	描 述
id	int(11) unsigned	No	Yes		ID（自动编号）
name	varchar(20)	Yes		NULL	姓名
sex	varchar(4)	Yes		NULL	性别
barcode	varchar(30)	Yes		NULL	条形码
vocation	varchar(50)	Yes		NULL	职业
birthday	date	Yes		NULL	出生日期
paperType	varchar(10)	Yes		NULL	有效证件
paperNO	varchar(20)	Yes		NULL	证件号码
tel	varchar(20)	Yes		NULL	电话
email	varchar(100)	Yes		NULL	电子邮件
createDate	date	Yes		NULL	登记日期
operator	varchar(30)	Yes		NULL	操作员
remark	text	Yes		NULL	备注
typeid	int(11)	Yes		NULL	类型

8.5　公共模块设计

在开发过程中经常会用到一些公共模块，如数据库连接及操作的类、字符串处理的类及解决中文乱码的过滤器等，因此，在开发系统前首先需要设计这些公共模块。下面将具体介绍图书馆管理系统中所需要的公共模块的设计过程。

8.5.1 数据库连接及操作类的编写

数据库连接及操作类通常包括连接数据库的方法 getConnection()、执行查询语句的方法 execute-Query()、执行更新操作的方法 executeUpdate()、关闭数据库连接的方法 close()。下面将详细介绍如何编写图书馆管理系统中的数据库连接及操作的类 ConnDB。

（1）指定类 ConnDB 保存的包，并导入所需的类包，本例将其保存到 com.core 包中，代码如下：

例程 01 代码位置：资源包\TM\08\libraryManage\src\com\core\ConnDB.java

```java
package com.core;                     //将该类保存到 com.core 包中
import java.io.InputStream;           //导入 java.io.InputStream 类
import java.sql.*;                    //导入 java.sql 包中的所有类
import java.util.Properties;          //导入 java.util.Properties 类
```

> **注意** 包语句以关键字 package 后面紧跟一个包名称，然后以分号";"结束；包语句必须出现在 import 语句之前；一个 .java 文件只能有一个包语句。

（2）定义 ConnDB 类，并定义该类中所需的全局变量及构造方法，代码如下：

例程 02 代码位置：资源包\TM\08\libraryManage\src\com\core\ConnDB.java

```java
public class ConnDB {
    public Connection conn = null;                                    //声明 Connection 对象的实例
    public Statement stmt = null;                                     //声明 Statement 对象的实例
    public ResultSet rs = null;                                       //声明 ResultSet 对象的实例
    private static String propFileName = "/com/connDB.properties";    //指定资源文件保存的位置
    private static Properties prop = new Properties();                //创建并实例化 Properties 对象的实例
    private static String dbClassName ="com.mysql.jdbc.Driver";       //定义保存数据库驱动的变量
    private static String dbUrl="jdbc:mysql://127.0.0.1:3306/db_librarysys?user=root&password=root&useUnicode=true";
    public ConnDB(){                                                  //构造方法
        try {                                                         //捕捉异常
            //将 Properties 文件读取到 InputStream 对象中
            InputStream in=getClass().getResourceAsStream(propFileName);
            prop.load(in);                                            //通过输入流对象加载 Properties 文件
            dbClassName = prop.getProperty("DB_CLASS_NAME");          //获取数据库驱动
            //获取连接的 URL
            dbUrl = prop.getProperty("DB_URL",dbUrl);
        }
        catch (Exception e) {
            e.printStackTrace();                                      //输出异常信息
        }
    }
}
```

（3）为了方便程序移植，这里将数据库连接所需信息保存到 Properties 文件中，并将该文件保存在 com 包中，connDB.properties 文件的内容如下。

例程 03　代码位置：资源包\TM\08\libraryManage\src\com\connDB.properties

```
#DB_CLASS_NAME（驱动的类的类名）
DB_CLASS_NAME=com.mysql.jdbc.Driver
#DB_URL（要连接数据库的地址）
DB_URL=jdbc:mysql://127.0.0.1:3306/db_librarysys?user=root&password=root&useUnicode=true
```

> **说明**　Properties 文件为本地资料文本文件，以"消息/消息文本"的格式存放数据，文件中"#"的后面为注释行。使用 Properties 对象时，首先需创建并实例化该对象，代码如下。
>
> 　　　　private static Properties prop = new Properties();
>
> 再通过文件输入流对象加载 Properties 文件，代码如下。
>
> 　　　　prop.load(new FileInputStream(propFileName));
>
> 最后通过 Properties 对象的 getProperty()方法读取 Properties 文件中的数据。

（4）创建连接数据库的方法 getConnection()，该方法返回 Connection 对象的一个实例，getConnection()方法的代码如下。

例程 04　代码位置：资源包\TM\08\libraryManage\src\com\core\ConnDB.java

```java
public static Connection getConnection() {
    Connection conn = null;
    try {                                       //连接数据库时可能发生异常，因此需要捕捉该异常
        Class.forName(dbClassName).newInstance();//装载数据库驱动
        conn = DriverManager.getConnection(dbUrl); //建立与数据库 URL 中定义的数据库的连接
    }
    catch (Exception ee) {
        ee.printStackTrace();                   //输出异常信息
    }
    if (conn == null) {
        System.err.println
            ("警告: DbConnectionManager.getConnection() 获得数据库连接失败.\r\n\r\n 连接类型:" +
            dbClassName + "\r\n 连接位置:" + dbUrl);//在控制台上输出提示信息
    }
    return conn;                                //返回数据库连接对象
}
```

 代码贴士

❶ 该句代码用于利用 Class 类中的静态方法 forName()，加载要使用的 Driver。使用该语句可以将传入的 Driver 类名称的字符串当作 forName()函数的参数，从而获取该参数所指定的类，并对其进行初始化。

❷ DriverManager 用于管理 JDBC 驱动程序的接口，通过其 getConnection()方法来获取 Connection 对象的引用。Connection 对象的常用方法如下。

　　Statement createStatement()：创建一个 Statement 对象，用于执行 SQL 语句。

　　close()：关闭数据库的连接，在使用完连接后必须关闭，否则连接会保持一段比较长的时间，直到超时。

　　PreparedStatement prepareStatement(String sql)：使用指定的 SQL 语句创建了一个预处理语句，sql 参数中往往包含一

个或多个"?"占位符。

　　CallableStatement prepareCall(String sql)：创建一个 CallableStatement 用于执行存储过程，sql 参数是调用的存储过程，中间至少包含一个"?"占位符。

（5）创建执行查询语句的方法 executeQuery()，返回值为 ResultSet 结果集，executeQuery()方法的代码如下。

例程 05　代码位置：资源包\TM\08\libraryManage\src\com\core\ConnDB.java

```java
public ResultSet executeQuery(String sql) {
    try {                                        //捕捉异常
        conn = getConnection();                  //调用 getConnection()方法构造 Connection 对象的一个实例 conn
        stmt = conn.createStatement(ResultSet.TYPE_SCROLL_INSENSITIVE,
                ResultSet.CONCUR_READ_ONLY);
        rs = stmt.executeQuery(sql);
    }
    catch (SQLException ex) {
        System.err.println(ex.getMessage());     //输出异常信息
    }
    return rs;                                   //返回结果集对象
}
```

代码贴士

❶ ResultSet.TYPE_SCROLL_INSENSITIVE 常量允许记录指针向前或向后移动，且当 ResultSet 对象变动记录指针时，会影响记录指针的位置。

ResultSet.CONCUR_READ_ONLY 常量可以解释为 ResultSet 对象仅能读取，不能修改，在对数据库的查询操作中使用。

❷ stmt 为 Statement 对象的一个实例，通过其 executeQuery(String sql)方法可以返回一个 ResultSet 对象。

（6）创建执行更新操作的方法 executeUpdate()，返回值为 int 型的整数，代表更新的行数。executeQuery()方法的代码如下。

例程 06　代码位置：资源包\TM\08\libraryManage\src\com\core\ConnDB.java

```java
public int executeUpdate(String sql) {
    int result = 0;                              //定义保存返回值的变量
    try {                                        //捕捉异常
        conn = getConnection();                  //调用 getConnection()方法构造 Connection 对象的一个实例 conn
        stmt = conn.createStatement(ResultSet.TYPE_SCROLL_INSENSITIVE,
                ResultSet.CONCUR_READ_ONLY);
        result = stmt.executeUpdate(sql);        //执行更新操作
    } catch (SQLException ex) {
        result = 0;                              //将保存返回值的变量赋值为 0
    }
    return result;                               //返回保存返回值的变量
}
```

（7）创建关闭数据库连接的方法 close()，close()方法的代码如下。

例程 07　代码位置：资源包\TM\08\libraryManage\src\com\core\ConnDB.java

```java
public void close() {
```

```
        try {                                              //捕捉异常
            if (rs != null) {                              //当 ResultSet 对象的实例 rs 不为空时
                rs.close();                                //关闭 ResultSet 对象
            }
            if (stmt != null) {                            //当 Statement 对象的实例 stmt 不为空时
                stmt.close();                              //关闭 Statement 对象
            }
            if (conn != null) {                            //当 Connection 对象的实例 conn 不为空时
                conn.close();                              //关闭 Connection 对象
            }
        } catch (Exception e) {
            e.printStackTrace(System.err);                 //输出异常信息
        }
    }
```

8.5.2 字符串处理类的编写

字符串处理的类是解决程序中经常出现的有关字符串处理问题方法的类，本实例中只包括过滤字符串中的危险字符的方法 filterStr()，filterStr()方法的代码如下。

例程 08　代码位置：资源包\TM\08\libraryManage\src\com\core\ChStr.java

```
public static final String filterStr(String str){
    str=str.replaceAll(";","");                //替换字符串中的";"为空
    str=str.replaceAll("&","&amp;");           //替换字符串中的"&"为"&amp;"
    str=str.replaceAll("<","&lt;");            //替换字符串中的"<"为"&lt;"
    str=str.replaceAll(">","&gt;");            //替换字符串中的">"为"&gt;"
    str=str.replaceAll("'","");                //替换字符串中的"'"为空
    str=str.replaceAll("--"," ");              //替换字符串中的"--"为空格
    str=str.replaceAll("/","");                //替换字符串中的"/"为空
    str=str.replaceAll("%","");                //替换字符串中的"%"为空
    return str;
}
```

8.5.3 配置解决中文乱码的过滤器

在程序开发时，通常有两种方法解决程序中经常出现的中文乱码问题，一种是通过编码字符串处理类，对需要的内容进行转码；另一种是配置过滤器。其中，第二种方法比较方便，只需要在开发程序时配置正确即可，下面将介绍本系统中配置解决中文乱码的过滤器的具体步骤。

（1）编写 CharacterEncodingFilter 类，让它实现 Filter 接口，成为一个 Servlet 过滤器，在实现 doFilter()接口方法时，根据配置文件中设置的编码格式参数分别设置请求对象的编码格式和应答对象的内容类型参数。

例程 09　代码位置：资源包\TM\08\libraryManage\src\com\CharacterEncodingFilter.java

```
public class CharacterEncodingFilter implements Filter {
    protected String encoding = null;                      //定义编码格式变量
    protected FilterConfig filterConfig = null;            //定义过滤器配置对象
    public void init(FilterConfig filterConfig) throws ServletException {
```

```
        this.filterConfig = filterConfig;                    //初始化过滤器配置对象
        this.encoding = filterConfig.getInitParameter("encoding");  //获取配置文件中指定的编码格式
    }
    //过滤器的接口方法,用于执行过滤业务
    public void doFilter(ServletRequest request, ServletResponse response,
            FilterChain chain) throws IOException, ServletException {
        if (encoding != null) {
            request.setCharacterEncoding(encoding);           //设置请求的编码
            //设置应答对象的内容类型(包括编码格式)
            response.setContentType("text/html; charset=" + encoding);
        }
        chain.doFilter(request, response);                    //传递给下一个过滤器
    }
    public void destroy() {
        this.encoding = null;
        this.filterConfig = null;
    }
}
```

(2)在 web-inf.xml 文件中配置过滤器,并设置编码格式参数和过滤器的 URL 映射信息,关键代码如下。

例程 10 代码位置:资源包\TM\08\libraryManage\WebContent\WEB-INF\web.xml

```xml
<filter>
    <filter-name>CharacterEncodingFilter</filter-name>
    <filter-class>com.CharacterEncodingFilter</filter-class>    <!--指定过滤器类文件-->
    <init-param>
        <param-name>encoding</param-name>
        <param-value>GBK</param-value>                          <!--指定编码为 GBK 编码-->
    </init-param>
</filter>
<filter-mapping>
    <filter-name>CharacterEncodingFilter</filter-name>
    <url-pattern>/*</url-pattern>
    <!--设置过滤器对应的请求方式-->
    <dispatcher>REQUEST</dispatcher>
    <dispatcher>FORWARD</dispatcher>
</filter-mapping>
```

8.6 主界面设计

视频讲解

8.6.1 主界面概述

管理员通过"系统登录"模块的验证后,可以登录到图书馆管理系统的主界面。系统主界面主要包括 Banner 信息栏、导航栏、排行榜和版权信息 4 部分。其中,导航栏中的功能菜单将根据登录管理员的权限进行显示。例如,系统管理员 mr 登录后,将拥有整个系统的全部功能,因为它是超级管理员。主界面运行结果如图 8.13 所示。

图 8.13　系统主界面的运行结果

8.6.2　主界面技术分析

在如图 8.13 所示的主界面中，Banner 信息栏、导航栏和版权信息并不仅存在于主界面中，其他功能模块的子界面中也需要包括这些部分。因此，可以将这几个部分分别保存在单独的文件中，这样，在需要放置相应功能时只需包含这些文件即可，主界面的布局如图 8.14 所示。

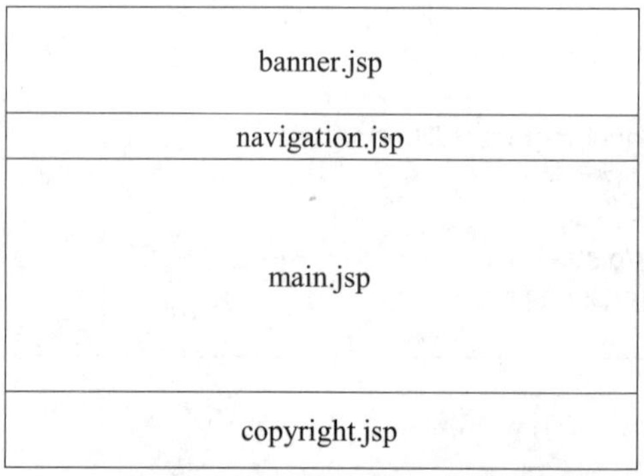

```
┌─────────────────────────┐
│      banner.jsp         │
├─────────────────────────┤
│     navigation.jsp      │
├─────────────────────────┤
│                         │
│       main.jsp          │
│                         │
├─────────────────────────┤
│     copyright.jsp       │
└─────────────────────────┘
```

图 8.14　主界面的布局

在 JSP 页面中包含文件有两种方法：一种是应用<%@ include %>指令实现，另一种是应用<jsp:include>动作元素实现。

<%@ include %>指令用来在 JSP 页面中包含另一个文件。包含的过程是静态的，即在指定文件属性值时，只能是一个包含相对路径的文件名，而不能是一个变量，也不可以在所指定的文件后面添加任何参数，其语法格式如下。

<%@ include file="fileName"%>

<jsp:include>动作元素可以指定加载一个静态或动态的文件,但运行结果不同。如果指定为静态文件,那么这种指定仅仅是把指定的文件内容添加到 JSP 文件中去,则这个文件不被编译。如果是动态文件,那么这个文件将会被编译器执行。由于在页面中包含查询模块时,只需要将文件内容添加到指定的 JSP 文件中即可,所以此处可以使用加载静态文件的方法包含文件,应用<jsp:include>动作元素加载静态文件的语法格式如下。

```
<jsp:include page="{relativeURL | <%=expression%>}" flush="true"/>
```

使用<%@ include %>指令和<jsp:include>动作元素包含文件的区别是:使用<%@ include %>指令包含的页面,是在编译阶段将该页面的代码插入到了主页面的代码中,最终包含页面与被包含页面生成了一个文件。因此,如果被包含页面的内容有改动,需重新编译该文件。而使用<jsp:include>动作元素包含的页面可以是动态改变的,它是在 JSP 文件运行过程中被确定的,程序执行的是两个不同的页面,即在主页面中声明的变量,在被包含的页面中是不可见的。由此可见,当被包含的 JSP 页面中包含动态代码时,为了不和主页面中的代码相冲突,需要使用<jsp:include>动作元素包含文件,应用<jsp:include>动作元素包含查询页面的代码如下。

```
<jsp:include page="search.jsp"    flush="true"/>
```

考虑到本系统中需要包含的多个文件之间相对比较独立,并且不需要进行参数传递,属于静态包含,因此采用<%@ include %>指令实现。

8.6.3 主界面的实现过程

应用<%@ include %>指令包含文件的方法进行主界面布局的代码如下。

例程 11　代码位置:资源包\TM\08\libraryManage\WebContent\main.jsp

```
<%@include file="navigation.jsp"%>
<!--显示图书借阅排行榜-->
<table width="778" height="510"   border="0" align="center" cellpadding="0" cellspacing="0" bgcolor="#FFFFFF"
    class="tableBorder_gray">
<tr>
<td align="center" valign="top" style="padding:5px;">
           …             <!--此处省略了显示图书借阅排行的代码-->
</td>
</tr>
</table>
<%@ include file="copyright.jsp"%>
```

🔊 **代码贴士**

❶应用<%@ include %>指令包含 navigation.jsp 文件,该文件用于显示 Banner 信息、当前登录管理员、当前系统时间及系统导航菜单。

❷在主界面(main.jsp)中,应用表格布局的方式显示图书借阅排行榜。

❸应用<%@ include %>指令包含 copyright.jsp 文件,该文件用于显示版权信息。

8.7 管理员模块设计

8.7.1 管理员模块概述

管理员模块主要包括管理员登录、查看管理员列表、添加管理员信息、管理员权限设置、管理员删除和更改口令6个功能，管理员模块的框架如图8.15所示。

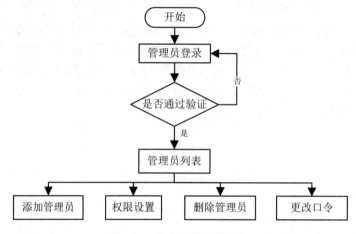

图 8.15 管理员模块的框架

8.7.2 管理员模块技术分析

由于本系统采用的是 JSP 经典设计模式中的 Model2，即 JSP+Servlet+JavaBean，该开发模式遵循 MVC 设计理念。所以在实现管理员模块时，需要编写管理员模块对应的实体类和 Servlet 控制类。在 MVC 中，实体类属于模型层，用于封装实体对象，是一个具有 getXXX()和 setXXX()方法的类。请求控制类属于控制层，用于接收各种业务请求，是一个 Servlet。下面将详细介绍如何编写管理员模块的实体类和 Servlet 控制类。

1. 编写管理员的实体类

在管理员模块中，涉及的数据表是 tb_manager（管理员信息表）和 tb_purview（权限表），其中，管理员信息表中保存的是管理员名称和密码等信息，权限表中保存的是各管理员的权限信息，这两个表通过各自的 id 字段相关联。通过这两个表可以获得完整的管理员信息，根据这些信息可以得出管理员模块的实体类。管理员模块的实体类的名称为 ManagerForm，具体代码如下。

例程12 代码位置：资源包\TM\08\libraryManage\src\com\actionForm\ManagerForm.java

```
package com.actionForm;
public class ManagerForm {
    private Integer id=new Integer(-1);        //管理员ID号
    private String name="";                    //管理员名称
```

```
    private String pwd="";                          //管理员密码
    private int sysset=0;                           //系统设置权限
    private int readerset=0;                        //读者管理权限
    private int bookset=0;                          //图书管理权限
    private int borrowback=0;                       //图书借还权限
    private int sysquery=0;                         //系统查询权限
    /**********************提供控制 ID 属性的方法********************************/
    public Integer getId() {                        //id 属性的 getXXX()方法
        return id;
    }
    public void setId(Integer id) {                 //id 属性的 setXXX()方法
        this.id = id;
    }
    /***********************************************************************/
    …           //此处省略了其他控制管理员信息的 getXXX()和 setXXX()方法
    /***********************************************************************/
}
```

2．编写管理员的 Servlet 控制类

管理员功能模块的 Servlet 控制类继承了 HttpServlet 类，在该类中，首先需要在构造方法中实例化管理员模块的 ManagerDAO 类（该类用于实现与数据库的交互），然后编写 doGet()和 doPost()方法，在这两个方法中根据 request 的 getParameter()方法获取的 action 参数值执行相应方法，由于这两个方法中的代码相同，所以只需在第一个方法 doGet()中写相应代码，在另一个方法 doPost()中调用 doGet()方法即可。

管理员模块的 Servlet 控制类的关键代码如下。

例程 13 代码位置：资源包\TM\08\libraryManage\src\com\action\Manager.java

```java
public class Manager extends HttpServlet {
    private ManagerDAO managerDAO = null;                    //声明 ManagerDAO 的对象
    public Manager() {
        this.managerDAO = new ManagerDAO();                  //实例化 ManagerDAO 类
    }
    public void doGet(HttpServletRequest request, HttpServletResponse response)
            throws ServletException, IOException {
        String action = request.getParameter("action");
        if (action == null || "".equals(action)) {
            request.getRequestDispatcher("error.jsp").forward(request, response);
        } else if ("login".equals(action)) {//当 action 值为 login 时，调用 managerLogin()方法验证管理员身份
            managerLogin(request, response);
        } else if ("managerAdd".equals(action)) {
            managerAdd(request, response);                   //添加管理员信息
        } else if ("managerQuery".equals(action)) {
            managerQuery(request, response);                 //查询管理员及权限信息
        } else if ("managerModifyQuery".equals(action)) {
            managerModifyQuery(request, response);           //设置管理员权限时查询管理员信息
        } else if ("managerModify".equals(action)) {
            managerModify(request, response);                //设置管理员权限
        } else if ("managerDel".equals(action)) {
```

```
                managerDel(request, response);                    //删除管理员
            } else if ("querypwd".equals(action)) {
                pwdQuery(request, response);                      //更改口令时应用的查询
            } else if ("modifypwd".equals(action)) {
                modifypwd(request, response);                     //更改口令
            }
        public void doPost(HttpServletRequest request, HttpServletResponse response)
                throws ServletException, IOException {
            doGet(request, response);
        }
        …                                       //此处省略了该类中的其他方法，这些方法将在后面的具体过程中给出
}
```

3．配置管理员的 servlet 控制类

管理员的 servlet 控制类编写完毕后，还需要在 web.xml 文件中配置该 servlet，关键代码如下。

例程 14　代码位置：资源包\TM\08\libraryManage\WebContent\WEB-INF\web.xml

```
<servlet>
    <servlet-name>Manager</servlet-name>
    <servlet-class>com.action.Manager</servlet-class>
</servlet>
<servlet-mapping>
    <servlet-name>Manager</servlet-name>
    <url-pattern>/manager</url-pattern>
</servlet-mapping>
```

8.7.3　系统登录的实现过程

■　系统登录使用的数据表：tb_manager。

系统登录是进入图书馆管理系统的入口。在运行本系统后，首先进入的是系统登录页面，在该页面中，系统管理员可以通过输入正确的管理员名称和密码登录到系统，当用户没有输入管理员名称或密码时，系统会通过 JavaScript 进行判断，并给予提示信息，系统登录的运行结果如图 8.16 所示。

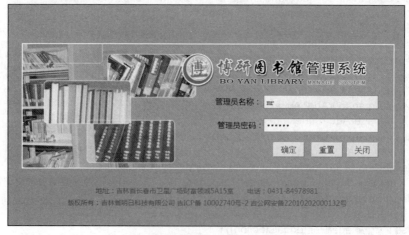

图 8.16　系统登录的运行结果

> **注意** 在实现系统登录前,需要在 MySQL 数据库中手动添加一条系统管理员的数据(管理员名为 mr,密码为 mrsoft,拥有所有权限),即在 MySQL 的客户端命令行中应用下面的语句分别向管理员信息表 tb_manager 和权限表 tb_purview 中各添加一条数据记录。
> #添加管理员信息
> insert into tb_manager (name,pwd) values(mr,'mrsoft');
> #添加权限信息
> insert into tb_purview values(1,1,1,1,1,1);

1. 设计系统登录页面

系统登录页面主要用于收集管理员的输入信息及通过自定义的 JavaScript 函数验证输入信息是否为空,该页面中所涉及的表单元素如表 8.11 所示。

表 8.11 系统登录页面所涉及的表单元素

名 称	元 素 类 型	重 要 属 性	含 义
form1	form	method="post" action="manager?action=login"	管理员登录表单
name	text	size="25"	管理员名称
pwd	password	size="25"	管理员密码
Submit	submit	value="确定" onclick="return check(form1)"	"确定"按钮
Submit3	reset	value="重置"	"重置"按钮
Submit2	button	value="关闭" onClick="window.close();"	"关闭"按钮

编写自定义的 JavaScript 函数,用于判断管理员名称和密码是否为空,代码如下。

例程 15 代码位置:资源包\TM\08\libraryManage\WebContent\login.jsp

```
<script language="javascript">
function check(form){
    if (form.name.value==""){            //判断管理员名称是否为空
        alert("请输入管理员名称!");form.name.focus();return false;
    }
    if (form.pwd.value==""){             //判断密码是否为空
        alert("请输入密码!");form.pwd.focus();return false;
    }
}
</script>
```

2. 修改管理员的 servlet 控制类

在管理员登录页面的管理员名称和管理员密码文本框中输入正确的管理员名称和密码后,单击"确定"按钮,网页会访问一个 URL,这个 URL 是 manager?action=login。从该 URL 地址中可以知道系统登录模块涉及的 action 的参数值为 login,即当 action=login 时,会调用验证管理员身份的方法 managerLogin(),具体代码如下。

例程 16 代码位置：资源包\TM\08\libraryManage\src\com\action\Manager.java

```
if (action == null || "".equals(action)) {                              //判断 action 的参数值是否为空
    request.getRequestDispatcher("error.jsp").forward(request, response);   //转到错误提示页
} else if ("login".equals(action)) {        //当 action 值为 login 时，调用 managerLogin()方法验证管理员身份
    managerLogin(request, response);                                    //调用验证管理员身份的方法
}
```

在验证管理员身份的方法 managerLogin()中，首先需要将接收到的表单信息保存到管理员实体类 ManagerForm 中，然后调用 ManagerDAO 类中的 checkManager()方法验证登录管理员信息是否正确，如果正确，则将管理员名称保存到 session 中，并将页面重定向到系统主界面，否则将错误提示信息"您输入的管理员名称或密码错误！"保存到 HttpServletRequest 的对象 error 中，并重定向页面至错误提示页，验证管理员身份的方法 managerLogin()的具体代码如下。

例程 17 代码位置：资源包\TM\08\libraryManage\src\com\action\Manager.java

```
public void managerLogin(HttpServletRequest request,
        HttpServletResponse response) throws ServletException, IOException {
    ManagerForm managerForm = new ManagerForm();                //实例化 managerForm 类
    managerForm.setName(request.getParameter("name"));          //获取管理员名称并设置 name 属性
    managerForm.setPwd(request.getParameter("pwd"));            //获取管理员密码并设置 pwd 属性
    int ret = managerDAO.checkManager(managerForm);             //调用 ManagerDAO 类的 checkManager()方法
    if (ret == 1) {
        /**********将登录到系统的管理员名称保存到 session 中**********************************/
        HttpSession session=request.getSession();
        session.setAttribute("manager",managerForm.getName());
        /*******************************************************************************/
        request.getRequestDispatcher("main.jsp").forward(request, response);     //转到系统主界面
    } else {
        request.setAttribute("error", "您输入的管理员名称或密码错误！");
        request.getRequestDispatcher("error.jsp").forward(request, response);   //转到错误提示页
    }
}
```

3．编写系统登录的 ManagerDAO 类的方法

从 managerLogin()方法中可以知道系统登录页调用的 ManagerDAO 类的方法是 checkManager()。在 checkManager()方法中，首先从数据表 tb_manager 中查询输入的管理员名称是否存在，如果存在，再判断查询到的密码是否与输入的密码相等，如果相等，将标志变量设置为 1，否则设置为 0；反之如果不存在，则将标志变量设置为 0，checkManager()方法的具体代码如下。

例程 18 代码位置：资源包\TM\08\libraryManage\src\com\dao\ManagerDAO.java

```
public int checkManager(ManagerForm managerForm) {
    int flag = 0;
    ChStr chStr=new ChStr();
    String sql = "SELECT * FROM tb_manager where name='" +
        chStr.filterStr(managerForm.getName()) + "'";           //过滤字符串中的危险字符
    ResultSet rs = conn.executeQuery(sql);
    try {               //此处需要捕获异常，当程序出错时，也需要将标志变量设置为 0
        if (rs.next()) {
```

```
        String pwd = chStr.filterStr(managerForm.getPwd());   //获取输入的密码并过滤掉危险字符
        if (pwd.equals(rs.getString(3))) {                    //判断密码是否正确
            flag = 1;
        } else {
            flag = 0;
        }
    }else{
        flag = 0;
    }
} catch (SQLException ex) {
    flag = 0;
}finally{
 conn.close();                                                //关闭数据库连接
}
return flag;
}
```

> **说明** 在验证用户身份时，先判断用户名，再判断密码，可以防止用户输入恒等式后直接登录系统。

4．防止非法用户登录系统

从网站安全的角度考虑，仅仅上面介绍的系统登录页面并不能有效地保存系统的安全，一旦系统主界面的地址被他人获得，就可以通过在地址栏中输入系统的主界面地址而直接进入系统中。由于系统的 Banner 及导航栏 navigation.jsp 几乎包含于整个系统的每个页面，因此这里将验证用户是否将登录的代码放置在该页中，验证用户是否登录的具体代码如下。

例程 19　代码位置：资源包\TM\08\libraryManage\WebContent\navigation.jsp

```
<%
String manager=(String)session.getAttribute("manager");
if (manager==null || "".equals(manager)){            //验证用户是否登录
    response.sendRedirect("login.jsp");              //重定向网页到 login.jsp 页
}
%>
```

这样，当系统调用每个页面时，都会判断 session 变量 manager 是否存在，如果不存在，将页面重定向到系统登录页面。

8.7.4　查看管理员的实现过程

　　■　查看管理员使用的数据表：tb_manager 和 tb_purview。

管理员登录后，选择"系统设置"→"管理员设置"命令，进入查看管理员列表的页面，在该页面中将列出系统中以表格的形式显示的全部管理员及其权限信息，并提供添加管理员信息、删除管理员信息和设置管理员权限的超链接，查看管理员列表页面的运行结果如图 8.17 所示。

图8.17 查看管理员列表页面的运行结果

在实现系统导航菜单时引用了 JavaScript 文件 menu.JS，该文件中包含全部实现半透明背景菜单的 JavaScript 代码。打开该 JS 文件，可以找到"管理员设置"菜单项的超链接代码，具体代码如下。

```
<a href=manager?action=managerQuery>管理员设置</a>
```

> **说明** 将页面中所涉及的 JavaScript 代码保存在一个单独的 JS 文件中，然后通过<script></script>将其引用到需要的页面，可以规范页面代码。在系统导航页面引用 menu.JS 文件的代码如下。
>
> ```
> <script src="JS/menu.JS"></script>
> ```

从上面的 URL 地址中可以知道，查看管理员列表模块涉及的 action 的参数值为 managerQuery，当 action= managerQuery 时，会调用查看管理员列表的方法 managerQuery()，具体代码如下。

例程 20 代码位置：资源包\TM\08\libraryManage\src\com\action\Manager.java

```
if ("managerQuery".equals(action)) {
    managerQuery(request, response);              //查询管理员及权限信息
}
```

在查看管理员列表的方法 managerQuery()中，首先调用 ManagerDAO 类中的 query()方法查询全部管理员信息，再将返回的查询结果保存到 HttpServletRequest 的对象 managerQuery 中，查看管理员列表的方法 managerQuery()的具体代码如下。

例程 21 代码位置：资源包\TM\08\libraryManage\src\com\action\Manager.java

```
private void managerQuery(HttpServletRequest request,
        HttpServletResponse response) throws ServletException, IOException {
    String str = null;
    request.setAttribute("managerQuery", managerDAO.query(str));//将查询结果保存到 managerQuery 参数中
    request.getRequestDispatcher("manager.jsp").forward(request, response);    //转到显示管理员列表的页面
}
```

从 managerQuery()方法中可以看出查看管理员列表使用的 ManagerDAO 类的方法是 query()。在 query()方法中，首先使用左连接从数据表 tb_manager 和 tb_purview 中查询出符合条件的数据，然后将查询结果保存到 Collection 集合类中并返回该集合类的实例，query()方法的具体代码如下。

例程 22　代码位置：资源包\TM\08\libraryManage\src\com\dao\ManagerDAO.java

```java
public Collection query(String queryif) {
    ManagerForm managerForm = null;                    //声明 ManagerForm 类的对象
    Collection managercoll = new ArrayList();
    String sql = "";
    if (queryif == null || queryif == "" || queryif == "all") {    //当参数 queryif 的值为 null、all 或空时查询全部数据
        sql = "select m.*,p.sysset,p.readerset,p.bookset,p.borrowback,p.sysquery from tb_manager m left
              join tb_purview p on m.id=p.id";
    }else{
        sql="select m.*,p.sysset,p.readerset,p.bookset,p.borrowback,p.sysquery from tb_manager m left join
            tb_purview p on m.id=p.id where m.name='"+queryif+"'";     //此处需要应用左连接
    }
    ResultSet rs = conn.executeQuery(sql);             //执行 SQL 语句
    try {                                              //捕捉异常信息
        while (rs.next()) {
            managerForm = new ManagerForm();           //实例化 ManagerForm 类
            managerForm.setId(Integer.valueOf(rs.getString(1)));
            managerForm.setName(rs.getString(2));
            managerForm.setPwd(rs.getString(3));
            managerForm.setSysset(rs.getInt(4));
            managerForm.setReaderset(rs.getInt(5));
            managerForm.setBookset(rs.getInt(6));
            managerForm.setBorrowback(rs.getInt(7));
            managerForm.setSysquery(rs.getInt(8));
            managercoll.add(managerForm);              //将查询结果保存到 Collection 集合中
        }
    } catch (SQLException e) {}
    return managercoll;                                //返回查询结果
}
```

◆))) 代码贴士

❶ Collection 接口是一个数据集合接口，它位于与数据结构有关的 API 的最上部。通过其子接口实现 Collection 集合。
❷ 该语句应用了 MySQL 提供的左连接。在 MySQL 中左连接的语法格式如下。
SELECT table1.*,table2.* FROM table1 LEFT JOIN table2 ON table1.fieldname1 =table2.fieldname1;

接下来的工作是将 servlet 控制类中 managerQuery()方法返回的查询结果显示在查看管理员列表页 manager.jsp 中。在 manager.jsp 中首先通过 request.getAttribute()方法获取查询结果并将其保存在 Connection 集合中，再通过循环将管理员信息以列表形式显示在页面中，关键代码如下。

例程 23　代码位置：资源包\TM\08\libraryManage\WebContent\manager.jsp

```jsp
<%@ page import="java.util.*"%>
<%
String flag="mr";
Collection coll=(Collection)request.getAttribute("managerQuery");
%>
```

```jsp
            <% if(coll==null || coll.isEmpty()){%>
                   暂无管理员信息！
<%}else{
            //通过迭代方式显示数据
                   Iterator it=coll.iterator();
   int ID=0;                                                   //定义保存ID的变量
   String name="";                                             //定义保存管理员名称的变量
   int sysset=0;                                               //定义保存系统设置权限的变量
   int readerset=0;                                            //定义保存读者管理权限的变量
   int bookset=0;                                              //定义保存图书管理权限的变量
   int borrowback=0;                                           //定义保存图书借还权限的变量
   int sysquery=0; %>
         <table width="91%"    border="1" cellpadding="0" cellspacing="0" bordercolor="#FFFFFF"
bordercolordark="#D2E3E6" bordercolorlight="#FFFFFF">
         <tr align="center" bgcolor="#e3F4F7">
     <td width="26%">管理员名称</td>
     <td width="12%">系统设置</td>
     <td width="12%">读者管理</td>
     <td width="12%">图书管理</td>
     <td width="11%">图书借还</td>
     <td width="11%">系统查询</td>
     <td width="8%">权限设置</td>
     <td width="8%">删除</td>
  </tr>
         <%while(it.hasNext()){
            ManagerForm managerForm=(ManagerForm)it.next();
            ID=managerForm.getId().intValue();
            name=managerForm.getName();                        //获取管理员名称
            sysset=managerForm.getSysset();                    //获取系统设置权限
            readerset=managerForm.getReaderset();              //获取读者管理权限
            bookset=managerForm.getBookset();                  //获取图书管理权限
            borrowback=managerForm.getBorrowback();            //获取图书借还权限
            sysquery=managerForm.getSysquery();                //获取系统查询权限
      %>
   <tr>
         <td style="padding:5px;"><%=name%></td>
<!--通过复选框显示管理员的权限信息，复选框没有被选中，表示该管理员不具有管理该项内容的权限-->
         <td align="center"><input name="checkbox" type="checkbox" class="noborder" value="checkbox"
disabled="disabled" <%if(sysset==1){out.println("checked");}%>></td>
         <td align="center"><input name="checkbox" type="checkbox" class="noborder" value="checkbox"
disabled="disabled" <%if(readerset==1){out.println("checked");}%>></td>
         <td align="center"><input name="checkbox" type="checkbox" class="noborder" value="checkbox" disabled
<%if (bookset==1){out.println("checked");}%>></td>
         <td align="center"><input name="checkbox" type="checkbox" class="noborder" value="checkbox" disabled
<%if (borrowback==1){out.println("checked");}%>></td>
         <td align="center"><input name="checkbox" type="checkbox" class="noborder" value="checkbox" disabled
<%if (sysquery==1){out.println("checked");}%>></td>
<!-- -------------------------------------------------------------------------------------------------- -->
         <td align="center"> <%if(!name.equals(flag)){ %><a href="#" onClick="window.open('manager?action=
managerModifyQuery&id=<%=ID%>','','width=292,height=175')">权限设置</a><%else{%> <%}%> </td>
         <td align="center"> <%if(!name.equals(flag)){ %><a href="manager?action=managerDel&id=<%=ID%>">
删除</a><%else{%> <%}%> </td>
```

```
        </tr>
<%   }
}%>
</table>
```

📢 代码贴士

❶ <%@ page import="packageName.className"%>

page 指令的 import 属性用来说明在后面代码中将要使用的类和接口,这些类可以是 Sun JDK 中的类,也可以是用户自定义的类。

在 Java 里如果要载入多个包,需使用 import 分别指明,在 JSP 中也是如此。可以用一个 page 指令指定多个包(它们之间需用逗号","隔开),也可以用多条 import 属性分别指定。

❷ import 属性是唯一一个可以在同一个页面中重复定义的 page 指令的属性。

isEmpty()方法:返回一个 boolean 对象,如果集合内未包含任何元素,则返回 true。

❸ iterator()方法:返回一个 Iterator 对象,使用该方法可以用来遍历容器。

❹ hasNext()方法:检查序列中是否还有其他元素。

❺ next()方法:取得序列中的下一个元素。

8.7.5 添加管理员的实现过程

📋 添加管理员使用的数据表:tb_manager。

管理员登录后,选择"系统设置"→"管理员设置"命令,进入到查看管理员列表页面,在该页面中单击"添加管理信息"超链接,打开添加管理员信息页面,添加管理员信息页面的运行结果如图 8.18 所示。

图 8.18 添加管理员页面的运行结果

1.设计添加管理员信息页面

添加管理员页面主要用于收集输入的管理员信息及通过自定义的 JavaScript 函数验证输入信息是否合法,该页面中所涉及的表单元素如表 8.12 所示。

表 8.12 添加管理员页面所涉及的表单元素

名　　称	元素类型	重　要　属　性	含　　义
form1	form	method="post" action="manager?action=managerAdd"	表单
name	text		管理员名称
pwd	password		管理员密码

续表

名称	元素类型	重要属性	含义
pwd1	password		确认密码
Button	button	value="保存" onClick="check(form1)"	"保存"按钮
Submit2	button	value="关闭" onClick="window.close();"	"关闭"按钮

编写自定义的 JavaScript 函数，用于判断管理员名称、管理员密码、确认密码文本框是否为空，以及两次输入的密码是否一致，程序代码如下。

例程 24 代码位置：资源包\TM\08\libraryManage\WebContent\manager_add.jsp

```
<script language="javascript">
function check(form){
    if(form.name.value==""){                          //判断管理员名称是否为空
        alert("请输入管理员名称!");form.name.focus();return;
    }
    if(form.pwd.value==""){                           //判断管理员密码是否为空
        alert("请输入管理员密码!");form.pwd.focus();return;
    }
    if(form.pwd1.value==""){                          //判断是否输入确认密码
        alert("请确认管理员密码!");form.pwd1.focus();return;
    }
    if(form.pwd.value!=form.pwd.value){               //判断两次输入的密码是否一致
        alert("您两次输入的管理员密码不一致，请重新输入!");form.pwd.focus();return;
    }
    form.submit();                                    //提交表单
}
</script>
```

2．修改管理员的 servlet 控制类

在添加管理员页面中输入合法的管理员名称及密码后，单击"保存"按钮，网页会访问一个 URL，这个 URL 是 manager?action=managerAdd。从该 URL 地址中可以知道添加管理员信息页面涉及的 action 的参数值为 managerAdd，即当 action=managerAdd 时，会调用添加管理员信息的方法 managerAdd()，具体代码如下。

例程 25 代码位置：资源包\TM\08\libraryManage\src\com\action\Manager.java

```
if ("managerAdd".equals(action)) {
    managerAdd(request, response);                    //添加管理员信息
}
```

在添加管理员信息的方法 managerAdd()中，首先需要将接收到的表单信息保存到管理员实体类 ManagerForm 中，然后调用 ManagerDAO 类中的 insert()方法，将添加的管理员信息保存到数据表中，并将返回值保存到变量 ret 中，如果返回值为 1，则表示信息添加成功，将页面重定向到添加信息成功的页面；如果返回值为 2，则表示该管理员信息已经添加，将错误提示信息 "该管理员信息已经添加！"保存到 HttpServletRequest 对象的 error 参数中，然后将页面重定向到错误提示信息页面；否则，将错误提示信息 "添加管理员信息失败！"保存到 HttpServletRequest 的对象 error 中，并将页面重定向到错误

提示页，添加管理员信息的方法 managerAdd()的具体代码如下。

例程 26　代码位置：资源包\TM\08\libraryManage\src\com\action\Manager.java

```java
private void managerAdd(HttpServletRequest request,
        HttpServletResponse response) throws ServletException, IOException {
    ManagerForm managerForm = new ManagerForm();
    managerForm.setName(request.getParameter("name"));        //获取设置管理员名称
    managerForm.setPwd(request.getParameter("pwd"));          //获取并设置密码
    int ret = managerDAO.insert(managerForm);                 //调用添加管理员信息
    if (ret == 1) {
        request.getRequestDispatcher("manager_ok.jsp?para=1").forward(
                request, response);                           //转到管理员信息添加成功页面
    } else if (ret == 2) {
        request.setAttribute("error", "该管理员信息已经添加！");    //将错误信息保存到 error 参数中
        request.getRequestDispatcher("error.jsp").forward(request, response);   //转到错误提示页面
    } else {
        request.setAttribute("error", "添加管理员信息失败！");      //将错误信息保存到 error 参数中
        request.getRequestDispatcher("error.jsp")
                .forward(request, response);                  //转到错误提示页面
    }
}
```

3．编写添加管理员信息的 ManagerDAO 类的方法

从 managerAdd()方法中可以知道添加管理员信息使用的 ManagerDAO 类的方法是 insert()。在 insert() 方法中首先从数据表 tb_manager 中查询输入的管理员名称是否存在，如果存在，将标志变量设置为 2，否则将输入的信息保存到管理员信息表中，并将返回值赋给标志变量，最后返回标志变量，insert()方法的具体代码如下。

例程 27　代码位置：资源包\TM\08\libraryManage\src\com\dao\ManagerDAO.java

```java
public int insert(ManagerForm managerForm) {
    String sql1="SELECT * FROM tb_manager WHERE name='"+managerForm.getName()+"'";
    ResultSet rs = conn.executeQuery(sql1);    //执行 SQL 查询语句
    String sql = "";
    int falg = 0;
    try {                          //捕捉异常信息
        if (rs.next()) {           //当记录指针可以移动到下一条数据时，表示结果集不为空
            falg=2;                //表示该管理员信息已经存在
        } else {
            sql = "INSERT INTO tb_manager (name,pwd) values('" +
                    managerForm.getName() + "','" +managerForm.getPwd() +"')";
            falg = conn.executeUpdate(sql);
        }
    } catch (SQLException ex) {
        falg=0;                    //表示管理员信息添加失败
    }finally{
        conn.close();              //关闭数据库连接
    }
    return falg;
}
```

代码贴士

❶ next()方法：该方法为 ResultSet 接口中提供的方法，用于移动指针到下一行。指针最初位于第一行之前，第一次调用该方法将移动到第一行。如果存在下一行则返回 true，否则返回 false。

❷ executeUpdate()方法是在公共模块中编写的 ConnDB 类中的方法，该方法的返回值为 0 时，表示数据库更新操作失败。

4. 制作添加信息成功页面

这里将添加管理员信息、设置管理员权限和管理员信息删除 3 个模块操作成功的页面用一个 JSP 文件实现，只是通过传递的参数 para 的值进行区分，关键代码如下：

例程 28 代码位置：资源包\TM\08\libraryManage\WebContent\manager_ok.jsp

```jsp
<%int para=Integer.parseInt(request.getParameter("para"));
switch(para){
     case 1:                                      //添加信息成功时执行该代码段
%>
          <script language="javascript">
          alert("管理员信息添加成功!");
          opener.location.reload();              //刷新打开该窗口的页面
          window.close();                        //关闭当前窗口
          </script>
<%   break;                                      //跳出 switch 语句
     case 2:                                     //设置管理员权限成功时执行该代码段
%>
          <script language="javascript">
          alert("管理员权限设置成功!");
          opener.location.reload();              //刷新父窗口
          window.close();                        //关闭当前窗口
          </script>
<%   break;
     case 3:                                     //删除管理员成功时执行该代码段
%>
          <script language="javascript">
          alert("管理员信息删除成功!");
          window.location.href="manager?action=managerQuery";
          </script>
<%   break;
}%>
```

8.7.6 设置管理员权限的实现过程

　　设置管理员权限使用的数据表：tb_manager 和 tb_purview。

管理员登录后，选择"系统设置"→"管理员设置"命令，进入查看管理员列表页面，在该页面中，单击指定管理员后面的"权限设置"超链接，即可进入权限设置页面设置该管理员的权限，权限设置页面的运行结果如图 8.19 所示。

图 8.19 权限设置页面的运行结果

1. 在管理员列表中添加权限设置页面的入口

在"查看管理员列表"页面的管理员列表中添加"权限设置"列,并在该列中添加以下用于打开"权限设置"页面的超链接代码。

例程 29 代码位置:资源包\TM\08\libraryManage\WebContent\manager.java

```
<a href="#"
onClick="window.open('manager?action=managerModifyQuery&id=<%=ID%>','','width=292,height=175') ">权
限设置</a>
```

从上面的 URL 地址中可以知道,设置管理员权限页面所涉及的 action 的参数值为 managerModify Query,当 action= managerModifyQuery 时,会调用查询指定管理员权限信息的方法 managerModifyQuery(),具体代码如下。

例程 30 代码位置:资源包\TM\08\libraryManage\src\com\action\Manager.java

```
if ("managerModifyQuery".equals(action)) {
    managerModifyQuery(request, response);  //设置管理员权限时查询管理员信息
}
```

在查询指定管理员权限信息的方法 managerModifyQuery()中,首先需要将接收到的表单信息保存到管理员实体类 ManagerForm 中;再调用 ManagerDAO 类中的 query_update()方法,查询出指定管理员权限信息;再将返回的查询结果保存到 HttpServletRequest 的对象 managerQueryif 中。查询指定管理员权限信息的方法 managerModifyQuery()的具体代码如下。

例程 31 代码位置:资源包\TM\08\libraryManage\src\com\action\Manager.java

```
private void managerModifyQuery(HttpServletRequest request,
        HttpServletResponse response) throws ServletException, IOException {
    ManagerForm managerForm = new ManagerForm();
    managerForm.setId(Integer.valueOf(request.getParameter("id")));         //获取并设置管理 ID 号
    request.setAttribute("managerQueryif", managerDAO.query_update(managerForm));
    //转到权限设置成功页面
    request.getRequestDispatcher("manager_Modify.jsp").forward(request,response);
}
```

从 managerModifyQuery()中可以知道,查询指定管理员权限信息使用的 ManagerDAO 类的方法是

query_update()。在query_update()方法中，首先使用左连接从数据表tb_manager和tb_purview中查询出符合条件的数据，然后将查询结果保存到Collection集合类中，并返回该集合类，query_update()方法的具体代码如下。

例程32 代码位置：资源包\TM\08\libraryManage\src\com\dao\ManagerDAO.java

```java
public ManagerForm query_update(ManagerForm managerForm) {
    ManagerForm managerForm1 = null;
    String sql = "select m.*,p.sysset,p.readerset,p.bookset,p.borrowback,p.sysquery from tb_manager m left join tb_ purview p on m.id=p.id where m.id=" +managerForm.getId() + "";
    ResultSet rs = conn.executeQuery(sql);            //执行查询语句
    try {                                             //捕捉异常信息
        while (rs.next()) {
            managerForm1 = new ManagerForm();
            managerForm1.setId(Integer.valueOf(rs.getString(1)));
            ...                                       //此处省略了设置其他属性的代码
            managerForm1.setSysquery(rs.getInt(8));
        }
    } catch (SQLException ex) {
        ex.printStackTrace();                         //输出异常信息
    }finally{
        conn.close();                                 //关闭数据库连接
    }
    return managerForm1;
}
```

2. 设计权限设置页面

将Servlet控制类中managerModifyQuery()方法返回的查询结果，显示在设置管理员权限页manager_Modify.jsp中。在manager_Modify.jsp中，通过request.getAttribute()方法获取查询结果，并将其显示在相应的表单元素中，权限设置页面中所涉及的表单元素如表8.13所示。

表8.13 权限设置页面所涉及的表单元素

名 称	元素类型	重 要 属 性	含 义
form1	form	method="post" action="manager?action=managerModify"	表单
id	hidden	value="<%=ID%>"	管理员编号
name	text	readonly="yes" value="<%=name%>"	管理员名称
sysset	checkbox	value="1" <%if(sysset==1){out.println("checked");}%>	系统设置
readerset	checkbox	value="1" <%if(readerset==1){out.println("checked");}%>	读者管理
bookset	checkbox	value="1" <%if(bookset==1){out.println("checked");}%>	图书管理
borrowback	checkbox	value="1" <%if(borrowback==1){out.println("checked");}%>	图书借还
sysquery	checkbox	value="1" <%if(sysquery==1){out.println("checked");}%>	系统查询
Button	submit	value="保存"	"保存"按钮
Submit2	button	value="关闭" onClick="window.close();"	"关闭"按钮

3. 修改管理员的Servlet控制类

在权限设置页面中设置管理员权限后单击"保存"按钮，网页会访问一个URL，这个URL是

manager?action=managerModify。从该 URL 地址中可以知道保存设置管理员权限信息涉及的 action 的参数值为 managerModify，即当 action=managerModify 时，会调用保存设置管理员权限信息的方法 managerModify()，具体代码如下。

例程 33　代码位置：资源包\TM\08\libraryManage\src\com\action\Manager.java

```
if ("managerModify".equals(action)) {
    managerModify(request, response);                //设置管理员权限
}
```

在保存设置管理员权限信息的 managerModify() 方法中，首先需要将接收到的表单信息保存到管理员实体类 ManagerForm 中，然后调用 ManagerDAO 类中的 update() 方法，将设置的管理员权限信息保存到权限表 tb_purview 中，并将返回值保存到变量 ret 中，如果返回值为 1，表示信息设置成功，将页面重定向到设置信息成功页面；否则，将错误提示信息"修改管理员信息失败！"保存到 HttpServletRequest 对象的 error 参数中，然后将页面重定向到错误提示信息页面。保存设置管理员权限信息的 managerModify() 方法的具体代码如下。

例程 34　代码位置：资源包\TM\08\libraryManage\src\com\action\Manager.java

```java
private void managerModify(HttpServletRequest request,
        HttpServletResponse response) throws ServletException, IOException {
    ManagerForm managerForm = new ManagerForm();
    managerForm.setId(Integer.parseInt(request.getParameter("id")));        //获取并设置管理员 ID 号
    managerForm.setName(request.getParameter("name"));                      //获取并设置管理员名称
    managerForm.setPwd(request.getParameter("pwd"));                        //获取并设置管理员密码
    managerForm.setSysset(request.getParameter("sysset") == null ? 0
            : Integer.parseInt(request.getParameter("sysset")));            //获取并设置系统设置权限
    managerForm.setReaderset(request.getParameter("readerset") == null ? 0
            : Integer.parseInt(request.getParameter("readerset")));         //获取并设置读者管理权限
    managerForm.setBookset(request.getParameter("bookset") == null ? 0
            : Integer.parseInt(request.getParameter("bookset")));           //获取并设置图书管理权限
    managerForm
            .setBorrowback(request.getParameter("borrowback") == null ? 0
                    : Integer.parseInt(request.getParameter("borrowback"))); //获取并设置图书借还权限
    managerForm.setSysquery(request.getParameter("sysquery") == null ? 0
            : Integer.parseInt(request.getParameter("sysquery")));          //获取并设置系统查询权限
    int ret = managerDAO.update(managerForm);                               //调用设置管理员权限的方法
    if (ret == 0) {
        request.setAttribute("error", "设置管理员权限失败！");                //保存错误提示信息到 error 参数中
        request.getRequestDispatcher("error.jsp").forward(request, response); //转到错误提示页面
    } else {
        //转到权限设置成功页面
        request.getRequestDispatcher("manager_ok.jsp?para=2").forward(request, response);
    }
}
```

4．编写保存设置管理员权限信息的 ManagerDAO 类的方法

从 managerModify() 方法中可以知道设置管理员权限时使用的 ManagerDAO 类的方法是 update()。在 update() 方法中，首先从数据表 tb_manager 中查询要设置权限的管理员是否已经存在权限信息，如

果是，则修改该管理员的权限信息；如果不是，则在管理员信息表中添加该管理员的权限信息，并将返回值赋给标志变量，然后返回标志变量，update()方法的具体代码如下。

例程 35 代码位置：资源包\TM\08\libraryManage\src\com\dao\ManagerDAO.java

```java
public int update(ManagerForm managerForm) {
    String sql1="SELECT * FROM tb_purview WHERE id="+managerForm.getId()+"";
    ResultSet rs=conn.executeQuery(sql1);              //查询要设置权限的管理员的权限信息
    String sql="";
    int falg=0;                                         //定义标志变量
    try {                                               //捕捉异常信息
        if (rs.next()) {                                //当已经设置权限时，执行更新语句
            sql = "Update tb_purview set sysset=" + managerForm.getSysset() +",readerset=" + managerForm.getReaderset()+",bookset="+managerForm.getBookset()+",borrowback="+managerForm.getBorrowback()+",sysquery="+managerForm.getSysquery()+" where id=" +managerForm.getId() + "";
        }else{                                          //未设置权限时，执行插入语句
            sql="INSERT INTO tb_purview values("+managerForm.getId()+","+managerForm.getSysset()+","+managerForm.getReaderset()+","+managerForm.getBookset()+","+managerForm.getBorrowback()+","+managerForm.getSysquery()+")";
        }
        falg = conn.executeUpdate(sql);
    } catch (SQLException ex) {
        falg=0;                                         //表示设置管理员权限失败
    }finally{
        conn.close();                                   //关闭数据库连接
    }
    return falg;
}
```

8.7.7 删除管理员的实现过程

删除管理员使用的数据表：tb_manager和tb_purview。

管理员登录后，选择"系统设置"→"管理员设置"命令，进入查看管理员列表页面，在该页面中，单击指定管理员信息后面的"删除"超链接，该管理员及其权限信息将被删除。

在查看管理员列表页面中，添加以下用于删除管理员信息的超链接代码。

例程 36 代码位置：资源包\TM\08\libraryManage\WebContent\manager.java

```html
<a href="manager?action=managerDel&id=<%=ID%>">删除</a>
```

从上面的 URL 地址中，可以知道删除管理员页所涉及的 action 的参数值为 managerDel，当action=managerDel 时，会调用删除管理员的方法 managerDel()，具体代码如下。

例程 37 代码位置：资源包\TM\08\libraryManage\src\com\action\Manager.java

```java
if ("managerDel".equals(action)) {
    managerDel(request, response);                      //删除管理员
}
```

在删除管理员的 managerDel()方法中,首先需要实例化 ManagerForm 类,并用获得的 id 参数的值重新设置该类的 setId()方法,再调用 ManagerDAO 类中的 delete()方法,删除指定的管理员,并根据执行结果将页面转到相应页面,删除管理员的 managerDel()方法的具体代码如下。

例程 38 代码位置:资源包\TM\08\libraryManage\src\com\action\Manager.java

```java
private void managerDel(HttpServletRequest request,
        HttpServletResponse response) throws ServletException, IOException {
    ManagerForm managerForm = new ManagerForm();
    managerForm.setId(Integer.valueOf(request.getParameter("id")));  //获取并设置管理员 ID 号
    int ret = managerDAO.delete(managerForm);                         //调用删除信息的方法 delete()
    if (ret == 0) {
        request.setAttribute("error", "删除管理员信息失败!");          //保存错误提示信息到 error 参数中
        request.getRequestDispatcher("error.jsp")
                .forward(request, response);                          //转到错误提示页面
    } else {
        request.getRequestDispatcher("manager_ok.jsp?para=3").forward(
                request, response);                                   //转到删除管理员信息成功页面
    }
}
```

从 managerDel()方法中可以知道,删除管理员使用的 ManagerDAO 类的方法是 delete()。在 delete()方法中,首先将管理员信息表 tb_manager 中符合条件的数据删除,再将权限表 tb_purview 中的符合条件的数据删除,最后返回执行结果,delete()方法的具体代码如下。

例程 39 代码位置:资源包\TM\08\libraryManage\src\com\dao\ManagerDAO.java

```java
public int delete(ManagerForm managerForm) {
    int flag=0;
    try{                                                              //捕捉异常信息
        String sql = "DELETE FROM tb_manager where id=" + managerForm.getId() +"";
        flag = conn.executeUpdate(sql);                               //执行删除管理员信息的语句
        if (flag !=0){
            String sql1 = "DELETE FROM tb_purview where id=" + managerForm.getId() +"";
            conn.executeUpdate(sql1);                                 //执行删除权限信息的语句
        }
    }catch(Exception e){
        System.out.println("删除管理员信息时产生的错误:"+e.getMessage());  //输出错误信息
    }finally{
        conn.close();                                                 //关闭数据库连接
    }
    return flag;
}
```

8.7.8 单元测试

在开发完管理员模块后,为了保证程序正常运行,一定要对模块进行单元测试。单元测试在程序开发中非常重要,只有通过单元测试才能发现模块中的不足之处,才能及时弥补程序中出现的错误。下面将对管理员模块中容易出现的错误进行分析。

在管理员模块中,最关键的环节就是验证管理员身份。下面先看一下原始的验证管理员身份的代码。

```java
public int checkManager(ManagerForm managerForm) {
    int flag = 0;                                        //定义标志变量
    String sql="SELECT * FROM tb_manager WHERE name='"+managerForm.getName()+
    "' and pwd='"+managerForm.getPwd()+"'";
    ResultSet rs = conn.executeQuery(sql);               //执行 SQL 语句
    try {
        if (rs.next()) {
                flag = 1;
        }else{
            flag = 0;
        }
    } catch (SQLException ex) {
        flag = 0;
    }finally{
     conn.close();                                       //关闭数据库连接
    }
    return flag;
}
```

在上面的代码中，验证管理员身份的字符串如下。

```
"SELECT * FROM tb_manager WHERE name='"+managerForm.getName()+"' and pwd='"+managerForm.getPwd()+"'"
```

该字符串对应的 SQL 语句为：

```
SELECT * FROM tb_manager WHERE name='管理员名称' and pwd='密码'
```

从逻辑上讲，这样的 SQL 语句并没有错误，以管理员名称和密码为条件，从数据库中查找相应的记录，如果能查询到，则认为是合法管理员。但是，这样做存在一个安全隐患，当用户在管理员名称和密码文本框中输入一个 OR 运算符及恒等式后，即使不输入正确的管理员名称和密码也可以登录到系统。例如，如果用户在管理员名称和密码文本框中分别输入 aa ' OR 'a'='a 后，上面的语句将转换为如下 SQL 语句。

```
SELECT * FROM tb_user WHERE name=' aa ' OR 'a'='a ' AND pwd=' aa ' OR 'a'='a '
```

由于表达式'a'='a'的值为真，系统将查出全部管理员信息，所以即使用户输入错误的管理员名称和密码也可以轻松登录系统。因此，这里采用了先过滤掉输入字符串中的危险字符，再分别判断输入的管理员名称和密码是否正确的方法，修改后的验证管理员身份的代码如下。

```java
public int checkManager(ManagerForm managerForm) {
    int flag = 0;
    ChStr chStr=new ChStr();                             //实例化 ChStr 类的一个对象
    String sql = "SELECT * FROM tb_manager where name='" +
    chStr.filterStr(managerForm.getName()) + "'";
    ResultSet rs = conn.executeQuery(sql);               //执行 SQL 语句
    try {
        if (rs.next()) {
            String pwd = chStr.filterStr(managerForm.getPwd());  //获取输入的密码并过滤掉危险字符
```

```
            if (pwd.equals(rs.getString(3))) {              //判断密码是否正确
                flag = 1;
            } else {
                flag = 0;
            }
        }else{
            flag = 0;
        }
    } catch (SQLException ex) {
        flag = 0;
    }finally{
     conn.close();                                          //关闭数据库连接
    }
    return flag;
}
```

8.8 图书借还模块设计

视频讲解

8.8.1 图书借还模块概述

图书借还模块主要包括图书借阅、图书续借、图书归还、图书借阅查询、借阅到期提醒和图书借阅排行 6 个功能。在图书借还模块中的用户只有一种身份，那就是操作员，通过该身份可以进行图书借还等相关操作，图书借还模块的用例图如图 8.20 所示。

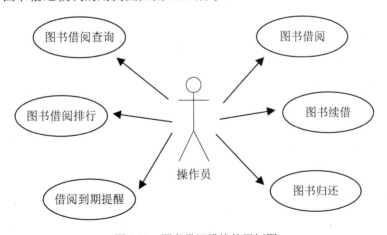

图 8.20　图书借还模块的用例图

8.8.2 图书借还模块技术分析

在实现图书借还模块时，需要编写图书借还模块对应的实体类和 Servlet 控制类。下面将详细介绍如何编写图书借还模块的实体类和 Servlet 控制类。

1. 编写图书借还的实体类

在图书借还模块中涉及的数据表是 tb_borrow（图书借阅信息表）、tb_bookinfo（图书信息表）和 tb_reader（读者信息表），这 3 个数据表通过相应的字段进行关联，如图 8.21 所示。

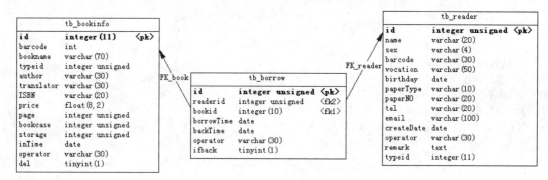

图 8.21 图书借还管理模块各表间关系图

通过以上 3 个表可以获得图书借还信息，根据这些信息来创建图书借还模块的实体类，名称为 BorrowForm，具体实现方法请读者参见 8.7.2 节"管理员模块技术分析"。

2. 编写图书借还的 Servlet 控制类

图书借还模块的 Servlet 控制类 Borrow 继承了 HttpServlet 类，在该类中，首先需要在构造方法中实例化图书借还管理模块的 BookDAO 类、BorrowDAO 类和 ReaderDAO 类（这些类用于实现与数据库的交互），然后编写 doGet()和 doPost()方法，在这两个方法中根据 request 的 getParameter()方法获取的 action 参数值执行相应方法，由于这两个方法中的代码相同，所以只需在第一个方法 doGet()中写相应代码，在另一个方法 doPost()中调用 doGet()方法即可。

图书借还模块 Servlet 控制类的关键代码如下：

例程 40　代码位置：资源包\TM\08\libraryManage\src\com\action\Borrow.java

```
public class Borrow extends HttpServlet {
    /****************在构造方法中实例化 Borrow 类中应用的持久层类的对象************************/
    private BorrowDAO borrowDAO = null;
    private ReaderDAO readerDAO=null;
    private BookDAO bookDAO=null;
    private ReaderForm readerForm=new ReaderForm();
    public Borrow() {
        this.borrowDAO = new BorrowDAO();
        this.readerDAO=new ReaderDAO();
        this.bookDAO=new BookDAO();
    }
    /*******************************************************************************/
    public void doGet(HttpServletRequest request, HttpServletResponse response)
        throws ServletException, IOException {
        String action =request.getParameter("action");        //获取 action 参数的值
        if(action==null||"".equals(action)){
            request.setAttribute("error","您的操作有误！");
            request.getRequestDispatcher("error.jsp").forward(request, response);
```

```
        }else if("bookBorrowSort".equals(action)){
            bookBorrowSort(request,response);
        }else if("bookborrow".equals(action)){
            bookborrow(request,response);              //图书借阅
        }else if("bookrenew".equals(action)){
            bookrenew(request,response);               //图书续借
        }else if("bookback".equals(action)){
            bookback(request,response);                //图书归还
        }else if("Bremind".equals(action)){
            bremind(request,response);                 //借阅到期提醒
        }else if("borrowQuery".equals(action)){
            borrowQuery(request,response);             //借阅信息查询
        }
    }
    …   //此处省略了该类中其他方法,这些方法将在后面的具体过程中给出
}
```

8.8.3 图书借阅的实现过程

■ 图书借阅使用的数据表:tb_borrow、tb_bookinfo和tb_reader。

管理员登录后,选择"图书借还"→"图书借阅"命令,进入图书借阅页面,在该页面中的"读者条形码"文本框中输入读者的条形码(如20170224000001)后,单击"确定"按钮,系统会自动检索出该读者的基本信息和未归还的借阅图书信息。如果找到对应的读者信息,就将其显示在页面中,此时输入图书的条形码或图书名称后,单击"确定"按钮,借阅指定的图书,图书借阅页面的运行结果如图 8.22 所示。

图 8.22 图书借阅页面的运行结果

1. 设计图书借阅页面

图书借阅页面总体上可以分为两个部分：一部分用于查询并显示读者信息；另一部分用于显示读者的借阅信息和添加读者借阅信息。图书借阅页面在 Dreamweaver 中的设计效果如图 8.23 所示。

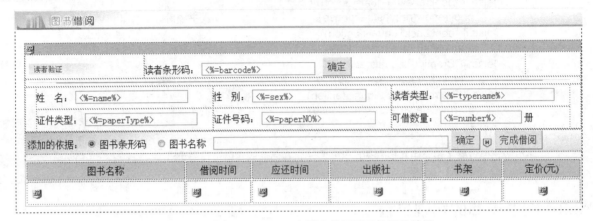

图 8.23　在 Dreamweaver 中图书借阅页面的设计效果

由于系统要求一个读者只能同时借阅一定数量的图书，并且该数量由读者类型表 tb_readerType 中的可借数量 number 决定，所以这里编写了自定义的 JavaScript 函数 checkbook()，用于判断当前选择的读者是否还可以借阅新的图书，同时该函数还具有判断是否输入图书条形码或图书名称的功能，代码如下。

例程 41　代码位置：资源包\TM\08\libraryManage\WebContent\bookBorrow.jsp

```
<script language="javascript">
function checkbook(form){
    if(form.barcode.value==""){                                  //判断是否输入读者条形码
        alert("请输入读者条形码!");form.barcode.focus();return;
    }
    if(form.inputkey.value==""){                                 //判断查询关键字是否为空
        alert("请输入查询关键字!");form.inputkey.focus();return;
    }
    if(form.number.value-form.borrowNumber.value<=0){            //判断是否可以再借阅其他图书
        alert("您不能再借阅其他图书了!");return;
    }
    form.submit();                                               //提交表单
}
</script>
```

> **说明**　在 JavaScript 中比较两个数值型文本框的值时，不使用运算符"=="，而是将这两个值相减，再判断其结果。

2. 修改图书借阅的 Servlet 控制类

在图书借阅页面中的"读者条形码"文本框中输入条形码后，单击"确定"按钮，或者在"图书条形码"→"图书名称"文本框中输入图书条形码或图书名称后,单击"确定"按钮,网页会访问一个 URL,这个 URL 是"borrow?action=bookborrow"。从该 URL 地址中可以知道图书借阅模块涉及的 action 的参数值为 bookborrow,即当 action=bookborrow 时会调用图书借阅的方法 bookborrow (),具体代码如下。

例程 42 代码位置:资源包\TM\08\libraryManage\src\com\action\Borrow.java

```java
if("bookborrow".equals(action)){
    bookborrow(request,response);          //图书借阅
}
```

实现图书借阅的方法 bookborrow()需要分以下 3 个步骤进行。

(1)首先需要实例化一个读者信息所对应的实体类(ReaderForm)的对象,然后将该对象的 setBarcode()方法设置为从页面中获取的读者条形码的值;再调用 ReaderDAO 类中的 queryM()方法查询读者信息,并将查询结果保存在 ReaderForm 的对象 reader 中;最后将 reader 保存到 HttpServletRequest 的对象 readerinfo 中。

(2)调用 BorrowDAO 类的 borrowinfo()方法查询读者的借阅信息,并将其保存到 HttpServletRequest 的对象 borrowinfo 中。

(3)首先获取查询条件(是按图书条形码还是按图书名称查询)和查询关键字,如果查询关键字不为空,则调用 BookDAO 类的 queryB()方法查询图书信息,当存在符合条件的图书信息时,再调用 BorrowDAO 类的 insertBorrow()方法添加图书借阅信息(如果添加图书借阅信息成功,则将当前读者条形码保存到 HttpServletRequest 对象的 bar 参数中,并且返回到图书借阅成功页面;否则将错误信息"添加借阅信息失败!"保存到 HttpServletRequest 的对象的 error 参数中,并将页面重定向到错误提示页),否则将错误提示信息"没有该图书!"保存到 HttpServletRequest 对象的 error 参数中。

图书借阅的方法 bookborrow()的具体代码如下。

例程 43 代码位置:资源包\TM\08\libraryManage\src\com\action\Borrow.java

```java
private void bookborrow(HttpServletRequest request, HttpServletResponse response)
throws ServletException, IOException {
    ReaderForm readerForm=new ReaderForm();
    readerForm.setBarcode(request.getParameter("barcode"));             //获取读者条形码
        ReaderForm reader = (ReaderForm) readerDAO.queryM(readerForm);
    request.setAttribute("readerinfo", reader);                         //保存读者信息到 readerinfo 中
                                                                        //查询读者的借阅信息
    request.setAttribute("borrowinfo",borrowDAO.borrowinfo(request.getParameter("barcode")));
    /*************************完成借阅*********************************************/
    String f = request.getParameter("f");                               //获取查询方式
    String key = request.getParameter("inputkey");                      //获取查询关键字
    if (key != null && !key.equals("")) {                               //当图书名称或图书条形码不为空时
        String operator = request.getParameter("operator");             //获取操作员
        BookForm bookForm=bookDAO.queryB(f, key);
        if (bookForm!=null){
            int ret = borrowDAO.insertBorrow(reader, bookDAO.queryB(f, key), operator);
            if (ret == 1) {
                request.setAttribute("bar", request.getParameter("barcode"));
                //转到借阅成功页面
```

```
                request.getRequestDispatcher("bookBorrow_ok.jsp").forward(request, response);
            } else {
                request.setAttribute("error", "添加借阅信息失败!");
                request.getRequestDispatcher("error.jsp").forward(request, response);   //转到错误提示页面
            }
        }else{
            request.setAttribute("error", "没有该图书!");
            request.getRequestDispatcher("error.jsp").forward(request, response);       //转到错误提示页面
        }
    }else{
        request.getRequestDispatcher("bookBorrow.jsp").forward(request, response);      //转到图书借阅页面
    }
}
```

3. 编写借阅图书的 BorrowDAO 类的方法

从 bookborrow() 方法中可以知道，保存借阅图书信息时使用的 BorrowDAO 类的方法是 insertBorrow()。在 insertBorrow() 方法中，首先从数据表 tb_bookinfo 中查询出借阅图书的 ID；然后获取系统日期（用于指定借阅时间），并计算归还时间；再将图书借阅信息保存到借阅信息表 tb_borrow 中，图书借阅的方法 insertBorrow() 的代码如下。

例程44　代码位置：资源包\TM\08\libraryManage\src\com\dao\BorrowDAO.java

```
public int insertBorrow(ReaderForm readerForm,BookForm bookForm,String operator){
/***********************获取系统日期**********************************************/
    Date dateU=new Date();
    java.sql.Date date=new java.sql.Date(dateU.getTime());
/******************************************************************************/
    String sql1="select t.days from tb_bookinfo b left join tb_booktype t on b.typeid=t.id where b.id="+bookForm.getId()+"";
    ResultSet rs=conn.executeQuery(sql1);          //执行查询语句
    int days=0;
    try {
        if (rs.next()) {
            days = rs.getInt(1);                    //获取可借阅天数
        }
    } catch (SQLException ex) {
    }
/***********************计算归还时间**********************************************/
    String date_str=String.valueOf(date);
    String dd = date_str.substring(8,10);
    String DD = date_str.substring(0,8)+String.valueOf(Integer.parseInt(dd) + days);
    java.sql.Date backTime= java.sql.Date.valueOf(DD);
/******************************************************************************/
    String sql ="Insert into tb_borrow (readerid,bookid,borrowTime,backTime,operator) values("+readerForm.getId()+", "+bookForm.getId()+",'"+date+"','"+backTime+"','"+operator+"')";
    int falg = conn.executeUpdate(sql);            //执行插入语句
    conn.close();                                   //关闭数据库连接
    return falg;
}
```

代码贴士

❶ String.valueOf(date)：用于返回 date 的字符串表现形式。
❷ substring()方法：用于获得字符串的子字符串，该方法的语法格式如下。
substring(int start)
或
substring(int start,int end)
功能：返回原字符串中从 start 开始直到字符串尾或者直到 end 之间的所有字符所组成的新串。
参数说明如下：
start：表示起始位置的值，该位置从 0 开始计算。
end：表示结束位置的值，但不包括此位置。

8.8.4 图书续借的实现过程

图书续借使用的数据表：tb_borrow、tb_bookinfo和tb_reader。

管理员登录后，选择"图书借还"→"图书续借"命令，进入图书续借页面，在该页面中的"读者条形码"文本框中输入读者的条形码（如 20170224000001）后，单击"确定"按钮，系统会自动检索出该读者的基本信息和未归还的借阅图书信息。如果找到对应的读者信息，则将其显示在页面中，此时单击"续借"超链接，即可续借指定图书（即将该图书的归还时间延长到指定日期，该日期由续借日期加上该书的可借天数计算得出），图书续借页面的运行结果如图 8.24 所示。

图 8.24 图书续借页面的运行结果

1. 设计图书续借页面

图书续借页面的设计方法同图书借阅页面类似，所不同的是，在图书续借页面中没有添加借阅图书的功能，而是添加了"续借"超链接，图书续借页面在 Dreamweaver 中的设计效果如图 8.25 所示。

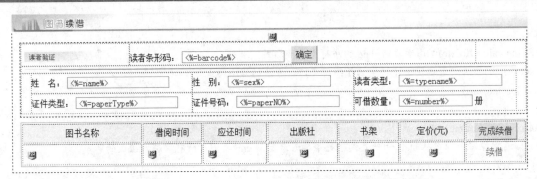

图 8.25 在 Dreamweaver 中的图书续借页面的设计效果

在单击"续借"超链接时，还需要将读者条形码和借阅 ID 号一起传递到图书续借的 Servlet 控制类中，代码如下。

```
<a href="borrow?action=bookrenew&barcode=<%=barcode%>&id=<%=id%>">续借</a>
```

2．修改图书续借的 Servlet 控制类

在图书续借页面中的"读者条形码"文本框中输入条形码后，单击"确定"按钮，网页会访问一个 URL，这个 URL 是 borrow?action=bookrenew。从该 URL 地址中可以知道图书续借模块涉及的 action 的参数值为 bookrenew，即当 action=bookrenew 时，会调用图书续借的方法 bookrenew()，具体代码如下。

例程 45 代码位置：资源包\TM\08\libraryManage\src\com\action\Borrow.java

```
if("bookrenew".equals(action)){
    bookrenew(request,response);   //图书续借
}
```

实现图书续借的方法 bookback()需要分以下 3 个步骤进行。

（1）首先需要实例化读者信息所对应的 ActionForm（ReaderForm）的对象，然后将该对象的 setBarcode()方法设置为从页面中获取读者条形码的值，再调用 ReaderDAO 类中的 queryM()方法查询读者信息，并将查询结果保存在 ReaderForm 的对象 reader 中，最后将 reader 保存到 HttpServletRequest 的对象 readerinfo 中。

（2）调用 BorrowDAO 类的 borrowinfo()方法，查询读者的借阅信息，并将其保存到 HttpServletRequest 的对象 borrowinfo 中。

（3）首先判断是否从页面中传递了借阅 ID 号，如果是，则获取从页面中传递的借阅 ID 号，然后判断该 id 值是否大于 0，如果大于 0，则调用 BorrowDAO 类的 renew()方法执行图书续借操作。如果图书续借操作执行成功，则将当前读者条形码保存到 HttpServletRequest 对象的 bar 参数中，并且返回到图书续借成功页面，否则将错误信息"图书续借失败!"保存到 HttpServletRequest 对象的 error 参数中，并将页面重定向到错误提示页。

图书续借的方法 bookrenew()的具体代码如下。

例程 46 代码位置：资源包\TM\08\libraryManage\src\com\action\Borrow.java

```
private void bookrenew(HttpServletRequest request, HttpServletResponse response)
```

```
                                throws ServletException, IOException {
/************根据输入的读者条形码查询读者信息*****************************/
readerForm.setBarcode(request.getParameter("barcode"));
ReaderForm reader = (ReaderForm) readerDAO.queryM(readerForm);
request.setAttribute("readerinfo", reader);
/************查询读者的借阅信息*****************************/
request.setAttribute("borrowinfo",borrowDAO.borrowinfo(request.getParameter("barcode")));
        if(request.getParameter("id")!=null){
            int id = Integer.parseInt(request.getParameter("id"));
            if (id > 0) {                                              //执行续借操作
                int ret = borrowDAO.renew(id);                         //调用 renew()方法完成图书续借
                if (ret == 0) {
                    request.setAttribute("error", "图书续借失败!");
                    request.getRequestDispatcher("error.jsp").forward(request, response);    //转到错误提示页
                } else {
                    request.setAttribute("bar", request.getParameter("barcode"));
                    //转到借阅成功页面
                    request.getRequestDispatcher("bookRenew_ok.jsp").forward(request, response);
                }
            }
        }else{
            request.getRequestDispatcher("bookRenew.jsp").forward(request, response);
        }
}
```

3. 编写续借图书的 BorrowDAO 类的方法

从 bookrenew()方法中可以知道,保存图书续借信息时使用的 BorrowDAO 类的方法是 renew()。在 renew()方法中,首先根据借阅 ID 号从数据表 tb_borrow 中查询出当前借阅信息的读者 ID 和图书 ID,然后获取系统日期(用于指定归还时间),再将图书归还信息保存到图书归还信息表 tb_giveback 中,最后将图书借阅信息表中该记录的"是否归还"字段 ifback 的值设置为 1,表示已经归还,图书归还的方法 back()的代码如下。

例程 47 代码位置:资源包\TM\08\libraryManage\src\com\dao\BorrowDAO.java

```
public int renew(int id){
    String sql0="SELECT bookid FROM tb_borrow WHERE id="+id+"";
    ResultSet rs1=conn.executeQuery(sql0);                    //执行查询语句
    int flag=0;
    try {
        if (rs1.next()) {
            /*****************************获取系统日期***********************************/
            Date dateU = new Date();
            java.sql.Date date = new java.sql.Date(dateU.getTime());
            /****************************************************************************/
            String sql1 = "select t.days from tb_bookinfo b left join tb_booktype t on b.typeid=t.id where b.id="
                    +rs1.getInt(1) + "";
            ResultSet rs = conn.executeQuery(sql1);            //执行查询语句
            int days = 0;
            try {                                              //捕捉异常信息
```

```
                if (rs.next()) {
                    days = rs.getInt(1);                        //获取图书的可借天数
                }
            } catch (SQLException ex) {}
            /*********************计算归还时间*****************************************/
            String date_str = String.valueOf(date);
            String dd = date_str.substring(8, 10);
            String DD = date_str.substring(0, 8) +String.valueOf(Integer.parseInt(dd) + days);
            java.sql.Date backTime = java.sql.Date.valueOf(DD);
            /***********************************************************************/
            String sql = "UPDATE tb_borrow SET backtime='" + backTime +"' where id=" + id + "";
            flag = conn.executeUpdate(sql);                     //执行更新语句
        }
    } catch (Exception ex1) {}
    conn.close();                                               //关闭数据库连接
    return flag;
}
```

8.8.5 图书归还的实现过程

图书归还使用的数据表：tb_borrow、tb_bookinfo和tb_reader。

管理员登录后，选择"图书借还"→"图书归还"命令，进入图书归还页面，在该页面中的"读者条形码"文本框中输入读者的条形码（如20170224000001）后，单击"确定"按钮，系统会自动检索出该读者的基本信息和未归还的借阅图书信息。如果找到对应的读者信息，则将其显示在页面中，此时单击"归还"超链接，即可将指定图书归还，图书归还页面的运行结果如图8.26所示。

图8.26 图书归还页面的运行结果

1. 设计图书归还页面

图书归还页面的设计方法同图书续借页面类似，所不同的是，将图书续借页面中的"续借"超链接转化为"归还"超链接。在单击"归还"超链接时，也需要将读者条形码、借阅ID号和操作员一同传递到图书归还的Servlet控制类中，代码如下。

```
<a href="borrow?action=bookback&barcode=<%=barcode%>&id=<%=id%>&operator=<%=manager%>">归还</a>
```

2. 修改图书归还的Servlet控制类

在图书归还页面中的"读者条形码"文本框中输入条形码后，单击"确定"按钮，网页会访问一个URL，这个URL是borrow?action=bookback。从该URL地址中可以知道图书归还模块涉及的action的参数值为bookback，也就是当action= bookback时，会调用图书归还的方法bookback()，具体代码如下。

例程48 代码位置：资源包\TM\08\libraryManage\src\com\action\Borrow.java

```java
if("bookback".equals(action)){
    bookback(request,response);              //图书归还
}
```

实现图书归还的方法bookback()与实现图书续借的方法bookrenew()基本相同，所不同的是如果从页面中传递的借阅ID号大于0，则调用BorrowDAO类的back()方法执行图书归还操作，并且需要获取页面中传递的操作员信息，图书归还的方法bookback()的关键代码如下。

例程49 代码位置：资源包\TM\08\libraryManage\src\com\action\Borrow.java

```java
int id = Integer.parseInt(request.getParameter("id"));
String operator=request.getParameter("operator");        //获取页面中传递的操作员信息
if (id > 0) { //执行归还操作
    int ret = borrowDAO.back(id,operator);               //调用back()方法执行图书归还操作
    …         //此处省略了其他代码
}
```

3. 编写归还图书的BorrowDAO类的方法

从bookback()方法中可以知道,保存归还图书信息时使用的BorrowDAO类的方法是back()。在back()方法中，首先根据借阅ID号从数据表tb_borrow中查询出当前借阅信息的读者ID和图书ID；然后获取系统日期（用于指定归还时间），再将图书归还信息保存到图书归还信息表tb_giveback中；最后将图书借阅信息表中该记录的"是否归还"字段 ifback 的值设置为1，表示已经归还，图书归还的方法back()的代码如下。

例程50 代码位置：资源包\TM\08\libraryManage\src\com\dao\BorrowDAO.java

```java
public int back(int id,String operator){
    String sql0="SELECT readerid,bookid FROM tb_borrow WHERE id="+id+"";
    ResultSet rs1=conn.executeQuery(sql0);               //执行查询语句
    int flag=0;
    try {
        if (rs1.next()) {
```

```
/*************************获取系统日期*********************************************/
Date dateU = new Date();
java.sql.Date date = new java.sql.Date(dateU.getTime());
/******************************************************************************/
int readerid=rs1.getInt(1);
int bookid=rs1.getInt(2);
String sql1="INSERT INTO tb_giveback (readerid,bookid,backTime,operator) VALUES("+
        readerid+","+bookid+",'"+date+"','"+operator+"')";
int ret=conn.executeUpdate(sql1);            //执行插入操作
if(ret==1){
        String sql2 = "UPDATE tb_borrow SET ifback=1 where id=" + id +"";
        flag = conn.executeUpdate(sql2);     //执行更新操作
}else{
        flag=0;
    }
    }
} catch (Exception ex1) {}
conn.close();                                //关闭数据库连接
return flag;
}
```

8.8.6 图书借阅查询的实现过程

图书借阅查询使用的数据表:tb_borrow、tb_bookinfo和tb_reader。

管理员登录后,选择"系统查询"→"图书借阅查询"命令,进入图书借阅查询页面,在该页面中可以按指定的字段或某一时间段进行查询,同时还可以按指定字段及时间段进行综合查询,图书借阅查询页面的运行结果如图 8.27 所示。

图 8.27 图书借阅查询页面的运行结果

1. 设计图书借阅查询页面

图书借阅查询页面主要用于收集查询条件和显示查询结果，并通过自定义的 JavaScript 函数验证输入的查询条件是否合法，该页面中所涉及的表单元素如表 8.14 所示。

表 8.14 图书借阅查询页面所涉及的表单元素

名 称	元 素 类 型	重 要 属 性	含 义
myform	form	method="post" action="borrow?action=borrowQuery"	表单
flag	checkbox	value="a" checked	选择查询依据
flag	checkbox	value="b"	借阅时间
f	select	<option value="barcode">图书条形码</option> <option value="bookname">图书名称</option> <option value="readerbarcode">读者条形码</option> <option value="readername">读者名称</option>	查询字段
key	text	size="50"	关键字
sdate	text		开始日期
edate	text		结束日期
Submit	submit	value="查询" onClick="return check(myform)"	"查询"按钮

编写自定义的 JavaScript 函数 check()，用于判断是否选择了查询方式及当选择按时间段进行查询时，判断输入的日期是否合法，代码如下。

例程 51 代码位置：资源包\TM\08\libraryManage\WebContent\borrowQuery.jsp

```
<script language="javascript">
function check(myform){
    if(myform.flag[0].checked==false && myform.flag[1].checked==false){
        alert("请选择查询方式!");
        return false;
    }
    if (myform.flag[1].checked){
        if(myform.sdate.value==""){                    //判断是否输入开始日期
            alert("请输入开始日期");
            myform.sdate.focus();
            return false;
        }
        if(CheckDate(myform.sdate.value)){             //判断开始日期的格式是否正确
            alert("您输入的开始日期不正确（如：2017-02-14)\n 请注意闰年!");
            myform.sDate.focus();
            return false;
        }
        if(myform.edate.value==""){                    //判断是否输入结束日期
            alert("请输入结束日期");
            myform.edate.focus();
            return false;
        }
        if(CheckDate(myform.edate.value)){             //判断结束日期的格式是否正确
```

```
                alert("您输入的结束日期不正确（如：2017-02-14）\n 请注意闰年!");
                myform.edate.focus();
                return false;
            }
        }
    }
}
</script>
```

📢 **代码贴士**

❶ myform.flag[0].checked：表示复选框是否被选中，值为 true，表示被选中，值为 false，表示未被选中。

❷ CheckDate()：为自定义的 JavaScript 函数，该函数用于验证日期，保存在 JS\function.js 文件中。

2. 修改图书借阅查询的 Servlet 控制类

在图书借阅查询页面中，选择查询方式及查询关键字后，单击"查询"按钮，网页会访问一个 URL，这个 URL 是 borrow?action=borrowQuery。从该 URL 地址中可以知道图书借阅查询模块涉及的 action 的参数值为 borrowQuery，即当 action=borrowQuery 时，会调用图书借阅查询的方法 borrowQuery()，具体代码如下。

例程 52　代码位置：资源包\TM\08\libraryManage\src\com\action\Borrow.java

```java
if("borrowQuery".equals(action)){
    borrowQuery(request,response);    //借阅信息查询
}
```

在图书借阅查询的方法 borrowQuery() 中，首先获取表单元素复选框 flag 的值，并将其保存到字符串数组 flag 中；然后根据 flag 的值组合查询字符串，再调用 BorrowDAO 类中的 borrowQuery() 方法，并将返回值保存到 HttpServletRequest 对象的 borrowQuery 参数中。图书借阅查询的方法 bookborrow() 的具体代码如下。

例程 53　代码位置：资源包\TM\08\libraryManage\src\com\action\Borrow.java

```java
private void borrowQuery(HttpServletRequest request, HttpServletResponse response)
                throws ServletException, IOException {
    String str=null;
    String flag[]=request.getParameterValues("flag");         //获取复选框的值
/*********************以指定字段为条件时查询的字符串**********************************/
    if (flag!=null){
        String aa = flag[0];
        if ("a".equals(aa)) {
            if (request.getParameter("f") != null) {
                str = request.getParameter("f") + " like '%" +request.getParameter("key") + "%'";
            }
        }
    }
/**************************************************************************/
/*********************以指定时间段为条件时查询的字符串**********************************/
        if ("b".equals(aa)) {
            String sdate = request.getParameter("sdate");    //获取开始日期
            String edate = request.getParameter("edate");    //获取结束日期
            if (sdate != null && edate != null) {
```

```
                    str = "borrowTime between '" + sdate + "' and '" + edate +"'";
                }
            }
/**************************************************************************/
/******************将指定的字段条件、时间段条件组合后查询的字符串******************/
            if (flag.length == 2) {
                if (request.getParameter("f") != null) {
                    str = request.getParameter("f") + " like '%" +request.getParameter("key") + "%'";
                }
                String sdate = request.getParameter("sdate");           //获取开始日期
                String edate = request.getParameter("edate");           //获取结束日期
                String str1 = null;
                if (sdate != null && edate != null) {
                    str1 = "borrowTime between '" + sdate + "' and '" + edate +"'";
                }
                str = str + " and borr." + str1;
            }
        }
/**************************************************************************/
        request.setAttribute("borrowQuery",borrowDAO.borrowQuery(str));
        request.getRequestDispatcher("borrowQuery.jsp").forward(request, response);    //转到查询借阅信息页面
}
```

3．编写图书借阅查询的 BorrowDAO 类的方法

从 borrowQuery()方法中可以知道，图书借阅查询时使用的 BorrowDAO 类的方法是 borrowQuery()。在 borrowQuery()方法中，首先根据参数 strif 的值确定要执行的 SQL 语句，然后将查询结果保存到 Collection 集合类中，并返回该集合类的实例。图书借阅查询的方法 borrowQuery()的代码如下。

例程54 代码位置：资源包\TM\08\libraryManage\src\com\dao\BorrowDAO.java

```
public Collection borrowQuery(String strif) {
    String sql = "";
    if (strif != "all" && strif != null && strif != "") {         //当查询条件不为空时
        sql = "select * from (select borr.borrowTime,borr.backTime,book.barcode,book.bookname,r.name readername, r.barcode readerbarcode,borr.ifback from tb_borrow borr join tb_bookinfo book on book.id=borr.bookid join tb_reader r on r.id=borr.readerid) as borr where borr." + strif + "";
    } else {                                                       //当查询条件为空时
        sql = "select * from (select borr.borrowTime,borr.backTime,book.barcode,book.bookname,r.name readername, r.barcode readerbarcode,borr.ifback from tb_borrow borr join tb_bookinfo book on book.id=borr.bookid join tb_reader r on r.id=borr.readerid) as borr";      //查询全部数据
    }
    ResultSet rs = conn.executeQuery(sql);                //执行查询语句
    Collection coll = new ArrayList();                    //初始化 Collection 的实例
    BorrowForm form = null;
    try {                                                  //捕捉异常信息
        while (rs.next()) {
            form = new BorrowForm();
            form.setBorrowTime(rs.getString(1));          //获取并设置借阅时间属性
            …                                              //此处省略了获取并设置其他属性信息的代码
            coll.add(form);                               //将查询结果保存到 Collection 集合类中
        }
```

```
        } catch (SQLException ex) {
            System.out.println(ex.getMessage());          //输出异常信息
        }
        conn.close();                                      //关闭数据库连接
        return coll;
}
```

8.8.7 单元测试

在开发完成图书借阅模块并测试时，会发现以下问题：当管理员进入"图书借阅"页面后，在"读者条形码"文本框中输入读者条形码（如 20170224000001），并单击其后面的"确定"按钮，即可调出该读者的基本信息，这时，在"添加依据"文本框中输入相应的图书信息后，单击其后面的"确定"按钮，页面将直接返回图书借阅首页，当再次输入读者条形码后，就可以看到刚刚添加的借阅信息。由于在图书借阅时，可能存在同时借阅多本图书的情况，这样将给操作员带来不便。

下面先看一下原始的完成借阅的代码。

```
if (key != null && !key.equals("")) {                      //当图书名称或图书条形码不为空时
    String operator = request.getParameter("operator");    //获取操作员
        BookForm bookForm=bookDAO.queryB(f, key);
    if (bookForm!=null){
            int ret = borrowDAO.insertBorrow(reader, bookDAO.queryB(f, key), operator);
            if (ret == 1) {
                //转到借阅成功页面
                request.getRequestDispatcher("bookBorrow_ok.jsp").forward(request, response);
            } else {
                request.setAttribute("error", "添加借阅信息失败!");
                request.getRequestDispatcher("error.jsp").forward(request, response);    //转到错误提示页面
            }
    }else{
            request.setAttribute("error", "没有该图书!");
            request.getRequestDispatcher("error.jsp").forward(request, response);       //转到错误提示页面
    }
}else{
        request.getRequestDispatcher("bookBorrow.jsp").forward(request, response);      //转到图书借阅页面
}
```

从上面的代码中可以看出，在转到图书借阅页面前并没有保存读者条形码，这样在返回图书借阅页面时，就会出现直接返回图书借阅首页的情况。解决该问题的方法是在 request.getRequestDispatcher("bookBorrow_ok.jsp").forward(request, response); 语句的前面添加以下语句：

```
request.setAttribute("bar", request.getParameter("barcode"));
```

将读者条形码保存到 HttpServletRequest 对象的 bar 参数中，这样，在完成一本图书的借阅后，将不会直接退出到图书借阅首页，而可以直接进行下一次借阅操作，修改后的完成借阅的代码如下。

```java
        if (key != null && !key.equals("")) {                    //当图书名称或图书条形码不为空时
            String operator = request.getParameter("operator");  //获取操作员
                BookForm bookForm=bookDAO.queryB(f, key);
            if (bookForm!=null){
                int ret = borrowDAO.insertBorrow(reader, bookDAO.queryB(f, key), operator);
                if (ret == 1) {
                    request.setAttribute("bar", request.getParameter("barcode"));
                    //转到借阅成功页面
                    request.getRequestDispatcher("bookBorrow_ok.jsp").forward(request, response);
                } else {
                    request.setAttribute("error", "添加借阅信息失败!");
                    request.getRequestDispatcher("error.jsp").forward(request, response);    //转到错误提示页面
                }
            }else{
                request.setAttribute("error", "没有该图书!");
                request.getRequestDispatcher("error.jsp").forward(request, response);    //转到错误提示页面
            }
        }else{
             request.getRequestDispatcher("bookBorrow.jsp").forward(request, response);   //转到图书借阅页面
}
```

8.9 开发问题解析

在开发图书馆管理系统过程中，笔者遇到了一些问题，将这些问题及其解析与读者分享，希望对读者的学习有一定的帮助。

8.9.1 如何自动计算图书归还日期

在图书馆管理系统中会遇到的问题：在借阅图书时，需要自动计算图书的归还日期，而该日期并不是固定不变的，它是需要根据系统日期和数据表中保存的各类图书的最多借阅天数来计算，即图书归还日期=系统日期+最多借阅天数。

在本系统中是这样解决该问题的：首先获取系统时间，然后从数据表中查询出该类图书的最多借阅天数，最后计算归还日期，计算归还日期的方法如下。

首先取出系统时间中的"天"，然后将其与获取的最多借阅天数相加，再将相加后的天与系统时间中的"年-月-"连接成一个新的字符串，最后将该字符串重新转换为日期。

自动计算图书归还日期的具体代码如下。

```java
//获取系统日期
Date dateU=new Date();
java.sql.Date date=new java.sql.Date(dateU.getTime());
//获取图书的最多借阅天数
String sql1="select t.days from tb_bookinfo b left join tb_booktype t on b.typeid=t.id where b.id="+bookForm.getId()+"";
ResultSet rs=conn.executeQuery(sql1);                    //执行查询语句
```

```
int days=0;
try {
    if (rs.next()) {
        days = rs.getInt(1);
    }
} catch (SQLException ex) {
}
//计算归还日期
String date_str=String.valueOf(date);
String dd = date_str.substring(8,10);
String DD = date_str.substring(0,8)+String.valueOf(Integer.parseInt(dd) + days);
java.sql.Date backTime= java.sql.Date.valueOf(DD);
```

8.9.2 如何对图书借阅信息进行统计排行

在图书馆管理系统的主界面中，提供了显示图书借阅排行榜的功能。要实现该功能，最重要的是要知道如何获取统计排行信息，这可以通过一条 SQL 语句实现，本系统中实现对图书借阅信息进行统计排行的 SQL 语句如下。

```
select * from (SELECT bookid,count(bookid) as degree FROM tb_borrow group by bookid) as borr join (select b.*,c.name as bookcaseName,p.pubname,t.typename from tb_bookinfo b left join tb_bookcase c on b.bookcase=c.id join tb_publishing p on b.ISBN=p.ISBN join tb_booktype t on b.typeid=t.id where b.del=0) as book on borr.bookid=book.id order by borr.degree desc limit 10
```

下面对该 SQL 语句进行分析。

（1）对图书借阅信息表进行分组并统计每本图书的借阅次数，然后使用 AS 为其指定别名为 borr，代码如下。

```
(SELECT bookid,count(bookid) as degree FROM tb_borrow group by bookid) as borr
```

（2）使用左连接查询出图书的完整信息，然后使用 AS 为其指定别名为 book，代码如下。

```
(select b.*,c.name as bookcaseName,p.pubname,t.typename from tb_bookinfo b left join tb_bookcase c on b.bookcase=c.id join tb_publishing p on b.ISBN=p.ISBN join tb_booktype t on b.typeid=t.id where b.del=0) as book
```

（3）使用 JOIN ON 语句将 borr 和 book 连接起来，再对其按统计的借阅次数 degree 进行降序排序，并使用 LIMIT 子句限制返回的行数。

8.10 本章小结

本章运用软件工程的设计思想，通过一个完整的图书馆管理系统带领读者详细学习完一个系统的开发流程。同时，在程序的开发过程中采用了 Servlet 技术，使整个系统的设计思路更加清晰。通过本章的学习，读者不仅可以了解一般网站的开发流程，而且还对 Servlet 技术有了比较清晰的了解，为以后应用 Servlet 技术开发程序奠定基础。

第 9 章

网络在线考试系统
（Servlet+WebSocket+MySQL 实现）

随着互联网的日益发展，一方面，越来越多的在线考试系统软件涌现在软件市场中；另一方面，编程语言也在不断地更新以适应互联网复杂、多样的需求。为了与前沿技术接轨，本章将基于 Servlet 3.0 规范实现一个在线考试系统。

通过阅读本章，可以学习到：

- ▶▶ 了解如何应用 DIV+CSS 进行网站布局
- ▶▶ 掌握 WebSocket 的应用
- ▶▶ 掌握简单加密技术
- ▶▶ 掌握如何通过注解配置 Socket 服务
- ▶▶ 掌握多线程技术
- ▶▶ 掌握 JSTL 各标签的应用

配置说明

9.1 开发背景

在计算机技术和 Internet 技术推动下,办学模式也悄然发生着变化。传统的考试方式时间长、效率低;同时人工批卷等主观因素也影响到考试的公正性。随着网络技术在教育领域应用的普及,应用现代信息技术的网络在线考试系统展现出了越来越多的优势,使教学朝着信息化、网络化、现代化的目标迈进。这种无纸的网络考试系统使考务管理突破时空限制,提高考试工作效率和标准化水平,使学校管理者、教师和学生可以在任何时候、任何地点通过网络进行考试。网络在线考试系统已经成为教育技术发展与研究的方向。

9.2 需求分析

随着社会经济的发展,人们对教育越来越重视。考试是教育中的一个重要环节,近几年来考试的类型不断增加以及考试要求不断提高,传统的考试方式要求教师打印考卷,监考、批卷,使教师的工作量越来越大,并且这些环节由于全部由人工完成,非常容易出错。因此,许多学校或考试机构建立网络在线考试系统来降低管理成本和减少人力、物力的投入,同时为考生提供更全面、更灵活的服务。考生希望对自己的学习情况进行客观、科学的评价;教务人员希望有效地改进现有的考试模式,提高考试效率。为了满足考生和教务人员的需求,网络在线考试系统应包含在线考试、成绩查询等功能,以满足用户的需求。

9.3 系统设计

9.3.1 系统目标

根据前面所做的需求分析及用户的需求可知,网络在线考试系统属于中小型软件,在系统实施后应达到以下目标。

- ☑ 具有空间性。被授权的用户可以在异地登录网络在线考试系统,而无须到指定地点进行考试。
- ☑ 操作简单方便,界面简洁美观。
- ☑ 系统提供考试时间倒计时功能,使考生实时了解考试剩余时间。
- ☑ 随机抽取试题。
- ☑ 实现自动提交试卷的功能。当考试时间达到规定时间时,如果考生还未提交试卷,系统将自动交卷,以保证考试严肃、公正地进行。
- ☑ 系统自动阅卷,保证成绩真实准确。
- ☑ 考生可以查询考试成绩。
- ☑ 系统运行稳定、安全可靠。

9.3.2 功能结构

铭成在线考试系统功能结构如图 9.1 所示。

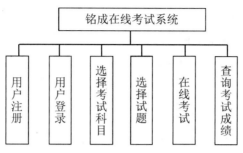

图 9.1　铭成在线考试系统功能结构

9.3.3 系统业务流程

铭成在线考试系统的业务流程：首先系统维护人员编辑一份试卷、添加试卷、添加问题、添加答案、单选/多选、总分等；然后用户选择试卷、开始答题并计时、回答试题、提交试卷等；最后由后台判断从前台传递给后台的答案对错、试卷评分、完成评卷等，铭成在线考试系统业务流程如图 9.2 所示。

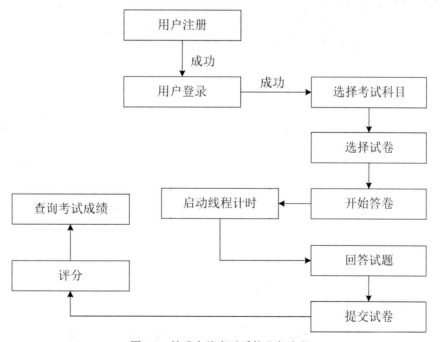

图 9.2　铭成在线考试系统业务流程

9.3.4 开发环境

本系统的软件开发及运行环境具体如下。

☑ 操作系统：Windows 7。
☑ JDK 环境：Java SE Development Kit （JDK）version 8。
☑ 开发工具：Eclipse for Java EE 4.7（Oxygen）。
☑ Web 服务器：Tomcat 9.0。
☑ 数据库：MySQL 5.7 数据库。
☑ 浏览器：推荐 Google Chrome 浏览器。
☑ 分辨率：最佳效果为 1440×900 像素。

9.3.5 系统预览

铭成在线考试系统中有多个页面，下面列出网站中几个典型页面的预览，其他页面可以通过运行资源包中本系统的源程序进行查看。

铭成在线考试系统的首页是用户登录页面，输入正确的用户名和密码后将进入主界面，在该界面中主要包括导航及"立即考试"按钮，如图 9.3 所示。

图 9.3　铭成在线考试系统主界面

在铭成在线考试系统的主界面中单击"在线考试"或者"立即考试"按钮，将进入选择考试科目页面，如图 9.4 所示，该页面主要用于选择考试科目。

图 9.4 选择考试科目页面

选择科目后,将进入选择试卷页面,在该页面中选择一份试卷后单击"开始考试"按钮,将进入开始考试页面,如图 9.5 所示,该页面中将显示一张试卷并且自动计时,计时结束后,将自动提交试卷并评分。

图 9.5 在线答卷页面

9.3.6 文件夹组织结构

在进行在线考试系统开发之前,要对系统整体文件夹组织架构进行规划。对系统中使用的文件进行合理的分类,分别放置于不同的文件夹下。通过对文件夹组织架构的规划,可以确保系统文件目录明确、条理清晰,同样也便于系统的更新和维护,本项目的目录结构如图9.6所示。

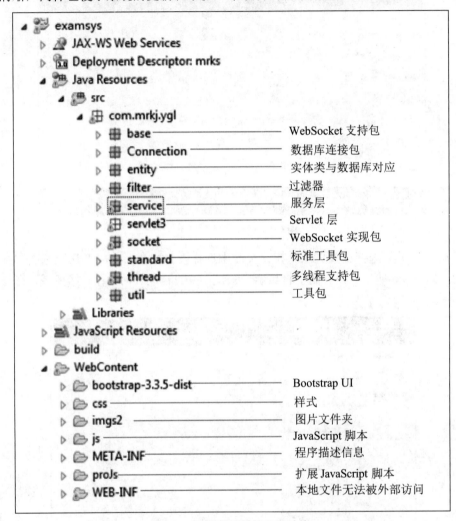

图 9.6 在线考试系统目录结构

9.4 数据库设计

9.4.1 初始化数据库

系统使用 MySQL 数据库,首先打开 Navicat,然后在 Navicat 中运行在线考试系统的数据库脚本文件（具体位置：资源包\09\数据库\db_mrks.sql）。执行该 SQL 文件后，在 Navicat 中将显示如图 9.7 所示的在线考试系统的表结构。

图 9.7　铭成在线考试系统的表结构

9.4.2　数据库表结构

下面将对铭成在线考试系统中用到的数据表结构进行介绍。

1. bus_main（试卷信息表）

试卷信息表用于记录试卷的基本信息，结构如表 9.1 所示。

表 9.1　bus_main 表的结构

字 段 名	数 据 类 型	允 许 空 值	主　键	描　述
main_id	varchar(64)	☐	☑	主键
title	varchar(255)	☐	☐	试卷名称（如 2016 年财经政治试卷）
createtime	datetime	☐	☐	试卷创建的时间
answertime	int	☐	☐	考生回答问题的时间（如 50 分钟）
sub_id	varchar(64)	☐	☐	科目 ID（表 bus_subject 的 ID）

2. bus_question（试卷问题表）

试卷问题表，根据试卷信息表关联记录试卷的问题及相关信息，结构如表 9.2 所示。

表 9.2　bus_question 表的结构

字 段 名	数 据 类 型	允 许 空 值	主　键	描　述
que_id	varchar(64)	☐	☑	主键
questiontitle	varchar(255)	☐	☐	问题名称（如：x+7=9，x 等于多少）
questiontype	varchar(20)	☐	☐	问题类型，可以是单选或者多选
createtime	datetime	☐	☐	创建时间
answerid	int	☐	☐	答案编码为正确答案 id 的 ASCII 码相加之和
score	int	☐	☐	考试分数
mian_id	varchar(64)	☐	☐	主表 id（表 bus_main 的 id）

3. bus_answer（试卷答案表）

试卷答案表根据试卷答案表关联记录试卷的答案及相关信息，结构如表 9.3 所示。

表 9.3　bus_answer 表的结构

字段名	数据类型	允许空值	主键	描述
ans_id	varchar(64)	☐	☑	主键
answerContent	varchar(255)	☐	☐	答案中的一个选项内容（如 A.x=2）
createtime	datetime	☐	☐	创建时间
que_id	varchar(64)	☐	☐	问题表 id（表 bus_answer）

4. bus_subject（科目信息表）

科目信息表用于记录考试科目，结构如表 9.4 所示。

表 9.4　bus_subject 表的结构

字段名	数据类型	允许空值	主键	描述
sub_id	varchar(64)	☐	☑	主键
subject	varchar(64)	☐	☐	科目名称（如数学）
createtime	datetime	☐	☐	创建时间

5. bus_info（评卷信息表）

评卷信息表用于记录用户考试成绩，结构如表 9.5 所示。

表 9.5　bus_info 表的结构

字段名	数据类型	允许空值	主键	描述
info_id	varchar(64)	☐	☑	主键
username	varchar(64)	☐	☐	回答问题人员的用户名
score	int	☐	☐	考试总分数
main_id	varchar	☐	☐	主表 ID（main_id 表的 ID）

6. sys_userinfo（用户信息表）

用户信息表用于记录用户基本信息，结构如表 9.6 所示。

表 9.6　sys_userinfo 表的结构

字段名	数据类型	允许空值	主键	描述
id	varchar(64)	☐	☑	主键
username	varchar(20)	☐	☐	登录名
password	varchar(20)	☐	☐	密码
fullname	varchar(10)	☐	☐	真实姓名
email	varchar(10)	☐	☐	E-mail 地址

9.4.3 数据库表关系

铭成在线考试系统中数据表的关系为：bus_subject 是 bus_main 的父表；bus_main 与 bus_info 为一对一关系；bus_main 是 bus_question 的父表 bus_question 是 bus_answer 的父表，它们组成了铭成在线考试系统中主要的业务逻辑关系，数据库关系图如图 9.8 所示。

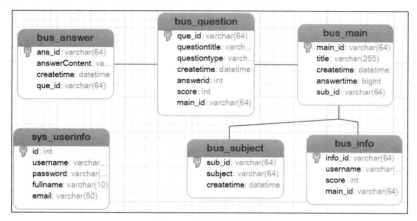

图 9.8　数据库关系图

9.5　考试计时模块设计

9.5.1　考试计时模块概述

铭成在线考试系统考试计时采用 WebSocket 全双工通信与 Java 多线程完美结合，实现真正意义上的与服务器同步，考试计时页面效果如图 9.9 所示。

图 9.9　铭成在线考试系统考试计时效果

9.5.2 考试计时模块技术分析

在实现考试计时模块时，主要使用的是 WebSocket 协议实现的实时与服务器同步。WebSocket 协议是 HTML 5 中提出的一种新的协议，它实现了浏览器与服务器之间的通信，在开始连接时需要借助 HTTP 请求完成。

HTML 5 中的 WebSocket 连接依赖于 JavaScript，连接服务器方法为以下格式。

```
var websocket = new WebSocket(连接地址);
```

由于 WebSocket 是一种全新的协议，不属于 HTTP 无状态协议，它的协议名为 WS，所以其中的连接地址是以 ws://开头。例如，要创建一个连接地址为 ws://localhost:8080 的连接，可以使用下面的代码。

```
var websocket = new WebSocket("ws://localhost:8080");
```

WebSocket 有 open、message、error、close 4 个事件：当连接成功后，触发 open 事件；接收到服务端的消息后，触发 message 事件；当发生异常时，触发 error 事件；断开连接时，触发 close 事件。

9.5.3 设计计时模块的界面

在设计计时模块的界面时，首先需要实现如何加载页面。这时就需要使用 WS 协议发送 WebSocket 连线请求。连接完成后，执行 open 事件；使用 send()方法向服务端发送一个 start 标记，通知服务器开始计时。服务器会间隔 0.5 秒向客户端发送剩余答卷时间，客户端接收到参数后执行 message 事件。JavaScript 代码如下。

例程 01 代码位置：资源包\TM\09\examsys\WebContent\js\websocket.js

```javascript
var websocket = null;
//判断当前浏览器是否支持 WebSocket
if ('WebSocket'in window) {
    //如果浏览器只会 WebSocket，那么尝试与服务器连接这里的 socketPath 变量是从 JSP 初始化时获得
    websocket = new WebSocket("ws://"+socketPath+"mysocket");
} else {
    //如果浏览器不支持 WebSocet，那么弹出一个对话框告诉用户，浏览器不支持 WebSocket
    alert('Not support websocket')
}
//连接发生错误的回调方法，连接可能会由于网络问题出错，这里可以对异常进行处理
websocket.onerror = function(){
    //控制台打印输出报错，该方法通常用于测试阶段
    console.log('error')
};
//连接成功建立的回调方法，该方法可以作为连接成功后的参数初始化使用
websocket.onopen = function(event){
    //调用 send()方法向服务端发送一个状态标记"start"，该标记通知服务器开始计时
    send("start");
    console.log("send('start');");
}
```

```javascript
//接收到消息事件后会执行该方法，该方法支撑了考试系统逻辑
websocket.onmessage = function(e){
    e = e||event;
    //接收到的参数可能是字符串，使用下面的方法将字符串转换为对象
    var data = eval('(' + e.data + ')');
    //测试查看转换是否成功
    console.log(data.state);
    if (data.state=="start"){
        //服务器接收到开始消息，返回给客户端状态，客户端开始计时
        console.log("onmessage('start');");
    } else if (data.state=="end"){
        //服务器端计时结束，发送状态给客户端，客户端完毕提交试卷
        console.log("onmessage('end');");
        //时间到提交表单
        $("#actionSub").submit();
    } else if (data.state=="time"){
        var EndTime= new Date(data.endtime);                    //获取结束时间
        var NowTime = new Date(data.currentime);                //获取当前时间
        var t =EndTime.getTime() - NowTime.getTime();           //计算剩余时间
        var d=0;                                                //记录日期
        var h=0;                                                //记录小时
        var m=0;                                                //记录分钟
        var s=0;                                                //记录秒
        if(t>=0){
            d=Math.floor(t/1000/60/60/24);                      //计算天
            h=Math.floor(t/1000/60/60%24);                      //计算小时
            m=Math.floor(t/1000/60%60);                         //计算分钟
            s=Math.floor(t/1000%60);                            //计算秒
        }
        document.getElementById("t_h").innerHTML = h;           //显示小时
        document.getElementById("t_m").innerHTML = m;           //显示分钟
        document.getElementById("t_s").innerHTML = s;           //显示秒
    }
}
//连接关闭事件
websocket.onclose = function(){
    console(websocket.onclose);
    send("close");                                              //客户端关闭时间
}
//浏览器关闭事件，该事件由 JavaScript 提供，开发者只需要实现内部功能即可
//监听窗口关闭事件，当窗口关闭时主动关闭 WebSocket 连接
//防止连接还没断开就关闭窗口，server 端会抛异常
window.onbeforeunload = function(){
    console("onbeforeunload");
    send("close");
    websocket.close();
}
//将消息显示在网页上显示信息，储备方法
function setMessageInnerHTML(innerHTML){
}
```

```
//将消息显示在网页上显示信息，储备方法
function setRequestInnerHTML(innerHTML){
}
//关闭连接，该方法并不由 JavaScript 提供，是由开发者自己来完成实现的
function closeWebSocket(){
    websocket.close();
}
//发送消息，该方法并不由 JavaScript 提供，是由开发者自己来完成实现的
function send(message){
    websocket.send(message);
}
```

9.5.4 引用并设置 WebSocket 路径

在 9.5.3 节例程 01 中第 5 行代码的 socketPath 变量用来指定 WebSocket 的路径，需要在 JSP 中定义，关键代码如下。

例程 02 代码位置：资源包\TM\09\examsys\WebContent\WEB-INF\view\kaoshi.jsp

```jsp
<%@pagelanguage="java" contentType="text/html; charset=UTF-8" pageEncoding="UTF-8"%>
<%@tagliburi="http://java.sun.com/jsp/jstl/core" prefix="c" %>
<%
//项目相对路径
String path = request.getContextPath();
//项目根路径（如：http://127.0.0.1:8080/examsys/），后面可接请求映射路径
String basePath =
request.getScheme()+"://"+request.getServerName()+":"+request.getServerPort()+path+"/";
//WebSocket 请求路径（如 ws://127.0.0.1:8080/examsys /mySocket）
String socketPath = request.getServerName()+":"+request.getServerPort()+path+"/";
%>
<!DOCTYPEhtml>
<html>
<head>
</head>
<body>
<div class="rn-guild">
    <div class="panel panel-success">
        <div class="panel-heading">
            考试剩余时间
        </div>
        <div class="panel-body">
        <!--这里显示剩余时间，时、分、秒格式-->
        <a href="#">倒计时<span id="t_h"></span>时<span id="t_m"></span>分<span id="t_s"></span>秒</a>
        </div>
    </div>
</div>
<script type="text/javascript">
        var basePath = '<%=basePath%>';
        var socketPath = '<%=socketPath%>';
</script>
<script type="text/javascript" src="<%=basePath %>js/websocket.js"></script>
```

```
</body>
</html>
```

9.5.5 编写计时模块的业务逻辑

Java 服务器端使用注解的方式实现,具体为:"@ServerEndpoint(value = "/mySocket")"注解声明这是一个 Socket 服务;@OnOpen 注解与客户端连接成功后调用该事件;@OnClose 注解当与客户端断开连接后调用该事件;@OnMessage 注解当接收到客户端数据时调用该事件;@OnError 注解当发生异常时执行该事件。Java 服务器端事件与 JavaScript 客户端事件相同,Java 服务器端使用 Session 与客户端通信,Session 在 onOpen 事件执行时生成。

服务器端接收到客户端发送的连接请求后触发 open 事件,初始化参数,客户端会向服务器端发送开始计时请求,服务端接收到消息后触发 Message 事件。Message 事件支持 3 种状态:start、question 和 close。客户端连接成功后会向服务器端发送 start 状态,使得计时开始,关键代码如下。

例程 03 代码位置:资源包\TM\09\examsys\src\com\mrkj\ygl\socket\MySocket.java

```java
package com.mrkj.ygl.socket;
import java.io.IOException;
import java.util.Date;
import java.util.Map;
import java.util.concurrent.CopyOnWriteArraySet;
import javax.servlet.ServletContext;
import javax.servlet.http.HttpSession;
import javax.websocket.EndpointConfig;
import javax.websocket.OnClose;
import javax.websocket.OnError;
import javax.websocket.OnMessage;
import javax.websocket.OnOpen;
import javax.websocket.Session;
import javax.websocket.server.ServerEndpoint;
import com.mrkj.ygl.base.BaseContext;
import com.mrkj.ygl.entity.BusinessMain;
import com.mrkj.ygl.entity.UserInfo;
import com.mrkj.ygl.thread.Timekeeping;
@ServerEndpoint(value = "/mySocket",configurator=BaseContext.class)
public class MySocket {
    private static final long serialVersionUID = 79990006013872453L;
    //静态变量,用来记录当前在线连接数,应该把它设计成线程安全的
    private static int onlineCount = 0;
    //concurrent 包的线程安全 Set,用来存放每个客户端对应的 MyWebSocket 对象
    //若要实现服务器端与单一客户端通信的话,可以使用 Map 来存放,其中 Key 可以为用户标识
    private static CopyOnWriteArraySet<MySocket2> webSocketSet =
        new CopyOnWriteArraySet<MySocket2>();
    public static java.util.concurrent.ConcurrentHashMap<String , String>useronline =
        new java.util.concurrent.ConcurrentHashMap<String , String>();
    //与某个客户端的连接会话,需要通过它来给客户端发送数据
    private Session session;
    private ServletContext context = null;
    private HttpSession httpSession = null;
```

```java
/**
 * 连接建立成功调用的方法
 * @param session 可选的参数。session 为与某个客户端的连接会话，需要通过它来给客户端发送数据
 * @throws IOException
 */
@OnOpen
public void onOpen(Session session,EndpointConfig config) throws IOException{
//WebSocket Session
this.session = session;
webSocketSet.add(this);
//Servlet Application context
context = (ServletContext)config.getUserProperties()
.get(ServletContext.class.getName());
//Servlet Session
httpSession = (HttpSession)config.getUserProperties()
.get(HttpSession.class.getName());
//获取 Session 里的用户信息
Map<String,Object>userInfoMap =
(Map<String,Object>)httpSession.getAttribute("userInof");
//把当前用户的连接对象存入 Context
 String username = (String)userInfoMap.get(UserInfo.username.toString());
 context.setAttribute(username, this);}
/**
 * 连接关闭调用的方法
 */
@OnClose
public void onClose(){
    //断开连接，清除 context 中的相应对象
    try {
        context.removeAttribute((String)httpSession
            .getAttribute(UserInfo.username.toString()));
    } catch (Exception e) {
        e.printStackTrace();
    }
}
/**
 * 收到客户端消息后调用的方法
 * @param message 客户端发送过来的消息
 * @param session 可选的参数
 */
@OnMessage
public void onMessage(String message, Session session) {
    //用户答题时，每次回答一道题都会发送一条信息与服务器端通信，这里接收用户发过来的信息
    if (message != null) {
        switch (message) {
            case"start":    //从这步开始考试正式开始
            //httpSession 中存放了当前试卷的时间
            String time = (String)httpSession
                .getAttribute(BusinessMain.answertime.toString());
```

```java
            //计算答题时间，单位为：分钟
            Long targetMinute = 1000L*60L*Long.parseLong(time);
            //获取当前时间，用当前时间加上预期分钟，得到考试结束时间
            Date curretn = new Date();
            Long target = curretn.getTime()+targetMinute;
//开始考试，倒计时开始时会向客户端发送一个 start 状态标记，客户端使用 JavaScript 计时也同步开始
//结束考试，计时结束，会向客户端发送一个 end 状态标记，客户端使用 JavaScript 提交表单，完成一次考试
            Timekeeping timekeeping = new Timekeeping(target,session);
            Thread thread = new Thread(timekeeping);
            //启动线程
            thread.start();
            break;
        case"close":       //用户关闭了浏览器，会向服务器发送一条数据，这里可做持久化算分处理
            System.out.println("关闭连接");
            onClose();
        default:
            break;
        }
    }
}
/**
 * 发生错误时调用
 * @param session
 * @param error
 */
@OnError
public void onError(Session session, Throwable error){
    //发生连接异常时
}
/**
 * 这个方法与上面几个方法不一样。没有用注解，是根据自己需要添加的方法
 * @param message
 * @throws IOException
 */
public void sendMessage(String message) throws IOException{
    //向客户端发送消息，如果计时完毕会向客户端发送一个状态，告诉客户端时间到了，需要提交试卷
    this.session.getBasicRemote().sendText(message);
}
}
```

9.5.6 启动计时线程

在编写计时模块的业务逻辑时，调用了 Timekeeping 线程。用于实现计时功能，该线程包含两个变量，即 target 和 session。其中，target 是一个时间戳，通过当前时间加上考试时长，得到考试结束时间；session 是 javax.websocket.Session，通过 session.getBasicRemote().sendTest()方法向客户端发送数据，创建计时线程的关键代码如下。

例程 04　　代码位置：资源包\TM\09\examsys\src\com\mrkj\ygl\thread\Timekeeping.java

```java
package com.mrkj.ygl.thread;
```

```java
import java.io.IOException;
import java.util.Date;
import javax.websocket.Session;
import org.codehaus.jackson.map.ObjectMapper;
publicclass Timekeeping implements Runnable {
    private Session session;
    //目标时间
    private Long target;
    private Long time;
    //构造函数
    public Timekeeping(Long target,Session session){
        this.session = session;
        this.target = target;
    }
    @Override
    public void run() {
        try {
            //发送消息给客户端，告诉客户端当前时间与目标时间
            //这里不使用客户机本地时间，计时标准按照服务器端时间
            String resultStart = "{\"state\":\"start\"}";
            sendMessage(resultStart);
            while (true) {
                /**线程休眠 0.5 秒，为了不过多损耗 CPU 性能，选择 0.5 秒的另一个原因是前台时间显示更加平滑*/
                Thread.sleep(500);
                Date current = new Date();
                Long currentLong = current.getTime();
                ObjectMapper om = new ObjectMapper();
                if (currentLong>= this.target) {
                    //给 JavaScript 返回结束状态
                    if (session.isOpen()) {
                        //字符串拼接成 JSON 格式
                        String resultEnd = "{\"state\":\"end\",\"message:\":\"end\"}";
                        //发送信息给客户端
                        sendMessage(resultEnd);
                    //跳出循环结束线程
                    break;
                    }
                } else {
                    //判断 WebSocket 是否处于连接状态，如果不处于连接状态，那么结束线程
                    if (session.isOpen()) {
                        //字符串拼接成 JSON 格式
                        String resultEnd =
                            "{\"state\":\"time\",\"endtime\":"+this.target+
                            ",\"currentime\":"+currentLong+"}";
                        //向客户端发送消息，告知客户端剩余时间
                        sendMessage(resultEnd);
                    } else {
                        break;
                    }
                }
            }
```

```
        } catch (Exception e) {
            e.printStackTrace();
        }
    }
    public void sendMessage(String message) throws IOException{
        //向客户端发送消息
        this.session.getBasicRemote().sendText(message);
    }
}
```

9.6 考试科目模块设计

9.6.1 考试科目模块概述

考试科目模块主要包括以下 3 个主要功能页面。

1. 获取并显示考试科目页面

获取并显示考试科目页面，主要用于将查询到的考试科目与监考老师等数据显示在页面上，效果如图 9.10 所示。

图 9.10　显示所有考试科目与监考老师

2. 获取并显示指定考试科目的所有试卷

获取并显示指定考试科目的所有试卷页面，主要用于展示指定考试科目下的全部考试试卷，将借助每个考试科目下的"选择考试试卷"界面来实现，效果如图 9.11 所示。

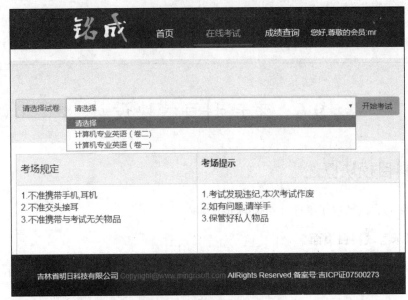

图 9.11　选择考试试卷页面

3. 获取并显示试题及答案

通过某一考试试卷的 ID 获取该试卷试题的效果，如图 9.12 所示。

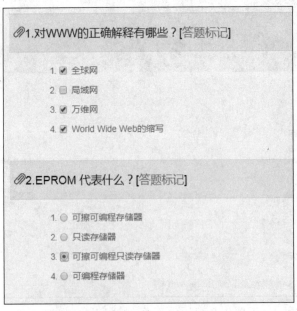

图 9.12　获取与试卷 ID 相匹配的试题

9.6.2 考试科目模块技术分析

在实现显示考试科目时,主要应用了 JSTL 的<c:choose>标签和<c:forEach>标签实现,下面分别介绍如何应用这两个标签。

1. <c:choose>标签

<c:choose>标签可以根据不同的条件去完成指定的业务逻辑,如果没有符合的条件,会执行默认条件的业务逻辑。<c:choose>标签只能作为<c:when>和<c:otherwise>标签的父标签,而要实现条件选择逻辑可以在<c:choose>标签中嵌套<c:when>和<c:otherwise>标签来完成,具体的语法格式如下。

```
<c:choose>
    <c:when test="condition_1">
        标签体 1
    </c:when>
    <c:when test="condition_2">
        标签体 2
    </c:when>
    ……
    <c:when test="condition_n">
        标签体 n
    </c:when>
    <c:otherwise>
        标签体
    </c:otherwise>
</c:choose>
```

在上面的语法格式中,test 为条件表达式,这是<c:when>标签必须定义的属性,它可以引用 EL 表达式。

> **说明** 在运行时,首先判断<c:when>标签的条件是否为 true,如果为 true,则将<c:when>标签体中的内容显示到页面中,否则判断下一个<c:when>标签的条件,如果该标签的条件也不满足,则继续判断下一个<c:when>标签,直到<c:otherwise>标签体被执行。

2. <c:forEach>标签

<c:forEach>循环标签可以根据循环条件,遍历数组和集合类中的所有或部分数据。例如,在使用 Hibernate 技术访问数据库时,返回的都是数组、java.util.List 和 java.util.Map 对象,它们封装了从数据库中查询出的数据,这些数据都是 JSP 页面需要的。如果在 JSP 页面中使用 Java 代码来循环遍历所有数据,会使页面非常混乱,不易分析和维护。使用 JSTL 的<c:forEach>标签循环显示这些数据不但可以解决 JSP 页面混乱的问题,而且也提高了代码的可维护性。

<c:forEach>标签的语法格式如下。

语法 1：集合成员迭代。

<c:forEach items="data" [var="name"] [begin="start"] [end="finish"] [step="step"] [varStatus="statusName"]>
    标签体
</c:forEach>

在该语法中，items 属性是必选属性，通常使用 EL 指定，其他属性均为可选属性。

语法 2：数字索引迭代。

<c:forEach begin="start" end="finish" [var="name"] [varStatus="statusName"] [step="step"]>
    标签体
</c:forEach>

在该语法中，各属性的说明如表 9.7 所示，在这些属性中，begin 和 end 属性是必选的属性，其他属性均为可选属性。

表 9.7 <c:forEach>标签的常用属性

属 性	说 明
items	用于指定被循环遍历的对象，多用于数组与集合类。该属性的属性值可以是数组、集合类、字符串和枚举类型，并且可以通过 EL 进行指定
var	用于指定循环体的变量名，该变量用于存储 items 指定的对象的成员
begin	用于指定循环的起始位置，如果没有指定，则从集合的第一个值开始迭代。可以使用 EL
end	用于指定循环的终止位置，如果没有指定，则一直迭代到集合的最后一位。可以使用 EL
step	用于指定循环的步长，可以使用 EL
varStatus	用于指定循环的状态变量，该属性还有 4 个状态属性，如表 9.8 所示
标签体	可以是 JSP 页面可以显示的任何元素

表 9.8 状态属性

变 量	类 型	描 述
index	int	当前循环的索引值，从 0 开始
count	int	当前循环的循环计数，从 1 开始
first	boolean	是否为第一次循环
last	boolean	是否为最后一次循环

9.6.3 获取并显示考试科目

获取并显示考试科目用到的数据表：bus_subject。

在铭成在线考试系统中，可通过查询表 bus_subject，获得考试科目与相应考试科目的监考老师等数据，关键代码如下。

例程 05 代码位置：资源包\TM\09\examsys\src\com\mrkj\ygl\service\BusinessService.java

```
public static List<Map<String, String>> getAllSubPage (){
    List<Map<String, String>> resultListMap = new ArrayList<>();
    DaoConnection dc = DaoConnection.initDaoConnection();
    try {
```

```java
//SQL 语句存在枚举类当中，枚举类起到解释的作用，方便管理
PreparedStatement sp = dc.getPreparedExec(BusinessSubject.selectAll.toString());
ResultSet rs = sp.executeQuery();
if (rs != null){
    while (rs.next()) {
        Map<String, String>reaultMap = new HashMap<String, String>();
        //时间格式化，格式为年-月-日 时：分：秒（如：2017-10-11 13:01:40）
        SimpleDateFormat sdf = new SimpleDateFormat("yyyy-MM-dd hh:mm:ss");
        reaultMap.put(BusinessSubject.ID.toString(), rs.getString(1));
        String kskmAndJk = rs.getString(2);
        //获取科目名称与监考人，用 - 分隔
        String[] kskmJks = kskmAndJk.split("-");
        if (kskmJks.length==2) {
            reaultMap.put(BusinessSubject.subject.toString(),kskmJks[0]);
            reaultMap.put("jiankao",kskmJks[1]);
        } else {
            reaultMap.put(BusinessSubject.subject.toString(),"未知");
            reaultMap.put("jiankao","未知");
        }
        //获取时间，DateTime 数据类型，要使用 Timestamp 接收
        Long sqlDateLong = rs.getTimestamp(3).getTime();
        reaultMap.put(BusinessSubject.createtime.toString(),
                sdf.format(new Date(sqlDateLong)));
        resultListMap.add(reaultMap);
    }
}
} catch (Exception e) {
    e.printStackTrace();
}
return  resultListMap;
}
```

说明

PreparedStatement sp = dc.get 预处理执行（BusinessSubject.selectAll.toString();），这里的 BusinessSubject.selectAll.toString()用于获取 SQL 语句。其中，BusinessSubject 是一个枚举类，该枚举类内部定义了关于 bus_subject 数据库表的 SQL 语句（select \`sub_id\`、\`科目\`、\`创建时间\` from bus_subject ORDER BY \`创建时间\`）与字段。

通过查询表 bus_subject 获取到考试科目与监考老师等数据后，调用 BusinessService 中的 getAllSubPage()方法将获取到的数据存储在 List 集合中。最后，通过 request.setAttribute()方法把 List 集合中的数据转发给 fenlei.jsp 页面，关键代码如下：

例程 06 代码位置：资源包\TM\09\examsys\src\com\mrkj\ygl\servlet3\business\ActionQuestionServlet.java

```java
//获取所有科目时以 List<Map>数据模型传递给 JSP 页面
List<Map<String,String>> subjects = BusinessService.getAllSubPage();
//将获取到的科目数据模型存放至 request 域中，这样 JSP 页面就可以获取到科目数据模型
req.setAttribute("subjects", subjects);
//视图转发至 "WEB-INF/view" 目录下的 fenlei.jsp 页面
req.getRequestDispatcher("/WEB-INF/view/fenlei.jsp").forward(req, resp);
```

显示考试科目数据主要使用 JSTL 实现。使用 JSTL 迭代考试科目分为以下 3 个步骤。
（1）使用<c:choose>与<c:when>标签判断需要迭代的内容不为空，且这两个标签要成对出现。
（2）使用<c:forEach>标签迭代数据。
（3）获取迭代对象的属性值。
关键代码如下。

例程 07 代码位置：资源包\TM\09\examsys\WebContent\WEB-INF\view\fenlei.jsp

```jsp
<div class="container" >
    <!-- !important -->
    <table class="table table-bordered " style="border-spacing: 30px;" >
        <!--  c:choose 与 c:when 是成组出现，想要使用 c:when 就必须把它写在 c:choose 中  -->
        <c:choose>
            <%--使用 c:when 判断数据类型是不是空，避免空指针异常 --%>
            <c:when test="${not empty subjects }">
                <!--使用 c:forEach 迭代科目数据  -->
                <c:forEach items="${subjects }" var="subject" varStatus="vs">
                    <!--从这里开始把数据模型的数据写入 HTML 中  -->
                    <c:if test="${vs.index % 4 == 0 }">
                        <c:set var="flagIndex" value="${vs.index + 4}"></c:set>
                        <tr>
                    </c:if>
                    <td>
                        <!--获取科目内容并制作一个链接，为了获取科目下的试卷  -->
                        <div style="height: 80px;padding-top: 25px;">
                            <span class="glyphicon glyphicon-pencil"></span>
                               
                            <a href="<%=basePath%>action?act=start&subject=${subject.sub_id }"><strong class="text-danger" style="font-size: 18px;">${subject.KEMU }</strong></a>
                        </div>
                        <div style="background-color: #F1FAEA;height: 24px;" >
                            <span style="padding-left: 30px;">监考-${subject.jiankao }</span>
                        </div>
                    </td>
                    <c:if test="${(vs.index eq flagIndex)||vs.last}">
                        </tr>
                    </c:if>
                </c:forEach>
            </c:when>
        </c:choose>
    </table>
</div>
```

9.6.4 获取并显示指定考试科目的所有试卷

在图 9.10 中，通过迭代考试科目，已经将考试科目与监考老师等数据显示在"在线考试"界面中。由于每个考试科目中可能存在多张试卷，为了获取指定考试科目下的全部试卷，将通过某一考试科目的 ID 获取该考试科目下的全部考试试卷，即考试科目与该考试科目下的全部试卷存在一对多的关系，关键代码如下。

第9章 网络在线考试系统（Servlet+WebSocket+MySQL 实现）

例程 08 代码位置：资源包\TM\09\examsys\src\com\mrkj\ygl\service\BusinessService.java

```java
public static List<Map<String,String>> getMainBySubject (String sub_id){
    List<Map<String,String>> mains = new ArrayList<>();
    DaoConnection dc = DaoConnection.initDaoConnection();
    try {
        /** SQL 原型：
         *   SELECT 'main_id','title','createtime','answertime','sub_id' FROM bus_main where 'sub_id' =?
         *   根据科目 ID 获取所有试卷
         *   BusinessMain 是一个枚举类，类里定义了所需要的 SQL 语句
         */
        PreparedStatement ps =
            dc.get 预处理执行(BusinessMain.selectBySub_id.toString(),sub_id);
        //执行 SQL 语句获取结果集
        ResultSet rs = ps.executeQuery();
        //首先迭代结果集，将每条数据放置于 Map 数据模型当中，再将 Map 添加至 List 数据模型中
        while (rs.next()) {
            Map<String,String> entity = new HashMap<>();
            String main_id = rs.getString(1);
            String title = rs.getString(2);
            entity.put(BusinessMain.ID.toString(), main_id);
            entity.put(BusinessMain.title.toString(), title);
            mains.add(entity);
        }
    } catch (SQLException e) {
        e.printStackTrace();
    }
    //返回试卷数据模型
    return   mains;
}
```

> **说明** 这里的返回值是List<Map<String,String>>，这是由 ps.executeQuery()方法获取到的结果集。为了得到结果集中的数据，需使用 while 循环遍历结果集。在遍历后的结果中，只获取到 main_id 与 title 两个字段值，这是因为 HTML 的<select>标签内的<option>标签存在 value 属性与标签内描述（如：<option value="试卷 ID">试卷名称</option>）。

通过某一考试科目的 ID 获取该考试科目下的全部考试试卷后，调用 BusinessService 中的 getMainBySubject()方法将获取到指定考试科目下的全部试卷数据存储在 List 集合中，然后通过 request.setAttribute()方法把 List 集合中的数据转发给 actionStart.jsp 页面，关键代码如下。

例程 09 代码位置: 资源包\TM\09\examsys\src\com\mrkj\ygl\servlet3\business\ActionQuestionServlet.java

```java
//选择好科目，再选择试卷
String subject = req.getParameter("subject");
//获取到数据模型
List<Map<String, String>>mains = BusinessService.getMainBySubject(subject);
//将数据模型保存到 request 域中
req.setAttribute("mains", mains);
//转发至根目录下的 actionStart.jsp 页面
req.getRequestDispatcher("/actionStart.jsp").forward(req, resp);
```

说明 上面代码体现了 Servlet 的作用：接收参数、处理参数和转发视图。

展示指定考试科目下的全部试卷需要使用 JSTL 实现，实现该功能主要分为以下 3 个步骤。

（1）使用<c:choose>与<c:when>标签判断需要迭代的内容不为空，且这两个标签要成对出现。
（2）使用<c:forEach>标签迭代数据。
（3）获取迭代对象的属性值。

关键代码如下。

例程 10 代码位置：资源包\TM\09\examsys\WebContent\actionStart.jsp

```jsp
<div class="container text-center"
style="background-color: #F1FAEA;height: 150px;padding-top: 20px;">
    <!-- 使用 JSTL 标签迭代试卷 -->
    <c:choose>
        <c:when test="${not empty mains }">
            <form action="<%=basePath %>action" method="get" style="padding-top: 50px;">
                <!-- 隐藏标记字段，决定 Servlet 处理逻辑 -->
                <input type="hidden" name="act" value="action">
                <div class="input-group">
                    <span class="input-group-addon">
                        请选择试卷
                    </span>
                    <!-- 迭代出 select 的选项 option -->
                    <select name="main_id" class="form-control">
                        <option value="0">请选择</option>
                        <!--使用 c:forEach 迭代出试卷名称 -->
                        <c:forEach items="${mains }" var="main" varStatus="vs">
                            <option value="${main.main_id }">${main.BIAOTI }</option>
                        </c:forEach>
                    </select>
                    <span class="input-group-btn">
                        <button type="submit" class="btn" style="background-color:#73CA33; ">
                        开始考试
                        </button>
                    </span>
                </div>
            </form>
        </c:when>
    </c:choose>
</div>
```

9.6.5 获取并显示试题及答案

　　　获取并显示试题及答案用到的数据表：bus_main、bus_question 和 bus_answer。

通过某一考试科目的 id 可以获取该考试科目下的全部试卷。同理，通过某一试卷的 id 也可以获取该试卷的试题与试题答案，关键代码如下。

第 9 章 网络在线考试系统（Servlet+WebSocket+MySQL 实现）

例程 11 代码位置: 资源包\TM\09\examsys\src\com\mrkj\ygl\servlet3\business\ActionQuestionServlet.java

```java
public static Map<String,Object> getAllQuestion (String parmMain_id){
/**SQL 原型
 * SELECT 'main_id','title','createtime','answertime','sub_id' FROM bus_main where 'main_id' = ?
 */
    String selectMainSQL = BusinessMain.selectById.toString();
    /**SQL 原型
     *select 'que_id','questiontitle','questiontype','createtime','answerid','score','main_id'
     *from bus_question where `main_id`=? ORDER BY `createtime`
     */
    String selectQuestionSQL = BusinessQuestion.selectByMainId.toString();
    /**SQL 原型
     * SELECT answer.ans_id,answer.`answerContent`,answer.`createtime`,answer.que_id FROM
     * bus_main AS main LEFT JOIN bus_question AS question on main.main_id=question.main_id
     * LEFT JOIN bus_answer AS answer ON question.que_id=answer.que_id
     * WHERE main.main_id = ?
     */
    String selectAnswerSQL = BusinessAnswer.selectByMainId.toString();
    int result = 0;
    DaoConnection dc = DaoConnection.initDaoConnection();          //获取数据库连接
    PreparedStatement ps;                                          //预处理，处理 SQL 语句
    ResultSet rs;                                                  //结果集，数据库获取的数据
    Map<String,Object> resultMainMap = new HashMap<>();            //试卷主表数据
    List<Map<String,String>> resultQuestionsMaps = new ArrayList<>();//试卷问题数据
    List<Map<String,String>> resultAnswerMaps = new ArrayList<>(); //试卷答案数据
    try {
        //根据 main_id 获取试卷主表（bus_main）数据
        ps = dc.get预处理执行(selectMainSQL,parmMain_id);
        rs = ps.executeQuery();                                    //执行预处理
        rs.next();       //这句话会返回 true 或 false，本意是判断是否从数据库中获取到了数据
        String main_id = rs.getString(1);                          //从结果集获取主表 id
        String title = rs.getString(2);                            //从结果集获取标题
        Long createtime = rs.getTimestamp(3).getTime();            //从结果集获取创建时间
        String answertime = rs.getString(4);                       //从结果集获取答题时间
        String sub_id = rs.getString(5);                           //从结果集获取科目 id
        resultMainMap.put("main_id", main_id);                     //将 main_id 放入数据模型
        resultMainMap.put(BusinessMain.title.toString(), title);
        resultMainMap.put(BusinessMain.createtime.toString(),
            MrksUtils.TrasformGetimeToString(createtime));         //将创建时间放入数据模型
        //将答题时间放入数据模型
        resultMainMap.put(BusinessMain.answertime .toString(), answertime);
        resultMainMap.put("sub_id",sub_id);                        //main 数据封装完毕
        //根据试卷主表获取试卷问题表（bus_question）数据
        ps = dc.getPreparedExec(selectQuestionSQL,parmMain_id);
        rs = ps.executeQuery();                                    //执行预处理
        int totalScore=0;                                          //卷面分数
        while (rs.next()){                                         //判断是否获取到数据
            Map<String,String> question = new HashMap<>();         //创建一个 Map
            String que_id = rs.getString(1);                       //从结果集获取问题 id
            String questiontitle = rs.getString(2);                //从结果集获取问题标题
```

```java
            String questiontype = rs.getString(3);            //从结果集获取问题类型
            createtime = rs.getTimestamp(4).getTime();        //从结果集获取创建时间
            //从结果集获取答案编码，该字段经过加密处理
            String answerid = rs.getInt(5)+"";                //从结果集获取主表 id
            int score = rs.getInt(6);                         //从结果集获取问题分数
            main_id = rs.getString(7);                        //从结果集获取主表 id
            question.put("que_id", que_id);                   //将问题 id 放入 map 中
            //将问题标题放入 Map 中
            question.put(BusinessQuestion.questiontitle.toString(),questiontitle);
            //将问题类型放入 Map 中
            question.put(BusinessQuestion.questiontype.toString(), questiontype);
            //将创建时间放入 Map 中
            question.put(BusinessQuestion.createtime.toString(),
                    MrksUtils.TrasformGetimeToString(createtime));
            //将答案编码放入 Map 中
            question.put(BusinessQuestion.answerid.toString(),answerid);
            //将分数放入 Map 中
            question.put(BusinessQuestion.score.toString(),score+"");
            //将问题主表 Id 放入 Map 中
            question.put("main_id",main_id);
            //将数据模型放入 List 中
            totalScore+=score;
        }
        resultMainMap.put("questions", resultQuestionsMaps);
        resultMainMap.put("totalScore", totalScore);          //保存卷面分数
        //根据 main_id 获取 bus_answer 表（答案表）
        ps = dc.getPreparedExec(selectAnswerSQL,parmMain_id);
        rs = ps.executeQuery();
        while (rs.next()){
            Map<String,String> answer = new HashMap<>();

            String ans_id = rs.getString(1);
            String answerContent = rs.getString(2);
            createtime = rs.getTimestamp(3).getTime();
            String que_id = rs.getString(4);
            answer.put("ans_id", ans_id);
            answer.put(BusinessAnswer.answerContent.toString(), answerContent);
            answer.put(BusinessAnswer.createtime.toString(),
                    MrksUtils.TrasformGetimeToString(createtime));
            answer.put("que_id", que_id);
            resultAnswerMaps.add(answer);
        }
        resultMainMap.put("answers", resultAnswerMaps);
    } catch (SQLException e) {
        e.printStackTrace();
    }
    return resultMainMap;
}
```

> **说明** 上述代码中，getAllQuestion()的返回值是 Map<String,Object>。在该方法中，首先获取表 bus_main 中的数据并将其存储在集合 Map 中，然后获取表 bus_question 中的数据并将其存储在集合 List 中，最后把集合 List 放入集合 Map 中。

通过某一试卷的 ID 获取该试卷的试题与试题答案后，调用 BusinessService 中的 getAllQuestion() 方法将获取到的指定试卷的试题与试题答案存储在 Map 集合中，然后通过 request.setAttribute()方法把 Map 集合中的数据转发给 kaoshi.jsp 页面，关键代码如下。

例程 12 代码位置：资源包\TM\09\examsys\src\com\mrkj\ygl\servlet3\business\ActionQuestionServlet.java

```java
//获取完整试卷
String main_id = req.getParameter("main_id");
Map<String, Object> questions = BusinessService.getAllQuestion(main_id);
req.setAttribute("questions", questions);
HttpSession session = req.getSession();
session.setAttribute(BusinessMain.answertime.toString(), questions.get(BusinessMain.answertime.toString()));
req.getRequestDispatcher("/WEB-INF/view/kaoshi.jsp").forward(req, resp);
```

在一份完整的试卷的数据模型中有 3 组数据，分别是 bus_main 表数据、bus_question 表数据和 bus_answer 表数据。使用 JSTL 迭代指定试卷的试题与答案分为以下 3 个步骤。

（1）使用<c:choose>与<c:when>标签判断需要迭代的内容不为空，且这两个标签要成对出现。
（2）使用<c:forEach>标签迭代数据。
（3）获取迭代对象的属性值。

关键代码如下。

例程 13 代码位置：资源包\TM\09\examsys\WebContent\WEB-INF\view\kaoshi.jsp

```jsp
<table class="table table-hover"style="color: 000000;">
    <!-- 使用 JSTL 迭代 table 数据  -->
    <c:choose>
        <!-- 确定迭代内容不为空  -->
        <c:when test="${not empty questions.questions }">
            <tbody>
                <!-- 确定迭代内容不为空  -->
                <c:forEach items="${questions.questions }" var="question" varStatus="vs">
                    <tr class="success" ondblclick="setFlag(${vs.index })">
                        <th>
                            <a name="a${vs.index }" id="a${vs.index }" style="padding-top: 61px;"></a>
                            <h4 style="color: #000000;">
                                <!-- 获取问题，并设置标记  -->
                                <span class="glyphicon glyphicon-paperclip text-danger"></span>
                                ${vs.index + 1 }.${question.WENTI }
                                [<a href="javascript:void(0)" onclick="setFlag(${vs.index })">答题标记</a>]
                            </h4>
                        </th>
                    </tr>
                    <tr>
```

```xml
<c:choose>
    <!-- 获取答案 -->
    <c:when test="${not empty questions.answers }">
    <td style="padding-left: 40px">
    <ol class="text-primary" style="font-size: 14px;">
    <c:forEach items="${questions.answers}" var="answer" varStatus="vs">
    <c:if test="${question.que_id eq answer.que_id }">
        <!-- 判断是否是单选 -->
        <c:if test="${question.LEIXING eq 'radio'}">
        <li>
            <!-- 获取单选答案 -->
            <div class="radio">
                <label>
                    <input type="radio" value="${answer.ans_id }"
                        name="${answer.que_id }" aria-label="...">
                    ${answer.DAAN}
                </label>
            </div>
        </li>
        </c:if>
        <!-- 判断是否是多选 -->
        <c:if test="${question.LEIXING eq 'checkbox'}">
        <li>
            <!-- 获取多选答案 -->
            <div class="checkbox">
                <label>
                    <input type="checkbox" value="${answer.ans_id }"
                        name="${answer.que_id }" aria-label="...">
                    ${answer.DAAN}
                </label>
            </div>
        </li>
        </c:if>
    </c:if>
    </c:forEach>
    </ol>
    <br/>
    </td>
    </c:when>
    <c:otherwise>
    <td style="padding-left: 40px">
    <span>暂无任何答案</span>
    </td>
    </c:otherwise>
</c:choose>
</tr>
</c:forEach>
</tbody>
</c:when>
<c:otherwise>
<tr class="warning">
```

```
            <td>
                <span>暂无任何问题</span>
            </td>
        </tr>
    </c:otherwise>
</c:choose>
</table>
```

9.7 开发技巧

9.7.1 通过字符串 ASCII 码加密实现加密答案

在铭成在线考试系统中实现根据答案 ID 获取答案时，采用了通过把字符串中的字符转换成 ASCII 码，然后对 ASCII 码相加求和的方法，实现的对字符串的加密过程。字符串（String）是由字符（char）组成的，其中字符（char）在 ASCII 码表中存在与之相匹配的数值，把该字符串中的字符逐个转换成 ASCII 码并相加求和后，用这个"和"值表示该字符串，关键代码如下。

例程 14 代码位置：资源包\TM\09\examsys\examsys\src\com\mrkj\ygl\util\MrksUtils.java

```java
public static int statistics(String... ans_id) {           //String...为动态参数，等同于数组
    //String 与 StringBuffer 都可以存储和操作字符串，StringBuffer 操作字符串要比 String 性能好
    StringBuffer sb = new StringBuffer("");
    for (String id : ans_id) {
        sb.append(id);                                     //使用 StringBuffer 拼接字符串
    }
    char[] cArr = sb.toString().toCharArray();             //把字符串转换为 char 数组
    int result = 0;                                        //记录字符串总和
    for (char c : cArr) {
        result += c + 0;                                   //求 char 数组总和
    }
    return  result;                                        //返回求得的 char 数组总和
}
```

> **说明** 上述代码第 10 行的 "result += c+0" 使用了 char 类型与 int 类型相加，返回结果是 int 类型。

9.7.2 科学的加密方式 MD5

字符串 ASCII 码加密的方式可能会出现不精确的情况，但这是小概率事件。为了避免这样的问题，本还可以采用 Java 中科学的加密方式 MD5 对考题答案进行加密，关键代码如下。

例程 15 代码位置：资源包\TM\09\examsys\examsys\src\com\mrkj\ygl\util\MrksUtils.java

```java
public static String md5(String str) {
    try {
```

```
//使用 Java.security.MessageDigest 类实现了 MD5 算法
MessageDigest md = MessageDigest.getInstance("MD5");
//固定写法首先调用 update 更新
md.update(str.getBytes());
//更新后的 Byte 数组
byte b[] = md.digest();
int i;
StringBuffer buf = new StringBuffer("");
//固定算法
for (int offset = 0; offset<b.length; offset++) {
    i = b[offset];
    if (i< 0)
        i += 256;
    if (i< 16)
        buf.append("0");
    buf.append(Integer.toHexString(i));
}
str = buf.toString();
} catch (Exception e) {
    e.printStackTrace();
}
    return   str;
}
```

9.8 本章小结

在本章介绍的铭成在线考试系统中,应用到了 HTML 5 的 WebSocket 技术,通过该技术实现考试计功能时可以更好地实现实时与服务器同步数据。另外,还应用了 JSTL 标签库和 EL 表达式,大大减少了 JSP 页面中的脚本程序(Scriptlet),使页面代码更加简捷明了。对于本章所涉及的技术在实际项目开发时经常会应用,希望读者能认真学习,并做到融会贯通。

第10章

天下淘商城

（Struts 2.5+Spring+Hibernate+MySQL 实现）

喜欢网上购物的读者一定登录过淘宝网，也一定被网页上琳琅满目的商品吸引，忍不住购买一个自己喜爱的商品，如今也有越来越多的人加入网购的行列，做网上店铺的老板，做新时代的购物潮人，你是否也想过开发一个自己的网上商城？下面我们将一起进入天下淘网络商城开发的旅程。

通过阅读本章，可以学习到：

▶▶ 了解网上商城的核心业务

▶▶ 网站开发的基本流程

▶▶ SSH2 的整合

▶▶ MVC 的开发模式

▶▶ 支持无限级别树生成的算法

▶▶ 发布配置 Tomcat 服务器

配置说明

10.1 开发背景

随着Internet的迅速崛起，互联网用户的爆炸式增长以及互联网对传统行业的冲击让其成为人们快速获取、发布和传递信息的重要渠道，于是电子商务逐渐流行起来，越来越多的商家在网上建起网上商城，向消费者展示出一种全新的购物理念，同时也有越来越多的网友加入网上购物的行列，阿里巴巴旗下的淘宝的成功展现了电子商务网站强大的生命力和电子商务网站更加光明的未来。

笔者充分利用 Internet 平台，实现一种全新的购物方式——网上购物，其目的是方便广大网友购物，让网友足不出户就可以逛商城买商品，为此构建天下淘商城系统。

10.2 需求分析

天下淘商城系统是基于 B/S 模式的电子商务网站，用于满足不同人群的购物需求。笔者通过对现有的商务网站的考察和研究，从经营者和消费者的角度出发，以高效管理、满足消费者需求为原则，要求本系统满足以下要求。

- ☑ 统一友好的操作界面，具有良好的用户体验。
- ☑ 商品分类详尽，可按不同类别查看商品信息。
- ☑ 推荐产品、人气商品以及热销产品的展示。
- ☑ 会员信息的注册及验证。
- ☑ 用户可通过关键字搜索指定的产品信息。
- ☑ 用户可通过购物车一次购买多件商品。
- ☑ 实现收银台的功能，用户选择商品后可以在线提交订单。
- ☑ 提供简单的安全模型，用户必须先登录，才允许购买商品。
- ☑ 用户可查看自己的订单信息。
- ☑ 设计网站后台，管理网站的各项基本数据。
- ☑ 系统运行安全稳定，响应及时。

10.3 系统设计

10.3.1 功能结构

天下淘商城系统分为前台和后台两个部分的操作。前台主要有两大功能，分别是展示产品信息的各种浏览操作和会员用户购买商品的操作，当会员成功登录后，就可以使用购物车进行网上购物，天下淘商城前台功能结构如图 10.1 所示。

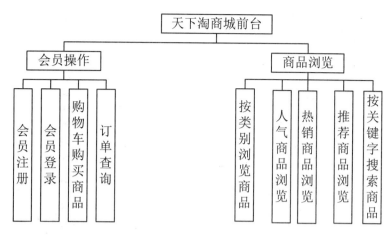

图 10.1　天下淘商城系统前台功能结构

后台的主要功能是当管理员成功登录后台后，用户可以对网站的基本信息进行维护。例如，管理员可以对商品的类别进行管理，可以删除和添加产品的类别；可以对商品信息进行维护；可以添加、删除、修改和查询产品信息，并上传产品的相关图片；可以对会员的订单进行集中管理，管理员可以对订单信息进行自定义的条件查询并修改制定的产品信息，天下淘商城后台功能结构如图 10.2 所示。

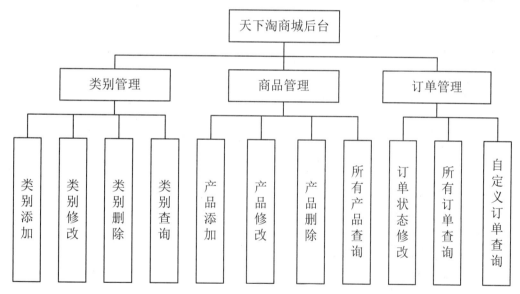

图 10.2　天下淘商城系统后台功能结构

10.3.2　系统流程

在天下淘商城中只有会员才允许进行购物操作，所以初次登录网站的游客如果想进行购物操作就必须注册为天下淘商城的会员。成功注册为会员后，会员可以使用购物车选择自己需要的商品，在确认订单付款后，系统将自动生成此次交易的订单基本信息。网站基本信息的维护由网站管理员负责，由管理员负责对商品信息、商品类别信息以及订单信息进行维护，关于订单的维护只能修改订单的状态，并不能修改订单的基本信息，因为订单确认之后就是用户与商家之间交易的凭证，第三方无权修改，天下淘商城的系统流程如图10.3所示。

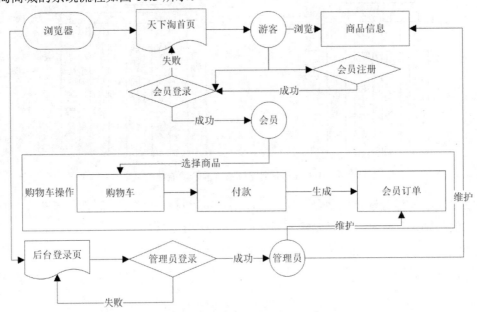

图10.3　天下淘商城系统流程

10.3.3　开发环境

本系统的软件开发及运行环境具体如下。
- ☑　操作系统：Windows 7。
- ☑　JDK 环境：Java SE Development Kit（JDK） version 8。
- ☑　开发工具：Eclipse for Java EE 4.7（Oxygen）。
- ☑　Web 服务器：Tomcat 9.0。
- ☑　数据库：MySQL 5.7 数据库。
- ☑　浏览器：推荐 Google Chrome 浏览器。
- ☑　分辨率：最佳效果为 1440×900 像素。

10.3.4　系统预览

系统预览将以用户交易为例，列出几个关键的页面。商品交易是天下淘商城的核心模块之一，通过该预览的展示，读者可以对天下淘商城有个基本的了解，同时读者也可以在资源包中对本程序的源程序进行查看。

当用户在地址栏中输入天下淘商城的域名，就可以进入天下淘商城，首页将商品的类别信息分类展现给用户，并在首页展示部分人气商品、推荐商品、热销商品以及上市新品，如图10.4所示。

第 10 章 天下淘商城（Struts 2.5+Spring+Hibernate+MySQL 实现）

图 10.4 天下淘商城首页效果

如果用户为会员，则在登录后就可以直接进行产品的选购。当用户在商品信息详细页面中单击"直接购买"超链接，就会将该商品放入购物车中，同时用户也可以使用购物车选购多种商品，购物车同时可以保存多件会员采购的商品信息，如图 10.5 所示为用户选购多件产品的效果。

图 10.5　天下淘商城购物车页面效果

当用户到收银台付款后，系统将自动生成订单，会员可通过单击左侧导航栏中的"我的订单"超链接查看自己的订单信息，如图 10.6 所示。

图 10.6　天下淘商城会员订单信息效果

10.3.5 文件夹组织结构

在编写代码之前,可以把系统中可能用到的文件夹先创建出来(例如,创建一个名为 images 的文件夹,用于保存网站中所使用的图片),这样不但可以方便以后的开发工作,也可以规范网站的整体架构,本系统的文件夹组织结构如图 10.7 所示。

图 10.7 天下淘商城文件夹组织结构

10.4 数据库设计

整个应用系统的运行离不开数据库的支持。数据库是应用系统的灵魂,没有了数据库的支撑,系统只能是一个空架子,它将很难完成与用户之间的交互。由此可见,数据库在系统中占有十分重要的地位。本系统采用的是 MySQL 数据库,通过 Hibernate 实现系统的持久化操作。

本节将根据天下淘商城的核心实体类,分别设计对应的 E-R 图和数据表。

10.4.1 数据库概念设计

所谓的数据库概念设计,就是将现实世界中的对象以 E-R 图的形式展现出来,本节将对程序所应用到的核心实体对象设计对应的 E-R 图。

tb_customer(会员信息表)的 E-R 图,如图 10.8 所示。
tb_order(订单信息表)的 E-R 图,如图 10.9 所示。
tb_orderitem(订单条目信息表)的 E-R 图,如图 10.10 所示。

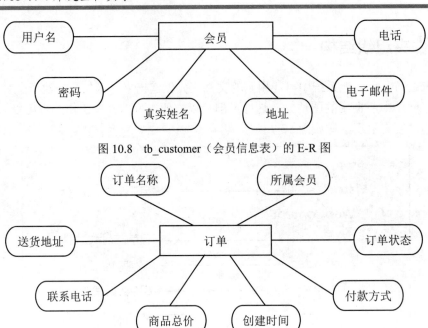

图 10.8　tb_customer（会员信息表）的 E-R 图

图 10.9　tb_order（订单信息表）的 E-R 图

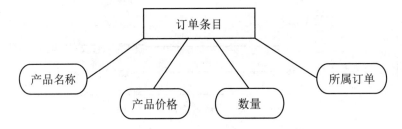

图 10.10　tb_orderitem（订单条目信息表）的 E-R 图

tb_productinfo（商品信息表）的 E-R 图，如图 10.11 所示。

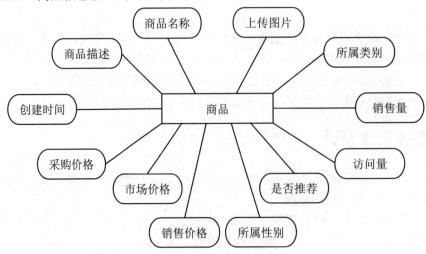

图 10.11　tb_productinfo（商品信息表）的 E-R 图

tb_productcategory（商品类别信息表）的 E-R 图，如图 10.12 所示。

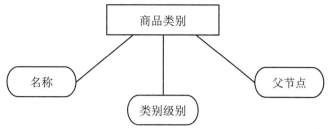

图 10.12 tb_productcategory（商品类别信息表）的 E-R 图

10.4.2 创建数据库及数据表

本系统采用 MySQL 数据库，创建的数据库名称为 db_shop，数据库 db_shop 中包含 7 张数据表，所有数据表的定义如下。

1．tb_customer（会员信息表）

用于存储会员的注册信息，该表的结构如表 10.1 所示。

表 10.1 tb_customer 信息表的表结构

字 段 名	数 据 类 型	是 否 为 空	是 否 主 键	默 认 值	说 明
id	INT(11)	否	是	NULL	系统自动编号
username	VARCHAR(50)	否	否	NULL	会员名称
password	VARCHAR(50)	否	否	NULL	登录密码
realname	VARCHAR(20)	是	否	NULL	真实姓名
address	VARCHAR(200)	是	否	NULL	地址
email	VARCHAR(50)	是	否	NULL	电子邮件
mobile	VARCHAR(11)	是	否	NULL	电话号码

2．tb_order（订单信息表）

用于存储会员的订单信息，该表的结构如表 10.2 所示。

表 10.2 tb_order 信息表的表结构

字 段 名	数 据 类 型	是 否 为 空	是 否 主 键	默 认 值	说 明
id	INT(11)	否	是	NULL	系统自动编号
name	VARCHAR(50)	否	否	NULL	订单名称
address	VARCHAR(200)	否	否	NULL	送货地址
mobile	VARCHAR(11)	否	否	NULL	电话
totalPrice	FLOAT	是	否	NULL	采购价格
createTime	DATETIME	是	否	NULL	创建时间
paymentWay	VARCHAR(15)	是	否	NULL	支付方式
orderState	VARCHAR(10)	是	否	NULL	订单状态
customerId	INT(11)	是	否	NULL	会员 ID

3. tb_orderitem（订单条目信息表）

用于存储会员订单的条目信息，该表的结构如表 10.3 所示。

表 10.3 tb_orderitem 信息表的表结构

字 段 名	数据类型	是否为空	是否主键	默 认 值	说 明
id	INT(11)	否	是	NULL	系统自动编号
productId	INT(11)	否	否	NULL	商品 ID
productName	VARCHAR(200)	否	否	NULL	商品名称
productPrice	FLOAT	否	否	NULL	商品价格
amount	INT(11)	是	否	NULL	商品数量
orderId	VARCHAR(30)	是	否	NULL	订单 ID

4. tb_productinfo（商品信息表）

用于存储商品信息，该表的结构如表 10.4 所示。

表 10.4 tb_productinfo 信息表的表结构

字 段 名	数据类型	是否为空	是否主键	默 认 值	说 明
id	INT(11)	否	是	NULL	系统自动编号
name	VARCHAR(100)	否	否	NULL	商品名称
description	TEXT	是	否	NULL	商品描述
createTime	DATETIME	是	否	NULL	创建时间
baseprice	FLOAT	是	否	NULL	采购价格
marketprice	FLOAT	是	否	NULL	市场价格
sellprice	FLOAT	是	否	NULL	销售价格
sexrequest	VARCHAR(5)	是	否	NULL	所属性别
commend	BIT(1)	是	否	NULL	是否推荐
clickcount	INT(11)	是	否	NULL	浏览量
sellCount	INT(11)	是	否	NULL	销售量
categoryId	INT(11)	是	否	NULL	商品类别 ID
uploadFile	INT(11)	是	否	NULL	上传文件 ID

5. tb_productcategory（商品类别信息表）

用于存储商品的类别信息，该表的结构如表 10.5 所示。

表 10.5 tb_productcategory 信息表的表结构

字 段 名	数据类型	是否为空	是否主键	默 认 值	说 明
id	INT(11)	否	是	NULL	系统自动编号
name	VARCHAR(50)	否	否	NULL	类别名称
level	INT(11)	是	否	NULL	类别级别
pid	INT(11)	是	否	NULL	父节点类别 ID

6. tb_user（管理员信息表）

用于存储网站后台管理员信息，该表的结构如表 10.6 所示。

表 10.6 tb_productcategory 信息表的表结构

字 段 名	数据类型	是否为空	是否主键	默 认 值	说 明
id	INT(11)	否	是	NULL	系统自动编号
username	VARCHAR(50)	否	否	NULL	用户名
password	VARCHAR(50)	否	否	NULL	登录密码

7. tb_uploadfile（上传文件信息表）

用于存储上传文件的路径信息，该表的结构如表 10.7 所示。

表 10.7 tb_uploadfile 信息表的表结构

字 段 名	数据类型	是否为空	是否主键	默 认 值	说 明
id	INT(11)	否	是	NULL	系统自动编号
path	VARCHAR(255)	否	是	NULL	文件路径信息

10.5 公共模块的设计

视频讲解

在项目中经常会有一些公共类，例如 Hibernate 的初始化类，一些自定义的字符串处理方法，抽取系统中公共模块更加有利于代码重用，同时也能提高程序的开发效率，在进行正式开发时首先要进行的就是公共模块的编写。下面将介绍天下淘商城的公共类。

10.5.1 泛型工具类

Hibernate 提供了高效的对象到关系型数据库的持久化服务，通过面向对象的思想进行数据持久化的操作，Hibernate 的操作对象就是数据表所对应的实体对象。为了将一些公用的持久化方法提取出来，首先要实现获取实体对象的类型方法，在本应用中通过自定义创建一个泛型工具类 GenericsUtils 来达到此目的，关键代码如下。

例程 01 代码位置：资源包\TM\10\Shop\src\com\lyq\util\GenericsUtils.java

```
public class GenericsUtils {
    /**
     * 获取泛型的类型
     * @param clazz
     * @return Class
     */
    @SuppressWarnings("rawtypes")
    public static Class getGenericType(Class clazz){
        Type genType = clazz.getGenericSuperclass();         //得到泛型父类
        Type[] types = ((ParameterizedType) genType).getActualTypeArguments();
```

```java
            if (!(types[0] instanceof Class)) {
                return Object.class;
            }
            return (Class) types[0];
    }
    /**
     * 获取对象的类名称
     * @param clazz
     * @return 类名称
     */
    @SuppressWarnings("rawtypes")
    public static String getGenericName(Class clazz){
            return clazz.getSimpleName();
    }
}
```

10.5.2 数据持久化类

在本应用中利用 DAO 模式实现数据库基本操作方法的封装，数据库中最为基本的操作就是增、删、改、查，据此自定义数据库操作的公共方法。由控制器负责获取请求参数并控制转发，由 DAOSupport 类组织 SQL 语句。

根据自定义的数据库操作的公共方法，创建接口 BaseDao<T>，关键代码如下。

例程 02　代码位置：资源包\TM\10\Shop\src\com\lyq\dao\BaseDao.java

```java
public interface BaseDao<T> {
    //基本数据库操作方法
    public void save(Object obj);                                   //保存数据
    public void saveOrUpdate(Object obj);                           //保存或修改数据
    public void update(Object obj);                                 //修改数据
    public void delete(Serializable ... ids);                       //删除数据
    public T get(Serializable entityId);                            //加载实体对象
    public T load(Serializable entityId);                           //加载实体对象
    public Object uniqueResult(String hql, Object[] queryParams);   //使用 HQL 语句操作
    …                                                               //此处省略了其他的方法代码
}
```

创建类 DaoSupport，该类继承 BaseDao<T>接口，在类中实现接口中自定义的方法，其关键代码如下。

例程 03　代码位置：资源包\TM\10\Shop\src\com\lyq\dao\DaoSupport.java

```java
@Transactional
@SuppressWarnings("unchecked")
public class DaoSupport<T> implements BaseDao<T> {
    //泛型的类型
    protected Class<T> entityClass = GenericsUtils.getGenericType(this.getClass());
    //采用 Spring 的自动装配注解注入 SessionFactory
    @Autowired
    public SessionFactory sessionfactory;
    /**
     * 获取与当前线程绑定的 session
```

```java
     *
     * @return
     */
    public Session getSession() {
        return sessionfactory.getCurrentSession();
    }
    @Override
    public void delete(Serializable... ids) {
        for (Serializable id : ids) {
            T t = (T) getSession().load(this.entityClass, id);
            getSession().delete(t);
        }
    }
    /**
     * 利用 get()方法加载对象，获取对象的详细信息
     */
    @Transactional(propagation = Propagation.NOT_SUPPORTED, readOnly = true)
    public T get(Serializable entityId) {
        return (T) getSession().get(this.entityClass, entityId);
    }
    /**
     * 利用 load()方法加载对象，获取对象的详细信息
     */
    @Transactional(propagation = Propagation.NOT_SUPPORTED, readOnly = true)
    public T load(Serializable entityId) {
        return (T) getSession().load(this.entityClass, entityId);
    }
    /**
     * 利用 save()方法保存对象的详细信息
     */
    @Override
    public void save(Object obj) {
        getSession().save(obj);
    }
    @Override
    public void saveOrUpdate(Object obj) {
        getSession().saveOrUpdate(obj);
    }
    /**
     * 利用 update()方法修改对象的详细信息
     */
    @Override
    public void update(Object obj) {
        getSession().update(obj);
    }
}
```

10.5.3 分页操作

分页查询是 Java Web 开发中十分常用的技术。在数据库量非常大的情况下，不适合将所有数据显示到一个页面之中，这样既给查看带来不便，又占用程序及数据库的资源，此时就需要对数据进行分

页查询。本系统应用 Hibernate 的 find()方法实现数据分页的操作，将分页的方法封装在创建类 DaoSupport 中，下面将介绍 Hibernate 分页实现的方法。

1．分页实体对象

首先定义分页的实体对象，封装分页基本属性信息和在分页过程中使用的获取页码的方法。

例程 04　代码位置：资源包\TM\10\Shop\src\com\lyq\model\PageModel.java

```java
public class PageModel<T> {
    private int totalRecords;                                  //总记录数
    private List<T> list;                                      //结果集
    private int pageNo;                                        //当前页
    private int pageSize;                                      //每页显示多少条
    //取得第一页
    public int getTopPageNo() {
        return 1;
    }
     //取得上一页
    public int getPreviousPageNo() {
        if (pageNo <= 1) {
            return 1;
        }
        return pageNo -1;
    }
    //取得下一页
    public int getNextPageNo() {
        if (pageNo >= getTotalPages()) {                       //如果当前页大于页码
            return getTotalPages() == 0 ? 1 : getTotalPages(); //返回最后一页
        }
        return pageNo + 1;
    }
    //取得最后一页
    public int getBottomPageNo() {
        return getTotalPages() == 0 ? 1 : getTotalPages();     //如果总页数为0则返回1，反之返回总页数
    }
    //取得总页数
    public int getTotalPages() {
        return (totalRecords + pageSize - 1) / pageSize;
    }
    ...                                                        //省略的 Setter 和 Getter 方法
}
```

在页面的实体对象中，封装了几个重要的页码获取方法，即获取第一页、上一页、下一页、最后一页以及总页数的方法。

在取得上一页页码的 getPreviousPageNo()方法中，如果当前页的页码数为首页，那么上一页返回的页码数为 1。

在获取最后一页的 getBottomPageNo()方法中，通过三目运算符进行选择判断返回的页码，如果总页数为 0 则返回 1，反之返回总页面数。当数据库中没有任何信息的时候，总页数为 0。

2. 实现自定义分页方法

在公共接口中定义几种不同的分页方法,这些方法定义使用了相同的分页方法,不同的参数,自定义分页方法关键代码如下。

例程 05　代码位置:资源包\TM\10\Shop\src\com\lyq\dao\BaseDao.java

```
public interface BaseDao<T> {
    …                                                           //省略的基本数据库操作方法
    //分页操作
    public long getCount();                                     //获取总信息数
    public PageModel<T> find(int pageNo, int maxResult);        //普通分页操作
    //搜索信息分页方法
    public PageModel<T> find(int pageNo, int maxResult,String where, Object[] queryParams);
    //按指定条件排序分页方法
    public PageModel<T> find(int pageNo, int maxResult,Map<String, String> orderby);
    public PageModel<T> find(String where, Object[] queryParams,
            Map<String, String> orderby, int pageNo, int maxResult);   //按指定条件分页和排序的分页方法
}
```

10.5.4　实体映射

由于本程序中使用了 Hibernate 框架,所以需要创建实体对象并通过 Hibernate 的映射文件将实体对象与数据库中相应的数据表进行关联。在天下淘商城中有 5 个主要的实体对象,分别是会员实体对象、订单实体对象、订单条目实体对象、商品实体对象以及商品类别实体对象。

1. 实体对象总体设计

实体对象是 Hibernate 中非常重要的一个环节,因为 Hibernate 只有通过映射文件建立实体对象与数据库数据表之间的关系,才能进行系统的持久化操作。在天下淘商城网站中主要实体对象及其关系如图 10.13 所示。

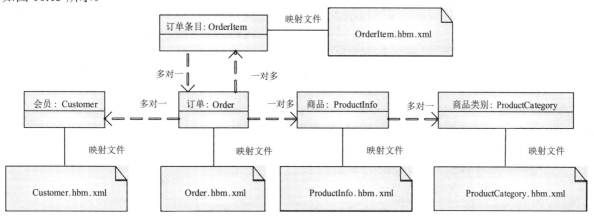

图 10.13　天下淘商城主要实体对象及其关系

从图 10.13 中可以看到,该项目主要有 5 个实体对象,分别是会员实体对象 Customer 类、订单实体对象 Order 类、订单条目实体对象 OrderItem 类、商品实体对象 ProductInfo 类和商品类别实体对象 ProductCategory 类。

从图 10.13 中可以看到会员与订单是一对多的关系，一个会员可以对应多张订单，但是每张订单只能对应一个会员；订单条目与订单为多对一的关系，一张订单中可以包含多个订单条目，但是每个订单条目只能对应一张订单；订单与产品是一对多的关系，一张订单可以对应多个商品；商品与商品类别是多对一的关系，多件商品可以对应一个商品类别。

其中的*.hbm.xml 文件为实体对象的 Hibernate 映射文件。

2．会员信息

Customer 类为会员信息实体类，用于封装会员的注册信息，其关键代码如下。

例程 06　代码位置：资源包\TM\10\Shop\src\com\lyq\model\user\Customer.java

```java
public class Customer implements Serializable{
    private Integer id;                        //用户编号
    private String username;                   //用户名
    private String password;                   //密码
    private String realname;                   //真实姓名
    private String email;                      //邮箱
    private String address;                    //住址
    private String mobile;                     //手机
    ...                                        //省略的 Setter 和 Getter 方法
}
```

创建会员信息实体类的映射文件 Customer.hbm.xml，在映射文件中配置会员实体类属性与数据表 tb_customer 响应字段的关联，并声明用户编号的主键生成策略为自动增长，配置文件中的关键代码如下。

例程 07　代码位置：资源包\TM\10\Shop\src\com\lyq\model\user\Customer.hbm.xml

```xml
<?xml version="1.0" encoding="UTF-8"?>
<!DOCTYPE hibernate-mapping PUBLIC
    "-//Hibernate/Hibernate Mapping DTD 3.0//EN"
    "http://hibernate.sourceforge.net/hibernate-mapping-3.0.dtd" >
<hibernate-mapping package="com.lyq.model.user">
    <class name="Customer" table="tb_customer">
        <id name="id">
            <generator class="native"/>
        </id>
        <property name="username" not-null="true" length="50"/>
        <property name="password" not-null="true" length="50"/>
        <property name="realname" length="20"/>
        <property name="address" length="200"/>
        <property name="email" length="50"/>
        <property name="mobile" length="11"/>
    </class>
</hibernate-mapping>
```

3．订单信息

Order 类为订单信息实体类，用户封装订单的基本信息，但是不包括详细的订购信息，其关键代码如下。

例程 08 代码位置：资源包\TM\10\Shop\src\com\lyq\model\order\Order.java

```java
public class Order implements Serializable {
    private String orderId;                    //订单编号（手动分配）
    private Customer customer;                 //所属用户
    private String name;                       //收货人姓名
    private String address;                    //收货人住址
    private String mobile;                     //收货人手机
    private Set<OrderItem> orderItems;         //所买商品
    private Float totalPrice;                  //总额
    private PaymentWay paymentWay;             //支付方式
    private OrderState orderState;             //订单状态
    private Date createTime = new Date();      //创建时间
    ...                                        //省略的 Setter 和 Getter 方法
}
```

创建订单信息实体类的映射文件 Order.hbm.xml，在映射文件中配置订单实体类属性与数据表 tb_order 字段的关联，声明主键 orderId 的主键生成策略为手动分配，并配置订单与会员的多对一关系，订单与订单项的一对多关系，其关键代码如下。

例程 09 代码位置：资源包\TM\10\Shop\src\com\lyq\model\order\Order.hbm.xml

```xml
<?xml version="1.0" encoding="UTF-8"?>
<!DOCTYPE hibernate-mapping PUBLIC
    "-//Hibernate/Hibernate Mapping DTD 3.0//EN"
    "http://hibernate.sourceforge.net/hibernate-mapping-3.0.dtd" >
<hibernate-mapping package="com.lyq.model.order">
<class name="Order" table="tb_order">
<id name="orderId" type="string" length="30">
<generator class="assigned"/>
</id>
<property name="name" not-null="true" length="50"/>
<property name="address" not-null="true" length="200"/>
<property name="mobile" not-null="true" length="11"/>
<property name="totalPrice"/>
<property name="createTime" />
<property name="paymentWay" type="com.lyq.util.hibernate.PaymentWayType" length="15"/>
<property name="orderState" type="com.lyq.util.hibernate.OrderStateType" length="10"/>
<!-- 多对一映射用户 -->
<many-to-one name="customer" column="customerId"/>
<!-- 映射订单项 -->
<set name="orderItems" inverse="true" lazy="extra" cascade="all">
<key column="orderId"/>
<one-to-many class="OrderItem"/>
</set>
</class>
</hibernate-mapping>
```

4．订单条目信息

OrderItem 类为订单条目的实体对象，用于封装一个订单中的一条详细商品采购信息，其关键代码如下。

例程 10　代码位置：资源包\TM\10\Shop\src\com\lyq\model\order\OrderItem.java

```
public class OrderItem implements Serializable{
    private Integer id;                          //商品条目编号
    private Integer productId;                   //商品 id
    private String productName;                  //商品名称
    private Float productMarketprice;            //市场价格
    private Float productPrice;                  //商品销售价格
    private Integer amount=1;                    //购买数量
    private Order order;                         //所属订单
    ...                                          //省略的 Setter 和 Getter 方法
}
```

创建订单条目信息实体类的映射文件 OrderItem.hbm.xml，在映射文件中配置订单条目实体类属性与数据表 tb_orderitem 字段的关联，声明主键 id 的主键生成策略为自动增长，并配置订单条目与订单的多对一关系，其关键代码如下。

例程 11　代码位置：资源包\TM\10\Shop\src\com\lyq\model\order\OrderItem.hbm.xml

```xml
<?xml version="1.0" encoding="UTF-8"?>
<!DOCTYPE hibernate-mapping PUBLIC
    "-//Hibernate/Hibernate Mapping DTD 3.0//EN"
    "http://hibernate.sourceforge.net/hibernate-mapping-3.0.dtd" >
<hibernate-mapping package="com.lyq.model.order">
<class name="OrderItem" table="tb_orderItem">
<id name="id">
<generator class="native"/>
</id>
<property name="productId" not-null="true"/>
<property name="productName" not-null="true" length="200"/>
<property name="productPrice" not-null="true"/>
<property name="amount"/>
<!-- 多对一映射订单 -->
<many-to-one name="order" column="orderId"/>
</class>
</hibernate-mapping>
```

5．商品信息

ProductInfo 类为商品信息实体类，主要用户封装商品相关的基本信息，它是整个系统中最为重要的一个实体对象，也是应用最多的一个实体对象，整个网站的业务流程都以商品为核心进行展开，其关键代码如下。

例程 12　代码位置：资源包\TM\10\Shop\src\com\lyq\model\product\ProductInfo.java

```
public class ProductInfo implements Serializable {
    private Integer id;                             //商品编号
    private String name;                            //商品名称
    private String description;                     //商品说明
    private Date createTime = new Date();           //上架时间
    private Float baseprice;                        //商品采购价格
    private Float marketprice;                      //现在市场价格
```

```
    private Float sellprice;                              //商城销售价格
    private Sex sexrequest    ;                           //所属性别
    private Boolean commend = false;                      //是否是推荐商品（默认值为false）
    private Integer clickcount = 1;                       //访问量（统计受欢迎的程度）
    private Integer sellCount = 0;                        //销售数量（统计热销商品）
    private ProductCategory category;                     //所属类别
    private UploadFile uploadFile;                        //上传文件
    ...                                                   //省略的Setter和Getter方法
}
```

创建商品信息实体类的映射文件 ProductInfo.hbm.xml，在映射文件中配置商品实体类属性与数据表 tb_productinfo 字段的关联，并声明其主键 id 的生成策略为自动增长，并配置商品与商品类别多对一关联关系、商品与商品上传文件的多对一关联关系，其关键代码如下。

例程 13 代码位置：资源包\TM\10\Shop\src\com\lyq\model\product\ProductInfo.hbm.xml

```xml
<?xml version="1.0" encoding="UTF-8"?>
<!DOCTYPE hibernate-mapping PUBLIC
    "-//Hibernate/Hibernate Mapping DTD 3.0//EN"
    "http://hibernate.sourceforge.net/hibernate-mapping-3.0.dtd" >
<hibernate-mapping package="com.lyq.model.product">
<class name="ProductInfo" table="tb_productInfo">
<id name="id">
<generator class="native"/>
</id>
<property name="name" not-null="true" length="100"/>
<property name="description" type="text"/>
<property name="createTime"/>
<property name="baseprice"/>
<property name="marketprice"/>
<property name="sellprice"/>
<property name="sexrequest" type="com.lyq.util.hibernate.SexType" length="5"/>
<property name="commend"/>
<property name="clickcount"/>
<property name="sellCount"/>
<!-- 多对一映射类别  -->
<many-to-one name="category" column="categoryId"/>
<!-- 多对一映射上传文件  -->
<many-to-one name="uploadFile" unique="true" cascade="all" lazy="false"/>
</class>
</hibernate-mapping>
```

10.6 项目环境搭建

在项目正式开发的第一步就是搭建项目的环境和项目集成的框架等，都说万丈高楼平地起，从此开始将踏上万里征程的第一步，在此之前需要将 Spring、Struts 2.5、Hibernate 和系统应用的其他 jar 包导入项目的 lib 文件下。

10.6.1 配置 Struts 2.5

struts.xml 文件是 Struts 2.5 重要的配置文件，通过对该文件的配置实现程序的 Action 与用户请求之间的映射、视图映射等重要的配置信息。在项目的 ClassPath 下创建 struts.xml 文件，其配置代码如下。

例程 14 代码位置：资源包\TM\10\Shop\src\struts.xml

```xml
<?xml version="1.0" encoding="UTF-8"?>
<!DOCTYPE struts PUBLIC
        "-//Apache Software Foundation//DTD Struts Configuration 2.5//EN"
        "http://struts.apache.org/dtds/struts-2.5.dtd">
<struts>
    <!-- 前台和后台公共视图的映射 -->
    <include file="com/lyq/action/struts-default.xml" />
    <!-- 后台管理的 Struts 2.5 配置文件 -->
    <include file="com/lyq/action/struts-admin.xml" />
    <!-- 前台管理的 Struts 2.5 配置文件 -->
    <include file="com/lyq/action/struts-front.xml" />
</struts>
```

为了便于程序的维护和管理，将前台和后台的 Struts 2.5 配置文件进行分开处理，然后通过 include 标签加载在系统默认加载的 Struts 2.5 配置文件中。在此将 Struts 2.5 配置文件分为三个部分，struts-default.xml 文件为前台和后台公共的视图映射配置文件，其代码如下。

例程 15 代码位置：资源包\TM\10\Shop\src\com\lyq\action\struts-default.xml

```xml
<?xml version="1.0" encoding="UTF-8"?>
<!DOCTYPE struts PUBLIC
        "-//Apache Software Foundation//DTD Struts Configuration 2.5//EN"
        "http://struts.apache.org/dtds/struts-2.5.dtd">
<struts>
    <!-- OGNL 可以使用静态方法 -->
    <constant name="struts.ognl.allowStaticMethodAccess" value="true"/>
    <package name="shop-default" abstract="true" extends="struts-default" >
        <global-results>
            …<!--省略的配置信息 -->
        </global-results>
        <global-exception-mappings>
            <exception-mapping result="error" exception="com.lyq.util.AppException">
            </exception-mapping>
        </global-exception-mappings>
    </package>
</struts>
```

后台管理的 Struts 2.5 配置文件 struts-admin.xml 主要负责后台用户请求的 Action 和视图映射，其代码如下。

例程 16 代码位置：资源包\TM\10\Shop\src\com\lyq\action\struts-admin.xml

```xml
<?xml version="1.0" encoding="UTF-8"?>
<!DOCTYPE struts PUBLIC
```

```xml
"-//Apache Software Foundation//DTD Struts Configuration 2.5//EN"
"http://struts.apache.org/dtds/struts-2.5.dtd">
<struts>
    <!-- 后台管理 -->
    <package name="shop.admin" namespace="/admin" extends="shop-default"
                                                 strict-method-invocation="false">
            <!-- 配置拦截器 -->
            <interceptors>
                    <!-- 验证用户登录的拦截器 -->
                    <interceptor name="loginInterceptor"
                        class="com.lyq.action.interceptor.UserLoginInterceptor"/>
                    <interceptor-stack name="adminDefaultStack">
                        <interceptor-ref name="loginInterceptor"/>
                        <interceptor-ref name="defaultStack"/>
                    </interceptor-stack>
            </interceptors>
            <action name="admin_*" class="indexAction" method="{1}">
                <result name="top">/WEB-INF/pages/admin/top.jsp</result>
                …<!--省略的 Action 配置 -->
                <interceptor-ref name="adminDefaultStack"/>
            </action>
    </package>
    <package name="shop.admin.user" namespace="/admin/user" extends="shop-default"
                                                 strict-method-invocation="false">
            <action name="user_*" method="{1}" class="userAction"></action>
    </package>
    <!-- 栏目管理 -->
    <package name="shop.admin.category" namespace="/admin/product" extends="shop.admin"
                                                 strict-method-invocation="false">
            <action name="category_*" method="{1}" class="productCategoryAction">
                …<!--省略的 Action 配置 -->
                <interceptor-ref name="adminDefaultStack"/>
            </action>
    </package>
    <!-- 商品管理 -->
    <package name="shop.admin.product" namespace="/admin/product" extends="shop.admin"
                                                 strict-method-invocation="false">
            <action name="product_*" method="{1}" class="productAction">
                …<!--省略的 Action 配置 -->
                <interceptor-ref name="adminDefaultStack"/>
            </action>
    </package>
    <!-- 订单管理 -->
    <package name="shop.admin.order" namespace="/admin/product" extends="shop.admin"
                                                 strict-method-invocation="false">
            <action name="order_*" method="{1}" class="orderAction">
                …<!--省略的 Action 配置 -->
                <interceptor-ref name="adminDefaultStack"/>
            </action>
    </package>
</struts>
```

前台管理的 Struts 2.5 配置文件 struts-front.xml 主要负责前台用户请求的 Action 和视图映射，其代码如下。

例程 17 代码位置：资源包\TM\10\Shop\src\com\lyq\action\struts-front.xml

```xml
<?xml version="1.0" encoding="UTF-8"?>
<!DOCTYPE struts PUBLIC
    "-//Apache Software Foundation//DTD Struts Configuration 2.1//EN"
    "http://struts.apache.org/dtds/struts-2.1.dtd" >
<struts>
    <!-- 程序前台 -->
    <package name="shop.front" extends="shop-default" strict-method-invocation="false">
        <!-- 配置拦截器 -->
        <interceptors>
            <!-- 验证用户登录的拦截器 -->
            <interceptor name="loginInterceptor"
                class="com.lyq.action.interceptor.CustomerLoginInteceptor"/>
            <interceptor-stack name="customerDefaultStack">
                <interceptor-ref name="loginInterceptor"/>
                <interceptor-ref name="defaultStack"/>
            </interceptor-stack>
        </interceptors>
        <action name="index" class="indexAction">
            <result>/WEB-INF/pages/index.jsp</result>
        </action>
    </package>
    <!-- 消费者 Action -->
    <package name="shop.customer" extends="shop-default" namespace="/customer"
                                                        strict-method-invocation="false">
        <action name="customer_*" method="{1}" class="customerAction"></action>
    </package>
    <!-- 商品 Action -->
    <package name="shop.product" extends="shop-default" namespace="/product"
                                                        strict-method-invocation="false">
        <action name="product_*" class="productAction" method="{1}">
            …<!--省略的 Action 配置 -->
        </action>
    </package>
    <!-- 购物车 Action -->
    <package name="shop.cart" extends="shop.front" namespace="/product"
                                                        strict-method-invocation="false">
        <action name="cart_*" class="cartAction" method="{1}">
            …<!--省略的 Action 配置 -->
            <interceptor-ref name="customerDefaultStack"/>
        </action>
    </package>
    <!-- 订单 Action -->
    <package name="shop.order" extends="shop.front" namespace="/product"
                                                        strict-method-invocation="false">
        <action name="order_*" class="orderAction" method="{1}">
            …<!--省略的 Action 配置 -->
```

```xml
            <interceptor-ref name="customerDefaultStack"/>
        </action>
    </package>
</struts>
```

10.6.2 配置 Hibernate

Hibernate 配置文件主要用于配置数据库连接和 Hibernate 运行时所需的各种属性，这个配置文件位于应用程序或 Web 程序的类文件夹 classes 中。Hibernate 配置文件支持两种形式，一种是 Xml 格式的配置文件，另一种是 Java 属性文件格式的配置文件，采用"键=值"的形式，建议采用 Xml 格式的配置文件。

在 Hibernate 的配置文件中配置连接的数据库的连接信息、数据库方言以及打印 SQL 语句等属性，其关键代码如下。

例程 18 代码位置：资源包\TM\10\Shop\src\hibernate.cfg.xml

```xml
<?xml version="1.0" encoding="UTF-8"?>
<!DOCTYPE hibernate-configuration PUBLIC
    "-//Hibernate/Hibernate Configuration DTD 3.0//EN"
    "http://hibernate.sourceforge.net/hibernate-configuration-3.0.dtd" >
<hibernate-configuration>
    <session-factory>
        <!-- 数据库方言 -->
        <property name="hibernate.dialect">org.hibernate.dialect.MySQLDialect</property>
        <!-- 数据库驱动 -->
        <property name="hibernate.connection.driver_class">com.mysql.jdbc.Driver</property>
        <!-- 数据库连接信息 -->
        <property name="hibernate.connection.url">jdbc:mysql://localhost:3306/db_shop</property>
        <property name="hibernate.connection.username">root</property>
        <property name="hibernate.connection.password">root</property>
        <property name="hibernate.show_sql">false</property>           <!-- 不打印 SQL 语句 -->
        <!-- 不格式化 SQL 语句 -->
        <property name="hibernate.format_sql">false</property>
        <!-- C3P0 JDBC 连接池 -->
        <property name="hibernate.c3p0.max_size">20</property>
        <property name="hibernate.c3p0.min_size">5</property>
        <property name="hibernate.c3p0.timeout">120</property>
        <property name="hibernate.c3p0.max_statements">100</property>
        <property name="hibernate.c3p0.idle_test_period">120</property>
        <property name="hibernate.c3p0.acquire_increment">2</property>
        <property name="hibernate.c3p0.validate">true</property>
        <!-- 映射文件 -->
        <mapping resource="com/lyq/model/user/User.hbm.xml"/>
        …<!--省略的映射文件 -->
    </session-factory>
</hibernate-configuration>
```

说明 C3P0是一个随Hibernate一同分发的开发的JDBC连接池,它位于Hibernate源文件的lib目录下。如果在配置文件中设置了 hibernate.c3p0.*的相关属性,Hibernate 将会使用C3P0ConnectionProvider来缓存JDBC连接。

10.6.3 配置Spring

利用Spring加载Hibernate的配置文件以及Session管理类,所以在配置Spring的时候,只需要配置Spring的核心配置文件applicationContext-common.xml,其代码如下。

例程19 代码位置:资源包\TM\10\Shop\src\applicationContext-common.xml

```xml
<?xml version="1.0" encoding="UTF-8"?>
<beans xmlns="http://www.springframework.org/schema/beans"
    xmlns:context="http://www.springframework.org/schema/context"
    xmlns:xsi="http://www.w3.org/2001/XMLSchema-instance"
    xmlns:tx="http://www.springframework.org/schema/tx"
    xmlns:aop="http://www.springframework.org/schema/aop"
    xsi:schemaLocation="http://www.springframework.org/schema/beans
    http://www.springframework.org/schema/beans/spring-beans-4.0.xsd
    http://www.springframework.org/schema/context
    http://www.springframework.org/schema/context/spring-context-4.0.xsd
    http://www.springframework.org/schema/aop
    http://www.springframework.org/schema/aop/spring-aop-4.0.xsd
    http://www.springframework.org/schema/tx
    http://www.springframework.org/schema/tx/spring-tx-4.0.xsd">
    <context:annotation-config/>
    <context:component-scan base-package="com.lyq"/>
    <!-- 配置sessionFactory -->
    <bean id="sessionFactory"
        class="org.springframework.orm.hibernate4.LocalSessionFactoryBean">
        <property name="configLocation">
            <value>classpath:hibernate.cfg.xml</value>
        </property>
    </bean>
    <!-- 配置事务管理器 -->
    <bean id="transactionManager"
        class="org.springframework.orm.hibernate4.HibernateTransactionManager">
        <property name="sessionFactory">
            <ref bean="sessionFactory" />
        </property>
        <property name="dataSource" ref="datasource"></property>
    </bean>
    <tx:annotation-driven transaction-manager="transactionManager" />
    <!-- 配置数据源 -->
    <bean id="datasource"
        class="org.springframework.jdbc.datasource.DriverManagerDataSource">
        <property name="driverClassName" value="com.mysql.jdbc.Driver" />
```

```xml
        <property name="url" value="jdbc:mysql://localhost:3306/db_shop" />
        <property name="username" value="root" />
        <property name="password" value="root" />
    </bean>
</beans>
```

10.6.4 配置 web.xml

任何 MVC 框架都需要与 Servlet 应用整合，而 Servlet 必须在 web.xml 文件中进行配置。web.xml 的配置文件是项目的基本配置文件，通过该文件设置实例化 Spring 容器、过滤器、配置 Struts 2.5 以及设置程序默认执行的操作，其关键代码如下：

例程 20 代码位置：资源包\TM\10\Shop\WebContent\WEB-INF\web.xml

```xml
<?xml version="1.0" encoding="UTF-8"?>
<web-app xmlns:xsi="http://www.w3.org/2001/XMLSchema-instance"
    xmlns="http://xmlns.jcp.org/xml/ns/javaee"
    xsi:schemaLocation="http://xmlns.jcp.org/xml/ns/javaee
    http://xmlns.jcp.org/xml/ns/javaee/web-app_3_1.xsd"
    id="WebApp_ID" version="3.1">
    <display-name>Shop</display-name>
    <!-- 对 Spring 容器进行实例化 -->
    <listener>
        <listener-class>org.springframework.web.context.ContextLoaderListener</listener-class>
    </listener>
    <context-param>
        <param-name>contextConfigLocation</param-name>
        <param-value>classpath:applicationContext-*.xml</param-value>
    </context-param>
    <!-- OpenSessionInViewFilter 过滤器 -->
    <filter>
        <filter-name>openSessionInViewFilter</filter-name>
        <filter-class>org.springframework.orm.hibernate4.support.OpenSessionInViewFilter</filter-class>
    </filter>
    <filter-mapping>
        <filter-name>openSessionInViewFilter</filter-name>
        <url-pattern>/*</url-pattern>
    </filter-mapping>
    <!-- Struts 2.5 配置 -->
    <filter>
        <filter-name>struts2</filter-name>
        <filter-class>org.apache.struts2.dispatcher.filter.StrutsPrepareAndExecuteFilter</filter-class>
    </filter>
    <filter-mapping>
        <filter-name>struts2</filter-name>
        <url-pattern>/*</url-pattern>
    </filter-mapping>
    <!-- 设置程序的默认欢迎页面 -->
    <welcome-file-list>
        <welcome-file>index.jsp</welcome-file>
```

```
        </welcome-file-list>
</web-app>
```

10.7 前台商品信息查询模块设计

商品是天下淘商城的灵魂,只有好的商品展示以及丰富的商品信息才能吸引顾客的眼球,提高网站的关注度,这也是为企业创造效益的决定性因素,所以天下淘商城的前台商品展示在整个系统中占有非常重要的地位。

10.7.1 前台商品信息查询模块概述

根据前台的页面设计将前台商品信息查询模块划分为 5 个子模块,主要包括商品类别分级查询、人气商品查询、热销商品查询、推荐商品查询以及商品模糊查询,如图 10.14 所示。

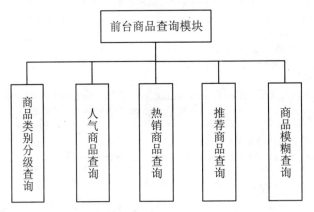

图 10.14 前台商品信息查询模块框架

10.7.2 前台商品信息查询模块技术分析

在前台的首页商品展示中,首先展现给用户的就是商品类别的分级显示,方便用户按类别对商品进行查询,同时也能体现出天下淘商城产品种类的丰富多样。

实现商品类别的分级查询,首先需要查询所有的一级节点,通过公共模块持久化类中封装的 find() 方法实现该功能,在首页的 Action 请求 IndexAction 的 execute() 方法中,调用封装的 find() 方法,其关键代码如下。

例程 21 代码位置:资源包\TM\10\Shop\src\com\lyq\action\IndexAction.java

```
public String execute() throws Exception {
    //查询所有类别
    String where = "where parent is null";
    categories = categoryDao.find(-1, -1, where, null).getList();
    …                //省略的 Setter 和 Getter 方法
}
```

在 find()方法中含有 4 个参数,其中"-1"参数分别表示当前页数和每页显示的记录数,根据这两个参数,where 参数表示的是查询条件,null 参数表示数据排序的条件参数。find()方法会根据提供的两个"-1"参数执行以下代码。

```
//如果 maxResult<0,则查询所有
if(maxResult < 0 && pageNo < 0){
    list = query.list();            //将查询结果转化为 List 对象
}
```

10.7.3 前台商品信息查询模块实现过程

本模块使用的数据表:tb_productinfo。

在天下淘商城中主要实现普通搜索,在对数据表的简单搜索中,当搜索表单中没有输入任何数据时,单击"搜索"按钮,可以对数据表中的所有内容进行查询;当在关键字文本框中输入要搜索的内容时,单击"搜索"按钮,可以按关键字内容查询数据表中所有的内容。该功能方便了用户对商品信息的查找,用户可以在首页的文本输入框中输入关键字搜索指定的商品信息,如图 10.15 所示。

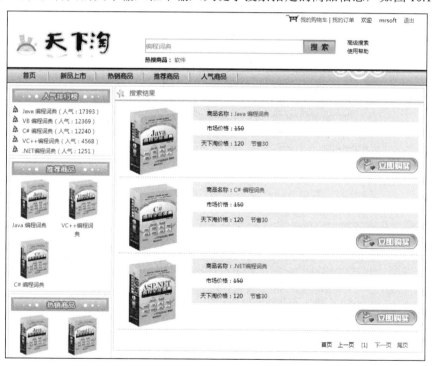

图 10.15 商品搜索的效果

商品搜索的方法封装在 ProductAction 类中,通过 HQL 的 like 条件语句实现商品的模糊查询的功能,其关键代码如下。

例程 22 代码位置:资源包\TM\10\Shop\src\com\lyq\action\product\ProductAction.java

```
public String findByName() throws Exception {
    if(product.getName() != null){
```

```
        String where = "where name like ?";                              //查询的条件语句
        Object[] queryParams = {"%" + product.getName() + "%"};          //为参数赋值
        pageModel = productDao.find(pageNo, pageSize, where, queryParams );  //执行查询方法
    }
    return LIST;                                                         //返回列表首页
}
```

在商品的列表页面中，通过 Struts 2.5 的<s:iterator>标签遍历返回的商品 List 集合，其关键代码如下。

例程 23　代码位置：资源包\TM\10\Shop\WebContent\WEB-INF\pages\product\product_list.jsp

```
<s:iterator value="pageModel.list">
    <ul>
        <li>
            <table border="0" width="100%" cellpadding="0" cellspacing="0">
                <tr>
                    <td rowspan="5" width="160">
                        <s:a action="product_select" namespace="/product">
                        <s:param name="id" value="id"></s:param>
                        <img width="150" height="150"src="<s:property
                        value="#request.get('javax.servlet.forward.context_path')"/>/upload
                        /<s:property value="uploadFile.path"/>">
                        </s:a></td>
                </tr>
                <tr bgcolor="#f2eec9">
                    <td align="right" width="90">商品名称：</td>
                    <td><s:a action="product_select" namespace="/product">
                        <s:param name="id" value="id"></s:param>
                        <s:property value="name" />
                        </s:a></td>
                </tr>
                <tr>
                    <td align="right" width="90">市场价格：</td>
                    <td><font style="text-decoration: line-through;">
                        <s:property value="marketprice" /> </font></td>
                </tr>
                <tr bgcolor="#f2eec9">
                    <td align="right" width="90">天下淘价格：</td>
                    <td><s:property value="sellprice" />
                        <s:if test="sellprice <= marketprice">
                        <font color="red">节省
                        <s:property value="marketprice-sellprice" /></font>
                        </s:if></td>
                </tr>
                <tr>
                    <td colspan="2" align="right">
                        <s:a action="product_select" namespace="/product">
                        <s:param name="id" value="id"></s:param>
                        <img src="${context_path}/css/images/gm_06.gif" width="136"
                            height="32" />
                        </s:a></td>
                </tr>
```

```
            </table>
        </li>
    </ul>
</ s:iterator >
```

10.8 购物车模块设计

购物车是商务网站中必不可少的功能。购物车的设计很大程度上会决定网站是否受到用户的关注。商务网站中的购物车会将用户选购的未结算的商品保存一段时间,防止错误操作或意外发生时购物车中的商品丢失,方便了用户的使用。因此,在天下淘商城中购物车也是必不可少的一个模块。

10.8.1 购物车模块概述

天下淘商城购物车实现的主要功能包括添加选购的新商品、自动更新商品数量、清空购物车、自动调整商品总价格以及生成订单信息等,本模块实现的购物车的功能结构如图10.16所示。

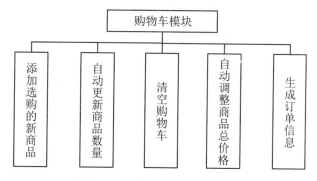

图 10.16 购物车模块的功能结构

如果用户需要选购商品,必须登录,否则用户无法使用购物车功能。当用户进入购物车后,可以进行结算、清空购物车以及继续选购等操作。当用户进入结算操作后,需要填写订单信息,并选择支付方式,当用户确认支付时系统会生成相应的订单信息,其功能流程如图10.17所示。

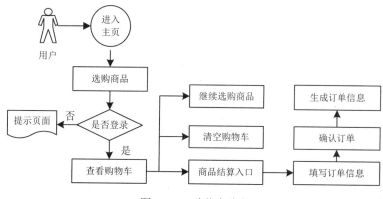

图 10.17 购物车流程

10.8.2 购物车模块技术分析

在开发时一定要注意有时购物车中没有任何的商品采购信息，当用户确认订单的时候，系统同样会生成一个消费金额为 0.0 元且无任何订单条目的订单信息，在系统中该信息是没有任何意义的，而且有可能导致系统不可预知的错误，为了避免这种情况的发生，需要修改前台订单的保存方法，即 OrderAction 类中的 save()方法，判断购物车对象是否为空，如果为空返回错误信息的提示页面，不进行任何的后续操作，在 save()方法中添加如下代码。

例程 24 代码位置：资源包\TM\10\Shop\src\com\lyq\action\order\OrderAction.java

```java
public String save() throws Exception {
    ...                                         //省略的代码
    Set<OrderItem> cart = getCart();            //获取购物车
    if(cart.isEmpty()){                         //判断条目信息是否为空
        return ERROR;                           //返回订单信息错误提示页面
    }
    ...                                         //省略的代码
}
```

创建前台订单错误的提示页面 order_error.jsp，当用户误操作导致的系统生成的错误订单信息将不会保存到数据库中，而是跳转到错误提示页面。

10.8.3 购物车基本功能实现过程

> 本模块使用的数据表：tb_productinfo 和 tb_orderitem。

购物车的基本功能包括向购物车中添加商品、清空购物车以及删除购物车中指定的商品订单条目信息。购物车的功能是基于 Session 变量实现的，Session 充当了一个临时信息存储平台，当 Session 失效后，其保存的购物车信息也将全部丢失，购物车内的商品信息效果如图 10.18 所示。

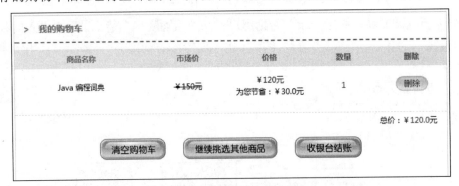

图 10.18　购物车内的商品信息

1．向购物车添加商品

购物车的主要工作就是保存用户的商品购买信息，当登录会员浏览商品详细信息并单击页面上的"立即购买"按钮时，系统就会将该商品放入购物车内，如图 10.18 所示。

在本系统中，将购物车的信息保存在 Session 变量中，其保存的是商品的购买信息，也就是订单的条目信息。所以在向购物车添加商品时，首先要获取商品 ID 并进行判断，如果购物车中存在相同的 ID 值，就修改该商品的数量，自动加 1；如果购物车中无相同 ID，则向购物车中添加新的商品购买信息，向购物车添加商品信息的方法封装在 CartAction 类中，其关键代码如下。

例程 25 代码位置：资源包\TM\10\Shop\src\com\lyq\action\order\CartAction.java

```java
public String add() throws Exception {
    if(productId != null && productId > 0){
        Set<OrderItem> cart = getCart();                        //获取购物车
        //标记添加的商品是否是同一件商品
        boolean same = false;                                   //定义 same 布尔变量
        for (OrderItem item : cart) {                           //遍历购物车中的信息
            if(item.getProductId() == productId){
                //购买相同的商品，更新数量
                item.setAmount(item.getAmount() + 1);
                same = true;                                    //设置 same 变量为 true
            }
        }
        //不是同一件商品
        if(!same){
            OrderItem item = new OrderItem();                   //实例化订单条目信息实体对象
            ProductInfo pro = productDao.load(productId);       //加载商品对象
            item.setProductId(pro.getId());                     //设置 id
            item.setProductName(pro.getName());                 //设置商品名称
            item.setProductPrice(pro.getSellprice());           //设置商品销售价格
            item.setProductMarketprice(pro.getMarketprice());   //设置商品市场价格
            cart.add(item);                                     //将信息添加到购物车中
        }
        session.put("cart", cart);                              //将购物车保存在 Session 对象中
    }
    return LIST;
}
```

程序运行结束后将返回订单条目信息的列表页面，即 cart_list.jsp，代码如下。

例程 26 代码位置：资源包\TM\10\Shop\WebContent\WEB-INF\pages\cart\cart_list.jsp

```jsp
//遍历 Session 对象：通过 Struts 2 的<s:iterator>标签遍历 Session 对象中存放的订单条目信息
<s:iterator value="#session.cart">
    <s:set value="%{#sumall +productPrice*amount}" var="sumall" />
    …<!-- 省略的布局代码 -->
    <td width="213" height="30" align="center">
    <s:property value="productName" /></td>
    <td width="130" align="center">
    <span style="text-decoration: line-through;"> ￥
    <s:property value="productMarketprice" />元</span></td>
    <td width="130" align="center">￥
    <s:property value="productPrice" />元<br>为您节省：￥
    //计算"为您节省"金额：其金额的计算公式为（市场价格-销售价格）
    <s:propertyvalue="productMarketprice*amount - productPrice*amount" />元</td>
    <td width="104" align="center" class="red">
```

```
            <s:property value="amount" /></td>
        <td width="111" align="center"><s:a action="cart_delete" namespace="/product">
            <s:param name="productId" value="productId"></s:param>
            <img src="${context_path}/css/images/zh03_03.gif" width="52" height="23" />
        </s:a></td>
        …<!-- 省略的布局代码 -->
</s:iterator >
```

2．删除购物车中指定商品订单条目信息

当用户想删除购物车中某个商品的订单条目信息时，可以单击信息后的"删除"按钮，就会自动清除该商品的订单条目信息。实现该方法的关键代码如下。

例程27　代码位置：资源包\TM\10\Shop\src\com\lyq\action\order\CartAction.java

```java
public String delete() throws Exception {
    Set<OrderItem> cart = getCart();                    //获取购物车
    //此处使用 Iterator，否则出现 java.util.ConcurrentModificationException
    Iterator<OrderItem> it = cart.iterator();
    while(it.hasNext()){                                //使用迭代器遍历商品订单条目信息
        OrderItem item = it.next();
        if(item.getProductId() == productId){
            it.remove();                                //移除商品订单条目信息
        }
    }
    session.put("cart", cart);                          //将清空后的信息重新放入 Session 中
    return LIST;                                        //返回购物车页面
}
```

3．清空购物车

清空购物车的实现较为简单，由于信息是暂时存放于 Session 对象中，所以用户在执行清空购物车操作时，直接清空 Session 对象即可。当用户单击购物车页面中的"清空购物车"按钮时，系统会向服务器发送一个 cart_clear.html 的 URL 请求，该请求执行的是 CartAction 类中的 clear()方法。

例程28　代码位置：资源包\TM\10\Shop\src\com\lyq\action\order\CartAction.java

```java
public String clear() throws Exception {
    session.remove("cart");                             //移除信息
    return LIST;                                        //返回订单列表页面
}
```

4．查找购物信息

当用户登录后，可以单击首页顶部的"我的购物车"链接，查看自己的购物车的相关信息。

当用户单击"我的购物车"超链接后，系统会发送一个 cart_list.html 的 URL 请求，该请求执行的是 CartAction 中的 list()方法，实现该方法的关键代码如下。

例程29　代码位置：资源包\TM\10\Shop\src\com\lyq\action\order\CartAction.java

```java
public String list() throws Exception {
    return LIST;                                        //返回购物车页面
}
```

在购物车页面中是通过 Struts 2 的<s:iterator>标签遍历 Session 对象中购物车的相关信息,在程序模块中并不需要执行任何的操作,只需要返回购物车页面即可。

在 Struts 2 的前台 Action 配置文件 struts-front.xml 中,配置购物车管理模块的 Action 以及视图映射关系,关键代码如下。

例程 30 代码位置:资源包\TM\10\Shop\src\com\lyq\action\struts-front.xml

```xml
<!-- 购物车 Action -->
<package name="shop.cart" extends="shop.front" namespace="/product" strict-method-invocation="false">
    <action name="cart_*" class="cartAction" method="{1}">
    <result name="list">/WEB-INF/pages/cart/cart_list.jsp</result>
    <interceptor-ref name="customerDefaultStack"/>
    </action>
</package>
```

10.8.4 订单相关功能实现过程

> 本模块使用的数据表:tb_order。

要为选购的商品进行结算,就需要先生成一个订单,订单信息中包括收货人信息、送货方式、支付方式、购买的商品以及订单总价格。当用户在购物车中单击"收银台结账"按钮后,将进入到订单填写的页面,其中包含了订单的基本信息,例如收货人姓名、收货人地址、收货人电话以及支付方式,该页面为 order_add.jsp,如图 10.19 所示。下面介绍实现过程。

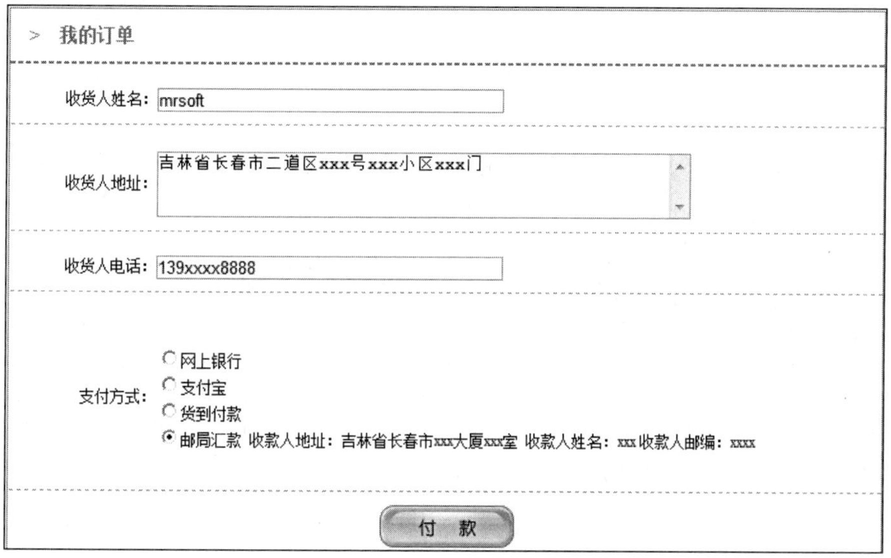

图 10.19 天下淘商城订单信息添加页面

1. 下订单操作

单击购物车"收银台结账"按钮,系统将发送一个 order_add.html 的 URL 请求,该请求执行的是 OrderAction 类中的 add()方法。通过该方法可将用户的基本信息从 Session 对象中取出,保存到 order 对象中,并跳转到我的订单页面,其关键代码如下。

例程31 代码位置：资源包\TM\10\Shop\src\com\lyq\action\order\OrderAction.java

```
public String add() throws Exception {
    order.setName(getLoginCustomer().getUsername());     //设置收货人姓名
    order.setAddress(getLoginCustomer().getAddress());   //设置收货人地址
    order.setMobile(getLoginCustomer().getMobile());     //设置收货人电话
    return ADD;                                          //返回我的订单页面
}
```

2．订单确认

如图10.19所示，在我的订单页面单击"付款"按钮，将进入订单确认的页面，如图10.20所示。在该页面将显示订单的条目信息，即用户购买商品的信息清单，以便用户进行确认。

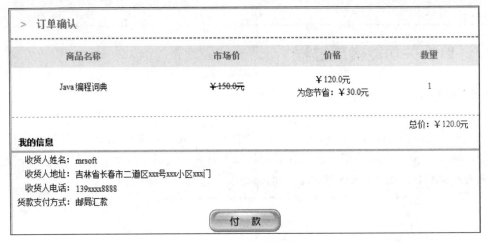

图10.20 订单确认页面

单击我的订单页面中的"付款"按钮，系统将发送一个order_confirm.html 的URL请求，该请求执行的是OrderAction类中的confirm()方法，该方法只是实现页面跳转操作，其关键代码如下。

例程32 代码位置：资源包\TM\10\Shop\src\com\lyq\action\order\OrderAction.java

```
public String confirm() throws Exception {
    return "confirm";                                    //返回订单确认页面
}
```

confirm()方法将返回order_confirm.jsp，该页面即为订单确认页面，其订单条目信息的显示与购物车页面中订单条目信息显示的方法相同。

3．订单保存

在订单确认页面单击"付款"按钮，系统将正式生成用户的购物订单，标志着正式的交易开始进行，该按钮将会触发OrderAction类中的save()方法。save()方法将把订单信息保存到数据库中，其关键代码如下。

例程33 代码位置：资源包\TM\10\Shop\src\com\lyq\action\order\OrderAction.java

```
public String save() throws Exception {
```

```java
if(getLoginCustomer() != null){                                    //如果用户已登录
    order.setOrderId(StringUitl.createOrderId());                  //设置订单号
    order.setCustomer(getLoginCustomer());                         //设置所属用户
    Set<OrderItem> cart = getCart();                               //获取购物车
    //依次将更新订单项中的商品的销售数量
    for(OrderItem item : cart){                                    //遍历购物车中的订单条目信息
        Integer productId = item.getProductId();                   //获取商品 ID
        ProductInfo product = productDao.load(productId);          //装载商品对象
        product.setSellCount(product.getSellCount() + item.getAmount());//更新商品销售数量
        productDao.update(product);                                //修改商品信息
    }
    order.setOrderItems(cart);                                     //设置订单项
    order.setOrderState(OrderState.DELIVERED);                     //设置订单状态
    float totalPrice = 0f;                                         //计算总额的变量
    for (OrderItem orderItem : cart) {                             //遍历购物车中的订单条目信息
        totalPrice += orderItem.getProductPrice() * orderItem.getAmount();  //商品单价*商品数量
    }
    order.setTotalPrice(totalPrice);                               //设置订单的总价格
    orderDao.save(order);                                          //保存订单信息
    session.remove("cart");                                        //清空购物车
}
return findByCustomer();                                           //返回消费者订单查询的方法
}
```

执行 save()方法后将返回订单查询的 findByCustomer()方法，在该方法中将以登录用户的 ID 为查询条件，查询该用户的所有订单信息，其关键代码如下。

例程 34 代码位置：资源包\TM\10\Shop\src\com\lyq\action\order\OrderAction.java

```java
public String findByCustomer() throws Exception {
    if(getLoginCustomer() != null){                                //如果用户已登录
        String where = "where customer.id = ?";                    //将用户 id 设置为查询条件
        Object[] queryParams = {getLoginCustomer().getId()};       //创建对象数组
        Map<String, String> orderby = new HashMap<String, String>(1);  //创建 Map 集合
        orderby.put("createTime", "desc");                         //设置排序条件及方式
        pageModel = orderDao.find(where, queryParams, orderby , pageNo, pageSize);  //执行查询方法
    }
    return LIST;                                                   //返回订单列表页面
}
```

findByCustomer()方法将返回用户的订单列表页面 order_list.jsp。

在 Struts 2.5 的前台 Action 配置文件 struts-front.xml 中，配置前台订单管理模块的 Action 以及视图映射关系，关键代码如下。

例程 35 代码位置：资源包\TM\10\Shop\src\com\lyq\action\struts-front.xml

```xml
<!-- 订单 Action -->
<package name="shop.order" extends="shop.front" namespace="/product">
    <action name="order_*" class="orderAction" method="{1}">
        <result name="add">/WEB-INF/pages/order/order_add.jsp</result>
        <result name="confirm">/WEB-INF/pages/order/order_confirm.jsp</result>
```

```
<result name="list">/WEB-INF/pages/order/order_list.jsp</result>
<result name="error">/WEB-INF/pages/order/order_error.jsp</result>
<interceptor-ref name="customerDefaultStack"/>
</action>
</package>
```

10.9 后台商品管理模块设计

商品是天下淘商城的灵魂，如何管理好琳琅满目的商品信息也是天下淘商城后台管理的一个难题。良好后台商品管理机制是一个商务网站的基石，如果没有商品信息维护，商务网站将没有意义。

> **说明** 在浏览器的地址栏中输入 URL 地址：http://localhost:8080/Shop/admin/admin_login.html，进入管理员登录界面，在该界面中输入管理员名称（mr）和密码（mrsoft），登录到系统后台，即可对商品信息进行管理。

10.9.1 后台商品管理模块概述

根据商务网站的基本要求，天下淘商城网站的商品管理模块主要实现商品信息查询、修改商品信息、删除商品信息以及添加商品信息等功能。后台商品管理模块的框架如图 10.21 所示。

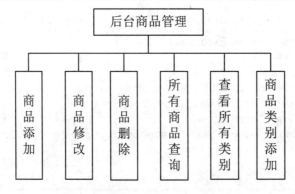

图 10.21 后台商品管理模块框架

10.9.2 后台商品管理模块技术分析

解决 Struts 2.5 的乱码问题可以在 struts.properties 文件进行如下配置。

```
struts.i18n.encoding=UTF-8
```

struts.i18n.encoding 用来设置 Web 的默认编码方式，天下淘商城使用了 UTF-8 作为默认的编码方式，虽然该方法可以有效解决表单的中文乱码问题，但是该模式要求表单的 method 属性必须为 post。由于 Struts 2.5 中的 form 表单标签默认的 method 属性就为 post，所以不必再进行额外的设置。如果页面中的表单没有使用 Struts 2.5 的表单标签，需要在表单中指定 method 的属性值。

10.9.3　商品管理功能实现过程

本模块使用的数据表：tb_productinfo。

在商品管理的基本模块中，包括商品的查询、修改、删除以及添加等功能。

1．后台商品查询

在天下淘商城的后台管理页面中，单击左侧导航栏中的“查看所有商品”超链接，显示所有商品查询页面的运行效果如图 10.22 所示。

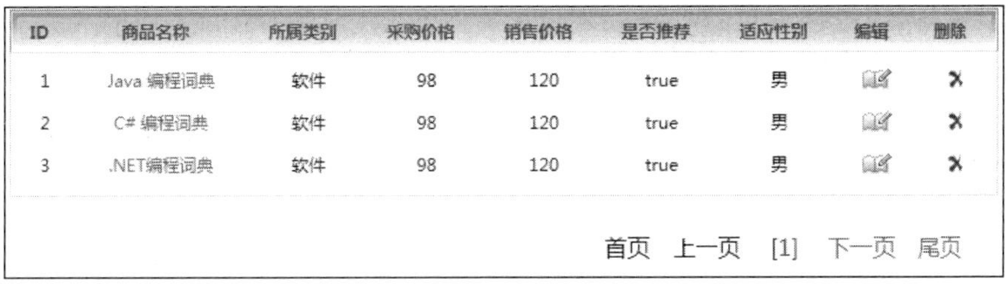

ID	商品名称	所属类别	采购价格	销售价格	是否推荐	适应性别	编辑	删除
1	Java 编程词典	软件	98	120	true	男		
2	C# 编程词典	软件	98	120	true	男		
3	.NET编程词典	软件	98	120	true	男		

首页　上一页　[1]　下一页　尾页

图 10.22　后台商品信息列表页面

后台商品列表页面实现的关键代码如下。

例程 36　代码位置：资源包\TM\10\Shop\WebContent\WEB-INF\pages\admin\product\product_list.jsp

```
< table width="693" height="29" border="0" class="word01">
    <tr>
    <td width="37" height="27" align="center">ID</td>
    <td width="120" align="center">商品名称</td>
    <td width="78" align="center">所属类别</td>
    <td width="79" align="center">采购价格</td>
    <td width="79" align="center">销售价格</td>
    <td width="79" align="center">是否推荐</td>
    <td width="79" align="center">适应性别</td>
    <td width="52" align="center">编辑</td>
    <td width="52" align="center">删除</td>
    </tr>
</table>
</div>
<div id="right_mid">
<div id="tiao">
<table width="693" height="29" border="0">
    <s:iterator value="pageModel.list">
    <tr>
    <td width="37" height="27" align="center"><s:property value="id" /></td>
    <td width="120" align="center"><s:a action="product_edit" namespace="/admin/product">
    <s:param name="id" value="id"></s:param><s:property value="name" /></s:a></td>
    <td width="78" align="center"><s:property value="category.name" /></td>
    <td width="79" align="center"><s:property value="baseprice" /></td>
    <td width="79" align="center"><s:property value="sellprice" /></td>
```

```html
<td width="79" align="center"><s:property value="commend" /></td>
<td width="79" align="center"><s:property value="sexrequest.name" /></td>
<td width="52" align="center"><s:a action="product_edit" namespace="/admin/product">
<s:param name="id" value="id"></s:param>
<img src="${context_path}/css/images/rz_119.gif" width="21" height="16" /></s:a></td>
<td width="52" align="center"><s:a action="product_del" namespace="/admin/product">
<s:param name="id" value="id"></s:param>
<img src="${context_path}/css/images/rz_17.gif" width="15" height="16" /></s:a></td>
</tr>
</s:iterator>
</table>
```

当用户单击该链接时系统将会发送一个 product_list.html 的 URL 请求，该请求执行的是 ProductAction 类中的 list()方法。ProductAction 类继承了 BaseAction 类和 ModelDriven 接口，其关键代码如下。

例程 37 代码位置：资源包\TM\10\Shop\src\com\lyq\action\order\ProductAction.java

```java
public String list() throws Exception{
    pageModel = productDao.find(pageNo, pageSize);        //调用公共的查询方法
    return LIST;                                          //返回后台商品列表页面
}
```

当用户单击列表中的商品名称超链接或将列表中的 📝 图标，将进入商品信息的编辑页面，如图 10.23 所示，在该页面可以对商品的信息进行修改，该操作将触发查找商品详细信息的方法，即 ProductAction 类中的 edit()方法，该方法将以商品的 ID 值作为查询条件，其关键代码如下。

例程 38 代码位置：资源包\TM\10\Shop\src\com\lyq\action\order\ProductAction.java

```java
public String edit() throws Exception{
    this.product = productDao.get(product.getId());       //执行封装的查询方法
    createCategoryTree();                                 //生成商品的类别树
    return EDIT;                                          //返回商品信息编辑页面
}
```

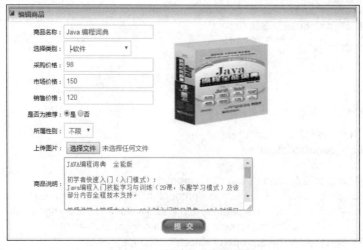

图 10.23　商品信息编辑页面

商品编辑页面与商品添加页面的实现代码基本相同,区别是在编辑页面中需要显示查询到的商品信息,商品编辑页面的关键代码如下。

例程39 代码位置:资源包\TM\10\Shop\WebContent\WEB-INF\pages\admin\product\product_edit.jsp

```
商品名称:<s:textfield name="name"></s:textfield>
    <img width="270" height="180" border="1" src="<s:property
    value="#request.get('javax.servlet.forward.context_path')"/>
    /upload/<s:property value="uploadFile.path"/>">
选择类别:<s:select name="category.id" list="map" value="category.id"></s:select>
采购价格:<s:textfield name="baseprice"></s:textfield>
市场价格:<s:textfield name="marketprice"></s:textfield>
销售价格:<s:textfield name="sellprice"></s:textfield>
是否为推荐:<s:radio name="commend" list="#{'true':'是','false':'否'}" value="commend"></s:radio>
所属性别:<s:select name="sexrequest" list="@com.lyq.model.Sex@getValues()"
    value="sexrequest.getName()"></s:select>
上传图片:<s:file id="file" name="file"   cssStyle="border:0px;"></s:file>
商品说明:<s:textarea name="description" cols="50" rows="6"></s:textarea>商品修改
```

当用户编辑完商品信息,单击页面的"提交"按钮,系统将会把用户修改后的信息保存到数据库中。该操作会发送一个 product_save.html 的 URL 请求,它会调用 ProductAction 类中的 save()方法。在 save()方法中包括图片的上传和向数据表中添加数据的操作,其具体的实现代码如下。

例程40 代码位置:资源包\TM\10\Shop\src\com\lyq\action\order\ProductAction.java

```java
public String save() throws Exception{
    if(file != null ){                                          //如果文件路径不为空
        //获取服务器的绝对路径
        String path = ServletActionContext.getServletContext().getRealPath("/upload");
        File dir = new File(path);
        if(!dir.exists()){                                      //如果文件夹不存在
            dir.mkdir();                                        //创建文件夹
        }
        String fileName = StringUitl.getStringTime() + ".jpg";  //自定义图片名称
        FileInputStream fis = null;                             //输入流
        FileOutputStream fos = null;                            //输出流
        try {
            fis = new FileInputStream(file);                    //根据上传文件创建 InputStream 实例
            fos = new FileOutputStream(new File(dir,fileName)); //创建写入服务器地址的输出流对象
            byte[] bs = new byte[1024 * 4];                     //创建字节数组实例
            int len = -1;
            while((len = fis.read(bs)) != -1){                  //循环读取文件
                fos.write(bs, 0, len);                          //向指定的文件夹中写数据
            }
            UploadFile uploadFile = new UploadFile();           //实例化对象
            uploadFile.setPath(fileName);                       //设置文件名称
            product.setUploadFile(uploadFile);                  //设置上传路径
        } catch (Exception e) {
            e.printStackTrace();
        }finally{
            fos.flush();
```

```
            fos.close();
            fis.close();
        }
    }
    //如果商品类别和商品类别 ID 不为空，则保存商品类别信息
    if(product.getCategory() != null && product.getCategory().getId() != null){
        product.setCategory(categoryDao.load(product.getCategory().getId()));
    }
    //如果上传文件和上传文件 ID 不为空，则保存文件的上传路径信息
    if(product.getUploadFile() != null && product.getUploadFile().getId() != null){
        product.setUploadFile(uploadFileDao.load(product.getUploadFile().getId()));
    }
    productDao.saveOrUpdate(product);              //保存商品信息
    return list();                                  //返回商品的查询方法
}
```

文件的上传是网络中应用最为广泛的一种技术，在 Web 应用中实现文件上传需要通过 form 表单实现，此时表单必须以 POST 方式提交（Struts 2.5 标签的 form 表单默认提交方式为 POST），并且必须设置 enctype ="multipart/form-data"属性，在表单中需要实现一个或多个文件选择框供用户选择文件。当提交表单后，选择的文件内容会通过流的方式进行传递，在接收表单的 Servlet 或 JSP 页面中获取该流并将流中的数据读到一个字节数组中，此时字节数组中存储了表单请求中的内容，其中包括了所有上传文件的内容，因此还需要从中分离出每个文件自己的内容，最后将分离出的这些文件写到磁盘中，完成上传操作。需要注意的是，在进行分离的过程中，操作的内容是以字节形式存在的。

2．商品删除

当用户单击列表中的 ✂ 图标，将执行商品信息的删除操作，该操作将会向系统发送一个 product_del.html 的 URL 请求，它将触发 ProductAction 类中的 del()方法。del()方法将以商品的 ID 为参数，执行持久化类中封装的 delete()方法。delete()方法中调用的是 Hibernate 的 Session 对象中的 delete()方法，其关键代码如下。

例程 41　代码位置：资源包\TM\10\Shop\src\com\lyq\action\Product\ProductAction.java

```
public String del() throws Exception{
    productDao.delete(product.getId());            //执行删除操作
    return list();                                  //返回商品列表查找方法
}
```

3．商品添加

当用户单击后台管理页面左侧导航栏中的"商品添加"超链接时，将会进入商品添加的页面，如图 10.24 所示。

用户编辑完商品信息，单击页面中的"提交"按钮，该操作将会向系统发送一个 product_save.html 的 URL 请求，它与商品修改触发的是一个方法，都是 ProductAction 类中的 save()方法。

在 Struts 2.5 的后台 Action 配置文件 struts-admin.xml 中，配置商品管理模块的 Action 以及视图映射关系，关键代码如下。

例程 42 代码位置：资源包\TM\10\Shop\src\com\lyq\action\struts-admin.xml

```xml
<!-- 商品管理 -->
<package name="shop.admin.product" namespace="/admin/product" extends="shop.admin"
                                                            strict-method-invocation="false">
    <action name="product_*" method="{1}" class="productAction">
        <result name="list">/WEB-INF/pages/admin/product/product_list.jsp</result>
        <result name="input">/WEB-INF/pages/admin/product/product_add.jsp</result>
        <result name="edit">/WEB-INF/pages/admin/product/product_edit.jsp</result>
        <interceptor-ref name="adminDefaultStack"/>
    </action>
</package>
```

图 10.24　商品的添加页面

10.9.4　商品类别管理功能实现过程

　　本模块使用的数据表：tb_productinfo。

商品类别的维护中主要包括商品类别的查询、修改、删除以及添加。

1．商品类别查询

　　商品类别在后台中分为两种，分别是商品类别树形下拉框的查询和商品类别列表信息的查询。商品类别树形下拉框的查询的实现较为复杂一些，需要通过迭代的方式遍历所有的节点。

　　在后台的商品类别查询中，通过树形下拉框的形式展现给用户，如图10.25所示。

　　在进入商品页面的edit()方法中调用了createCategoryTree()方法用来创建商品类别树，其关键代码如下。

例程 43 代码位置：资源包\TM\10\Shop\src\com\lyq\action\product\ProductAction.java

```
private void createCategoryTree(){
    String where = "where level=1";                                              //查询一级节点
    PageModel<ProductCategory> pageModel = categoryDao.find(-1, -1,where ,null);  //执行查询方法
    List<ProductCategory> allCategorys = pageModel.getList();
    map = new LinkedHashMap<Integer, String>();                                  //创建新的集合
    for(ProductCategory category : allCategorys){                                //遍历所有的一级节点
        setNodeMap(map,category,false);                                          //将其子节点添加到集合中
    }
}
```

图 10.25 商品添加页面中的商品类别树形下拉框

在 setNodeMap()方法中，首先判断节点是否为空，如果节点为空则停止遍历。程序中根据获取的节点级别为类别名称添加字符串和空格，用以生成渐进的树形结构，将拼接后的节点放入 Map 集合中，并获取其子节点重新调用 setNodeMap()方法，直到遍历的节点为空为止，其关键代码如下。

例程 44 代码位置：资源包\TM\10\Shop\src\com\lyq\action\product\ProductAction.java

```
private void setNodeMap(Map<Integer, String> map,ProductCategory node,boolean flag){
    if (node == null) {                                        //如果节点为空
        return;                                                //停止遍历
    }
    int level = node.getLevel();                               //获取节点级别
    StringBuffer sb = new StringBuffer();                      //定义字符串对象
    if (level > 1) {                                           //如果不是根节点
        for (int i = 0; i < level; i++) {
            sb.append("   ");                                  //添加空格
        }
    }
    sb.append(flag ? "├" : "└");                              //如果为末节点则添加"└"，反之添加"├"
    }
    map.put(node.getId(), sb.append(node.getName()).toString());  //将节点添加到集合中
```

```
Set<ProductCategory> children = node.getChildren();        //获取其子节点
//包含子类别
if(children != null && children.size() > 0){               //如果节点不为空
int i = 0;
    //遍历子类别
    for (ProductCategory child : children) {
        boolean b = true;
        if(i == children.size()-1){                        //如果子节点长度减 1 为 i，说明为末节点
            b = false;                                     //设置布尔常量为 false
        }
        setNodeMap(map,child,b);                           //重新调用该方法
    }
}
}
```

在商品添加页面中通过<s:select>标签将商品类别树显示在下拉框中，其关键代码如下。

例程45 代码位置：资源包\TM\10\Shop\WebContent\WEB-INF\pages\admin\product\product_add.jsp

```
<tr>
    <td width="119" height="22" bgcolor="#c6e8ff" align="right">选择类别：</td>
    <td><s:select list="map" name="category.id"></s:select></td>
</tr>
```

用户单击后台管理页面左侧导航栏中的"查看所有类别"超链接时，会向系统发送一个 category_list.html 的 URL 请求，它将会触发 ProductCategoryAction 类中的 list()方法，其关键代码如下。

例程46 代码位置：资源包\TM\10\Shop\src\com\lyq\action\product\ProductCategoryAction.java

```
public String list() throws Exception{
    Object[] params = null;                                //对象数组为空
    String where;                                          //查询条件变量
    if(pid != null && pid > 0 ){                           //如果有父节点
        where = "where parent.id =?";                      //执行查询条件
        params = new Integer[]{pid};                       //设置参数值
    }else{
        where = "where parent is null";                    //查询根节点
    }
    pageModel = categoryDao.find(pageNo,pageSize,where,params); //执行封装的查询方法
    return LIST;                                           //返回后台类别列表页面
}
```

list()方法将返回后台的商品类别列表页面，如图 10.26 所示。

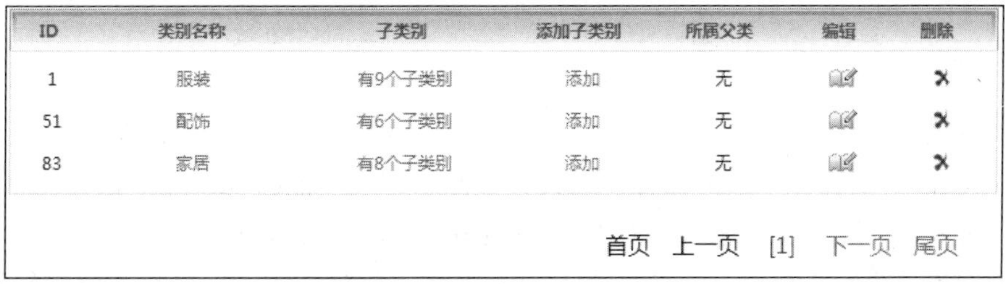

图 10.26 后台商品类别信息列表

2. 商品类别添加

单击导航栏中"添加商品类别"或商品类别列表页面中的"添加"超链接时，会进入商品类别的添加页面，如图10.27所示。

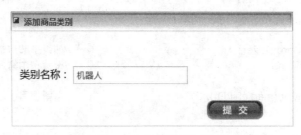

图10.27 商品类别添加页面

在类别名称中输入类别名称后，单击"提交"按钮，将会触发ProductCategoryAction类中的save()方法。在save()方法中首先判断该节点的父节点参数是否存在，如果存在则先设置其父节点属性，然后再保存商品类别信息，其关键代码如下。

例程47 代码位置：资源包\TM\10\Shop\src\com\lyq\action\product\ProductCategoryAction.java

```
public String save() throws Exception{
    if(pid != null && pid > 0 ){                              //如果有父节点
        category.setParent(categoryDao.load(pid));            //设置其父节点
    }
    categoryDao.saveOrUpdate(category);                       //添加类别信息
    return list();                                            //返回类别列表的查找方法
}
```

3. 商品类别修改

当网站管理员单击商品类别列表中的 图标时，将进入商品类别修改的页面，如图10.28所示。

图10.28 商品类别修改页面

修改商品类别信息完毕后，单击页面中的"提交"按钮，其触发的也是商品类别添加中ProductCategoryAction类的save()方法。

4. 商品类别删除

当用户单击商品类别列表中的 图标，将执行商品类别信息的删除操作，该操作将会向系统发送一个category_del.html的URL请求，它将触发ProductCategoryAction类中的del()方法，该方法将以商品类别的ID为参数，执行持久化类中封装的delete()方法，删除指定的信息，其关键代码如下。

例程 48　代码位置：资源包\TM\10\Shop\src\com\lyq\action\product\ProductCategoryAction.java

```java
public String del() throws Exception{
    if(category.getId() != null && category.getId() > 0){        //判断是否获得 ID 参数
        categoryDao.delete(category.getId());                    //执行删除操作
    }
    return list();                                                //返回商品类别列表的查找方法
}
```

在商品类别管理中添加、修改以及删除的操作实现都较为简单，商品类别信息的查询方法支持无限级的树形分级查询。

在 Struts 2.5 的后台 Action 配置文件 struts-admin.xml 中，配置商品类别管理模块的 Action 以及视图映射关系，关键代码如下。

例程 49　代码位置：资源包\TM\10\Shop\src\com\lyq\action\struts-admin.xml

```xml
<!-- 类别管理 -->
<package name="shop.admin.category" namespace="/admin/product" extends="shop.admin"
    strict-method-invocation="false">
    <action name="category_*" method="{1}" class="productCategoryAction">
        <result name="list">/WEB-INF/pages/admin/product/category_list.jsp</result>
        <result name="input">/WEB-INF/pages/admin/product/category_add.jsp</result>
        <result name="edit">/WEB-INF/pages/admin/product/category_edit.jsp</result>
        <interceptor-ref name="adminDefaultStack"/>
    </action>
</package>
```

10.10　开发技巧与难点分析

从网站的安全性考虑，用户在没有登录或 Session 失效时是不允许进行购物和后台维护的。一般客户端的 Session 是有时间限制（根据服务器中的配置决定，一般为 20 分钟）的，如果超出时间限制，系统就会报出现空指针的异常信息，出现这种情况的原因是系统从 Session 中取得的信息为空，即获取的用户登录信息为空，空值造成了这种情况的发生。

这个问题可以通过 Struts 2.5 的拦截器来解决，根据拦截器判断 Session 是否为空，并根据判断结果执行不同的操作。

拦截器（Interceptor）是 Struts 2.5 框架中一个非常重要的核心对象，它可以动态增强 Action 对象的功能，通过对登录拦截器的配置，如果会员的 Session 失效，用户将无法使用购物车功能，除非重新登录；如果管理员 Session 失效，将无法进入后台进行操作，没有直接登录的用户在地址栏中直接输入 URL 地址也将被拦截器拦截，并返回系统的登录页面，这样很大程度地提升了系统的安全性。

拦截器动态地作用于 Action 与 Result 之间，它可以动态的 Action 以及 Result 进行增强（在 Action 与 Result 加入新功能）。当客户端发送请求时，会被 Struts 2.5 的过滤器拦截，此时 Struts 2.5 对请求持有控制权。Struts 2.5 会创建 Action 的代理对象，并通过一系列的拦截器对请求进行处理，最后再交给指定的 Action 进行处理。拦截器实现的核心思想是 AOP（Aspect Oriented Programming）面向切面编程。

首先创建会员登录拦截器 CustomerLoginInteceptor，其关键代码如下。

```java
public String intercept(ActionInvocation invocation) throws Exception {
    ActionContext context = invocation.getInvocationContext();    //获取 ActionContext
    Map<String, Object> session = context.getSession();            //获取 Map 类型的 session
    if(session.get("customer") != null){                            //判断用户是否登录
        return invocation.invoke();                                 //调用执行方法
    }
    return BaseAction.CUSTOMER_LOGIN;                               //返回登录
}
```

在前台的 Struts 2.5 的配置文件中配置该拦截器，其关键代码如下。

```xml
<package name="shop.front" extends="shop-default">
<!-- 配置拦截器 -->
<interceptors>
    <!-- 验证用户登录的拦截器 -->
    <interceptor name="loginInterceptor" class="com.lyq.action.interceptor.CustomerLoginInteceptor"/>
    <interceptor-stack name="customerDefaultStack">
        <interceptor-ref name="loginInterceptor"/>
        <interceptor-ref name="defaultStack"/>
    </interceptor-stack>
</interceptors>
<action name="index" class="indexAction">
    <result>/WEB-INF/pages/index.jsp</result>
</action>
</package>
```

通常情况下，拦截器对象实现的功能比较单一，它类似于 Action 对象的一个插件，为 Action 对象动态地植入新的功能。

系统后台拦截器的配置与前台类似，不再进行详细的说明。

10.11　本章小结

本系统只是实现了电子商务网站一些基本的功能，真正的商务网站的开发难度和工作量要比本系统复杂和烦琐得多，但是希望通过本系统的开发，可以让读者了解网站的开发简单流程、SSH2 框架的整合以及 MVC 的设计模式，相信读者可以融会贯通。